中国建筑文化遗产

29

中国第一代建筑师的理论与实践　奠基·谱系·贡献·比较·接力

单霁翔　名誉主编
金　磊　主　编

天津大学出版社

图书在版编目（CIP）数据

中国第一代建筑师的理论与实践：奠基·谱系·贡献·比较·接力 / 金磊主编；单霁翔名誉主编. -- 天津：天津大学出版社，2022.5
（中国建筑文化遗产；29）
ISBN 978-7-5618-7175-1

Ⅰ.①中… Ⅱ.①金… ②单… Ⅲ.①建筑科学－文集 Ⅳ.①TU-53

中国版本图书馆CIP数据核字(2022)第079288号

Zhongguo DiYiDai Jianzhushi de LilunYu Shijian：Dianji · Puxi · Gongxian · Bijiao · Jieli

出版发行	天津大学出版社
地　　址	天津市卫津路92号天津大学内（邮编：300072）
电　　话	022-27403647
网　　址	publish.tju.edu.cn
印　　刷	北京盛通印刷股份有限公司
经　　销	全国各地新华书店
开　　本	235mm×305mm
印　　张	25.5
字　　数	523千
版　　次	2022年5月第1版
印　　次	2022年5月第1次
定　　价	96.00元

CHINA ARCHITECTURAL HERITAGE

中国建筑文化遗产 29

中国第一代建筑师的理论与实践 奠基·谱系·贡献·比较·接力

声明

"中国建筑文化遗产"丛书是在国家文物局指导下，于2011年7月开始出版的。本丛书立足于建筑文化传承与城市建筑文博设计创意的结合，从当代建筑遗产或称20世纪建筑遗产入手，以科学的态度分析、评价中国传统建筑及当代20世纪建筑遗产所取得的辉煌成就及对后世的启示，以历史的眼光及时将当代优秀建筑作品甄选为新的文化遗产，以文化启蒙者的社会职责向公众展示建筑文化遗产的艺术魅力与社会文化价值，并将中国建筑文化传播到世界各地。本丛书期待着各界朋友惠赐大作，并将支付稿酬，现特向各界郑重约稿。具体要求如下。

1.注重学术与技术、思想性与文化启蒙性的建筑文化创意类内容，欢迎治学严谨、立意新颖、文风兼顾学术性与可读性、涉及建筑文化遗产学科各领域的研究考察报告、作品赏析、问题讨论等各类文章，且来稿须未曾在任何报章、刊物、书籍或其他正式出版物以及新媒体发表。

2.来稿请提供电子文本（Word版），以6000~12000字为限，要求著录完整、文章配图规范，配图以30幅为限，图片分辨率不低于300 dpi，须单独打包，不可插在文档中，每幅图均须配图注说明。部分前辈专家手稿，编委会可安排专人录入。

3.论文须体例规范，并提供标题、摘要、关键词的英文翻译。

4.来稿请附作者真实姓名、学术简历及本人照片、通讯信址、电话、电子邮箱，以便联络，发表署名听便。

5.投稿人对来稿的真实性及著作权归属负责，来稿文章不得侵犯任何第三方的知识产权，否则由投稿人承担全部责任。依照《中华人民共和国著作权法》的有关规定，本丛书可对来稿做文字修改、删节、转载、使用等。

6.来稿一经录用，本编委会与作者享有同等的著作权。来稿的专有使用权归《中国建筑文化遗产》编委会所有；编委会有权以纸质期刊及书籍、电子期刊、光盘版、APP终端、微信等其他方式出版刊登来稿，未经《中国建筑文化遗产》编委会同意，该论文的任何部分不得转载他处。

7.投稿邮箱：cah-mm@foxmail.com（邮件名称请注明"投稿"）。

《中国建筑文化遗产》编委会 2020年8月

目 录

CONTENTS

目 录

CONTENTS

20世纪与当代遗产传承需制度创新

金磊

国际城市遗产的不竭魅力首先源于不同国度的城市精神，如纽约有多元文化精神、伦敦有理性与自由精神、巴黎充满创新及批判精神、莫斯科的城市精神则以知识分子铸造而得以升华，中国上海的文化源流是海洋文明与海派精神，而首都北京最彰显的是具有文化自觉的多元思想。在“先行先试，践行首善”的精神指引下，2021年9月北京开和举办了多个创新型会议及活动：中关村乃北京最有名的“村”、中国科技创新的一张闪亮名片，9月28日，主题为“智慧・健康・碳中和”的2021年中关村论坛落幕；9 29日，第十一届北京国际电影节成功举行；9月中旬到10月7日，北京时装周、北京国际设计周、北京城市建筑双年展依次在城市副中心的张家湾设计小镇亮相，说明体现传与创新的首都设计新地标已在崛起。

值得关注的是，2021年9月16日，作为北京城市建筑双年展活动之一的“致敬百年经典——中国第一代建筑师的北京实践”学术研讨会在北京市建筑设计研究院有限公司（简称“北京建院”）举行，同时开幕的还有相关主题展。此活动是在中国建筑学会、中国文物学会支持下，由中国建筑学会建筑文化学术委员会与中国文物学会20世纪建筑遗产委员会、北京建院联合主办。北京建院首席总建筑师邵韦平大师及我本人主持了研讨会，邵总介绍了会议缘由，我讲述了自2021年7月的研究与筹备工作：其一，以奠基・谱系・贡献・比较・接力五大板块为中心的展览；其二，播出视频，展示了9月16日参观贝寿同的欧美同学会会所、沈理源的中国少儿剧院、杨锡镠的北京体育馆的情况；其三，研讨会从多维视角去发现传承创新问题要在“创新链”上补充传承环节，注入不同历史阶段的建筑人文精神；特别解读了2021年9月初中共中央办公厅、国务院办公厅印发的《关于在城乡建设中加强历史文化保护传承的意见》，对建筑遗产而言，要处理好20世纪遗产与“城市更新行动相遇”的问题。会上，中国文物学会会长单霁翔做了“中国建筑文化传承需要20世纪遗产创新理念”的演讲，本人做了协助发言。

为了建筑遗产保护的基因传承与薪火赓续，我们在2021年也有多次文博寻根之旅：2021年4月26—28日，“新时代文物保护研究与实践学术研讨会”在成都与宜宾先后召开，并在“万里长江第一镇”的李庄举办纪念梁思成诞辰120周年考察活动；2021年5月21日，“深圳改革开放建筑遗产与文化城市建设研讨会”在深圳举办，单霁翔会长强调要以文化理想、文化精神去总结深圳特区改革开放40余年的城市建设成就。对于深圳当代遗产的认知，修龙理事长指出，深圳大量有创新意义的20世纪建筑项目成为留在公众心目中的纪念碑，本人的《深圳当代建筑遗产工作需要接纳创新的理念》（《中国文物报》2021年8月13日），分析了深圳遗产创新观产生的五个理由；7月9日，本人应邀为新疆建筑设计研究院及乌鲁木齐市住建及文博部门做了“遗产视野 创新凝思——致敬中国20世纪建筑经典与巨匠”的报告，同时在医院拜访了入选第三批中国20世纪建筑遗产项目“新疆人民剧场”设计者之一的金祖怡前辈，这些活动为“文化润疆”理念在新疆传承做了必要奉献。

2021年10月10日是辛亥革命爆发110周年，它让我们想到曾经连续策划的中国近现代建筑三部曲——《中山纪念建筑》《抗战纪念建筑》《辛亥革命纪念建筑》；10月13日是联合国第32个“国际减灾日”，主题为“构建灾害风险适应力和抗灾力”；9月末马国馨院士新著《寻写真趣4：从双子塔到新世贸中心》，其精彩之处是马院士自1984年8月—2014年12月的摄影图片，还有针对每次摄影记录的建筑文化与实践分析，无疑丰富了全球灾难史的文献库。遗忘，是最痛的灾难；铭记，人类才能生存。2021年 1 月《建筑设计管理》刊发本人《新年的平安之愿——纽约“9・11”事件20年及其他灾事悲剧遗产》一文，旨在从灾难遗产学角度，讲述综合减灾文化下的韧性与脆性、单灾种与极端巨灾，以增强城市大系统的综合防御能力及人为应对风险的准备。

新中国诞辰72周年前夕的9月30日，迎来第八个烈士纪念日，它给予了我们遗产精神，这是一次家国记忆的唤醒，也是一次伟大精神的传承。

2021年9月30日

Institutional Innovation for Heritage Inheritance in the 20th Century and Contemporary Era

Jin Lei

The inexhaustible appeal of international urban heritage first stems from the urban spirit of different countries. New York boasts a multicultural spirit. London features a spirit of rationality and freedom. Paris is famous for a spirit of innovation and criticism. The urban spirit in Moscow was taken by intellectuals into a new level. The urban culture of Shanghai originated in the marine civilization and Shanghai spirit. Beijing, the capital of China, distinguishes itself with cultural consciousness and diverse ideologies. In the spirit of "conducting pilot trials and striving to be the best", Beijing has made remarkable achievements. In September 2021, Beijing held a host of noteworthy conferences and activities on innovation as follows. On September 28th, the 2021 Zhongguancun Forum (ZGC Forum) on the theme of "Intelligence, Health, and Carbon Neutrality" was concluded in Zhongguancun, one of the most renowned places in Beijing and a crowning glory of technological innovation in China. On September 29th, 2021, the 11th Beijing International Film Festival was successfully wrapped up. Between mid-September and October 7th, Zhangjiawan Design Town in Beijing's sub-center witnessed the successive opening of Beijing Fashion Week, Beijing Design Week, and Beijing Urban and Architecture Biennale, which shows that the new landmarks of design based on inheritance and innovation have been on the rise in Beijing.

In particular, the academic seminal "A Tribute to Century-old Classic Buildings by China's First Generation of Architects in Beijing" was held at Beijing Institute of Architectural Design (BIAD) on September 16th, 2021, as a part of the Beijing Urban and Architecture Biennale. A theme exhibition was unveiled in sync. With the support of the Architectural Society of China (ASC) and the China Cultural Relics Academy (CCRA), the event was jointly hosted by the ASC Academic Committee of Architectural Culture, the CCRA Committee of the 20th-century Architectural Heritage, and BIAD. I was honored to preside over the seminar together with Shao Weiping, the Chief Architect of BIAD, who made a brief introduction to the conference. I recounted the research and preparation work since July 2021. First, the exhibition constituting five sections on Foundation, Pedigree, Contribution, Comparation and Inheritance was launched. Second, a video was played to show the visits on September 16th to the Western Returned Scholars Association Clubhouse designed by the architect Bei Shoutong, the China National Theater for Children designed by Shen Liyuan, and Beijing Gymnasium designed by Yang Xiliu. Third, a multi-dimensional perspective was taken to explore the relationship between inheritance and innovation. It's reckoned that the inheritance should be complemented by "innovation" and injected with architectural and humanistic spirit of various historical eras. Specifically, "Opinions on Strengthening the Protection and Inheritance of History and Culture in Urban and Rural Construction" promulgated by the general offices of the CPC Central Committee and the State Council in early September 2021 could serve as a valuable reference interms of architectural heritage for dealing with the issues of 20th-century heritage and "urban renewal" campaign. At the seminar, the CCRA President Shan Jixiang delivered a speech titled "The 20th-century Heritage Innovation in Need for the Inheritance of Chinese Architectural Culture" and I made some supplementary remarks.

Regarding the inheritance and development of architectural heritage preservation, a series of activities have been held in 2021 to intensify the trend of cultural heritage. From April 26th to 28th, 2021, the "Academic Seminar on the Research and Practice of Heritage Preservation in the New Era" was held in Chengdu and Yibin successively. In addition, a survey trip was made to Lizhuang, dubbed "the first town along the Yangtze River", to commemorate the 120th anniversary of Liang Sicheng's birth. On May 21st, 2021, "Seminar on Architectural Heritage and Cultural Development themed on Reform and Opening-up in Shenzhen" was held in Shenzhen. In his speech at the seminar, President Shan Jixiang emphasized the need to employ the perspectives of cultural ideal and spirit to review the achievements of Shenzhen Special Economic Zone in urban construction over the past 40-plus years of Reform and Opening-up. Regarding the perception and significance of the contemporary heritage in Shenzhen, the ASC Chairman Xiu Long pointed out that a large number of innovative 20th-century architectural projects in Shenzhen had become monuments in the public minds. In the article "The Contemporary Architectural Heritage Work in Shenzhen Needs to Embrace Innovative Ideas" published in the *China Cultural Relics Newspaper* on August 13th, 2021, the author delved into five reasons for heritage innovation in Shenzhen. On July 9th, the author was invited to give a report on "Heritage Innovation—A Tribute to Classic Chinese 20th-century Architecture classes and Architects" for Xinjiang Architectural Design Institute, the Urumqi departments of housing and urban-rural development, and of culture and museums. The author also paid a visit to the senior architect Jin Zuyi in hospital, who is the designer of the People's Theatre of Xinjiang that's among the third batch of China's 20th-century architectural heritages. All these activities have contributed to the inheritance of the cultural promotion concepts in Xinjiang.

As October 10th, 2021 marks the 110th anniversary of the Revolution of 1911, it reminds us of the trilogy of modern Chinese architectures, namely *Sun Yat-sen Memorial Buildings, Buildings in Memory of the War of Resistance Against Japanese Aggression*, and *Buildings in Memory of the Revolution of 1911.* On October 13th, 2021, the 32nd International Day for Disaster Risk Reduction was observed with the theme on "International Cooperation for Developing Countries to Reduce Their Disaster Risk and Disaster Losses". At the end of September 2021, the academician Ma Guoxin's new book: *Xun Xie* Zhen Qu 4—from the Twin Towers to the New World Trade Center was published. It incorporates a collection of photos taken by Ma Guoxin between August 1984 and December 2014, with illustrations on the architectural culture and practical analysis for each photo. It has undoubtedly enriched the document database of global disaster history. Forgetting brings about the most agonizing disaster, while remembering is the only way for human beings to survive. In January 2021, my paper "New Year's Wish for Peace—Tragic Legacy of the 9·11 attacks in New York and Other Disasters" was published in the journal *Architectural Design Management.* From the perspective of disaster heritage, the article explores the resilience and vulnerability in single disaster and extreme catastrophes amid the culture of comprehensive disaster reduction, with a view to reinforcing the comprehensive defense capabilities of urban systems and artificial risk management.

On September 30th, 2021, when the eve of the 72nd anniversary of the founding of the PRC, the eighth Martyr's Day was observed in China, promoting the spirit of heritage and the virtue of heroes from all walks of life and the Chinese nation.

September 30th, 2022

武汉长江大桥（建于1957年，2016年被推介为“第一批中国20世纪建筑遗产”）2021年9月23日 李沉摄

Bring Traditional Culture into the Contemporary and Real Life
让传统文化走进当代，走进现实生活

单霁翔*（Shan Jixiang）

编者按： 本文系中国文物学会会长、故宫博物院前院长单霁翔在第七届“会林文化奖”颁奖典礼上的发言，有删节。

我的前半生很简单。我的籍贯是南京江宁，但是我 1954 年出生在辽宁沈阳，3 个月大的时候，父母就把我带到了北京，于是在这里生活了 60 多年。我有为数不多的少年时期的老照片，但是我发现照片的拍摄地点几乎都是建筑文化遗产，例如长城、故宫、天坛、颐和园等，这些后来都被列入了《世界遗产名录》。当年都是父亲带我去参观，他是南京人，曾在“中央大学”学习文学，但是为了养家糊口一辈子没有搞文学，而是从事财务工作。可是父亲一直要求孩子们多读书，读历史书籍、文学作品。我 15 岁的时候跟随父母到湖北农村锻炼了两年，主要是种菜，返城以后当了 8 年工人，其中 2 年半是食堂炊事员、5 年半做机修钳工。务农、做工的经历让我对劳动有了深刻理解，对基层也有了很深的感情，认识到广大劳动民众是社会的坚实基础，是最需要社会关注的国家发展力量。

改革开放以后，1978 年，我有机会上了大学，又有机会赴国外留学。当时教育部选派 100 名学生赴日本留学，我有幸成为其中一员，专业是建筑学，我选择了“历史的传统建筑物群保护”作为毕业论文题目。记得上大学时，我每天下课以后先跑图书馆占好座位，再去食堂吃饭，格外珍惜这难得的学习生活。在日本留学期间，我最喜欢去书店，在那里还遇到访问学者袁行霈先生，有机会多次向他请教中华传统文化和历史知识。我在留学期间也开始了解世界各国的文化遗产，参观了雅典、罗马、巴黎等世界著名的文化古都。从那以后，我的学习就一直没有止步，一直读到了吴良镛教授的博士研究生。

人生有幸，一直有机会从事世界文化遗产故宫的保护工作

* 中国文物学会会长、故宫博物院前院长

我从事城市规划管理工作的 20 年时间正是北京大规模开展城市建设的时期，如果说 1988 年北京城市建设还基本在三环路附近，那么到 2002 年就已经向四环路外大片铺开。那时候，每年北京城市的建设量是欧洲所有国家建设量的一倍，可以想象这一时期工作任务非常繁重。我曾是北京市规划局城区处处长，后来担任北京市规划委员会主任。当时为了疏解北京老城的压力，我们在老城外面规划了三个功能区：中关村西区、奥林匹克公园和中央商务区（CBD）。

图1 陕西丝绸之路联合申遗培训班（2007年10月26日）

为迎接 2008 年奥运会，奥林匹克公园的规划方案计划在中轴线北端建设一座 500 米高的奥林匹克大厦作为中轴线的收尾，我们审批时认为不合适，经过向市领导汇报后，对方案进行了调整，将原方案中的大厦规划为一个 7.5 平方千米的大绿地，这里至今仍然是北京市区最大的城市绿地。

北京市在大规模“危旧房改造”中大拆大建的拆迁方式，使很多历史街区、传统建筑被拆掉了，很多胡同四合院的墙上被画了大大的“拆”字，很多很好的四合院在成片改造中被无情拆掉。我长期住在北京的四合院里，其中居住时间最长的是美术馆后街 80 号，在这个院子里曾经拍摄过

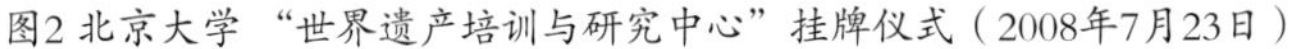
图2 北京大学 “世界遗产培训与研究中心”挂牌仪式（2008年7月23日）

图3 江苏 世界遗产监测管理国际研讨会（2011年9月18日）

北京第一部以四合院为题材的电视连续剧《吉祥胡同甲五号》，但是后来我再去的时候，这座四合院已经面目全非。为了让更多的历史街区和传统建筑获得保护，我们加快了公布文物保护单位的进度，划定了 25 片历史文化保护区（后来发展到 40 片），把北京老城，特别是中轴线、故宫周边大片的胡同四合院地区列入保护之列，加大北京老城的整体保护力度，同时加大考古遗址公园的建设力度。在这里，还要特别感谢启功先生，他长期担任国家文物鉴定委员会主任，对博物馆文物藏品的征集和保护都做出了重要的贡献。

我在国家文物局工作期间，先后启动了 3 次全国不可移动文物普查、长城资源调查，开展了山西南部早期木结构建筑保护工程、西藏地区全国重点文物保护工程、四川汶川地震抗震救灾工程、大型考古遗址公园建设等重点项目，希望我国真正能从文化遗产大国迈向文化遗产强国。

2004 年世界遗产大会第一次在中国召开，会议举办得很成功，但是大会制定的一项规定对我们很不利，即一个国家无论大小，每年只能申报一项世界文化遗产。我国拥有那么丰富的文化遗产资源，却与其他国家待遇同等。但是这项规定无疑是正确的，就是要平衡文化多样性，让那些还没有机会进入世界文化遗产大家庭的国家也有机会申报成功，因为每年上百个国家申报，但是成功的只是三四十项。我们与文化遗产领域的国际组织沟通，在城市化加速进程中加强文化遗产保护，这些都带有抢救性质。于是我们加大申报世界遗产的力度，几乎年年获得成功，就在 2019 年良渚古城遗址成为世界遗产之时，中国一跃成为全世界拥有世界遗产最多的国家。但是我认为最多并不是最重要的，最重要的是抢救保护了大量珍贵的文化遗产。例如五台山通过申报世界文化遗产加大环境整治，恢复了“深山藏古刹”的历史景观；杭州西湖通过申报世界文化遗产，保护住了“三面云山一面城”的文化景观，同时杭州的经济社会发展没有因此受到影响。在保护西湖文化景观的同时，杭州市从“西湖时代”走向了“钱塘江时代”，在钱塘江两岸建设了新的杭州城。G20 会议期间，人们把这个城市的景象传遍世界各地，这就是文化遗产保护的力量。

人生有幸，我一直有机会从事世界文化遗产——故宫的保护工作。记得在城市规划部门工作的时候，我们特别担心大规模城市建设中，高大的建筑物、大体量建筑群侵入故宫的文化景观中来，于是就在故宫周围规划了大面积建设控制地带和世界遗产缓冲区，使今天北京中轴线得以申报世界文化遗产。记得在文物部门工作的时候，在故宫的筒子河和城墙中间，有 400 多户居民和 20 个单位拥挤在这狭长的地带，生活工作都很不方便，当时居然有 460 多条污水管道直接向筒子河排污，两侧单位和居民倾倒的垃圾已经铺满水面。于是我们提出“要把一个壮美的紫禁城完整地交给下一个六百年”，经过社会各界 3 年的共同努力，终于在进入 21 世纪之时，筒子河变得碧波荡漾。现在无论春夏秋冬、早中晚，天气好的时候，总有很多“长枪短炮”对准角楼、城墙和筒子河进行拍摄，把紫禁城的美传向世界各地。

图4《单霁翔带你走进故宫》

故宫“看门人”

对于故宫博物院来说，我只是一个“看门人”，首先是开展世界文化遗产的守护工作。我们开展了为期3年的大规模环境整治，改变了故宫的面貌，越来越多的古建筑经过维修保护得以开放，开放面积不断扩大。2014年开放面积突破50%，达到了52%，2015年达到65%，2016年实现开放面积76%，目前达到了80%。午门雁翅楼、神武门、东华门、端门、慈宁宫、寿康宫、南大库、箭亭等古建筑均作为博物馆展厅对观众开放，慈宁宫花园开放了，故宫城墙也开放了。几十年来人们参观太和殿之后，只能往北边走，高大的宫殿前、宽阔的广场上，一棵树也没有。很多观众曾经问我，为什么故宫里没有树，过去我只能告诉他们，再往北边走，到御花园就能看到树林。实际上太和殿西侧有右翼门、东侧有左翼门，只是没有开放。如今整治了两侧的环境，开放了两侧的区域，人们可以走出右翼门，沿着十八槐景观走向新开放的西部区域；人们可以走出左翼门，迎面就是宽阔的箭亭广场。大家这才知道太和殿两侧一步之遥有这么好的生态景观。第二次或第三次来故宫博物院的观众，就不用一直向北走，而是可以向西看展览、向东看景区，如此人流就分散开来。

今天故宫博物院很多古建筑用于教育，新设立的故宫博物院教育中心的大教室能迎接更多观众、更多学生来这里学习。故宫还有一个得天独厚的条件，就是这里几十个庭院都非常安全，总有很多同学来此开展学习活动。20年前，我到欧美的博物馆参观，曾羡慕那些博物馆的展厅和庭院有很多同学在上课学习。今天故宫博物院满院子都是开展着丰富多彩的学习活动的各个学校的师生，对此我感到非常欣慰。博物馆就应该是一个学习的课堂、一片文化的绿洲。

如今，故宫博物院已经成为开展国际文化交流的平台。一年一度的“太和论坛”在这里召开，我告诉各国代表，“和”文化是中国传统文化的精髓之一，就是号召人与自然之间应和谐相处，人与人之间应和谐相待，人的内心世界应和谐相安，只有这样，我们的世界才是和平发展、不断进步的世界。各国代表非常赞成中国的主张，20个文明古国在故宫博物院共同签署了《太和宣言》。每当外国领导人走进故宫博物院参观时，我们都会用中华传统文化为他们解读，红墙、黄瓦、蓝天，这是“三原色”，它们可以共同混合出任何色彩。我们的世界必须是绚丽多彩的，而不能是单一色彩的，每个民族都有值得骄傲的历史，也都应该拥有其向往的未来。

明永乐十八年十一月初四（1420年12月8日），皇帝颁布诏书，昭告天下：“……创建宫室……今已告成。”2020年，是紫禁城六百岁生日，我们可以欣慰地宣告，经过艰苦卓绝的努力，终于实现了“把一个壮美的紫禁城完整地交给下一个六百年”的诺言。每天，当数以万计的中外观众走进故宫时，我相信他们一定会感受到世界上最大规模、最完整的古代宫殿建筑群，今天被保护得如此壮美、如此健康、如此拥有尊严，他们一定会感动于中国为世界文化遗产保护所做出的积极贡献。2019年，在实现限流的情况下，故宫博物院接待观众

图5 2016年10月20日下午，出席“2016世界古代文明保护论坛”的代表们经过一致协商，共同发起并签署了《太和宣言》

1 933 万，史上最多，也是全世界博物馆中接待观众人数最多的。更令人兴奋的是，在近 2 000 万的观众中，35 岁以下年轻人的比例超过了 50%。

图6 2013年6月23日院士走进紫禁城 学术活动合影

面向世界讲好中国故事

在“大河文明旅游论坛”上，一位外国驻华大使在致辞中说，埃及有五千年的文明史，比中国早了两千年。听了以后我真的很难过，作为第一个演讲嘉宾，我介绍了几十年来中国的考古学家、历史学者，已经在中华大地上，满天星斗般地揭示出中国五千年文明史，特别是在之前的世界遗产大会上，良渚文化以距今 5 300 年至 4 300 年的历史，证实了良渚古城遗址是中华五千年文明史的圣地。我演讲以后，会间休息时，这位大使向我表示了感谢，是我的演讲让他了解到关于中华五千年文明史的真实情况。我对这位大使说，是我们对中华五千年文明史的宣传不够。

今天，面向世界讲好中国故事非常重要。目前（指 2021 年 1 月 13 日）我国拥有 55 处世界遗产，还有 59 处申报世界遗产的预备项目。为了讲好世界遗产故事，我们拍摄了综艺节目《万里走单骑》，例如走进良渚古城遗址、鼓浪屿国际社区、福建土楼、景迈山古茶林、杭州西湖文化景观，通过一次次世界遗产之旅，讲述每一处世界遗产的价值、申报世界遗产的艰难过程以及如何走进并读懂世界遗产，把有关世界遗产的精彩故事告诉年轻人、告诉世界。

我们还要讲好北京故事。《我是规划师》是由北京卫视和北京市规划部门共同出品的节目，我在节目中不装、不演、不背，也不会对着空气说话，而是与市民、规划人员、文物保护工作者等交流、对话，使人们了解北京规划编制和管理过程，以及实施效果对城市可持续发展、人居环境改善的意义。

讲好中国故事还需要多方面努力。例如在教育部推出的“资助育人·文化艺术进校园”活动中，我的任务是走进数十所大学，以“坚定文化自信，做中华传统文化的忠实守望者”为题，为在校贫困大学生举办专题讲座。目前我已经走进了黑龙江、吉林、辽宁、山东、湖北、贵州、四川、宁夏、甘肃、广西、云南等省、自治区的 20 余所大学。所到学校的同学们都积极参与互动，使我感到这是一项非常有意义的教育活动，同时也得以深入了解大学生的文化需求。

不久前，中央文史研究馆组建了“中华文化大讲堂”组织委员会，我担任组织委员会主任，充分发挥文史馆员的作用，让中华文化走进各个地区、各个单位、各个学校课堂，走进中外文化交流论坛，以期讲好中国故事，传播中华传统文化。

我的导师吴良镛在我参加博士学位授予仪式当天曾嘱咐我：无论从事什么工作，无论担任什么职务，都一定要坚持带着实践中的问题读书学习，通过努力不断提升解决问题的能力。每次看望吴良镛教授，他都会问我最近读了什么书、写了什么东西，我都要做好充分准备。

吴良镛教授是建筑师，在建筑设计、城市规划、区域研究、人居环境科学等诸多方面，均取得了令人瞩目的业绩。他的建筑设计体现出人文情怀理念，北京菊儿胡同的住宅设计获得“世界人居奖”，曲阜孔子研究院、南通博物苑新馆、南京江宁织造府博物馆等优秀建筑设计，在建筑界和社会上都有着重要的影响。

长期以来，吴良镛教授一直在推动京津冀地区协调发展，他的《人居环境史》九次易稿，我多次获得提前阅读的机会。吴良镛教授一直主张建筑师要学习文化艺术，其艺术造诣颇高。2014 年 8 月，中国美术馆举办了吴良镛建筑书法绘画艺术展。每当《千里江山图》展出的时候，吴良镛教授都会来故宫博物院，站在《千里江山图》前长时间凝望，我感到这就是他心中理想的人居环境。

吴良镛教授践行“读万卷书，行万里路，拜万人师，谋万家居”的人生格言，虽然已经 99 岁高龄，但他仍在为建设美好人居环境而辛勤工作。20 年来，我跟随吴良镛教授学习人居环境科学理论，获得难得的深造机会，耳濡目染，感佩先生为学之谨严，行事之勤勉，创作之不倦，至今受益良多。

“把工作当学问做，把问题当课题解”，是我长期以来坚持的工作方法，“读书加写作”是我长期以来坚持的学习方法。去年（2020 年）我又出版了 5 本新书，包括《我是故宫“看门人”》《大运河漂来紫禁城》《单霁翔带你走进故宫》等。我还会继续努力，不辜负“会林文化奖”的荣誉，努力让中华优秀传统文化走进人们的现实生活。

Red Architectural Classics in the 20th Century Heritage—Reanalysis on the Historical, Technological and Cultural Values of Event Architectonic

20世纪遗产中的红色建筑经典
——事件建筑学的历史科技文化价值再析

金 磊*（Jin Lei）

摘要：以历史大事件为触媒的革命纪念建筑及遗址价值，越来越受到国际社会与建筑文博学界的关注。本文梳理并学习了20世纪40年代以来80余载的红色建筑经典，感悟到红色建筑经典的传承也要走继承、转化和创新之途，不仅要重视建构“有形记忆”，更要通过发现、提升其历史科技文化的价值，研讨如何将十九届五中全会的“文化强国”之策及“十四五”规划中的“城市更新行动”落到实处。2018年中央印发了《关于实施革命文物保护利用工程（2018—2022年）的意见》。作者根据自2016年至2020年中国文物学会20世纪建筑遗产委员会推介的5批共计497个“中国20世纪建筑遗产项目”中的近百个涉及各个不同历史时期的红色建筑经典，研究了建筑遗产保护构成与保护规划设计修复策略，从而探讨了如何让这些红色建筑经典真正走进当代人的心灵、何以从建筑文博视角讲好中国改革发展的“故事”。

关键词：20世纪遗产；事件建筑学；红色建筑经典；真实性与完整性；传承与创新

Abstract: The value of revolutionary memorials and relics triggered by historical events has grabbed increasing attention from the international community and the architectural, cultural, and academic circles. Based on a review of the red architectural classics over the past 80-plus years beginning from 1940s, the author came to realize that the inheritance and promotion of the red architectural classics also need to follow the path of inheritance, transformation, and innovation. Apart from laying stress on constructing “tangible memory”, it’s essential to discover and improve the historical, technological and cultural values, so as to thoroughly implement the urban renewal campaign to fit in the strategy to develop a great cultural nation as proposed in the Fifth Plenary Session of the 19th Central Committee of the CPC and the 14th Five-year Plan. In 2018, the central government issued the “Opinions on Implementing Projects for Protection and Utilization of Revolutionary Cultural Relics (2018-2022)”. From 2016 to 2020, the CCRA Committee of the 20th century Architectural Heritage launched the 20th-century Architectural Heritage Lists, incorporating 497 projects in five batches, involving about 100 red architectural classics from various historical periods. The author studied the composition, planning, design and restoration strategies for the conservation of nearly 100 red architectural heritages. On this basis, the author explored how to make these red architectural classics better known by the contemporary people and how to tell the stories about China’s reform and development well from the perspective of architecture and museology.

Keywords: 20th century heritage, event architectonic, red architectural classics, authenticity and integrality, inheritance and innovation

* 中国文物学会20世纪建筑遗产委员会副会长、秘书长
中国建筑学会建筑评论学术委员会副理事长
《中国建筑文化遗产》《建筑评论》主编

一、红色建筑遗产的保护动态

历史总是在一些特殊年代给予人们与社会丰富的前行之力。在中华民族宝贵的精神财富中，红色文化就是取之不尽的艺术与设计创作源泉。中央强调，2021 年要学习并讲述百年党史。2021 年正值国务院公布第一批 180 处全国重点文物保护单位(简称“国保单位”)60 周年，180 处文物中革命遗址及革命纪念建筑物占 33 处，表 1 为第一批至第八批入选的国保单位的详情，从中可以看到革命文物日趋受到重视。

表1 全国重点文物保护详情

年份	批次	本次总数量/处	革命遗址及革命纪念建筑物/处	占比/%	革命纪念物特点说明
1961年	第一批	180	33	18%	第一批至第三批“革命遗址及革命纪念建筑物”单独分类
1982年	第二批	62	10	16%	
1988年	第三批	258	41	16%	
1996年	第四批	250	因第四批至第七批将“革命遗址及革命纪念建筑物”纳入“近现代重要史迹”，为避免数据重复，不再单独统计		第四批至第七批国保单位的分类标准做了适当调整，将“革命遗址及革命纪念建筑物”纳入“近现代重要史迹”中，同时增加“近现代代表性建筑”，合并称为“近现代重要史迹及代表性建筑”，这无疑影响其占比
2001年	第五批	518			
2006年	第六批	1 080			
2013年	第七批	1 944			
2019年	第八批	762	138	18%	2019年，国家文物局设立革命文物司，公布了594处分布于全国的“革命文物”，再次将“革命文物”作为一类文物类型单独提出
总计	共八批	5 058			

仅以革命遗址及革命纪念建筑物为例，我国就有《革命烈士纪念建筑物管理保护办法》《烈士褒扬条例》颁布。革命烈士纪念建筑物的定义是“为纪念革命烈士专门修建的烈士陵园、纪念堂馆、纪念碑亭、纪念塔祠、纪念雕塑等建筑设施”。如第一批国保单位中的平型关战役遗址、冉庄地道战遗址，第三批国保单位中的北伐汀泗桥战役遗址，第六批国保单位中的西河头地道战遗址、半塔保卫战旧址、湘江战役旧址、昆仑关战役旧址、红军四渡赤水战役旧址和松山战役旧址，其保护规划不仅要保护纪念建筑本体及相关纪念性物件，更要对其背后所蕴含的“事件性”特征加以保护，关键在于对事件的“真实性”与“完整性”的表达，这些理念是伴随建筑遗产保护的国内外发展而得到完善的。

回望历史可看到，中国近代史以 1840 年的第一次鸦片战争为开端，以 1919 年“五四运动”及 1921 年中国共产党成立为标志，20 世纪事件史迹和经典建筑折射出了百年红色文化的脉络：从中共一大会议旧址到八一南昌起义大楼，从井冈山八角楼、瑞金“红中社”到古田会议遗址，从八七会议旧址到洛川旧址与延安宝塔山，从西柏坡到香山双清别墅再到天安门城楼与壮丽的“中华第一街”……这千百个记载革命历史事件的建筑和遗址，用有形的语境告诉世人，何为百年中国共产党战争与革命、建设与改革、传承与发展的实物、实证与实说。重温《梁思成全集》，我们也发现在诸著述中都有梁思成综合学习毛主席对文化遗产的观点的体会。现在看来，这是 20 世纪 40 年代毛主席对考古工作者与文博界的期望，更是对中华人民共和国建筑设计的瞻望。历史是什么？重温重要足迹可令人明达，一是在历史印迹中发现文化现象，二是在静观历程中感悟发展之价值。红色建筑地标不仅是具有城市空间导向、视觉标识作用的重要景观，更是携带红色记忆和文化象征意义的符号文本。在首都北京，针对中华人民共和国的建设成就，仅以 1949 年至 1966 年恢复建设期为例，其红色印迹明显的 20 世纪建筑遗产就包括：1950—1959 年建设的八宝山革命公墓、人民英雄纪念碑与“国庆十大工程”；1953—1966 年建设的文体设施，如天桥剧场、首都剧场、北京天文馆、北京体育馆、首都体育馆等。1976 年至改革开放初期建设的毛主席纪念堂、香山饭店、长城饭店、建国门外交公寓、京城大厦、京广中心等更是标志。

以下对中华人民共和国成立以来的红色遗产保护历程做个简要回顾。1982 年颁布的《中华人民共和国文物保护法》总则中明确表示，受国家保护的文物包括“与重大历史事件、革命运动和著名人物有关的，具有重要纪念意义、教育意义和史料价值的建筑物、遗址、纪念物”，它无疑为我们珍视 20 世纪当代建筑经典提供了法律依据。1996 年国务院公布第四批国保单位时，采用了“近现代重要史迹及代表性建筑”的类别，将涉及 20 世纪事件的重要题材的遗产载入国家遗产名录。从 20 世纪遗产见证社会发展与人类科技进步等方面来看，年轻的深圳具有当代建筑价值。深圳作为改革开放的试验区，有一系列制度创新之处，也拥有一批堪称改革开放纪念碑的标志建筑。深圳应关注并善待自己的历史和文化，尤其该为这座城市保存更丰富、更完整的建筑记忆。学党史且感悟深圳改革开放的先锋性，我们既要从深圳城市总体上加强传承保护，也要将用改革开放精神凝聚的当代建筑总体纳入文化遗产的完整保护体系中，并要大胆探索“改革开放历史性建筑”的新命题。十八大以来，革命文物保护工作发展态势良好，全国重点文物保护单位中的革命旧址的开放率接近 94%，革命博物馆、纪念馆总数超 1 600 家，“十三五”期间我国平均每年推出 4 000 余场革命文物展。目前，全国革命文物资源“家底”基本被摸清，全国不可移动革命文物达 3.6 万多处，国有馆藏可移动革命文物超过 100 万件 / 套。至 2021 年 3 月，北京、天津、上海、江西、广西等 20 个省（自治区、直辖市）公布了第一批革命文物名录，同时“十三五”时期，国家文物局共实施了 263 个全国文保单位革命文物保护项目，中宣部、财政部、文化和旅游部、国家文物局公布了两批 37 个革命文物保护利用片区，中央财政特别对片区整体陈列展示、长征国家文化公园建设予以倾斜。

二、红色建筑遗产的历史脉络浅析

2021 年 3 月下旬，国家文物局办公室发布《关于开展 2021 年文化和自然遗产日活动的通知》，活动的主题是“文物映耀百年征程”，主场城市活动在重庆举办。活动的宣传口号包含“献礼建党百年，传承红色基因”“实证中华文明，迈步崭新征程”等，聚焦文物科技创新在文物保护利用上的支撑作用；聚焦系统保护与文物保护共识，传播“保护第一”“保护文物也是政绩”的科学理念；聚焦文物惠民，提升公众对文化和自然遗产日的参与度。中央强调要在对革命文物的传播中讲好红色故事，要站在中共百年庆典时间点上，缅怀百年先驱，致敬为中国现代化舍生忘死、无畏付出的先驱们。我写作此文时正值辛丑年清明，在慎终追远的感伤中，望青烟袅袅，献馨香几枝，寄托厚重的家国情怀，这里有红色建筑经典筑起的事件与人物，更有该系统梳理的红色脉络。以事件为例，这些年来已有一系列革命展陈呈现，如抗日战争胜利 70 周年、红军长征胜利 80 周年、中国人民解放军建军 90 周年、改革开放 40 周年、中华人民共和国成立 70 周年、中国人民志愿军抗美援朝出国作战 70 周年等各类展览。

从红色建筑经典入手，不可不联系“事件建筑学”与“叙事学”的问题。“叙事学”最早源自 20 世纪 60 年代茨维坦·托多罗夫（T. Todorov）的提议，它不仅走入人文学科，还被更多学科所吸纳，并延伸出建筑叙事学等新兴领域，这无疑具有遗产价值。红色建筑遗产的叙事学应用，不仅仅是文字表述，还是城市与环境元素通过组合、变化为人们讲述文化脉络、场地精神、场地空间、场地记忆乃至故事情节，重在通过叙事将记忆特别是情感交织在场所之中。情感是人们精神世界的原动力，缺乏情感，人会变得冷漠和物化，那意味着沉沦和生存危机。人文精神、文化修养、文化多样性选择是社会文化特征的主要表现，这种情感价值需要打动人的情感空间塑造、拥有革命历史底蕴和地方精神的情感记忆、体现社会群体聚合作用且有信仰力的集体情感，当然，它们不可缺失情感空间的原真性。从叙事学的文学与建筑空间出发，与中共同年诞生的有两个现代文学社团。人们知晓的是文化的“五四”和政治的“五四”叠加后，便对 20 世纪中国社会文化的历史脚步产生重大影响。巧合的是，中国“新文学”最早的两个文学社团与中国共产党同年成立：文学研究会发布成立宣言是在 1921 年 1 月，创造社在日本发起成立的时间为 1921 年 7 月。之所以说两个文学社团与中共有“交集”，是因为文学研究会发起人与核心人物沈雁冰，同时也是 1920 年 5 月在上海成立的马克思主义研究会的发起人之一，他为《共产党人》杂志撰稿；创造社最初以“为艺术而艺术”为旗帜，其与中共的交集是郭沫若、成仿吾等创造社元老，他们支持了国共合作后的北伐战争等。

从红色经典中可领略到丰富的内容，其中信仰之力是百年时代记忆的“体”与“魂”，如韶山的光芒贵在它是生长传奇的土地。《嘉庆一统志》载：“韶山，相传舜南巡时，奏韶乐于此，因名。”韶山便属南岳七十二峰之一。2020 年 10 月 14 日，建筑文化考察组一行人再次赴韶山考察，虽然下着蒙蒙细雨，但仍可感到心中明亮，周边温暖，因为此地闪耀着伟大智慧和思想的光芒。我难忘，毛主席故居前池塘里的荷花与睡莲的生机，荷花高洁、丽影重重、恬静舒缓的景致，令人不能不敬仰毛泽东，他受湖湘文化的熏陶，有湘人倔强的性格，亦有心忧天下敢为人先的崇高人格之魅力。

1919 年 6 月 11 日，在北京天桥新世界游艺场，因悲愤巴黎和会外交失败，新文化运动的倡导者及主要旗手、“五四运动总司令”、中共早期主要领导者陈独秀带头散发《北京市民宣言》传单，呼吁政府“对日外交，不抛弃山东省经济之权利”。陈独秀的故居、《新青年》编辑部旧址箭杆胡同 20 号院 2001 年被公布为北京市文物保护单位。映山红是井冈山的市花，红色是井冈山的底色，井冈山革命博物馆中的档案提及在罗霄山脉中段的八角楼里闪耀的火光，正是在这微弱的光亮下，毛泽东思考着适合中国革命发展的道路，所以，在血与火中锻造的井冈山精神源自八角楼灯光中的黎明曙光。湖北洪湖的瞿家湾湘鄂西革命根据地旧址（入选 1988 年第三批国保单位），它是 1927—1934 年贺龙、周逸群等革命先驱创建的根据地，也是长征主力红军之一的红二方面军的诞生地。在这里有近 40 处具有重要意义的革命旧址及历史遗迹，其独特的古朴建筑韵味有较高的艺术价值。探访古田会议会址及旧址群，寻根溯源，我们发现《古田会议决议》是中共和红军建设的纲领性文献，在今日，福建连城新泉村有前委机关旧址望云草室、司令部旧址于溪公祠、工农妇女夜校旧址张家祠、军民万人大会台旧址等保存完好的建筑，它们不仅见证了峥嵘岁月，还为中国革命传播出红色基因。陕北延安是20世纪三四十年代中国先进知识分子向往的圣地，老一辈革命家在此生活战斗了13载，领导了抗日战争和解放战争，培育了延安精神。作为红色经典圣地，延安现有革命旧址445处，42家A级景区中有19家为红色旅游景区，革命旧址保存规模与数量全国居首。当年专门为中共七大修建的延安杨家岭中央大礼堂是中西合璧、朴素大方的经典之作。

图1 在中国文物学会20世纪建筑遗产委员会指导下，天津大学出版社建筑邦平台推出的“致敬中国20世纪红色建筑经典”荣获“国家新闻出版署百佳数字出版精品项目献礼建党百年专栏”

红色建筑经典文化一般与重大会议会址、秘密联络情报站、革命斗争指挥中心等遗址相关，公共历史建筑、居民区乃至战争遗址都体现出鲜明的地方特色，兼容性与伴生性明显，无疑这是红色文化赋能文化遗产旅游高质量发展的关键。此外，红色文化要想成为旅游吸引物，还要通过城市与建筑的红色叙事与游人建立关联，赋予特殊意义才行。

三、特区建筑塑造并完善改革开放史

20年前，澳大利亚学者乔恩·霍克斯提出，城市除环境、经济、社会可持续性外的第四级是“文化活力”，无疑这不仅合乎联合国教科文组织的一贯主张，还特别在城市建设中强调了文化的价值体系、特殊资源及动力作用。事实上，各个城市对“文化城市”理念的植入方式是不同的，但均认同文化可持续的核心是要促进城市多元化发展，以找准城市活力迸发的价值导向。因为大量中外城市发展的路径证明，没有文化的城市发展是欠活力的，是潜力不足且无后劲的。由此便不难理解，以建筑的名义说城市文化是恰当的，因为它能见有形之“体”，更有建筑精神之无形之“魂”，建筑作为人类的“生活方式”，魂体统一便构成了城市生机勃勃的文化体系。

如第一批至第五批中国20世纪建筑遗产项目中，深圳地区入选项目共计6个，它们是深圳国际贸易中心、深圳蛇口希尔顿南海酒店、深圳地王大厦、深圳图书馆、深圳发展银行大厦和华夏艺术中心。从改革开放的创新设计看，深圳当代建筑遗产的价值可总结出有如下内涵的方面：其一，从文化高度把握现代化的深圳建筑，是营造特色鲜明的现代城市建筑的要点；其二，要破除深圳城市曾经的“文化沙漠”的论调，确立文化自信，这是深圳城市文化发展的逻辑起点，因为它可决定深圳城市文化建设的眼光和格局；其三，创建城市文化之路有许多种，但创造别具一格的空间构形、有人文内涵的建筑布局，是体现公众互动、参与，用文化型建筑使城市富强的关键；其四，十九届五中全会及“十四五”规划都要求将“城市更新行动”落地，关注当代建筑遗产的传承与利用，深圳作为中国创新型示范城市充满雄心与构想。从改革开放对建筑界的影响看，深圳最具魅力的就是它那种永远年轻、有冲劲的精神，目前，深圳已融入粤港澳大湾区的总体建设中，其创新发展时机已成熟。

城市建筑界从改革开放中获取的最重要的实惠就是创新步伐下产生了中国城市的卓越作品且提升了民众的幸福感。如果说“北上广深”是中国城市建设改革发展的先锋之城，那么经济特区更是率先结下优秀项目成果之地。深圳的重要经验就是敢闯，曾经的小渔村做出了城市建设上一系列“破天荒”的大事。如1987年，深圳在深圳会堂公开拍卖了一处8 588平方米地块的50年使用权，这是中国第一次土地拍卖，“这一槌”让土地变成商品可以交换，并直接促成宪法中有关土地使用制度的修改。建于1984年的国贸大厦，以160米的高度成为国内当时最高的摩天大楼，“三天一层”的“深圳速度”传遍海内外。当时香港建造的纪录是五天一层，美国的最快速度是四天一层。该项目由中南设计院设计，由中建三局张恩沛领导施工，设计与施工的完美结合，不仅使深圳国贸大厦高高耸立，直插云霄，更体现了深圳建设精神。当年，建设国贸大厦面向全国招标的举动也是众所瞩目，最终的结果是，大厦整个建设工期缩短了六个月，造价节省近千万元，质量全优。深圳国贸大厦无疑是这座新型城市的首个地标，当时有言“不到国贸，不算来过深圳”。抄起改革“试管”，“杀出一条血路”的建筑奇迹还有许多，它们使深圳的设计与施工的先锋性在业界充分展现，创造了堪称当代“遗产”的建设奇迹。再如1996年建成的地王大厦(69层、383.95米)成为当时亚洲第一、世界第四高楼，在此可俯览深圳，远眺香港，它代表着不息的深圳脚步。

梳理深圳城市建设发展史，人们常说“80年代看国贸，90年代看地王”，而21世纪以来，442米高的京基100大厦、600米高的平安金融中心都

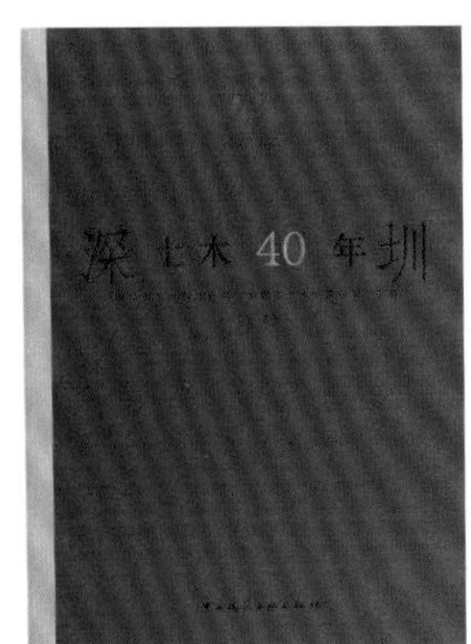

图2《深圳土木40年》

不断刷新着深圳的"天际线"。作家卡尔维诺说过:"今天城市与城市正融合为一,原来用以分示彼此的歧异消失不见了,成为绵亘一片的城市。"深圳为自己乃至全国城市建设管理与建筑设计做出了太多的贡献与成就,这在于它是改革开放的试验田与桥头堡,它创造出太多的创新设计之外的"中国第一"管理经验。所以,从 20 世纪遗产与当代建筑遗产来看,无论是设计机构还是建筑师与管理者,重新认识广东和深圳很重要,因为核心是由此重新认识并评估自己。放眼"一带一路"及粤港澳大湾区建设,深圳改革开放史无疑是可复制的中国当代建筑遗产史。可见,深圳有条件为中国补上 20 世纪遗产保护的当代课。

深圳 40 载奇迹般的成功不仅体现在经济与管理创新上,几十年前深圳实施的"文化立市"战略是关键,其"文化论输赢,文明比高低,精神定成败"的口号是文化自强与自信的当代再造,更是筑就城市文化基因的当代标志。如果说党史学习让我们更明确、坚定中国"文化强国"的愿景,那么当下我们就必须在真正落实建设"文化强市""遗产强国"等目标上下功夫。联合国教科文组织《世界遗产名录》关注的当代建筑遗产(即 20 世纪遗产),中国应尽快补上,如果说北上广有大量百年以上的建筑,那么深圳的历史建筑则是代表改革开放创新文化的新作品和"教科书"。中国欲从建筑遗产类型上跟随世界遗产脚步,深圳最有条件做在前面,这包括对 20 世纪遗产的政策与立法。当下,不少城市文化建设热衷于上大项目,盖新房子,以为发展新的文化项目一定要从新建筑入手,殊不知让老房子有"新作为"、老屋"活化"利用才是现实且理想的选择。从另一视角看,只有老建筑才能延续人们的难忘记忆,才容易嵌入新文化内容并焕发特殊的城市魅力。难道一个城市非要靠牺牲 20 世纪经典建筑才能发展?殊不知所拆的不仅是建筑本身,还是对当代社会进步有价值的文化影响力,拆掉的将是城市精神与永逝的"乡愁"记忆。

四、从遗产文化角度感悟武汉重生的抗疫精神

《中国建筑文化遗产》《建筑评论》编辑部同人这些年为记录遗产而"行走",始终关注与重大事件关联的建设项目的发展与演进,更没有忘记 2021 年 4 月 8 日这个似乎很容易被人忽视的时间点,在北京的我们也同英雄的武汉人民一样历经了疫情的考验,切实感悟到能自由出行、自由呼吸是多么幸福。建筑文化考察组在湖北省文物局、武汉理工大学等单位支持下,于 3 月 31 日—4 月 5 日开展了"致敬英雄之城,不负来时之路"的建筑考察。2021 年 4 月 8 日非同寻常,因为 2020 年 4 月 8 日零时,湖北武汉正式解除离汉离鄂通道管控,被按下暂停键 76 天的武汉重启。今虽江城水暖,春光复苏,但"回望"历史性的抗疫,我们有太多情愫需要表达。对此次武汉与湖北建筑遗产考察我拟定了几个宗旨:一次 20 世纪遗产之旅,一次 20 世纪湖北红色遗迹之旅,一次工业遗产保护利用之旅,还是一次为"英雄武汉"寻找抗疫成绩和光影之旅。因为 2021 年是建党百年,同时也是辛亥革命 110 周年。在清明前,感悟一座城的生灵烟火,就看到了它最动人的色彩,因为每座城都需要拯救人心的力量。《湖北日报》《长江日报》已有多篇回望总结抗疫精神底蕴的文章,从武汉回京后那几天令我印象深刻的长篇报道有:《引擎重燃势更旺——武汉解封一周年》(《新华每日电讯》,2021 年 4 月 7 日)、《风雨过后春更浓》(《人民日报》,2021 年 4 月 8 日)、《浴火重生,续写江汉华章》(《光明日报》,2021 年 4 月 8 日)、《英雄之城,别样春天》(《深圳特区报》,2021 年 4 月 9 日)、《武汉重启一周年,从逐步复苏到春回大地》(《文汇报》,2021 年 4 月 9 日)、《回眸"大城归来"抒写"春满人间"》(《中国新闻出版广电报》,2021 年 4 月 9 日)等。

图3《火神山医院、雷神山医院建设纪实》

20 世纪遗产中的红色经典,有中共创立的红船精神、长征精神、延安精神、西柏坡与香山精神、中华人民共和国成立时的建设精神乃至改革开放精神,它们共同构成革命文化的重要标识,蕴含舍生忘死的精神气质。位于武汉汉口鄱阳街 139 号的八七会议旧址(1920 年英国人建的"怡和新房"公寓),让我触摸到当时那段岁月,由对中外建筑的比较,联想到《共产党宣言》的诞生地比利时布鲁塞尔的天鹅咖啡馆。2018 年是马克思诞辰 200 周年,也是《共产党宣言》发表 170 周年,天鹅咖啡馆正是《共产党宣言》发表的见证地,它是被大文豪雨果奉为"世界最美广场"上的典型建筑,雨果曾 15 次造访它且住在附近的鸽子酒店。如今,在咖啡馆外墙上仍可看到写有"马克思自 1845 年 2 月至 1848 年 3 月住在布鲁塞尔,他曾和德意志工人协会和当地民主协会人员一起在此欢度 1847 年和 1848 年的新年之夜"的纪念铭牌。与 20 世纪红色遗产一样,我们也必须关注 21 世纪的当代红色建筑经典。从我国深厚的传统哲学底蕴讲,老子说"人法地,地法天,天法道,道法自然",这指出了人与天、地、道之间的关系,人类要遵从规律,科学行事,面对前所未有的新冠肺炎疫情,无论是建"两山"医院和方舱医院,还是研发疫苗,或是分区分级差异化防疫,都需

要科学精神。武汉是一座英雄的城市，2020 年这座英雄之城更是在抗疫中扛起主战场职责。10 天建成火神山医院、12 天建成雷神山医院的建设者在防疫建筑工程领域创造了医院建设史上的“奇迹”，这里有一场场艰苦的鏖战，一个个逆行出征的建设背影，更有一幕幕感人至深且永志不忘的集体记忆。

在中国传统文化中，生命至上的底蕴形成了亲民、保民、恤民、利民、卫生等思想。《周易》载“天地之大德曰生”，反映了天地之伟大，人要珍爱生命的情怀。孔子重“生”不究“死”，关注现实人生；古时大禹为治理黄河之患，面对滔天洪魔，三过家门而不入，此“逆行”挽救无数生命于水患。建筑文化考察组在武汉考察了位于汉口滨江公园江堤上，为纪念 1954 年防汛胜利于 1969 年建成的抗洪纪念碑，37 米高碑身及碑顶夺目的五角红星、毛泽东巨幅像章令人瞩目。当年荆江分洪区分蓄超额洪水等措施保住了荆江大堤、江北大堤、武汉、黄石大堤及京广大动脉。我们在翻阅《1954 年长江的洪水》（长江出版社，2004 年 12 月第 1 版，长江水利委员会水文局编著）时发现，该书对 1954 年和 1998 年两场洪水做出了多方面比较，包括流域下垫面条件的变化、气候环流背景的比较等，最后给出结论：尽管 1998 年长江中下游大部分江段水位高于 1954 年，但洪灾损失小于 1954 年。1998 年人民长江抗洪的精神、英雄行为和客观社会意义直接指向民族的整体利益，对整个社会具有深层的震撼力。确实，这种气概也一直充溢“抗疫”一线。

图4《1954年长江的洪水》

建筑文化考察组怀着特有的情感，站在 1929 年 10 月建成的武汉中山公园，看到了同济医院、协和医院，也专门参观了 2020 年一再上演“生死时速”的金银潭医院，如今这里只偶尔有少许复查病人，不远处新的门诊大楼正在拔地而起……生命，在代代相传中生生不息，城市在千磨万击中坚韧如钢。说到武汉中山公园，它确是通过改善公共环境提升城市公共健康水平的实例。20 世纪 20 年代从英国留学归来的吴国柄受伦敦城市规划的影响，主张“找合适的地方设计、绘图、施工，在公园里种树栽花，有运动场可以打球，游泳池可以游泳，大湖可以划船，让人人都可以锻炼身体”，以建设公园的方式转变市民的生活方式。在向李宗仁毛遂自荐后，吴国柄牵头成立了“汉口市第一公园办事处”，负责修建中山公园。该园是在“湖北财政厅长”李华堂的私园“西园”的基础上扩建的，成为中国首批自建的公园之一，1929 年 10 月 10 日以“汉口中山公园”的名称对外开放。该公园以人的健康为第一位，还引进了西方现代公园中用于公共健身休闲的娱乐设施。1938 年武汉陷落后其沦为日军的松田兵站。

武汉大学樱花树下各路抗疫英雄再重逢、小巷里热干面飘来新香、黄鹤楼前游人如织……也许对红色经典与湖北考察的认知仅仅是初步的，但这些让我们对特殊年代有了特别的思考。红色经典建筑不仅重振着武汉的城市精神，展现了非凡影响力并创造出描绘历史文化名城多维空间图谱的新表现方法。

参考文献

[1] 中国文物学会，中国建筑学会，中国文物学会20世纪建筑遗产委员会. 中国20世纪建筑遗产名录（第一卷）[M].天津：天津大学出版社，2016.

[2] 北京市建筑设计研究院有限公司，中国文物学会20世纪建筑遗产委员会. 中国20世纪建筑遗产大典（北京卷）[M].天津：天津大学出版社，2018.

[3] 肖竞，张晴晴，罗丹，等.1949年至今我国城市地标建设的旨趣演变与符号语义：以北京为例[J].当代建筑，2020(11):48-51.

[4] 金磊. 中国古代建筑学体系之复兴：莫宗江先生百年诞辰纪念[M].天津：天津大学出版社，2018.

[5] 安托万・皮孔，周渐佳. 建造的历史——在技术史与文化史之间[J].时代建筑，2020(3):12-19.

[6] 申立，陆巍，王彬. 面向全球城市的上海文化空间规划编制的思考[J].城市规划学刊，2016(3):63-70.

链接

走进革命报人邵飘萍与京报馆

金 磊

2021 年是中国共产党建党百年，百年风霜雪雨，百年大浪淘沙，筑就了红色建筑经典，也赓续下代代革命者可歌可泣的诗篇。2021 年 10 月下旬《北京市“十四五”时期文化和旅游发展规划》发布，在八项重点任务中，特别提出要加大优质旅游产品供给，即要加快开发红色文化旅游产品，依托北京大学红楼、卢沟桥、中共中央北京香山革命纪念地等重点革命文物载体，全力培育文化体验地标。据文化和旅游部数据，在 2004—2019 年，全国每年参加红色旅游的人次从 1.4 亿增至 14.1 亿，2021 年红色旅游市场更加火热。红色经典以其丰富的历史价值、时代元素、地域特点与精神气质，不仅历久弥新，还成为红色教育的实景课堂。《中国建筑文化遗产》编辑部在2021年8月北京的红色经典游中，感触颇深的是诠释着红色信仰的"铁肩辣手"的革命报人邵飘萍和他的京报馆，仅以下文献给2021年11月8日的第22个中国记者节。

一、邵飘萍的《京报》与京报馆

1886年，邵飘萍（1886—1926年）生于浙江东阳县（现为东阳市）的一个寒儒家庭。1909年他从浙江省立高等学堂毕业回金华任教，被《申报》聘为特约通讯员，后与他人联办《汉民日报》。1913年8月他因"扰害治安"和"涉嫌讨伐袁世凯"的罪名入狱，《汉民日报》也被封。被妻子汤修慧营救出狱后他暂避日本，进入东京法政大学，与同乡组建"东京通讯社"。1915年末，邵飘萍学成返回上海，任《申报》《时报》主笔，发表了一系列抨击袁世凯称帝的文章。1918年10月，他在北京独自创办《京报》，并任社长，1925年经李大钊介绍加入中国共产党，1926年4月被反动军阀张作霖秘密杀害于北京。

图1 京报馆展陈一角

创办《京报》时邵飘萍已经32岁，他辞去当时中国第一大报《申报》特派记者之职，自筹资金办报。北京市西城区魏染胡同30号，一幢中西合壁的青灰色两层砖楼，门楣上今日仍保留着邵飘萍手书的"京报馆"。经过修缮与腾退，2021年6月，整修一新的京报馆重新向公众开放。据邵飘萍嫡孙邵澄介绍，1926年4月22日他祖父在《京报》发表绝笔《飘萍启事》，24日在京报馆被捕，26日即被枪杀于北京天桥。

历史记载着1919年"五四"前的"不眠之夜"，《京报》社长邵飘萍在北大红楼面向千余张年轻面孔发表演说，他的报告从巴黎和会的中国外交失败，讲到西方列强之丑恶、北洋政府的软弱……17个小时后，改写中华民族历史的"五四运动"爆发了，《京报》派出记者采访报道，为"五四运动"助阵。在此后的两个多月里，《京报》发表的仅以邵飘萍署名的文章就有40余篇。事实上，对邵飘萍的特殊身份，史料中是有记载的，早在1918年春，邵飘萍听说蔡元培校长计划成立"新闻演讲会"，便写信致蔡校长希望予以支持。同年10月14日，北大新闻学研究会成立，填补了中国新闻学教育和研究的空白，而邵飘萍便成为北大新闻学研究会讲师。他每周有一至两节课，地点是沙滩北大红楼第34教室或理科第16教室。

图2 京报馆外景

二、邵飘萍的新闻匠心与贡献

邵飘萍是以笔为枪，唤醒民众，新闻救国的先驱。在今日京报馆纪念展中，他亲手书写的"铁肩辣手"四字仍保留于编辑部，令观者感悟到与当年同人一样肩扛的社会责任，他让更多的学生坚信，在那个时代"铁肩辣手，快笔如刀"是救中国之需要。在今日京报馆纪念展中，有一张日历和一个停止的座钟，它将时间凝固在1926年4月26日凌晨4时，就在这一刻，沉闷的枪声划破北京夜空，邵飘萍以伟大的一生殉报殉国。由于邵飘萍生前的身份秘密，中华人民共和国成立前夕，邵飘萍被追认为革命烈士，1986年中组部正式确认邵飘萍的党籍。①今日再回眸他的惊人贡献感慨良多，这里做两点小结。

其一，他用《京报》平台广撒革命火种。如北大新闻学研究会第一期会员中，毛泽东、高君宇、谭平山、罗章龙等后来都成为中国共产党的早期成员。他还与北大图书馆主任兼经济学教授的李大钊结为伙伴，他们共同成为"五四运动"的舆论先导与直接发动者。与邵飘萍关系甚密的还有鲁迅。1924年《京报副刊》创办，每期16开8页，独立自由之表达使其很快成为"五四"时期全国著名"四大副刊"之一，鲁迅在《京报副刊》仅杂文就发表40余篇，留下《如此"讨赤"》《并非闲话》《青年必读书》等脍炙人口的名作。1925年，邵飘萍邀鲁迅主编随《京报》附赠的周刊，后周刊成为独立发行的《莽原》半月刊，它实乃讨伐段祺瑞政府的舆论阵地。"铁肩辣手"的邵飘萍与"横眉冷对"的鲁迅，俨然是配合默契的文化挚友与"战士"。

① 来源：李舒，以笔为枪的报人邵飘萍，人民网，2021-10-29 http://dangshi.people.com.cn/n1/2021/1029/c436975-32267970.html

其二，他开创了中国现代新闻学的天地。北大新闻学研究会（蔡元培任会长，徐宝璜、邵飘萍为导师）堪称我国20世纪早期第一个新闻学研究团体，实乃中国“报业教育之发端”。在邵飘萍指导下，中国第一个新闻学专业刊物《新闻周刊》创办，旨在“便会员之练习，便新闻学识之传播，便同志之商榷”。作为对中国新闻界及媒体的贡献，他的两部著作成为中国新闻学理论建设的开山之作：一是1923年9月他在京报馆出版的《实际应用新闻学》，它属我国第一部新闻采访学专著，在北大新闻学研究会被作为授课讲义，后成为教材，该书与徐宝璜的《新闻学》、戈公振的《中国报学史》共称开创中国新闻学体系的三大标志；二是1924年6月，他的《新闻学总论》出版，提出了“记者之尽职，以道德人格为基础，以侠义勇敢为先驱，而归本于责任心之坚固”等倡言与论断。

图3 展厅内李大钊、邵飘萍、高君宇等人的油画

感悟在京报馆旧址的学习与考察，我们真实地从这组院落套院落的朴素建筑中，体味到在这里探寻百年热血故地之旅的分量，因为它的主人公邵飘萍不仅以深沉的学养与思考为中国新闻学理论奠基，更以坚韧的抗争精神成为我们必须缅述的光明探路者。

（图片提供：《中国建筑文化遗产》编辑部李玮等）

图4 考察组在京报馆邵飘萍雕塑前合影

Pleasure from Permanent Existence of Famed Buildings

名楼长在亦欣然

马国馨*（Ma Guoxin）

图1 向欣然（1992年作者拍摄）

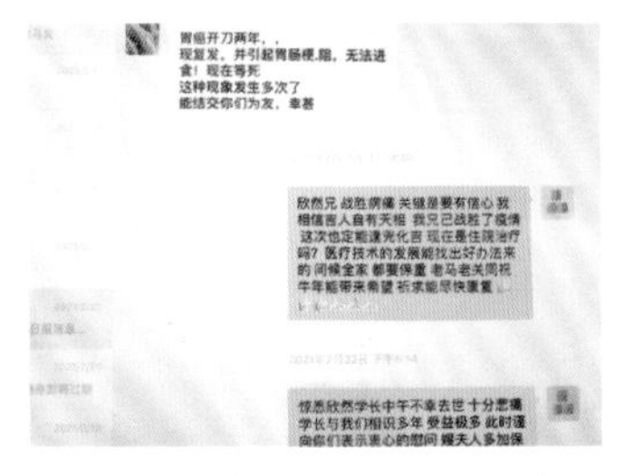

图2 向总和作者最后的微信记录（2021年）

* 中国工程院院士
全国工程勘察设计大师
北京市建筑设计研究院有限公司顾问总建筑师

昔人已乘黄鹤去，此地空余黄鹤楼。

新冠肺炎疫情之下，进入辛丑牛年，此前鼠年里已经听到过太多师长友人去世的消息，不想刚进入牛年又听到了不幸的消息——中南建筑设计院向欣然总于 2021 年 2 月 22 日中午在上海去世。此前在微信上向总自 2 月 7 日以后就再没有给我发过任何消息，为此我在除夕（2 月 12 日）那天上午给他发去一条祝贺牛年春节的消息，在晚上九点收到他的回复："祝老马与老关全家牛年大吉，新春快乐。我重病卧床休息不便多言，从简了，致谢。见谅见谅。"大惊之下我当即在半夜请求他："可否简告一下?"第二天下午他回复："胃癌开刀两年，现复发，并引起胃肠梗阻，无法进食！现在等死。这种现象发生多次了！能结交你们为友，幸甚。"看了回信的诀别之言，我眼泪都要掉下来了。因为一来我一直不知道他患有胃癌，另外我知道肠梗阻的厉害，我的一位姨夫就是患此病，一天我陪他在医院，还没过夜，因不能手术他就去世了。但面对好友，我还是尽量想让向总宽心，于是回信说："战胜病痛，关键是要有信心，我相信吉人自有天相，我兄已战胜了疫情，这次也定能逢凶化吉。现在是住院治疗吗？医疗技术的发展能找出好办法来的。我们同祝牛年能带来希望，祈求能尽快康复。"向总没有回复。揪心的九天之后还是听到了不幸的消息。向总的儿子通过微信告知我他的病情："2019 年 5 月发现胃癌，在武汉协和医院切除肿瘤，2020 年 8 月复发，于年底赴上海继续治疗，春节期间病情恶化，上周一（15 日）呼叫 120 急救，后转院临终关怀病房，于 2 月 22 日上午 11 点 30 分去世，他走得很安详。"很快，有媒体为此专门发了消息，一时有数百条留言，除希望向老一路走好之外，多数留言为"经典作品，永传后世""人去黄鹤留，享誉越千年""为武汉留下了无比珍贵的城市印记""武汉人会记得您的""一生做好一件事，难能可贵"……面对广大人民群众的赞誉，我忍痛在微信上向向总家属表示："得到那么多武汉人民的支持和评价，向总也可以瞑目了，摘录两句李白诗送向总，'送君黄鹤楼，泪下汉江流'。"可见只要为人民做过好事的，广大老百姓是不会忘记他的。向总虽然和我见面的次数不多，但我们经常通过信件、电话和微信交流，无话不谈，针对不同看法进行交锋，也是直来直去的好友，所以悲痛之余，用文字记述一下我所了解的向欣然总成了我内心强烈的愿望。

向总出生于 1940 年，浙江镇海人，在汉口文华中学毕业后，1957 年考入清华大学建筑系学习，也就是在比我高两届的"建三班"学习。他们班在我们低班同学中有极好的口碑，正如我们的老师关肇邺院士所说："（由于）第一次大规模加试了美术，入学的都是全国各地的高材生……"有许多学生是原留苏预备班的，后因无法出国被分配来这里，所以这是很有水平、很有特色且学生又各具个性的一个班，据说班上就有号称"八大怪"的个性同学（据称向总也名列其中）。但让我们特别佩服的还是他们的业务能力，尤其是美术和建筑表现方面的能力，在系馆走廊中挂出的水彩示范作品所署的建三学长的名字我们都耳熟能详。记得有一次，该班颐和园的钢笔画表现图挂满了系馆走廊，画幅都很大，作画手法纯熟老到，我们低班同学看得钦羡不已。建三班同学毕业以后，当中先后出了一名工程院院士、两名获梁思成奖的全国设计大师，还有多位在国内外都很有名的单位领导或技术尖子。也正是这个缘故，因同学、同事以及工作中交往等关系，在他们班六十多人中，我后来竟认识了一半以上，当然对建三班学长的崇拜也是其中的主要原因之一。

在清华六年的学习中，对向欣然我是只闻其名不识其人。记得第一次遇到他是 1985 年在他工作的武汉市召开的一次民间组织"中国现代建筑创作小组"（简称"小组"）的学术会议上。这个小组成立于 1984 年 4 月，在中国建筑学会指导下开展活动。这次会议于 1985 年 5 月在华中工学院举行，由当时成立不久的华中工学院建筑系的陶德坚老师负责这次活动，在6日至9日，每天都有学术交流发言。那时向总设计的黄鹤楼工程已近竣工，所以他在9日下午介绍了黄鹤楼的设计，并在10日下午陪同我们参观并介绍了黄鹤楼和他设计的湖北省博物馆。那几天我和向总在华中工学院同住一间客房，因此交谈的机会也就更多一些。当时向总负责的黄鹤楼工程基本完成。那次黄鹤楼的重建是它1 800年历史中的第27次重建，从1950年有人提议，到1985年最后建成，中间经历了35年。项目是从1975年开始的，向总所在的中南建筑设计院从1978年起参加了方案的征集，他自己可能也没想到，黄鹤楼设计变成了他"人生中的一个拐点"。

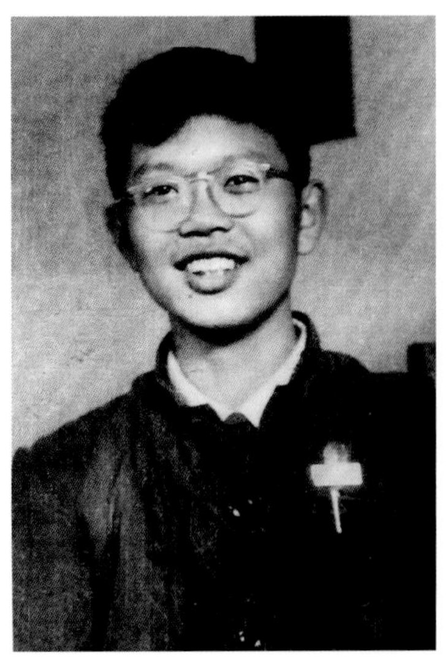
图3 大学时的向总

向总参加黄鹤楼工程设计时开始只是画表现图的配角，但在清华练就的绘图基本功使他的表现图大受好评，方案得以入围，此后他就成为设计组四名正式成员之一。在继续绘制表现图的同时，他还被要求做一个补充陪衬方案，不想阴差阳错，配角的补充方案经审查后变成了"推荐方案"，反客为主，"从客串开始，逐渐唱起了主角"。最后在1979年3月，设计组完成了"如鸟斯革、如翚似飞"的四望如一、层层飞檐、高五层、攒尖顶的设计方案。此后又经过领导和专家的层层审批，设计方案于1980年2月得到批准，从1981年8月起进入"边设计，边施工"的施工图设计阶段。为了确保设计质量，同时又不影响进度，向总坚持"凡是需要先期进行施工，对建筑方案和造型影响重大的内容（如建筑的平、剖面以及各层飞檐和屋顶），由我亲自设计绘图，哪怕时间再紧，也要加班加点尽力去完成"。当时没有电脑，全部图纸都是手工绘制的。到1982年6月施工图完成，从方案设计、方案调整、调查研究、南北请教，到工种配合、加工订货、细部施工、内部陈设、庭院布置等几乎全部是向总亲力亲为，这方面的情况可见向总所著的、在2014年9月由武汉出版社出版发行的《黄鹤楼设计纪事》一书。书中附有大量施工图纸和相关照片，包括许多不为人知的细节和一些人事关系上的矛盾，尤其是为了工程，向总到处求教专家、学者、能人，恶补传统建筑知识，学习技术的故事，在这里我就不再详述了。书中向总写道："由于日夜操劳，营养又跟不上，当时我1.8米的身高，体重不到120斤。"可能也是因在一次工程协调会上，主管副市长看着这个刚刚40岁的设计师，用不那么信任的口吻问："你能把黄鹤楼搞好吗?"向总大声回答："搞不好黄鹤楼，我去跳长江！"此言一出，四座默然，这也促使向总在工程中如此拼命。记得黄鹤楼建成后，电视台曾放过录像，其中有一个镜头就是向总沿着长江边走边抽烟边做苦思冥想状，后来我调侃他，导演就应该在下一个镜头安排：你思考得差不多后，把烟头一扔，人扑通一下就跳到长江里去了。

图4 向总和黄鹤楼

黄鹤楼建成以后，武汉的许多老百姓认为这是城市名片，大大提升了城市的形象，并自然地成为城市的标志。但也有不同的声音，学界有人认为这是伪造历史的"假古董"，在建筑创作上毫无价值可言；还有人认为这是"劳民伤财""政绩工程""保守倒退"等。向总自然很不服气，在多种场合表明自己的观点。后来在《黄鹤楼设计纪事》一书中，他解释了为什么在黄鹤楼建成30年后才写这本书，"一是历史需要沉淀，总结还是晚一点做为好；另外就是检验设计作品的社会效果需要时间。经过30年，'事实胜于雄辩'，它所带来的经济效益和社会效益有目共睹，有口皆碑"。向总说："这首先应归功于老祖宗给我们留下的这份珍贵的文化遗产，但毕竟是我再现了它的辉煌，使消失的历史变得可以触摸和亲近。""同时黄鹤楼项目获得中华人民共和国成立60周年'中国建筑学会创作大奖'，这意味着我的劳动得到了学术界的肯定。"看来他对那些反对意见始终耿耿于怀。记得他在20世纪80年代曾在一次会上做了题为《"假古董"与新建筑》的长篇报告，但他没有将该报告收录入《黄鹤楼设计纪事》一书中。当然此后全国若干地方也兴起了重建或新建名楼的热潮，除滕王阁外，其他的都无法与黄鹤楼相比。

图5 向总和黄鹤楼表现图（1995年）

可能是由于黄鹤楼的成功，向总在1988—1992年当选了第七届全国人大代表。这也是出乎他的意料的，因为他回忆不久前选武昌区人大代表，他作为候选人只得了7票，可现在"一步登天"，变成了全国人大代表，向总的"天真"劲儿也上来了，成了代表中发言积极、尖锐、大胆的一个。他说《中华人民共和国全国人民代表大会和地方各级人民代表大会代表法》中有规定，代表在会上的发言不受追究。他所在小组中的武汉著名的"中国外科之父"裘法祖院士对他说："老向，你每一次发言，我都替你捏一把汗！"向欣然在他自己写的

图6 任全国人大代表的向总在人民大会堂

回忆录中有这么一段，其中还涉及我。“有次发言，谈到改革中的失误，我说：‘造成许多困难的原因，主要是确实少一个较为完整系统的改革总体方案，对于某项改革举措出台后引起的连锁反应，缺少预测和对策，结果按下葫芦冒起瓢，疲于应付，盲目性很大。’我还用建筑设计方案设计原理为例，绘声绘色，形象生动。”这段记者采访录像，第二天就在央视播出了。我正得意间，接到北京院马国馨（建五）打来的电话问我是不是要搞‘政治设计院’？”这是因为我看向总在发言中提到：我是设计院来的，我们都是把设计方案和图纸先考虑好，然后再付诸实施……我觉得他的比喻不甚恰当，容易引起别的联想，所以用半开玩笑的口吻给他打了电话，提醒一下。向总说可能是他在会上表现过于积极，后来在选举第七届全国人大常委会委员时，居然有人投了他一票，在最后唱票的时候，突然听到了“向欣然一票”，他当时不知所措，大为尴尬。向总人大代表只当了一届，再开会就没他的事情了。

1985 年那次会议后，向总加入了创作小组，随着 1989 年 10 月建筑学会建筑师分会成立，他又成为分会下属的建筑理论和创作专业委员会成员，几次与我们一起参加专业委员会的学术活动。一次是 1992 年 11 月在长沙的交流会，19 日上午的会议中向总、周庆琳、刘克良和崔愷做了报告，会后大家去武陵源、张家界参观，23 日去猛洞河，因为乘船的时间比较长，所以我们年轻一辈分别和关肇邺、罗小未、彭一刚、聂兰生等前辈一起照相。还有一次是 2002 年 10 月，在贵阳市召开学术会议，会后大家去黄果树、天台山和屯堡参观，我因肠胃不适，没有心思看景，但仍在黄果树瀑布前和向总合影留念，这也是我和向总唯一一次合照，他看上去比我精神多了。后来我还在旅馆为向总拍了一张他在健身器械上笑容满面的照片，这张照片被我收入 2011 年出版的人像摄影集《清华学人剪影》之中。此后我们就没有再见面的机会了，但是常常电话联系，而且一聊起来就是半个小时、一个小时，聊的内容也是海阔天空。

我把我出版的每本著作都寄给他，并撺掇他也把有关文字和体会结集出版。为《黄鹤楼设计纪事》的写作我们讨论过多次，2012 年 1 月在电话中讨论书的写法，我反对写成工程报告的形式，而建议偏向人文故事化。后来，向总很想把他手绘的设计图都收录书中，因为这些图纸都凝聚了他的心血，但不知这样做是否合适。我得知后十分支持，认为还是可以多收录一些，后来他的施工图纸被收录了 40 余幅。2013 年 3 月我在美国时，他来电话讲了书中四部分的内容，并说准备用一个月的时间看完清样，也问了我稿费和版税事宜。此后在出版过程中，我也提醒他在出版合同中要注意版税的问题，我是考虑黄鹤楼在作为旅游景点后，这类书籍肯定会畅销，出版社也必会多次重印，但可能向总当时只求出版社能把书印出来，最后只拿了一笔不多的稿费和若干本书，合同中没有涉及重印数和版税的条款。

针对黄鹤楼工程，我还曾向他提出过一件事：在参观工程时发现，在正面右下栏杆台基上镶有一块深色的石头，上面刻了建筑师和结构师的名字，我认为这种做法有欠缺。当时工程不重视设计师的情况固然存在，但上面首先应署上设计单位的名称，因为你的工作是一种职务行为，按那时的著作权法规定，设计作品著作权应属于单位，而设计人有署名权。向总听了之后没有反驳，也没有回应。另外我在看了多幅黄鹤楼的空中鸟瞰图照片之后，感觉最上面的攒尖顶如能比现在设计得更高些，可能效果会更理想，这个问题在地面的视角不容易发现，但在空中时就会比较明显，对此向总也没有回应。向总的许多学术观点常有与众不同之处，也常能一

图7 向总和师友（1992年）

图8 向总与作者在黄果树（2002年）

图9 向总在贵阳（2002年，作者摄）

针见血击中要害，我们也能经常直率地交换意见的谈资。

《黄鹤楼设计纪事》一书出版后，我又曾建议他把表现图和绘画作品结集出版，当时他们建三班已有多人出版了自己的画集。他在2011年2月曾把一部分黑白画稿寄给我，是20世纪60—80年代画的速写，加上部分2010年的作品，共50幅，并注明“由于眼疾，近期绘画改用粗笔或追求版画风格，今后还将不断摸索，敬请同学和朋友们指正”。我估计这是他同年在湖北美术学院美术馆举办速写展的内容。我在2016年也曾出版过一本《手绘图稿合集》寄赠向总，他收到后在电话中不客气地告诉我：“您老兄的水彩实在是不敢恭维！”在2017年5月，他的《建筑师的画——黄鹤楼总设计师向欣然绘画作品集》出版，全书分设计篇、采风篇、差旅篇、老城篇、东湖篇、访美篇几部分。其中包括黄鹤楼重建的效果图，历史图像资料，为了设计借鉴、调研考察古建园林的资料，出差外地时画的速写，在武汉生活的记忆，退休后因眼疾去东湖看绿养眼的感受，访美探亲时对着电脑的写生。那是他1965年以来画作的积累，共163幅，看得出他在表现、用笔、构图等方面一直在不断探索，的确是宝刀不老，名不虚传，让我望尘莫及。记得他还曾对我提过，曾有心把武汉三镇的老房子都绘上一遍，但最后只选了29幅，可能是壮志未酬。但我一直认为画册收集的作品应从1957年或更早开始才算完整。除了在学校学习时的习作外，他在做《新清华》的美编时，还创作了大量的国际时事漫画，刊登在《人民日报》《光明日报》《世界知识》和《新体育》上。

图10 向总的钢笔画（组图）

在1958年，向总的父亲被划为“右派”后，家里失去了经济来源，没有工作的母亲只好去街道上打工，并靠卖血来补贴家用。向总只好依靠学校的12.5元助学金完成学业，6年当中只回过一次家。这时他想起在中学时就曾利用自己的美术才能为地方报刊画漫画作品，于是“重操旧业”，以揭露和讽刺美国为题材创作了许多漫画。向总曾回忆，当年的稿费《人民日报》《光明日报》《世界知识》都是每幅10元，《北京日报》《河北日报》的报酬是每幅5元。只要能有稿费进账，生活就能有所改善并能贴补家用。向总发表的作品曾得到著名漫画家方成的指导，文化名人赵朴初也曾为向总的漫画配诗，同时他的漫画也引起著名漫画家华君武的注意。一次华君武到清华来做讲座，还让校方专门把向总找去见面鼓励，并多次通知他参加美协漫画组的讨论会，由此向总也认识了许多漫画家。向总的两幅漫画作品还曾在中国美协1963年的全国漫画展上展出。这些珍贵的作品太应该被整理并收入画集之中了。

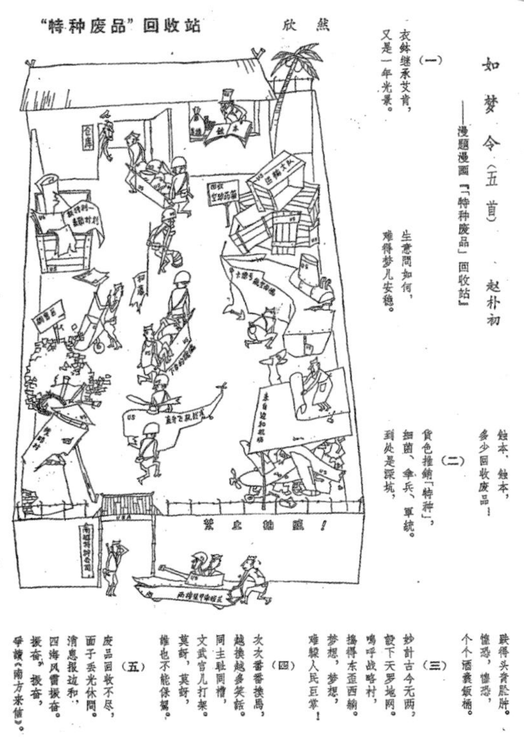

“特种废品”回收站　欣然

如梦令（五首）　赵朴初

——漫题漫画「“特种废品”回收站」

（一）

衣钵继承艾肯，
又是一年光景。
生意問如何，
难得梦儿安稳。
蚀本，蚀本，
多少回收废品！

（二）

货色推銷「特种」，
细菌、伞兵、軍統。
到处是深坑，
跌得头青脸肿。
惶恐，惶恐，
个个酒囊飯桶。

（三）

妙計古今无两，
設下天罗地网。
嗚呼战略村，
搞得东歪西躺。
梦想，梦想，
难躲人民巨掌！

（四）

次次番番换馬，
越换越多笑話。
同主耻同槽，
文武官儿打架。
莫訝，莫訝，
谁也不能保駕。

（五）

废品回收不尽，
面子丢光休問。
消息报边和，
四海风雷振奋。
振奋，振奋，
争讀《南方来信》。

图11 向总画的漫画

画册专门请湖北省美协主席唐小禾先生作序，唐先生评价：“其内容的生动、丰富，构图的有趣，用笔用色的娴熟潇洒，绝不逊于一些专业的画家。”最后画册付印之前向总还把封面设计发来征求我的意见，但我提了之后未得回应，看来他是早已胸有成竹了。画册出版之后，他开列了一大串要赠书的北京老师和同学的名单，将近30本书直接托运我处，嘱我代寄分发，这也是对我的信任了。

在电话中，向总也会谈些关于他自己家庭的事。他告诉我中南院有个传统，每当有职工子女考上大学，院内的网络传媒上都会有所表示。他的大儿子向上考上东南大学，向总还觉得力度不够，后来小儿子向荣考上了清华大学，院内宣传以后，向总表示“风光”了不少。至于向上的女儿向天歌，向总更是赞不绝口，舐犊之心可见。除了“小小年纪已1.75米高，大长腿”之外，她的各方面进步和才艺都令她的爷爷自豪，尤其是文学和绘画的天赋，看来有家传基因成分在内。2016年5月向总给我寄来了11岁的她在天津百花出版社出版的绘本作品，除了想象力特别丰富之外，手底下的作品对建筑的记忆力和表现力都很精准，确实让人刮目相看。向总十分骄傲地告诉我，因为这本书，天津百花出版社还准备让她成为签约作家，但家里考虑孩子的学业和前途而予以拒绝了。当然向总生活中也有不快的地方，他曾提起他因老伴的事情与院里有关领导闹了矛盾，我也劝告他，因为这里面涉及个人恩怨，所以不容易得到大家对你的同情。

我和老伴为了帮助在美国的儿子伺候双胞胎孙子，从 2012 年起连续四年每年都有半年时间去美国探亲。向总在 2013 年也去美国探亲，但我们的时间并不重合，我们 10 月份刚到美国，他们在 11 月就回国了。虽然我们都同住在美国新泽西州，却没有相遇的机会，后来听说他儿子有了双胞胎女儿，后来又搬家到了芝加哥。他们二老身体又不好，我们年岁也大了，就都没有再去美国了。

2016 年或 2017 年，向总和我互加了微信，其优点是可以转发许多感兴趣的内容，但彼此交流则多是情况报告之类，没有什么太多争论的内容。他曾告诉我他参加过一个高班的微信群，但因与其中一位意见不合，争论了一段后他一气之下就退出了，个人之间的微信私聊就不太会有这些事情。向总发给我的内容大致有以下几类。

因为向总许下“终身为黄鹤楼服务”的诺言，所以有关黄鹤楼的消息他会时时转发给我。2017 年 11 月，中南设计院 65 周年院庆，他发表了《黄鹤归来向天歌》的回忆长文，讲述工程的设计经过，发来给我；2018 年 2 月 1 日，英国首相特雷莎•梅访问武汉，专门游览了黄鹤楼；2018 年 10 月 1 日，在黄鹤楼举办了题为“匠之心•鹤之情”的展览，即当代黄鹤楼建筑设计与壁画创作手稿展，向总的大量手稿和图纸都得以展出。同年 11 月 25 日湖北电视台连续播放了《大写湖北人》的多集节目，介绍黄鹤楼总设计师向欣然，并辅以“一个人，一座楼，一辈子”的副题。我看了之后对向总说：“电视上你真是口若悬河啊！”他连称：“不敢不敢。”2019 年 3 月我向他转发了《国家人文历史》杂志中的一篇文章《黄鹤楼是怎样被重建的》。在回顾了黄鹤楼重建的历史后，文中引用了梁思成先生的一段话：“盖中国自始即未有如古埃及刻意求永久不灭之工程，欲以人工与自然物体竟久存之实，且既安于新陈代谢之理，以自然生灭为定律；视建筑且如被服舆马，时得而更换之；未尝患原物之久暂，无使其永不残破之野心。如失慎焚毁亦视为灾异天谴，非材料工程之过。”此亦即梁先生提出的不求原物长存之说。向总看后对这一段话十分重视，因为黄鹤楼建成之后就有一种观点认为它是“假古董”，向总对此一直不以为然，这次从梁先生的话中找到了重要的支持理论依据，于是在微信中问我：“梁的中国建筑不求永恒的观点我早有所闻，但不知原文出于何处？求解。”当时我回答他，我手中只有《梁思成文集》，没有《梁思成全集》，无法答复。后来他同班同学王瑞珠院士查到这段文字出自梁先生于抗战期间，在四川李庄完成的《中国建筑史》旧稿（同时为赴美国讲学完成了英文稿），1953 年梁先生讲中国建筑史时以此为讲义，油印了 50 份，现已编入《梁思成全集》第四卷 14 页，向总也把这个消息转发给了我。2020 年 10 月 1 日，黄鹤楼正式开启了夜间模式，采取光影 + 演艺的方式向广大观众展示，因此很受欢迎。向总通知我这一消息后，还特地转发了当年中秋和国庆长假，黄鹤楼在 10 月 8 日这一天的游客达到 2.45 万人，是去年疫情时同时期游客数 8 000 人的 3 倍。他作为黄鹤楼的设计师，始终在关心着这一工程的每一个进展。他退休以后，原来主管黄鹤楼工程的那位副市长曾在 2016 年专门找到他，让他过问一下东湖风景区的绿道驿站设计，向总也很感动，觉得副市长没有忘记他。

向总对自己的家庭、子女的成就甚至几个孙女的情况也和从前一样，时时和我交流。2017 年专门发来双胞胎孙女之一的画作和回国探亲时跳舞的视频。8 月专门发了一篇长文，详细讲述了他和老伴儿 2013 年去美国探亲时，老伴胃大出血看急诊住院及手术的经过。向总的长子向上是上海华建集团华东建筑设计研究院的副总建筑师，在 2018 年时向总发来介绍向上参与的港珠澳大桥人工岛口岸工程，这一工程历时 6 年完工，向上作为设计负责人，在工程中排名第三，向总还另外展示了向上在华建招聘员工时的照片。

在我们班入学 60 周年的 2019 年，同学在成都聚会，向总在网上看到了我们班在成都活动的照片，里面有一张照片是我坐在另一位同学的轮椅上的照片，他以为我出了什么问题，赶紧在微信上问我是怎么回事，我马上向他做了解释，只是一时好玩之举。

2020 年春节，武汉因新冠肺炎疫情成了全国乃至世界人们重视的焦点，建三班同学和我们也都惦记身处武汉且行动不甚便利的向总二老。向总 2 月 16 日转发了他在上海的孙女向天歌的文章，当时她在中学高一班，她的文章在学校有关阻击新冠肺炎疫情的征文活动中入选，题目是《病毒是我们共同的敌人，武汉不是……》。针对当时有关武汉的不负责任的言论，她指出："生活在武汉的亲属还有生活在武汉的朋友，使我体会到了疫情在武汉的严重，以及武汉人民为疫情付出的努力和代价。""我希望能够给予武汉这座城市最大的善意——以偏概全地针对一整个群体，指责谩骂毫无疑问是带有偏见的，对于全体武汉人的仇视是不负责任的行为。"所以这个年轻的孩子最后呼吁："病毒是我们共同的敌人，武汉人不是。"这表现出年轻孩子的正义感和判断力。

紧接着在2月20日，向总又给我转发了他在建三班微信群中发表的长文"我感谢，我祈祷"，这也是在那十分严峻的抗疫形势下，居住在武汉的一位孤立无援的老人写下的具有他自己风格的心情独白，也是向总在微信上最长的一篇文字，我摘录如下。

"我，向欣然，现在正在阅读我们社区昨日的疫情公告——按照市里地毯式大排查的要求，社区已发现的确诊、疑似、发热、密接等此类人员共15人，都已做到了'应收尽收，应治尽治'……离开小区大院了。

由于我们的社区基本上就是原来设计院职工生活区，所以大家都很熟悉，都是老同事、老邻居，所以有些人的突然离去，让我们感到惊恐，感到难以接受。

在那个黑云压城的日子，我们两个空巢老人是多么无助！

就在此时，微信里传来建三同学的声音：'因为你在武汉，所以我们会更加关心和支持武汉的抗疫斗争。'

是的，1963年我班毕业分配到武汉（中南建筑设计院）的，共有3人，如今只有我一人尚在武汉坚守。

随后，陆续有同学在网上向我表示问候和祝福，更有同学直接打电话安慰和鼓励我，远在美国的同学还和我在微信里展开了私聊……这一份份友情似亲情，给了我温暖和力量，我将永远铭记和感恩！特别令我感动的是，有同学还转达了一位老师对我的关心，他要我'多保重，多喝水，多熏艾草……'。

其实我对死亡并无太多恐惧，我已经活过了中国人的平均年龄，正常死亡是迟早的事。但是如果因染疫而死，那无异于'他杀'，我是于心不甘的！

我已经有一个月没有下楼了，我常常站在5楼的阳台上，望着周围死一般寂静的世界发呆。

以前有太多的帖子，劝老年人什么也不要关心，什么也不要想，只要吃好玩好生活好就行了。这有一定道理，因为你就是想了关心的又有什么用呢?！你还能为改变这个世界做些什么吗?

不过有句老话：朝闻道，夕死可矣！所以我还是忍不住，要关心，要去想。

在这瘟疫猖獗的日子里，在这漫长的封城的日子里，我一直在想，我们中国人为什么命这么苦啊！我们这个民族为什么总是灾难深重?

想到这一切，我只有祈祷，祈求在大灾大难之后，中国会有一个清平的世界……但愿。"

疫情过去之后，我和向总在微信上又开始了正常的交流，我们继续谈着黄鹤楼的夜间模式，关心着熟悉的老师和同学的情况，记得他先后问起过罗征启、梁鸿文、关肇邺、彭一刚、罗小未、张锦秋……我均一一作答。2020年10月建六班同学在网上举办了一次美术作品展，向总看了以后告诉我："比我们建三班强多了，和建五班还有的一拼。"……可是这一切，在2021年春节过后却戛然而止了。我心目中那个有着传奇般经历，孤傲、直率、睿智、尖刻，有时又很天真的诤友和兄长，在久病之后就这样去了。想起他在临终时的肺腑之言："能结交你们为友，幸甚！"就悲痛莫名。话又说回来，向兄，我能得你为友、为兄，又何尝不是我的大幸呢！

2021年10月11日初稿

10月13日修改

Special Report“ Backbone—A Documenta Celebrating Liang Sicheng's 120th Anniversary”
“栋梁——梁思成诞辰一百二十周年文献展”专辑

图 1 2021 年 8 月 23 日上午,“栋梁——梁思成诞辰一百二十周年文献展”开幕式现场

图2“栋梁”展厅现场，认真观摩学习的观众们（殷力欣摄）

编者按：今年适值建筑巨匠梁思成先生（1901—1972年）120周年华诞，清华大学建筑学院及多家机构合作举办了规模空前的“栋梁——梁思成诞辰一百二十周年文献展”。2021年8月23日，展览开幕式隆重举行，同日下午又分不同专业举办了5个分会场学者座谈会。应该说，自改革开放以来，每5年或10年都有一次类似的纪念梁思成先生的活动，迄今不下5次。相比历次纪念，此次的“文献展”不仅规模空前，更重要的是，随着时代的演进，我们对梁思成先生学术思想的认识也在不断提高，近期更有将梁思成建筑理念与当今建筑发展发生实际关联的良好趋势。这表现在此次对展品的甄选上，也表现在开幕式及各分席座谈上的各界领导、专家学者的言谈之中。鉴于此，我们特邀王南先生等展览策划组织者们，将此次展览及相关学术活动汇集为一个尽量详细的专辑，收入本书。此外，因梁思成先生的建筑创作实践活动为近期的关注热点，而在当下的网络时代，往往有网络讹传误人视听，故本书编委会特辑录梁思成先生建筑活动年表（不含建筑历史研究等）作为附录，仅供读者参考。

本编委会有幸忝列本次展览的支持单位之一，并委派副总编辑殷力欣先生参与了若干具体事务，故翔实地记录此次活动的完整过程更是责无旁贷。

本书编委会

于2021年9月

Editor's Note: This year marks the 120th anniversary of the birth of the great architect Liang Sicheng (1901-1972). On the occasion, the School of Architecture of Tsinghua University collaborated with a few institutions on the exhibition "Backbone-A Documenta Celebrating Liang Sicheng's 120th Anniversary" at an unprecedented scale. The opening ceremony of the exhibition was held on August 23rd, 2021. In the afternoon of the day, five seminars gathering the scholars from various fields were held. Since the Reform and Opening-up, similar events in commemoration of Mr. Liang Sicheng have been held every five or ten years. So far, at least five commemorative events have been hosted. By comparison, this exhibition not only outcompetes previous events in terms of scale, but also more importantly, it demonstrates a more profound understanding of Liang's academic thoughts over times. Lately, there is a trend of integrating Liang's architectural philosophy with the contemporary architectural development. The selected exhibits for the exhibition and the remarks from leaders, experts, and scholars from all walks of life at the opening ceremony and seminars have all boosted the trend. In view of this, we invited Mr. Wang Nan and other curators and organizers of the exhibition to give a most detailed special report on the exhibition and the related academic activities. Moreover, due to Liang's architectural practice in the spotlight and the rampant misinformation online, the editorial board has compiled and included a chronology of Liang's architectural activities (excluding his research in architectural history) in the appendix, for readers' reference only.

The editorial board has been honored to support the exhibition and appointed deputy editor-in-chief Mr. Yin Lixin to engage in the exhibition. Therefore, we're obliged to record the complete process of this event in detail.

图3 建筑巨匠梁思成先生（1901—1972年）。图为1947年担任联合国总部大厦设计顾问时发言的留影（中国营造学社纪念馆藏）

Editorial Board
September 2021

Introduction to "Backbone—A Documenta Celebrating Liang Sicheng's 120th Anniversary"

"栋梁——梁思成诞辰一百二十周年文献展"简介

王 南[*]（Wang Nan）

* 清华大学建筑学院中国营造学社纪念馆常务副馆长、助理教授

"栋梁——梁思成诞辰一百二十周年文献展"由清华大学建筑学院、清华大学艺术博物馆等单位历时10个月精心筹划，于2021年8月10日在清华大学艺术博物馆正式开展，其开幕式于8月23日举行。

梁思成先生（1901—1972年）在中国建筑学界是一位"通才型"人物（这一点颇似西方文艺复兴时期涌现出的一系列"全才"，诸如建筑大师阿尔伯蒂、帕拉第奥等），他在建筑史研究、文化遗产保护、城市规划、建筑设计（包括理论及实践）与建筑教育（包括专业教育与科普教育）等建筑学的诸多领域，皆有杰出的乃至开创性的贡献，且影响深远。因此，"栋梁——梁思成诞辰一百二十周年文献展"旨在较全面地展现梁思成在上述领域的斐然成就。

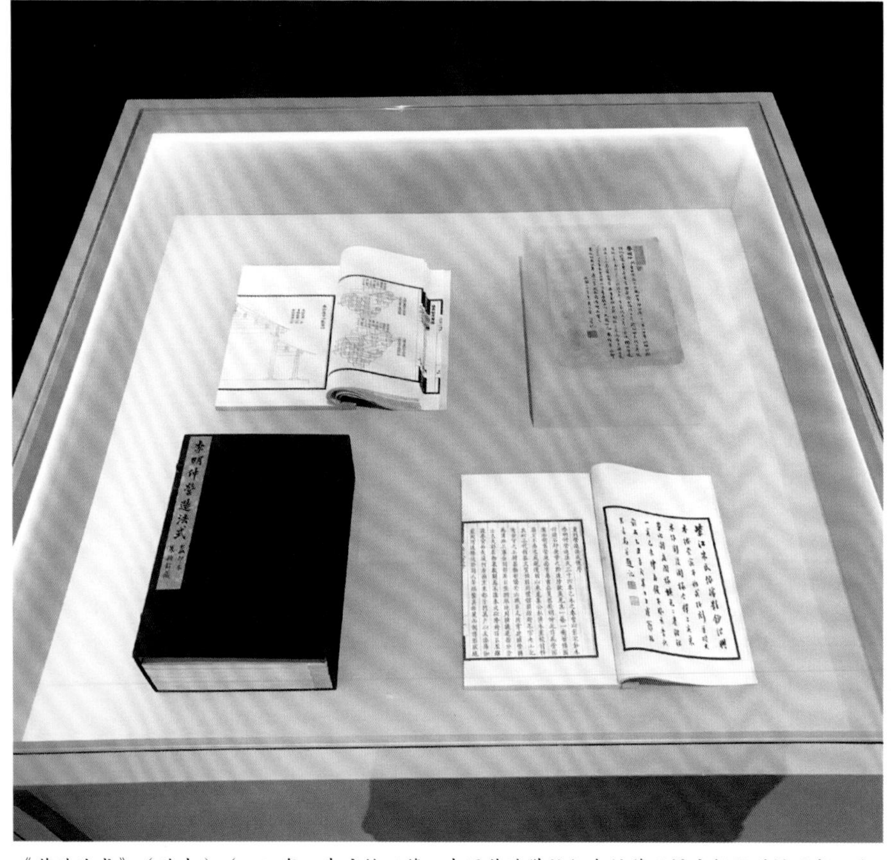

《营造法式》（陶本）（1925年，朱启钤旧藏，中国营造学社纪念馆藏及梁启超题赠梁思成、林徽因之寄语（复制件），匿名收藏）

赵州桥模型及历次考察照片（中国文化遗产研究院藏，中国营造学社纪念馆藏）

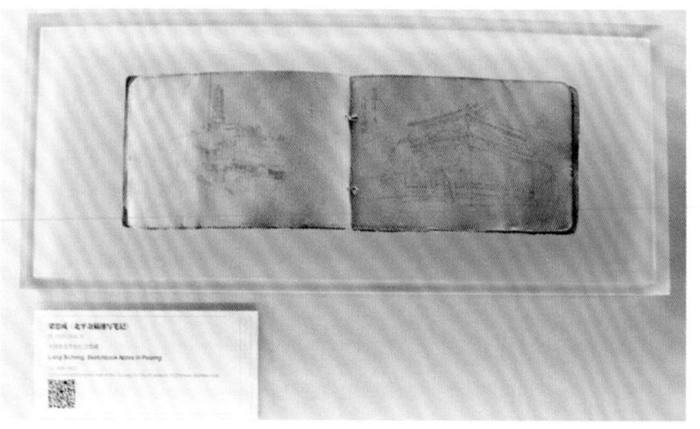

梁思成《北平杂稿速写笔记》（1929—1930年，中国营造学社纪念馆藏）

图1 展厅展品陈列（组图）

展览分为求学、中国建筑史研究、城市规划与文物保护、建筑设计、建筑教育5个单元，展出共计368件（组）展品，包括150余件（组）由手稿、图纸、草图、测绘稿、打字稿、档案、证书、著作早期刊本、影像、录音等构成的珍贵文献（绝大部分为原件），200余帧清华大学建筑学院中国营造学社纪念馆藏历史照片，以及若干实物（如根据历史照片复制的梁思成使用过的绘图桌等）、模型、空间装置、多媒体作品等。展品的收藏机构除清华大学建筑学院、中国营造学社纪念馆之外，还包括中国国家图书馆、中国文化遗产研究院、清华大学档案馆及校史馆、哈佛大学中国艺术实验室、中国建筑学会、南京博物院、太原市档案馆、太原市城建档案馆等，还有一些展品由建筑院校（如天津大学建筑学院、内蒙古工业大学建筑学院）、私人机构（如杂·书馆）、私人藏家以及梁思成亲属提供。

以下简述各单元的主要内容。

"求学"部分 通过梁思成先后在清华大学、美国宾夕法尼亚大学（宾大）和哈佛大学的学习经历，勾勒出梁思成学贯中西的学术背景之形成过程，特别展出了梁思成在宾大、哈佛的成绩单和精美的建筑绘图作业。

"中国建筑史研究"部分 "中国建筑史研究"是梁思成毕生事业的重中之重，梁启超于1925年11月题赠梁思成、林徽因的北宋建筑专著《营造法式》奠定了二人毕生的治学方向。这部分重点呈现梁思成与中国营造学社同人考察测绘的五台山佛光寺东大殿，蓟县（蓟州）独乐寺观音阁，应县木塔，大同华严寺、善化寺与云冈石窟，以及赵州桥等众多中国建筑史上的经典杰作，尤其展出了一批由梁思成与其助手莫宗江合作完成的古建筑测绘图纸，其为迄今难以逾越的经典。梁思成与学社同人在抗战期间最艰难困苦的条件下完成的《中国建筑史》（原名《中国艺术史 建筑篇》）和英文版《图像中国建筑史》两部巨著，以及用石印法印刷出版的《中国营造学社汇刊》第七卷亦是此部分的重点。

"城市规划与文物保护"部分 梁思成在城市规划与文物保护方面的理论与实践可谓相辅相成，尤其集中体现在"梁陈方案"（1950，与陈占祥合作）中，以及为保护北京古城而撰写的一系列文章中。他在抗日战争期间与解放战争期间编纂的《战区文物保存委员会文物目录》（1945）及《全国重要建筑文物简目》（1949），对中华文化遗产的保存具有举足轻重的作用。

"建筑设计"部分 作为建筑师的梁思成，其作品少而精（其中不乏人民英雄纪念碑这样的国家级纪念物），从建筑类别、地域、标准和风格等方面来看，均具有极大的跨度。更重要的是，他的建筑设计作品与思想中始终贯穿着一条探寻中国现代建筑之路的主线——用他自己的话来说就是追求"中而新"。

"建筑教育"部分 梁思成一手创办了东北大学和清华大学两所学校的建筑系，为祖国培养了大批建设人才。他的教育思想始终与国际最新的建筑教育方向同步。从东北大学时期开创性地将西方古典主义学院派的"布扎"体系（Beaux-Arts）移植到中国，到清华大学时期舍弃"颇嫌陈旧"的"布扎"体系，转而采取"着重于实际方面"的包豪斯教学模式，均体现出其在建筑教育方面的远见卓识。

囿于展厅空间，一些新发现的重要史料，如南京博物院藏梁思成、林徽因建筑设计稿"国立北京大学孑民纪念堂·总办事处·大学博物馆计划草图"，以及梁思成、林徽因于20世纪30年代为西安碑林所做的保护修缮设计图档等，未能展出，殊为遗憾。

作为中国建筑学科的奠基人之一，梁思成在建筑历史、文化遗产保护、城市规划、建筑设计与教育等方面所做的开拓性工作的相关重要文献的展出，正是以上各专业学者及从业者充分了解、反思学科历史与展望学科未来发展的一次绝佳契机。相信围绕本次展览的学术研讨（包括8月23日展览开幕式后举行的建筑、城市规划与风景园林等学科的研讨会）以及一系列学术纪念专辑如《建筑学报》《建筑史学刊》《中国建筑文化遗产》等的出版，都将进一步促进对梁思成学术的多角度深入研究与反思。

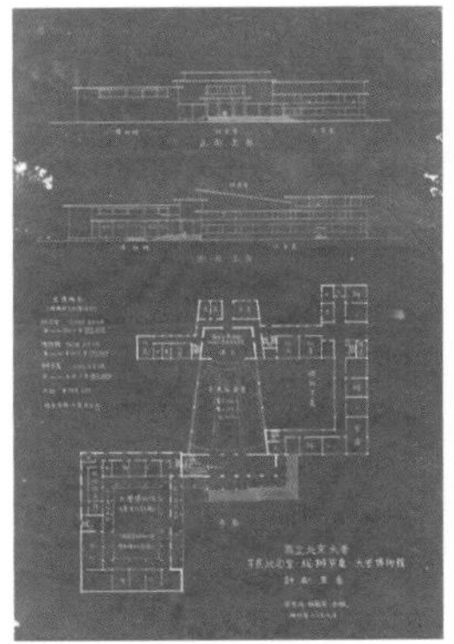

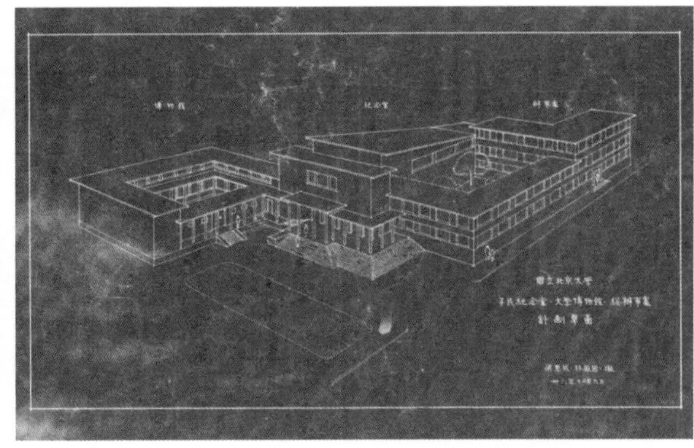

图2 梁思成、林徽因"国立北京大学孑民纪念堂·总办事处·大学博物馆计划草图"（组图）（1947年12月9日，南京博物院藏）

图 3 梁思成初入清华学校（1915 年，梁思成亲属提供）

图 4 梁思成自拍像（20 世纪 20 年代初，梁思成亲属提供）

图 5 林徽因（右一）与表姐妹们在北京培华女子中学学习时的合影（1916 年，梁思成亲属提供）

图 6 梁思成与林徽因于北京雪池胡同林宅（1922 年，梁思成亲属提供）

图 7 梁思成与林徽因婚后游历欧洲途中（1928 年，梁思成亲属提供）

图 8 梁思成与林徽因在意大利罗马（1928 年，梁思成亲属提供）

图 9 东北大学建筑系师生合影，前排左一蔡方荫、左二童寯、左四陈植、左五梁思成、右一张公甫，二排左三刘国恩、左四郭毓麟、右二张镈，三排右二刘鸿典、右三刘致平、左五石麟炳，四排左二唐璞、左三费康、左五曾子泉、左六林宣（童明提供）

图 10 蓟县（蓟州）独乐寺观音阁（梁思成摄于 1932 年）

图 11 考察善化寺普贤阁，梁思成在斗拱后尾（1933 年，中国营造学社影像资料，中国营造学社纪念馆藏）

图 12 考察大同华严寺（梁思成摄于 1933 年）

图 13 考察应州塔，蹲者莫宗江（梁思成摄于 1933 年）

图 14 考察应州塔（梁思成摄于 1933 年）

图 15 1933 年梁思成（上）与刘敦桢（下右）、莫宗江（下左）考察云冈石窟（林徽因摄，中国营造学社纪念馆藏）

图 16 梁思成考察测绘赵州桥（1933 年，中国营造学社影像资料，中国营造学社纪念馆藏）

图 17 梁思成与林徽因在天坛祈年殿屋顶（1935 年，中国营造学社影像资料，中国营造学社纪念馆藏）

图 18 考察五台山佛光寺途中（1937 年）

图 19 林徽因测绘佛光寺唐代经幢（1937 年 7 月，中国营造学社影像资料，中国营造学社纪念馆藏）

图 20 考察五台豆村镇佛光寺墓塔（梁思成摄于 1937 年）

图 21 昆明兴国庵学社（1938 年）

图 22 考察测绘四川雅安高颐阙，梁思成（左）、陈明达（右）（1939 年，中国营造学社影像资料，中国营造学社纪念馆藏）

图 23 1940 年测绘梁县赵氏祠北无名阙，梁思成（左）、陈明达（右）

图 24 梁思成在四川考察途中

图 25 梁思成在四川李庄中国营造学社工作室（20 世纪 40 年代，中国营造学社影像资料，中国营造学社纪念馆藏）

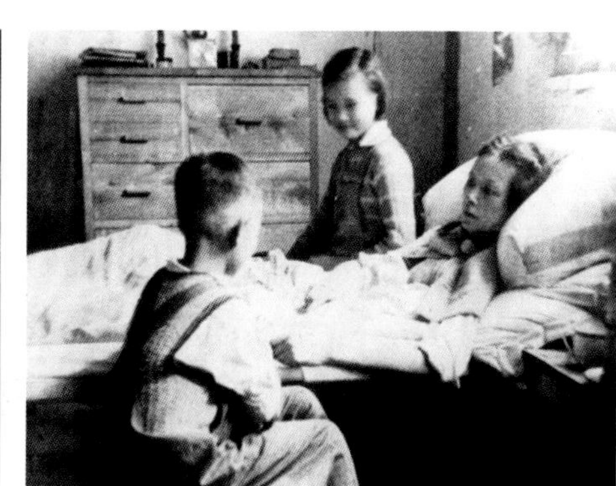
图 26 1941 年林徽因与女儿再冰，儿子从诫在李庄上坝家中

图 27 梁思成在纽约与国际著名建筑师们讨论联合国总部大厦方案，左一斯文·马凯利乌斯（Sven Markelius，瑞典），左二勒·柯布西耶（Le Corbusier，法国），左四梁思成，左五奥斯卡·尼迈耶（Oscar Niemeyer，巴西），尼迈耶身后为华莱士·K. 哈里森（Wallace Kirkman Harriosn，美国，该项目负责人），右六 G. A. 苏里乌克斯（G. A. Soilleux，澳大利亚），右五尼古拉·D. 巴索夫（Nikolai D. Bassov，苏联），右三恩尼斯特·考米尔（Ernest Cormier，加拿大）（1947 年，清华大学建筑学院影像资料，中国营造学社纪念馆藏）

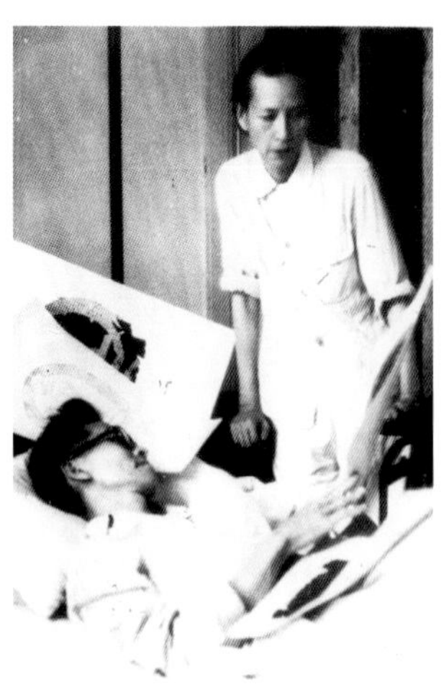

图 28 梁思成在病床上与林徽因讨论国徽设计方案（1950 年，清华大学建筑学院影像资料，中国营造学社纪念馆藏）

图 29 梁思成与林徽因在清华园（20 世纪 50 年代，梁思成亲属提供）

图 30 梁思成在颐和园谐趣园休养（1955 年，梁思成亲属提供）

图 31 梁思成在清华大学工字厅向建一学生讲解垂花门的美学（中国营造学社纪念馆藏）

图 32 梁思成在北京东郊民巷圣米歇尔教堂前（1957 年 3 月，傅熹年摄）

图 33 20 世纪 60 年代梁思成在《营造法式注释》写作中

图 34 梁思成与清华大学建筑系建七学生在一起，学生左起张锺、鲍朝明、应锦薇、朱爱理、何韶（清华大学建筑学院影像资料，中国营造学社纪念馆藏）

图35 1964年清华大学建筑系合影

图 36 梁思成在清华大学胜因院 12 号家中（1962 年，张水澄摄）

图 37 梁思成在宾夕法尼亚大学建筑系的作业（1925 年，中国营造学社纪念馆藏）

图 38 林徽因为宾大美术学院设计的圣诞卡（1926 年，复制，哈佛大学中国艺术实验室提供）

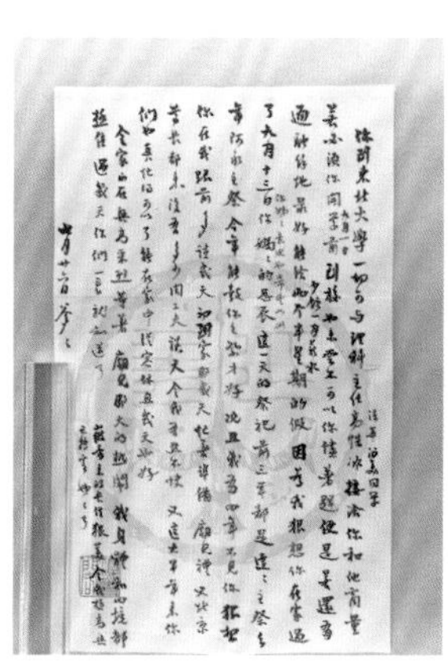

图 39 梁启超致梁思成信手稿，1928 年 7 月 26 日，信中谈及梁思成赴东北大学创办建筑系事宜（梁再冰提供）

图 40 梁启超墓现状（1928 年设计）

图 41 梁启超墓渲染图（天津大学建筑学院近期测绘图）

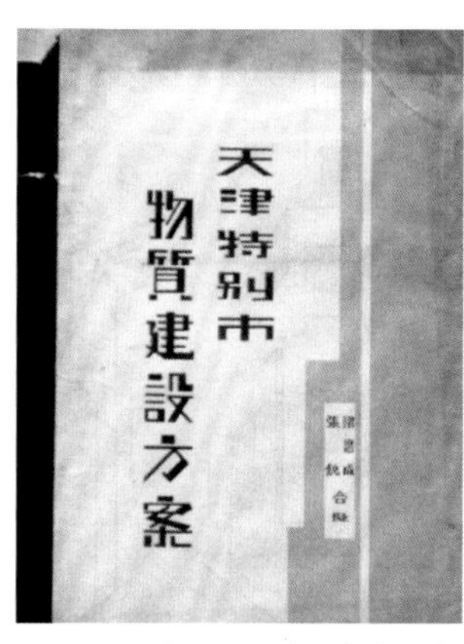

图 42 梁思成、张锐，《天津特别市物质建设方案》（1930 年）

图 43 北平仁立地毯公司铺面外观，1932 年建成（梁思成、林徽因建筑事务所设计，中国营造学社纪念馆藏）

图 44 蓟县（蓟州）独乐寺观音阁南立面水彩渲染图（1932 年，梁思成绘，中国文化遗产研究院藏）

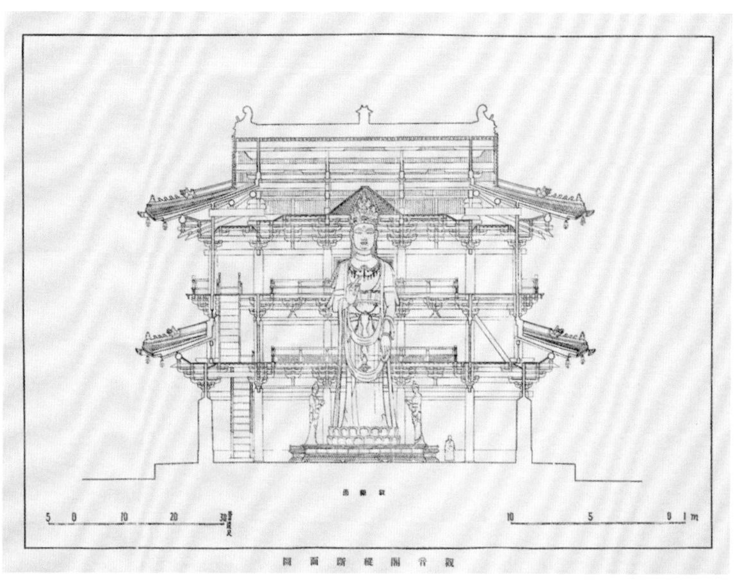

图 45 蓟县（蓟州）独乐寺观音阁纵断面图（1932 年，中国营造学社绘，中国文化遗产研究院藏）

图 46 梁思成著《清式营造则例》,该书绪论由林徽因撰写(1934 年,中国营造学社纪念馆藏)

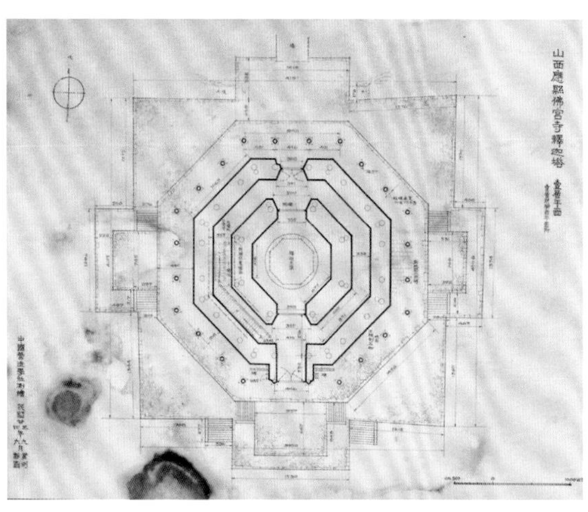

图 47 山西应县木塔一层平面图,梁思成、莫宗江于 1934 年 9 月测量、1935 年 6 月制图(中国营造学社纪念馆藏)

图48 1935年设计北京大学学生宿舍

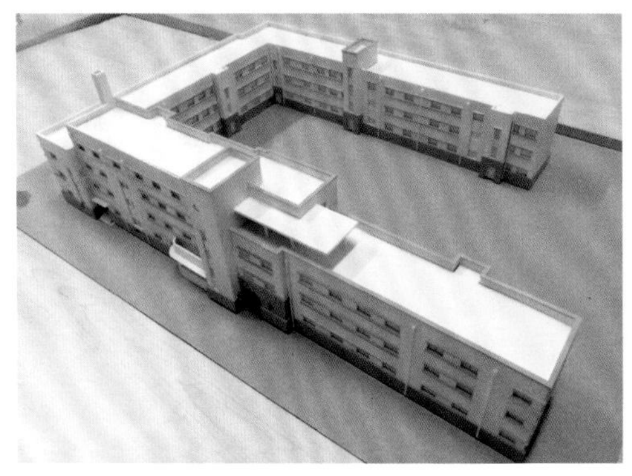

图 49 北京大学学生宿舍模型(天津大学建筑学院近期制作)

图 50 1936 年定稿之中央博物院建筑设计图,1935 年起,梁思成担任此项目顾问建筑师(南京博物院藏,殷力欣提供复制件;中国营造学社纪念馆藏)

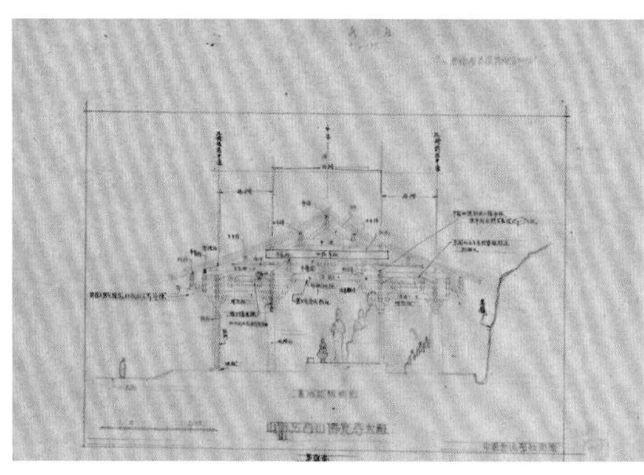

图 51 勘察佛光寺大殿草图(1937 年,中国营造学社纪念馆藏)

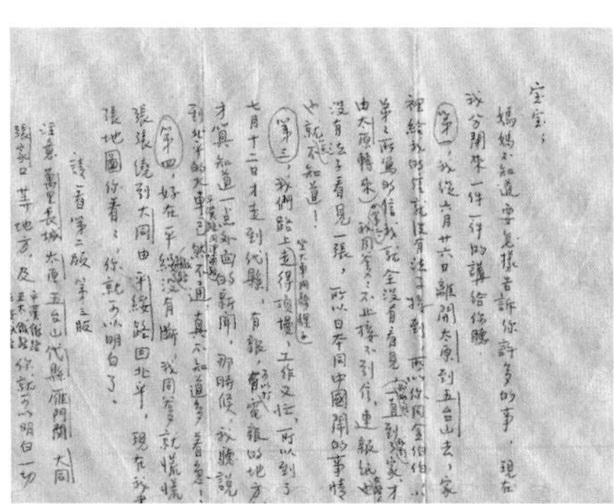

图 52 林徽因致梁再冰信手稿,1937 年 7 月(梁再冰提供)

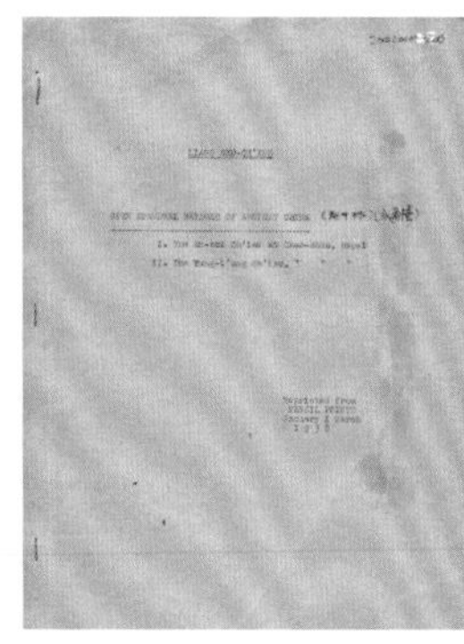

图 53 赵州桥英文稿(Open Spandrel Bridges of Ancient China 1940-1)

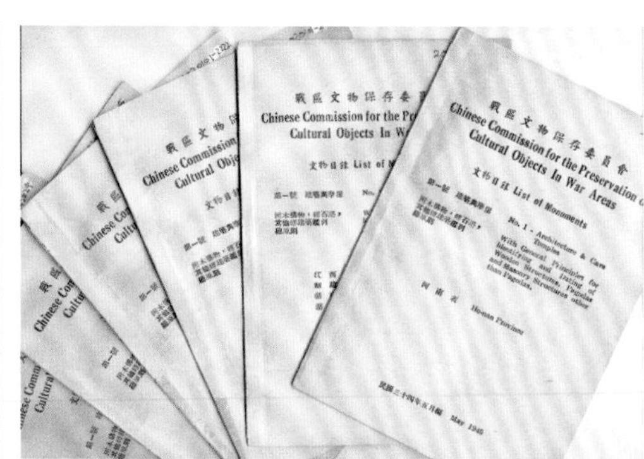

图 54 梁思成主持编纂的《战区文物保存委员会文物目录》(1945 年 5 月,中英文双语,中国营造学社纪念馆藏)——按:1945 年初,梁思成由四川南溪李庄赴重庆,亲自编写了这份目录,其目的是使盟军(美军)在反攻中轰炸敌占区时,注意保护重要的文物古迹(共列出 400 处)。与目录配合的还有照片,梁思成在军用地图上标出文物古迹的位置,但后来照片和地图不知下落。

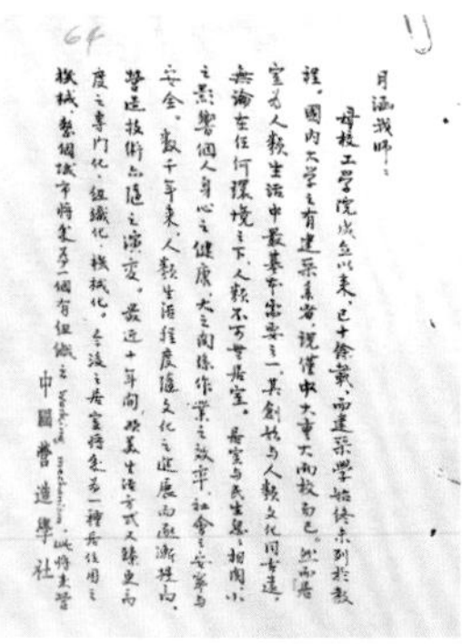

图 55 梁思成致清华大学校长梅贻琦信手稿,1945 年 3 月 9 日,信中建议创办清华大学建筑系(清华大学档案馆藏)

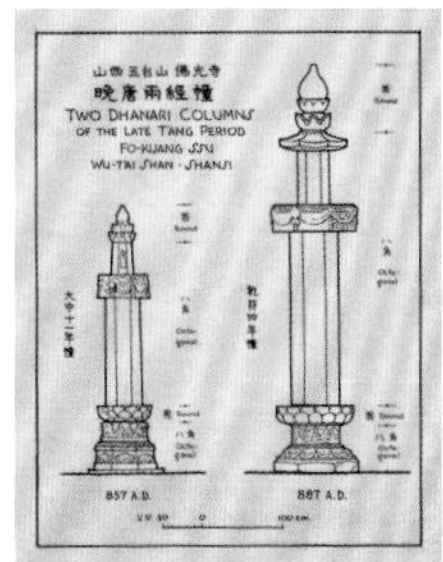

图 56 梁思成《图像中国建筑史》插图：山西五台山佛光寺晚唐两经幢（英文版，1946 年完稿，中国国家图书馆藏）

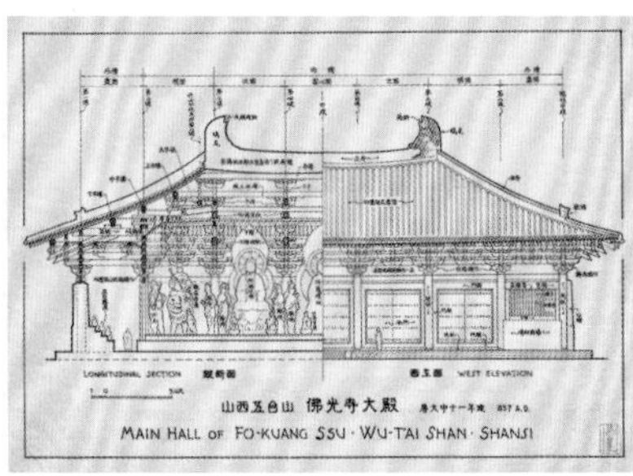

图 57 山西五台山佛光寺大殿立、剖面图（中国营造学社测绘，中国国家图书馆藏）

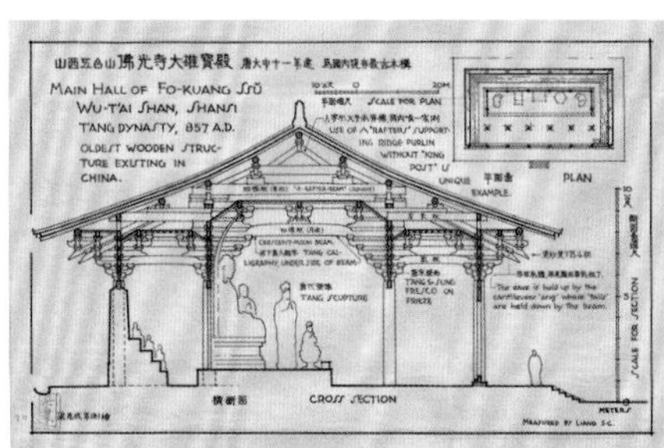

图 58 梁思成《图像中国建筑史》插图：山西五台山佛光寺大殿平、剖面图（英文版，1946 年完稿，中国国家图书馆藏）

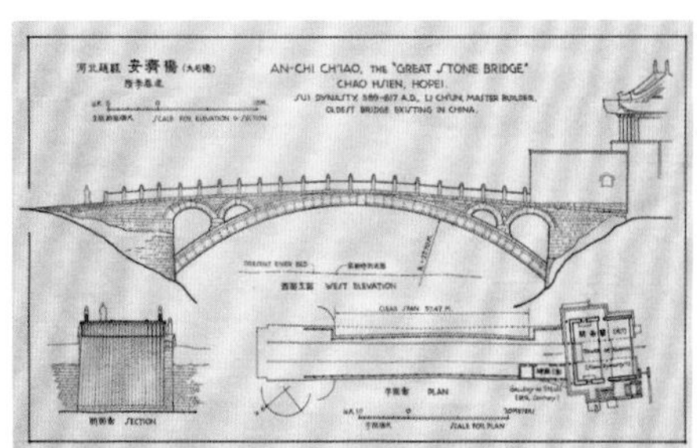

图 59 梁思成《图像中国建筑史》插图：河北赵县安济桥（英文版，1946 年完稿，中国国家图书馆藏）

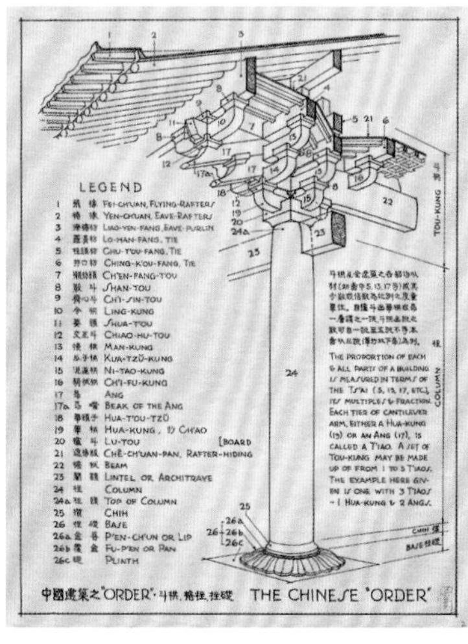

图 60 梁思成《图像中国建筑史》插图：中国建筑之 ORDER（英文版，1946 年完稿，中国国家图书馆藏）

全國重要建築文物簡目

國立清華大學
私立中國營造學社
合設
建築研究所編

民國三十八年三月

图 61 国立清华大学、私立中国营造学社合设建筑研究所编《全国重要建筑文物简目》（1949 年 3 月，梁思成主编，中国营造学社纪念馆藏）——按：参与编写者包括朱畅中、汪国瑜、胡允敬、罗哲文。这份简目是于 1948 年冬北平市和平解放前夕（清华大学已经解放），梁思成应中国人民解放军有关部门之托主持编写的。简目所列的第一项文物即“北平城全部”，这与后来梁思成竭力保护古都北京的思想一脉相承

图 62 清华大学营建系教授高庄等制作的国徽石膏模型（1950 年 8 月，中国营造学社纪念馆藏）

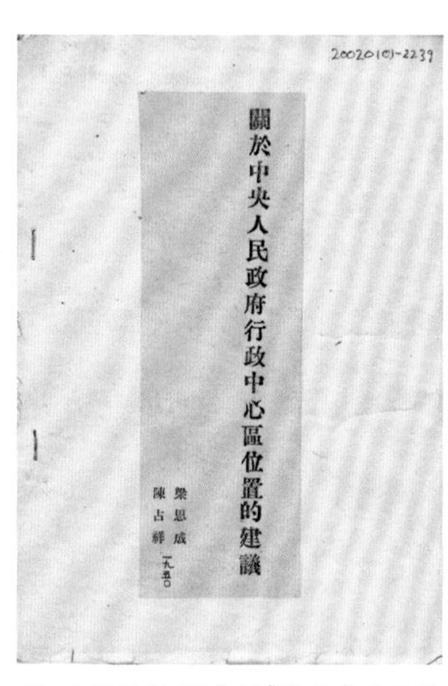

關於中央人民政府行政中心區位置的建議

梁思成
陳占祥
一九五〇

图 63 梁思成、陈占祥《关于中央人民政府行政中心区位置的建议》（史称“梁陈方案”）（1950 年，中国营造学社纪念馆藏）

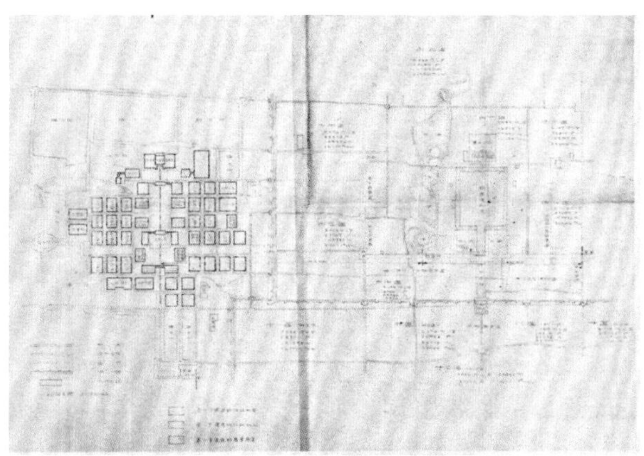

图 64 梁思成、陈占祥《关于中央人民政府行政中心区位置的建议》之附图

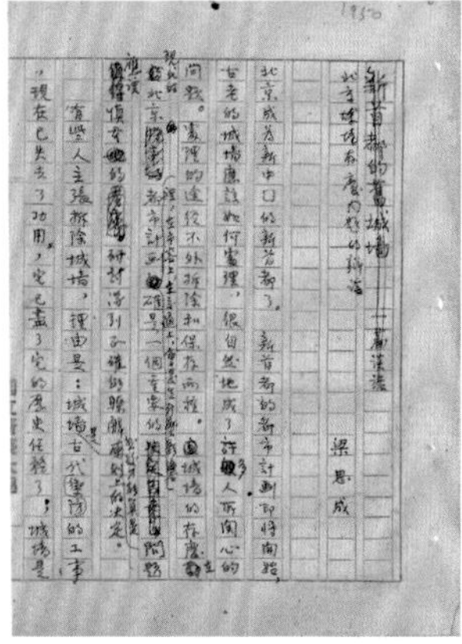

北京城墻存廢問題的辯論

梁思成

图 65 梁思成《北京城墙存废问题的辩论》（手稿）（1950 年，清华大学档案馆藏）

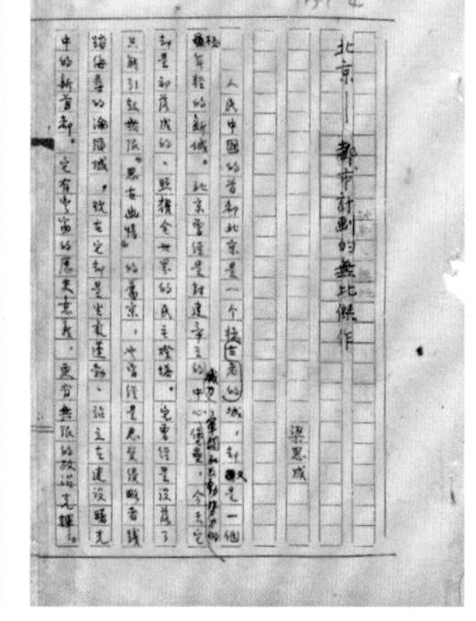

北京——都市計劃的無比傑作

梁思成

图 66 梁思成《北京——都市计划的无比杰作》（手稿）（1951 年，清华大学档案馆藏）

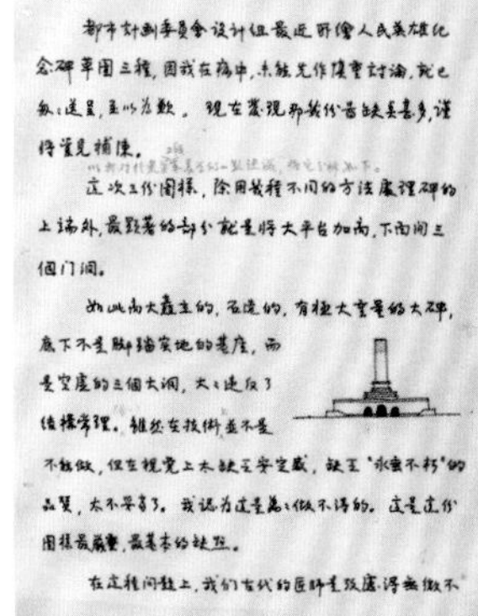

彭市長：

都市計劃委員會設計組最近所繪人民英雄紀念碑草圖三種，因我在病中，未能先作慎重討論，就已匆匆送呈，至以為歉。現在發現那幾份圖缺點甚多，謹將管見補陳。

這次三份圖樣，除用幾種不同的方法處理碑的上端外，最顯著的部分就是將大平台加高，下面開三個門洞。

如此高大矗立的，石造的，有極大重量的大碑，底下不是腳踏實地的基座，而是空虛的三個大洞，大大違反了結構常理。雖然在技術上並不是不能做，但在視覺上太缺乏安定感，缺乏"永垂不朽"的品質，太不妥當了。我認為這是萬萬做不得的。這是這份圖樣最嚴重，最基本的缺點。

在這種問題上，我們古代的匠師……

图 67 梁思成致彭真信，关于人民英雄纪念碑设计方案的建议（手稿）（1951 年 8 月 29 日，清华大学档案馆藏）

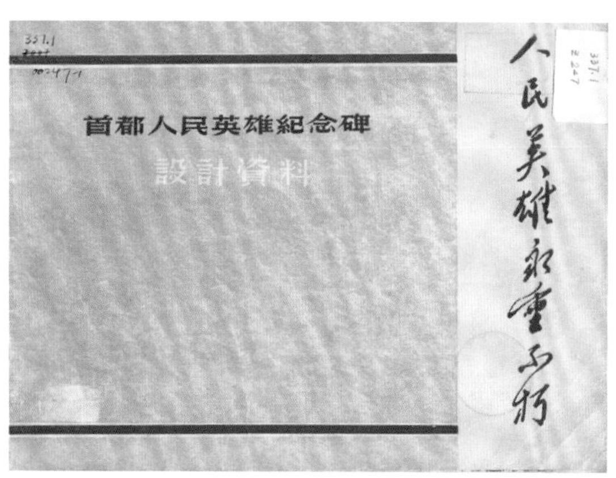

图 68《首都人民英雄纪念碑设计资料》(1953 年 9 月，首都人民英雄纪念碑兴建委员会编印，中国营造学社纪念馆藏)

图 69 梁思成《祖国的建筑》(1954 年，中国营造学社纪念馆藏)

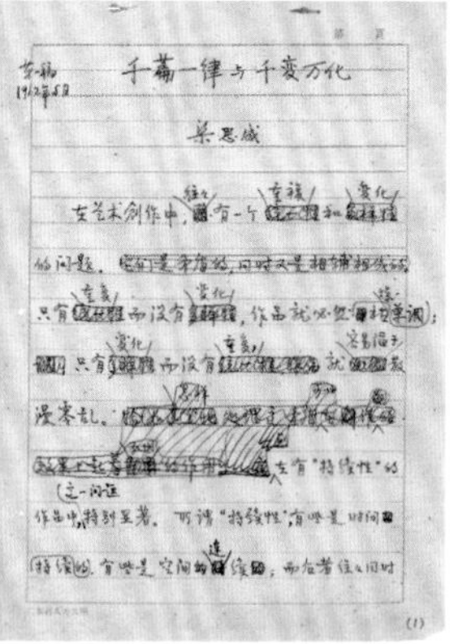

图 70 梁思成“拙匠随笔”系列之《千篇一律与千变万化》(手稿)(1962 年 5 月，清华大学档案馆藏)

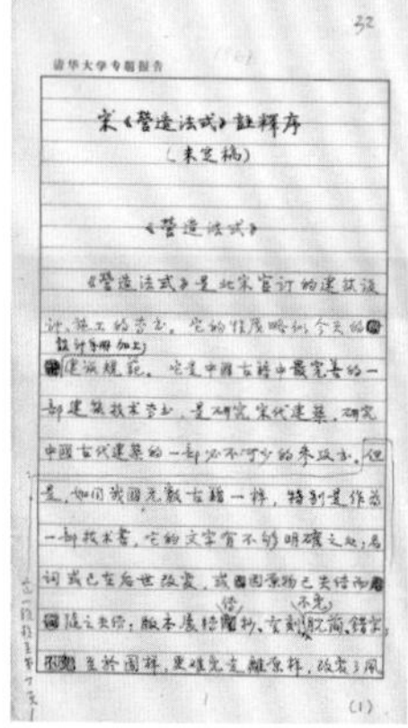

图 71 梁思成《宋〈营造法式〉注释序》(未定稿，手稿)(1963 年，清华大学档案馆藏)

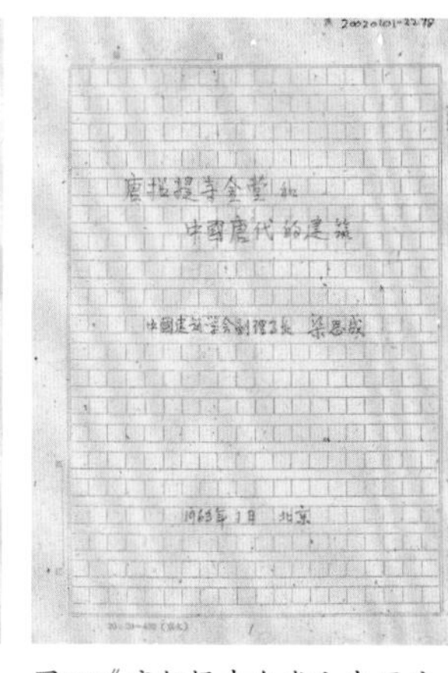

图 72《唐招提寺金堂和中国唐代的建筑》(手稿)(1963 年)

图73 扬州鉴真纪念堂(梁思成设计)

图 74 扬州鉴真纪念堂正面全景(1973 年建成，梁思成设计，中国营造学社纪念馆藏)

图 75 1988 年“中国古代建筑理论及文物建筑保护的研究”项目获一等奖

编者按：在如今的网络时代，网络为大众获取知识提供了捷径，随之而来的问题则是需要及时修订网络讹误。今百度所载“梁思成”条目中之“建筑作品”列表所列设计作品共 13 项，其中“华东革命烈士陵园”“陕西师范大学图书馆”“哈尔滨工程大学五栋教学楼”“山东师范大学文化楼，一号、二号教学楼”等四项，并无确切历史记录和史料佐证；再如位于吉林省吉林市的吉海铁路总站旧址，在 2013 年被列为全国重点文物保护单位之际，仍被讹传为林徽因设计、梁思成审定，直到 2020 年才有人证实真正的设计者是翟维沣等人。此外，2021 年以来又有若干梁思成建筑设计佚稿被发现(如现藏于南京博物院之 1947 年“国立北京大学孑民纪念堂·总办事处·大学博物馆计划草图”)。凡此种种，均有必要及时做信息调整。现将目前已知确凿无争议的梁思成建筑设计作品、城市规划方案、古建筑修葺(复原)计划和近期新发现的确有实证的建筑设计行动等列表如下,谨供读者参考。

表1 梁思成先生建筑实践活动年表

序号	作品名称	设计时间	备注
1	王国维纪念碑	1928—1929年	位于清华大学第一教室楼北端后山之麓，可能是梁思成完成的第一件设计作品
2	梁启超墓	1929—1931年	位于北京植物园，为家族墓园，可能为梁思成手笔。1929年初创之后，又有梁思礼墓等
3	吉林省立大学建筑群	1929—1931年	在今吉林市东北电力大学主校区内
4	《天津特别市物质建设方案》	1930年	梁思成、张锐合作，未实施
5	交通大学锦州分校	1930年	与林徽因共同设计，后毁于战争
6	北平仁立地毯公司铺面改建	1932年	已毁
7	《江西南昌滕王阁重建计划》	1932年5月	与莫宗江合作，未实现
8	故宫文渊阁楼面修理计划	1932年	与蔡方荫、刘敦桢合作
9	北京大学地质学馆	1934—1935年	与林徽因共同设计，位于北京东城区沙滩北街55号院
10	北京大学女生宿舍	1934—1935年	与林徽因共同设计，位于北京东城区沙滩北街乙2号
11	《杭州六和塔复原状计划》	1934—1935年	与刘致平合作，未实现
12	北京景山五亭修葺计划	1934—1935年	与刘敦桢合作
13	《曲阜孔庙之建筑及其修葺计划》	1935年	未实施，但对日后该古建筑群的保护起到了指导作用
14	南京“中央”博物院建筑群	1935—1952年	此建筑为徐敬直、李惠伯设计。梁思成作为顾问建筑师，对设计定稿起了关键作用，又在1947年左右提出了新的整体规划方案（未实现）
15	西安小雁塔维修计划	1937年	文献佚失
16	西安碑林修整计划方案	1937年	近期有历史文献发现
17	《重庆文庙修葺计划》	约1941年	此计划已知有5 000余字文稿，佚失
18	联合国大厦设计方案第24号	1947年2月	担任联合国总部大厦设计方案顾问并提出自己的设计方案。此24号方案，是否有部分意见被接纳待考，但梁思成在阐述时畅谈了中国的建筑理念
19	国立北京大学孑民纪念堂·总办事处·大学博物馆计划草图	1947年12月	与林徽因共同设计，未实施，图稿二帧现收藏于南京博物院
20	《关于中央人民政府行政中心区位置的建议》（简称“梁陈方案”）	1950年2月	与陈占祥合作，未被采纳
21	人民英雄纪念碑	1952年	纪念碑设计工作由梁思成主持
22	任弼时墓	1952年	位于八宝山东部的坡顶上
23	梁思永墓	1954年	位于八宝山
24	林徽因墓	1955年	位于八宝山
25	扬州鉴真和尚纪念堂	1963年	位于扬州市古大明寺内，1973年建成，设计过程中有莫宗江、徐柏安等参与

（殷力欣 辑录）

Overview: Opening Ceremony of "Backbone—A Documenta Celebrating Liang Sicheng's 120th Anniversary" & Academic Activities at the 75th Anniversary of the Founding of the Education of Architecture, Tsinghua University by Liang Sicheng

"栋梁——梁思成诞辰一百二十周年文献展" 开幕式暨梁思成创办清华建筑教育75周年学术活动综述

清华大学建筑学院（School of Architecture, Tsinghua University）

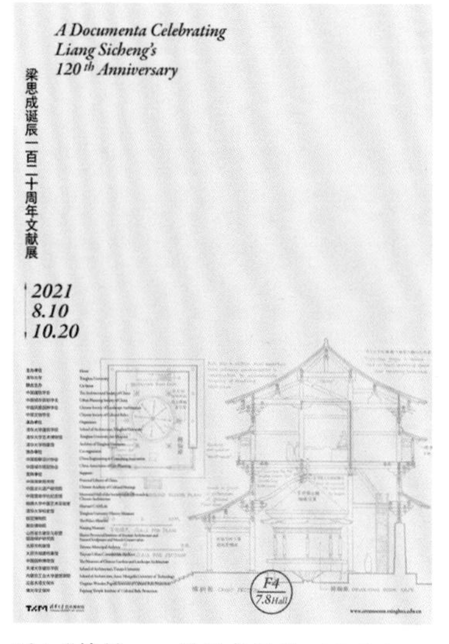

图1 "栋梁——梁思成诞辰一百二十周年文献展" 海报

一、"栋梁——梁思成诞辰一百二十周年文献展" 开幕式之领导讲话辑要

"栋梁——梁思成诞辰一百二十周年文献展" 开幕式由清华大学建筑学院院长张利主持。在欢迎各界现场和线上嘉宾的开场白中，他表示，今天在此纪念的不仅是那份曾经逝去的优雅，更是那种永驻人间的光荣。我们试图通过展览中的文献研读梁先生的思想，也试图由此窥探那一个时代的中国建筑学先驱们的勇气和激情。他热情洋溢地说：

"我们在梁任公给儿子的关于东北大学的信中看到的不仅是杨廷宝先生和梁思成先生同为清华与宾大校友的诚挚友谊，更是包括他们在内的中国第一代现代建筑学人合力撰写华夏营建文明的非凡壮举。

在此我们纪念梁先生诞辰 120 周年，也要向同样诞辰 120 周年的杨廷宝先生，向先贤们，向先贤们所创建的、属于中国建筑的、至今还让我们魂牵梦萦的光荣顿首致敬。"

其他到会领导致辞如下。

邱勇（中国科学院院士、清华大学校长） 大师代表了一所学校的高度，大师风范彰显了一所学校的教育品质。梁思成先生的大师风范体现在他深厚的家国情怀、深刻的教育思想、严谨的治学精神上。作为一所大学，我们为拥有梁思成先生这样的大师而感到骄傲。梁思成先生的大师风范，山高水长，青史流芳。

大学之大在于汇聚大学者、研究大学问、培养"大写的人"。一流大学不仅要培养一流人才，更要培育一流大师。从梁思成先生到吴良镛先生，我们看到了大师风范的传承，也更加坚定了"中国教育是能够培养出大师来的"自信。

站在新的历史起点上，清华大学要以更强的责任感、使命感、紧迫感汇聚大师、培育大师，源源不断地培养出一批又一批可堪大任的杰出英才，努力为国家富强、民族复兴做出新的更大的贡献。

图2 "栋梁——梁思成诞辰一百二十周年文献展" 开幕式现场

修龙（中国建筑学会理事长） 梁先生与中国建筑学会渊源深厚，在梁先生的指导下，《建筑学报》发展至今已成为我国最权威的建筑类学术期刊。让我们继承并发扬梁先生遗志，勇于创新，顽强拼搏，为建成世

开幕式由清华大学建筑学院院长张利主持

中国科学院院士、清华大学校长邱勇先生致辞

中国建筑学会理事长修龙先生致辞

中国城市规划学会理事长孙安军先生致辞

中国风景园林学会理事陈重先生致辞

中国文物学会会长单霁翔先生致辞

中国工程院院士、清华大学建筑学院教授、清华大学建筑设计研究院院长庄惟敏先生做总策划阐述

中国科学院与中国工程院院士、清华大学建筑学院教授吴良镛先生发言

图3 致辞及发言嘉宾（组图）

界科技强国、实现中华民族伟大复兴不断做出新的更大贡献！

孙安军（中国城市规划学会理事长）梁思成先生是中国现代城市规划事业的杰出先驱，创立了意涵丰富的建筑、城市和相关学科研究体系。希望清华大学城市规划系继续坚定理想信念，培养一流城市规划建设人才方阵。

陈重（中国风景园林学会理事）梁思成先生是我国著名的建筑学家和建筑教育家，也为现代风景园林学科的建立做出了重要贡献。如今，风景园林学科在国家生态文明建设中发挥着日益重要的作用。新百年，新征程，景观学人将跟所有建筑、规划学人一道，勠力同心，共同为实现梁思成先生追求向往的宏愿而不懈努力！

单霁翔（中国文物学会会长）在纪念梁思成先生诞辰 120 周年之际，我们满怀崇敬之情缅怀先生的高尚品德，传承先生的丰功伟绩。梁先生博古通今，学贯中西，在各个领域都做出了不朽的贡献，为今天的文化遗产保护事业打下了坚实的基础。梁思成先生的精神和行动激励和鼓舞了一代又一代的文化遗产保护工作者，在此我们一定要继续铭记梁思成先生的嘱托，弘扬中国传统建筑文化，让文化遗产绽放出更加绚丽的光彩。

二、总策划者的阐述

庄惟敏（中国工程院院士、清华大学建筑学院教授、清华大学建筑设计研究院院长）作为展览的总策划我内心惴惴不安，因为梁先生之广博、梁先生之专业以及梁先生之高屋建瓴，皆非我个人所能深刻理解的，更非我个人学识和眼界所能策划成展的。在这个梁先生诞辰 120 周年的时机，我们特别要呈现给世人，分享给同行的，是回归一手的、过程的甚至是瞬间的梁思成先生贯通各个学术分支、最终落实于建筑教育的学术雁鸣鸿痕；这是一次学术的坦诚的展示。我所理解的栋梁展，为建筑人准备的是大事的线索和图、文、实物的多重证据，为历史准备的是一个“慢放”按键，允许椽笔们对比手稿中修改的草稿和成稿之间的差异，再做一番慎思。设问：我们是这样走过来的，我们将走向何方？我们怎样才能放下自己的预设去讲述梁思成那个时代——而且，反思我们的时代？希冀给人一种启发。

三、学界代表发言辑要

吴良镛（中国科学院与中国工程院院士、清华大学建筑学院教授）2021 年是梁思成先生诞辰 120 周年，梁先生和林徽因先生对我有知遇之恩，我至今感念。梁先生是我国建筑教育事业的奠基者、古建筑研究的先驱者、历史文物保护的开创者，还是近代城市规划事业的先行者，他为中国建筑学术发展建立了不可磨灭的功勋，是当之无愧的“一代宗师”。面对新的发展形势，我们要继承和发扬梁先生的学识、思想和精神，重新认识和确立中国建筑、中国文化在世界的地位。这是当代建筑学人应有的抱负，愿与诸君共勉！

郭黛姮（清华大学建筑学院教授）梁先生付出了毕生的精力所发掘出来的东西，是我们中国人在历史上所创造的卓越光辉，是令我们今天特别骄傲的，是增强我们文化自信的瑰宝。我们的后辈们，要从这个展览中吸收梁思成先生的爱国奉献和追求卓越的精神，把我们中国的文化遗产保护

清华大学建筑学院教授郭黛姮先生发言

中国勘察设计协会副理事长王树平先生发言

中国城市规划协会会长唐凯先生发言

原中国文物学会常务理事，梁思成先生之孙梁鉴先生发言

清华大学艺术博物馆副馆长苏丹先生做展览介绍

图4 发言嘉宾（组图）

事业做得更好，去完成中华民族伟大复兴的光荣任务。

四、业界代表发言辑要

王树平（中国勘察设计协会副理事长） 梁思成先生是中国建筑行业黄金时代的奠基人，为整个建筑行业树立了标杆和典范。希望在新的时代，我们能继续铭记先生嘱托，为国家的新征程做出更多更大的贡献。

唐凯（中国城市规划协会会长） 在梁思成先生诞辰120周年之际，作为规划人，我们怀着崇敬之心缅怀梁先生，赞叹他对人类文化发展的贡献和在中国城市规划建设实践中的求索。我相信梁先生学以致用、实践求索的风范，将会继续激励今天的中国规划人。

五、梁思成先生家人发言摘要

梁鉴（曾任中国文物学会常务理事，梁思成先生之孙） 我谨在此代表梁思成先生的亲属，感谢清华大学建筑学院和清华大学艺术博物馆举办了“栋梁——梁思成诞辰一百二十周年文献展”。展览通过大量的手稿、实测图、绘图、照片等，真实地反映了梁林二位先生富有开创性而艰辛的一生。他们为艺术和学术献身的精神品格永远激励着后人！

六、策展人介绍展览

苏丹（清华大学艺术博物馆副馆长） 在艺术博物馆中做文献展是非常具有挑战性的一项工作，作为策展人，我们手中有两样法器，一个是史料，另一个是空间的语言。对于本次展览的主角梁思成先生就是如此，我们要让大众和学界看到一个可观、真实的梁思成。

刘畅（清华大学建筑学院教授） 这个展览依然是一个文献展，文献来自清华大学建筑学院的收藏、梁家的收藏等。文献展的消化不是简单的事情，它是一个逆时代的力量。在梳理展览文献的过程中，我感受到了建筑学院灵魂的存在，这使我们老师、同学未来成为完整的人，使我们的大学成为更加健康的大学。

附录：参会嘉宾名单

国家最高科技奖获得者、中国科学院院士、中国工程院院士：吴良镛。

清华大学校长、中国科学院院士：邱勇。

住建部、原建设部原领导：叶如棠、汪光焘、宋春华、陈为帮。

中国建筑学会领导：修龙、李存东。

中国城市规划学会领导：孙安军、石楠。

中国风景园林学会领导：陈重、贾建中。

中国文物学会领导：单霁翔。

中国勘察设计协会领导：王树平。

中国城市规划协会领导：唐凯。

学界和业界的杰出引领者中国科学院院士和中国工程院院士

现场：马国馨、聂建国、崔愷、贺克斌、张建民、庄惟敏；

线上：何镜堂、郑时龄、常青、王建国、孟建民、吴志强、段进。

全国工程勘察设计大师

现场：胡绍学、黄星元、赵元超、邵韦平、张宇、李兴钢、崔彤、申作伟、张杰；

线上：郭明卓、刘景樑、梅洪元、汪孝安、胡越、陈雄、倪阳、杨瑛、钱方、孙一民、桂学文、郭建祥、张鹏举、何昉。

文化和史学界的领导和专家：赵国英、郭黛姮、陈同滨、赵鹏、李军、谢冬荣、马炳坚、徐怡涛、沈阳、郑子良、郑岩、丁垚。

教育系统与高校的领导和专家

现场：刘昌亚、李雄、吕品晶、张大玉、左川、雷振东、朱锫、王向荣、郑曦、刘临安、戴俭、张健、韩冰、张勃、韩劲红；

线上：伍江、彭震伟、石铁矛、王树声、张永和、张彤、韩冬青、李翔宁、孔宇航、孙澄、杜春兰、李和平、黄亚平等。

城市规划界领导和专家：朱嘉广、施卫良、王凯、石晓冬等。

建筑界领导和专家：朱小地、孙宗烈、黄居正、汪恒、叶依谦、薛明、薛峰、景泉、刘东卫、傅绍辉、马岩松、董功、党群、彭礼孝、魏星、赵荣、宋丹、李晓炜。

梁思成先生亲友及中国营造学社后人：梁任堪、梁忆冰、梁红、梁旋、梁鉴、于晓东、于葵、莫涛、殷力欣。

清华大学艺术博物馆、档案馆、各部处和人居集团的领导和专家：杜鹏飞、苏丹、范宝龙、郦金梁、方晓风、吴晞、裴晓东、汪翎、袁昕、刘玉龙、李哲。

来到现场的还有清华大学建筑学院与建筑设计研究院的专家与学者；此外，还有数十名全国各地的建筑师、规划师、风景园林师、建筑历史学者、校友代表在线上参会。

图5 清华大学建筑学院刘畅教授做展览介绍

七、梁思成创办清华教育 75 周年圆桌座谈

院士圆桌座谈会主题：梁思成对中国当代建筑与城市的启示。

圆桌座谈由何镜堂院士、常青院士、王建国院士、吴志强院士和段进院士进行线上主旨报告，庄惟敏院士主持，来自建筑、规划、景观等行业的专家与师生共同观看了座谈并交流感想。

建筑历史与理论分会场主题：中国建筑创作与教育展望。

建筑界数十位专家、学者、嘉宾以现场讨论与线上讨论的方式参与了名为“在梁思成的启示下——中国建筑创作与教育展望大家谈”的圆桌对谈，共同探讨梁思成先生学术贡献以及其对当代建筑学科与行业发展的重要意义（详后）。

城乡规划分会场主题：时代与规划。

规划行业专家与规划系老师以“时代与规划”为题，交流观展感想，共同探讨梁思成规划学术思想和人文精神的现代意义（详后）。

风景园林分会场主题：梁思成营建思想与风景园林。

庄惟敏、张利、张悦与来自中国风景园林学会和北京林业大学的嘉宾及清华大学景观学系全体教师进行主题为“梁思成营建思想与风景园林”的座谈（详后）。

供稿：张弘、杜一凡、洪千惠、王芷涵、韦诗誉、青锋、郭璐、郭湧、叶扬

摄影：卢竞文、王鑫、王芷涵

图6 开幕式上，梁思成之外孙女于葵女士（中）与左川教授（左）、庄惟敏院长（右）合影

图7 开幕式上，梁思成之孙梁鉴先生（中）与营造学社后人莫涛（右）、殷力欣（左）合影

Academicians' Roundtable Symposium on "Backbone: Inspirations from Liang Sicheng on Contemporary Architectures and Urban Development" Was Held at School of Architecture, Tsinghua University

"栋梁：梁思成对中国当代建筑与城市的启示"院士圆桌座谈会在清华大学建筑学院举行

清华大学建筑学院（School of Architecture, Tsinghua University）

2021年8月23日下午，"栋梁:梁思成对中国当代建筑与城市的启示"院士圆桌座谈会在清华大学建筑学院成功举行(图1～图7)。座谈会采用线上线下相结合的方式，中国工程院院士、华南理工大学建筑学院名誉院长、华南理工大学建筑设计研究院院长何镜堂教授，中国科学院院士、同济大学常青教授，中国工程院院士、东南大学王建国教授，中国工程院院士、同济大学吴志强教授，中国科学院院士、东南大学段进教授分别进行主旨报告，中国工程院院士、清华大学建筑设计研究院院长、清华大学建筑学院庄惟敏教授主持座谈会，来自学界和业界的百余位专家及师生通过线下或线上的方式参加了座谈会。

座谈会可谓精彩纷呈，线上的各位院士各抒己见，现摘要如下。

何镜堂院士回忆了自己1962年前后见到梁思成先生的情景，梁先生的大师风范让人至今记忆犹新。何院士表示，梁思成先生是中国建筑界的一代宗师，在极其艰苦的条件下，他为中国古代建筑的调查研究和体系建构，以及建筑文物保护和建筑教育事业，做出了巨大的、历史性的贡献，是中国建筑学科的开拓者、奠基者和领路人。何院士指出，当代建筑创作如何在传承中华文化传统的基础上进行创新，是我们今天纪念和继承梁

图1 院士圆桌座谈会现场

先生思想所必须正视和探索的问题。首先，当代建筑创作应努力实现“三性”，即地域性、文化性和时代性的和谐统一。另外，中国建筑在 2 000 多年的发展中形成了独一无二的体系，要学习其精神和内涵，并运用在建筑设计当中。创作体现中国文化和时代特色的现代建筑，是我们这一代建筑师的历史使命，也是我们继承老一辈建筑学家遗志最好的方式。

图2 何镜堂院士发言

常青院士表示，梁思成先生的建筑思想开放包容，既对传统情有独钟，也对现代认知清醒，尤其对一个国家从传统走向现代的转型历程，持有非常超前的批判性思维，且不避反躬自省。常院士特别提到三点：其一，宋《营造法式》和清《工部工程做法则例》是前无古人的巨大学术成就，梁先生是中国建筑史研究体系和建筑遗产保护领域的奠基者及引领者；其二，梁先生力主从传统的城市与建筑空间中提炼中国质素及文法，创造具有本土生活习俗、审美取向及场所感的“新中国建筑及城市设计”，以传统的学识旨趣潜移默化地增强建筑师的创造力，这至今依然是中国建筑界勠力前行的方向；其三，梁先生的学术思想在民国和中华人民共和国的各个时期，都有合于背景及逻辑的呈现，也流露出了中国传统仁人志士的人格魅力和现代知识分子的批判精神。

图3 常青院士发言

王建国院士对本次展览给予高度评价，并分别从群体与个体的角度解读了第一代建筑学人及梁思成先生的贡献，他表示：今日的建筑学大厦正是由当年一批从海外学成归国的建筑师、建筑教育家群体所共同奠定的，他们是中国建筑学的“脊梁”；从梁先生个人的角度，他是中国建筑师群体中尤其具有传统知识分子风骨、追求、情怀和崇高境界的。王院士还特别强调了清华大学与东南大学有着深厚的友谊和历史渊源，梁先生曾与刘敦桢先生、童寯先生、杨廷宝先生以及东南大学其他前辈一起，共同为建筑学研究、教育和实践事业奋战。最后，在谈到建筑教育时，王院士指出，梁先生提出的“体形环境论”是早期对建筑教育所进行的多样化探索，而今天我国建筑教育逐渐蓬勃发展并走向多元、多向，其中的一些理念正是受到梁先生的启发，这也足以证明梁先生思想的前瞻性。

图4 王建国院士发言

段进院士认为，今天举办这样一个展览和纪念活动，本身就是关于知识分子风骨和追求的一次教育。段院士从中国建筑文化弘扬与遗产保护两方面，解读了梁先生的卓越贡献，并一再强调，梁先生的学术思想，他身上所体现出的科学家求真求实的研究精神、献身使命的无畏斗志和严格严谨的治学态度，是我们应该学习、继承并加以发扬的宝贵遗产。段院士还介绍了自己团队在梁先生“中而新”思想引领下开展的空间基因研究。他表示，中华优秀传统文化体现着中华民族世世代代在生产和生活中形成并得以传承的世界观、人生观、价值观和审美观，其中最核心的内容已经成为中华民族营城的空间基因，它是发展过程中逐渐形成的、有别于其他民族的独特的空间标识，是我们在新的历史条件下，学习梁先生思想，推进城市与建筑文化传承与发展应探索的内容。

图5 段进院士发言

吴志强院士对本次展览和开幕式的成功举办表示热烈祝贺，他从自己的经历切入，讲述了梁思成思想对他们这一代学者所产生的重大影响。吴院士认为，梁先生首先是中国现代知识分子的文化楷模，他将原来是本能的文化基因，通过现代、理性、系统的分析方法，提炼成为知识，再将知识提炼成为智慧，再将这些智慧贡献给全世界，这是知识分子应尽的职责；在第二次世界大战末期，他以大爱情怀对待世界文化遗产，这是知识分子应有的胸怀，这些在今天尤为值得我们学习。梁先生还是创新的楷模，他始终走在国际学界前沿，不囿于“布扎”体系，推动国内建筑教育转型，在这个过程中以及梁先生其他大量成果中，都可以看到他对创新的崇尚，以及因此在理念、思维方法和工作方式上的不断发展。传承这种创新精神将让我们每一个人都受益无穷，也将让我们整个学科欣欣向荣、不断向前。

图6 吴志强院士发言

庄惟敏院士主持座谈会，他表示，五位院士从学科引领和发展的角度分享了他们对于梁先生的理解和感悟，是非常有启发性的。梁思成先生与杨廷宝先生同年，两位大家是最早一批中国建筑学人的代表，他们代表了一个群体，代表了中国建筑学科的建立与发展。而在今天，我们如何去继承，如何去解读梁先生的时代，又如何反思现在——这样一个活动的举办是恰逢其时的。最后，庄院士代表所有与会者，对五位院士表示衷心感谢。

图7 庄惟敏院士主持院士圆桌座谈会

撰稿：韦诗誉

摄影：卢竞文、王鑫、王芷涵

Roundtable Forum on "Inspirations from Liang Sicheng—China's Prospects of Architectural Creation and Education" Was Held at School of Architecture, Tsinghua University

"在梁思成的启示下——中国建筑创作与教育展望大家谈"圆桌论坛在清华大学建筑学院举行

青 锋*（Qing Feng）

作为纪念梁思成诞辰 120 周年暨梁思成创办清华建筑教育 75 周年系列活动的一部分，清华大学建筑学院于 2021 年 8 月 23 日下午举办了"在梁思成的启示下——中国建筑创作与教育展望大家谈"圆桌论坛（图 1～图 3）。来自全国学界、业界、学协会、文化与研究机构的数十位专家、学者、嘉宾以线上和线下的方式参与了本次论坛，共同探讨梁思成先生学术遗产对当代建筑创作与建筑教育的启示。

在当天上午，嘉宾们参加了在清华大学艺术博物馆举行的"栋梁——梁思成诞辰一百二十周年文献展"开幕式，随后前往展厅参观。下午，在京嘉宾们齐聚清华大学建筑学院多功能厅，进行圆桌对话。因疫情防控无法来京参加的嘉宾则以线上会议的方式进行了分享与讨论。嘉宾们普遍认为本次展览以极高的学术水准、全面的文献呈现、多角度的深入刻画展现了梁思成先生的卓越学术生涯与杰出成果，提供了学习、了解、传承梁先生学术遗产的宝贵窗口。嘉宾们对展览的成功举办以及清华建筑教育创办 75 周年致以热烈祝贺。

通过线上、线下两个会场，40 余位嘉宾发言分享了他们的参展感受以及对梁思成先生学术贡献的思考，并且一同探讨了梁先生对当前我国建筑行业与建筑教育发展的影响与启示。

在清华大学建筑学院多功能厅的线下会场中，20 余位重要嘉宾先后发言。全国工程勘察设计大师申作伟先生认为，梁思成先生不仅为中国传统建筑研究做出了巨大贡献，也为中国建筑创作道路提出了"中而新"的方向指引，当代建筑师有责任继续传承这一文化传统，走出建筑创作的中国道路。中国建筑西北设计研究院赵元超大师回顾了梁先生与林先生早年对西安小雁塔、碑林的考察与保护规划提议，以及"修旧如旧"历史遗产保护观念的提出。他认为梁先生身上的知识分子风骨，也通过他的学生张锦秋院士等前辈传承下来，将会继续激励新一代的建筑师。中国科学院建筑设计研究院崔彤大师结合自己的创作历程，讲述了他在梁思成先生中国传统木构研究中获得的启发。他认为梁先生的研究跨越了东西方地理限制，建立了重要的结构性、系统性建筑思考，而这种思考完全可以结合新的技术手段带来新的创作可能。中国建筑设计研究院李兴钢大师分享了他对梁思成建成设计作品之一——梁启超墓园的研究成果。他认为梁思成先生提出的中国传统建筑与环境密切结合这一特征，明确地体现在梁启超墓园的设计中。这个设计展现了梁先生深刻的设计思想，是极为宝贵的建筑经典。

北京市建筑设计研究院有限公司徐全胜董事长强调，在梁先生的学术生涯中贯穿始终的是为国家服务的情怀，在纷繁复杂的当代建筑场景中，这一情怀仍然是中国建筑师应该秉持的宗旨。中建集团总建筑师薛峰提出，梁思成先生揭示了中国传统建筑的基因密码，他的研究成果在很多方面预见了此后的中国建筑设计观以及城市规划原则。梁先生的经历也说明，只有脚踏在祖国大地上，中国建筑师才能获得顶尖的成果。中国建筑设计研究院有限公司汪恒总建筑师认为，梁思成先生在建筑历史、遗产保护、城市规划、风景园林等各个

* 清华大学建筑学院教师

图1 “在梁思成的启示下——中国建筑创作与教育展望大家谈”圆桌论坛嘉宾合影。前排左三沈阳、左四马炳坚、左五罗健敏、左六刘临安、左七殷力欣，后排左四张利、左五叶依谦、左七徐全胜、左八李兴钢、左九刘畅、左十二王南、左十四丁垚

领域都取得了开拓性的学术成果，提示了只有全面的学养才能培育具有坚定价值观的当代建筑师。北京院叶依谦总建筑师也提出，梁先生在其学术生涯的早期就展现出开阔的国际视野，形成了一种既不妄自尊大，也不妄自菲薄的学术自觉，他深厚的设计思想也影响了建筑大师张镈先生，并且体现在北京“十大建筑”的部分设计中。中国建筑科学研究院建筑设计院总建筑师薛明在发言中提到，梁先生的研究成果对今天提升中国建筑的文化自信至关重要，我们仍然需要继续沿着他的道路，解析中国文化传统的深刻价值。中国航空规划建设发展有限公司傅绍辉总建筑师结合展品之一——梁先生的水彩渲染图发言说，尽管技术在演进，当今的中国建筑师仍然需要梁先生那样的沉着、平静、认真与严谨。对于一张图如此，对于一个完整的建筑创作也是如此。清华大学建筑设计研究院副总建筑师祁斌提到了胡绍学大师向他讲述的梁思成先生早年辅导建筑设计的情景，也讨论了在梁先生联合国总部大厦设计方案中体现出的中西方建筑传统结合的前景。

来自建筑教育界的学者们结合梁先生对中国当代建筑教育的启示进行了发言。北京建筑大学刘临安教授深情回忆了他的导师林萱先生受教于梁思成先生的经历。梁先生的风骨也通过前辈学者传递给后来者，而新一代年轻教师们尤其需要学习梁先生跨越东西方边界的学术视野，以形成更为完整的知识体系。中央美术学院建筑学院朱锫院长提到，梁先生的建筑思想关注建构、空间、环境以及城市，他的教导也通过关肇邺院士等前辈学者的传递，影响到了当代中国建筑学人的成长。作为毋庸置疑的典范，梁先生也将继续启发新一代的建筑教育者。北方工业大学建筑与艺术学院张勃院长也希望利用本次展览的契机，让梁先生的事迹与成果带动其他广大院校的建筑教育发展，以形成具有凝聚力的教育共同体。

清华大学建筑系老校友、梁思成先生末班弟子罗健敏先生，中国文化遗产研究院嘉宾沈阳、郑子良，《古建园林技术》主编马炳坚先生，《中国建筑文化遗产》副总编辑殷力欣先生，故宫博物院赵鹏主任和天津大学丁垚教授也都做了发言，分别就展览文献的组织、中国传统木构的深入研究、梁先生思想与当代遗产保护实践的结合，以及梁先生杰出设计作品的深度研究进行了分享，进一步扩展了圆桌对话的范畴与深度。罗健敏先生呼吁深入展开对中国建筑学体系的梳理研究；殷力欣先生认为十卷本《梁思成全集》已问世 20 年了，现在可以

傅绍辉发言　祁斌发言　刘临安发言

朱锫发言　张勃发言　沈阳发言

郑子良发言　马炳坚发言　殷力欣发言

罗健敏发言　赵鹏发言　丁垚发言

崔彤发言

李兴钢发言

徐全胜发言

叶依谦发言

赵元超发言

图2 现场发言者（组图）

考虑再做一次相关文献查疑补缺性的梳理校雠，为日后的梁思成学术思想研究打基础；丁垚教授则通过若干梁思成设计作品的实例分析，介绍了天津大学建筑学院师生近期对梁思成设计作品及建筑理念的研究进展。

在线上环节，嘉宾们通过上午的线上开幕式以及视频导览，对展览内容有了较为全面的了解。在下午的线上对谈中，嘉宾们提供了极为丰富的视角与洞见。全国工程勘察设计大师、广州市设计院郭明卓先生在发言中说到，梁先生以现代建筑的钥匙开启了传统建筑艺术的宝库，提示了传统建筑现代演绎的思想与方法。天津市建筑设计研究院有限公司刘景樑大师回顾了梁思成先生与张锐先生合作完成《天津特别市物质建设方案》的经历，缅怀了两位前辈学者的学术历程与成果。华南理工大学建筑设计研究院倪阳大师分享了他重走梁先生、林先生考察故地的深刻感受，并且提出在梁先生身上看到的家庭培养以及时间沉淀对于建筑学人与建筑师成长的重要价值。广东省建筑设计研究院陈雄大师指出，梁先生的卓越贡献一直启示我们对建筑本质的持之以恒的探索，建筑师应当将建筑与传统、与文化、与国家和民族命运联系起来，只有这样才能形成坚实的建筑道路。华南理工大学建筑学院院长孙一民大师也回忆了他学生时代所听到的、了解到的梁先生、林先生的学术经历与诸多成果。他认为梁先生的学术传统通过侯幼彬先生、秦佑国先生、吴硕贤先生、庄惟敏先生等杰出的建筑学者传递到中国当代建筑教育体系之中。梁先生为中国当代建筑知识分子树立了楷模。

湖南省建筑设计院集团有限公司杨瑛大师在发言中说，梁先生对中国传统建筑文化的挖掘以及创办清华大学建筑教育是其最重要的学术贡献，也启发了今天的建筑师与建筑学人去像梁先生那样力争成为国家建设的栋梁。中国建筑西南设计研究院钱方大师着重谈到梁先生测绘成果为他带来的感触。梁先生以学者的抱负，以持恒和平和的方式追求治学的至善至美，展现了平凡中的伟大。华东建筑设计研究总院郭建祥大师也分享了他在佛光寺大殿中追思梁先生在艰苦时代进行学术研究的体验，他认为梁先生所提出的“体形环境论”构成了今天建筑学的理论基础，仍然可以启发从建筑设计到城市规划等诸多领域的创作。内蒙古工业大学建筑设计有限责任公司张鹏举大师回顾了 1958 年清华大学支持内蒙古建筑学院成立的历史，梁思成先生也在那一时期连续两年赴内蒙古讲学，直至今日，梁先生的成果仍然指引着他的历史研究以及内蒙古工业大学建筑教育的发展。中南建筑设计院股份有限公司桂学文大师认为“栋梁”展览呈现了更为立体的梁思成，梁先生的博大精深超越了国界与时代，体现了建筑学人肩负国家命运的使命感。

来自全国各重要建筑院校的院长们也在线上论坛中分享了他们对中国当代建筑教育的思考。天津大学建筑学院院长孔宇航教授认为，这次展览与纪念活动提供了一个契机，去反思中国建筑教育的学科范式。梁先生对中国传统建筑的深入挖掘，提示了一条重要的建筑教育路径，也启发中国建筑教育界要培养具有本土情怀的建筑师。东南大学建筑学院院长张彤教授在发言中说，梁思成、杨廷宝、刘敦桢先生所创立和留下来的建筑体系在今天特别值得回顾。这种回顾不仅是为了缅怀和纪念，也是为了审视我们自己；了解我们如何来到这里，又往何处而去。同济大学建筑与城市规划学院院长李翔宁教授谈到，梁思成先生的中国建筑史研究形成了系统化的学术成果，具有广泛的国际学术影响力，这启发我们如何建立中国建筑的全球话语权。梁先生在 20 世纪 40 年代对建筑教育的体系化思考，也将继续影响未来的建筑教育研究。重庆大学建筑城规学院院长杜春兰教授介绍了梁思成先生在重庆完成的一些学术工作，比如对重庆文庙的考察与研究。梁思成先生的家国大义与爱国情怀应该成为当代建筑教育的精神内核，他对建筑基础教育体系以及建筑与城乡规划结合的学术思考，也应当在当代建筑教育体系中被延续。哈尔滨工业大学建筑学院院长孙澄教授分享了梁思成先生与哈雄文先生等先辈对哈工大建筑教育的贡献，以及梁先生、

图3 线上发言者（组图）

吴良镛先生和哈工大教师、苏联专家在1953年的合影。老一辈学者的生涯与成果，构成了中国建筑教育的宝贵财富，也启发建筑学人们继续发扬他们自强不息的学术精神。

重庆大学建筑系主任龙灏教授与东南大学建筑学院韩冬青教授从学者与教育者的角度，探讨了梁思成先生学术遗产在中国当代教育的学生品格培养、学术研究的时代格局以及学科整合等问题上，所提供的启示。业界专家同济大学建筑设计研究院（集团）有限公司总裁汤朔宁先生、中国建筑东北设计研究院有限公司总建筑师任炳文先生也谈到了梁思成先生的学术精神、建筑与规划理论在今天建筑与城市实践中仍然具有的重要价值。

来自德国gmp建筑师事务所的嘉宾吴蔚先生、中信建筑设计研究总院有限公司嘉宾肖伟先生、北京工程勘察设计协会嘉宾胡颐蘅女士、贵州省建筑设计研究院有限责任公司嘉宾董明先生、中南建筑设计院股份有限公司嘉宾唐文胜先生、哈尔滨工业大学建筑设计研究院嘉宾陈剑飞女士、中国中元国际工程有限公司嘉宾陈自明先生也都结合当代建筑与城市建设面对的挑战、建筑教育的发展分享了他们的思考与观点，扩展和充实了有关梁思成先生学术遗产在当代的影响的讨论。

心怀先贤，继往开来。在8月23日这个下午，40余位线上线下嘉宾的发言不仅全面地呈现了专家、学者们对梁思成先生学术历程、学术成果、理论思想以及人格魅力的研究思考，为我们描绘了一个更为鲜活、更为深邃的建筑先驱形象，而且嘉宾们卓越的学识与深入的观察，也揭示出梁先生学术传统、学术精神以及思想成果在今天的建筑创作与建筑教育中仍然发挥着至关重要的作用，梁先生的建筑遗产已经是我国当代建筑发展的稳固基石之一，也将继续支撑中国建筑事业的稳步前行。

本次圆桌论坛的线下部分由张利、刘畅主持，庄惟敏、程晓青、王南、青锋、程晓喜、张弘、王青春等老师参加了论坛。线上部分由宋晔皓、韩孟臻、王辉、范路、韦诗誉主持和参与。

摄影：卢竞文

Seminar on "Backbone: Times & Planning" Was Held at School of Architecture, Tsinghua University

"栋梁：时代与规划"专题研讨会在清华大学建筑学院举行

郭 璐*（Guo Lu）

2021 年 8 月 23 日下午，"栋梁：时代与规划"专题研讨会在清华大学建筑学院举行，规划业界专家与清华大学城市规划系部分教师围绕"栋梁——梁思成诞辰一百二十周年文献展"，深入探讨梁思成规划学术思想和人文精神的历史价值和现代意义（图 1、图 2）。出席研讨会的专家有住建部原总规划师陈为帮、北京城市规划设计研究院原院长朱嘉广、北京市规划和自然资源委员会副主任施卫良、中国城市规划设计研究院院长王凯、北京城市规划设计研究院院长石晓冬、清华同衡规划设计研究院院长袁昕，参加会议的清华大学城市规划系教师有左川、毛其智、吴唯佳、谭纵波、边兰春、张杰、刘健、武廷海、田莉、张悦等 20 余人。

清华大学建筑学院党委书记张悦教授介绍了清华大学的规划及发展脉络，他以梁先生的两篇代表性文章《〈城市计划大纲〉序》《市镇的体系秩序》，两个代表性方案《关于中央人民政府行政中心区位置的建议》《天津特别市物质建设方案》，"体形环境论"及市乡计划学教育体系，以点带面地介绍了梁先生丰富而深厚的规划理论思想，并介绍了当前清华大学城市规划系传承梁思成教学思想的学科群框架构建设想。

中国城市规划设计研究院院长王凯认为，应学习梁先生的思想和方法，促进规划行业的发展。梁先生具有深厚的家国情怀、开拓创造的意识、文化自信的精神，同时以扎实的技术手段面向国家的现实需求，这些对于当代规划工作者都具有很强的现实意义。当前，我们应继承梁先生精神，加强跨部门的基础理论研究、跨领域的学术研讨和跨地域的规划实践。

* 清华大学建筑学院教师

图1 "栋梁：时代与规划"专题研讨会现场

住建部原总规划师陈为帮回忆了 1957 年入校后向梁先生学习的经历，认为梁先生强调要"做完整的人"，不做"半个人"，懂得技术是一部分，人文的根底是另一半。我们要学习梁先生的人文思想，传承发展梁先生的学术思想，不忘初心，从体形环境到人居环境，坚持实事求是。

北京城市规划设计研究院原院长朱嘉广回忆了自己 1963 年、1980 年两次进入清华大学学习的经历，特别提到自己的"三个幸运"：第一，入学时梁先生还在，得以亲睹风采，并上门拜访；第二，其他老师都年富力强，围绕在梁先生身边，共同培育学生；第三，在当时的条件下受到潜移默化的美的教育，一辈子受用不尽。

北京城市规划设计研究院院长石晓冬指出，只有心怀"国之大者"，不断面向时代、引领时代的规划才有生命力。由梁先生一代人发端的城市规划，没有辜负每一个时代，规划的学科精神始终站在时代前列，激励当下与未来的规划人，以“栋梁”精神，不断推陈出新，为时代培养一批又一批可堪大任的人才。

清华同衡规划设计研究院院长袁昕认为，应将梁先生的学术思想和当今时代结合起来。梁先生为建筑和规划学科注入了灵魂，他的学术观点虽是六七十年前的产物，但今天仍有启发意义。梁先生面对挫折百折不挠，强调调查研究、发掘传统价值，这些都具有重要的现实意义，应该加强研究和宣传，让梁先生的思想传承下去。

左川教授回顾了自己多次查阅梁先生建系初期相关档案的经历，认为梁先生结合国际前沿和中国现实，确立了清晰的办学宗旨和教学体系等，而不是套用某种现成模式。梁先生非常重视社会调查和民生问题，1949 年为编制首都规划组织学生调查北京市民的居住状况，“梁陈方案”中也综合考虑了经济问题，关心百姓无房可住的困苦。这些对我们来说都是宝贵的精神财富。

毛其智教授指出，梁先生、林先生是清华建筑的奠基人，为我们留下了宝贵的物质和精神遗产，要格外重视建系 75 周年以来的珍贵档案，不断总结、继承，不忘初心，珍视传承梁先生的赤子之心和真诚的做人态度，以历史经验资鉴我们当代，突出清华特点，持续推进对后小康时代的现实问题的讨论和分析。

吴唯佳教授认为梁先生是科学的哲人，能够从发展的根本来看待事物。梁先生在给梅贻琦校长的信中关注建筑对整个社会的影响，而不是局限于学科本身，体现了对事物科学规律的把握。“梁陈方案”关注首都发展诉求，抓城市发展的规律，而非简单的模式参照。这是梁先生的伟大之处，值得我们不断学习。

边兰春教授认为，梁先生在建系之初构想出清华建筑教育的“体形环境”体系框架，具有很强的前瞻性，启发我们在描述未来发展目标时如何概括出未来 30 年的框架。研究梁先生的教育思想不能机械与教条，要把梁先生的教育思想当作一个完整的、系统的体系，置于历史背景与发展脉络中加以审视。面向未来，我们要对新时代规划学科的方向有新的认识，有选择、有坚持，处理好继承和创新之间的关系。

张杰教授指出，梁先生所处的时代是第二次世界大战前后知识爆炸的时代，在那个时代背景下，强调研究人生存的物理环境，“体形环境”是经典的、永恒的学术概念，今天虽然我们的时代面临的形势有很多变化，但是这一学科的核心并未发生本质的变化，还应坚持。

刘健副教授结合学习与工作经历，认为从学生时代起，梁先生在自己的心目中就是偶像一样的存在，但那个形象却是抽象的，这次展览全程参加备展工作，面对真实的文献展品，面对生动的故事，面对珍贵的音像，梁先生的形象也变得真实和生动起来，由此更加深刻地体会到他对“半个人”的质疑与批判。梁先生在他所处的那个时代，有很多开创性的思考和探索，直到今天仍然需要不断继承和弘扬。

与会的其他老师也纷纷发表见解，表达了对梁思成先生的怀念和敬仰之情，以及传承发扬梁先生学术思想和精神的决心。清华大学城市规划系主任武廷海教授主持研讨会并进行总结，认为梁思成先生是一代宗师，是中国现代城市规划事业的杰出先驱，为清华大学城市规划高水准学科建设打下了坚实基础。梁先生提倡“体形环境论”与培养学科群，即使从今天的现代学科体系看，仍然具有很强的先进性。清华规划是大家庭，自梁先生以来，代代相传。规划事业是继往开来的事业，梁先生积极投入城市规划建设事业，探索中国城市现代化道路，无论学术思想还是治学精神都值得我们永远学习和继承。

摄影：卢竞文、孙诗萌

图2 发言者（组图）

Seminar on "Liang Sicheng's Construction Thoughts and Landscape Architecture" Was Held at School of Architecture, Tsinghua University

"梁思成营建思想与风景园林"专题研讨会在清华大学建筑学院举行

郭 湧*（Guo Yong）

2021 年 8 月 23 日下午，"梁思成营建思想与风景园林"专题研讨会在清华大学建筑学院举行（图 1、图 2）。风景园林界专家与清华大学景观学系教师在梁思成先生诞辰 120 周年、造园组成立 70 周年、风景园林学一级学科成立 10 周年之际，围绕"栋梁——梁思成诞辰一百二十周年文献展"，针对梁思成营建思想与风景园林学科发展，就学科内涵、时代要求、学位与教育等主题展开广泛而深入的研讨。

会议由清华大学建筑学院景观学系主任杨锐教授主持。中国工程院院士庄惟敏教授、清华大学建筑学院党委书记张悦教授、清华大学建筑学院院长张利教授在研讨会上发言。中国风景园林学会秘书长贾建中，北京林业大学园林学院院长郑曦，《中国园林》主编、北京林业大学园林学院教授王向荣等作为嘉宾参加研讨。清华大学建筑学院景观学系全体教师参加了研讨会。

庄惟敏院士指出，策展过程是对梁思成营建思想的挖掘、再认识与传承的过程。梁先生提出了建筑工程、都市计划、庭园计划、户内装饰四部分为一体的大建筑学思想。1951 年清华大学与北京农业大学联合成立造园组，此后学科在北京林业大学持续发展，至 2011 年成为一级学科，这些都是具有划时代意义的进程。今天学界和业界都面临对学科发展的再认识，在跨学科形成的高端专业教育上，应加强学科的交叉融合。本次研讨会从大建筑学科的背景出发，探讨风景园林学与建筑、规划的交叉融合，以及从国家层面，思考一级学科设立以来风景园林学内涵和外延的发展，这些都具有重要的意义。

* 清华大学建筑学院教师

清华大学建筑学院党委书记张悦教授认为，梁先生的广义体形环境思想反映了一代宗师对国家现代化建设的深邃思考和责任担当，薪火相传，当代的建筑与风景园林教育面对新的时代挑战，也应当不忘初心、牢记使命。以清华大学建筑学院为例，近年来学院不断更新教学模式，本科做通，硕士做专，博士阶段探索回归交叉融合，从广义学科视角培养在城镇化智慧创新、城市更新、乡村振兴和生态修复四方向满足当代生态文明建设需求的人才。也希望各个院校的师生们携手努力，共同为新时代国家建设事业的发展贡献力量。

图1 "梁思成营建思想与风景园林"专题研讨会现场

清华大学建筑学院院长张利教授提出，风景园林学与建筑、规划作为同一大类的学科共同面临着疫情、信息技术变革、AI（人工智能）对智力产业的取代等时代挑战，面对学科融合这一不可改变的趋势，都应当坚守设计学科、设计人的风骨和特殊的思维方式，以及共同的本质价值的认识，以一种互助、互惠，而非互斥的方式进行学科交叉与融合，不再去看具体的学科领域之间的藩篱，而是拆掉藩篱寻找共性，在全尺度空间干预的可能性中寻找未来的机会。

中国风景园林学会秘书长贾建中认为，梁思成先生对风景园林学科

图2 “梁思成营建思想与风景园林”专题研讨会与会者合影

的建立和发展居功至伟。1951 年梁思成先生推动成立造园组，从庭园计划提出到造园组成立，而后此教学体系在北京林业大学发展，专业内容覆盖城市，再发展到大地景观、自然保护体系等，风景园林体系逐步建立，至今已发展 70 余年。如今风景园林一级学科在新的时代与建筑学、城乡规划学的结合点更多，融合发展空间很大，不管从哪个方向深入都大有作为。

《中国园林》主编王向荣教授认为，梁先生的营建思想高瞻远瞩，指引了中国现代风景园林教育的建立，对许多其他学科的发展也都具有深远的意义。梁先生对国家未来发展的展望，体现了他的家国情怀，也反映了清华大学推动国家重大发展的治学特点。风景园林学科发展历经坎坷，今天回顾 70 年前梁先生提出的学科框架，更加能感受到他的思想的前瞻性。2011 年一级学科成立是与 60 年前造园组成立具有同样重要意义的事件，清华大学对此也发挥了关键的作用。中国风景园林具有自身独特的体系，这源于中国的地理与气候条件及中国人的生产生活方式。经过对水文、地形地貌和植被的长期梳理调整，中国形成了国土特有的自然及诗意化的人文自然系统，其支撑着人类的各种建造活动，协调着自然与人工之间的平衡。这样的系统就是风景园林学科研究和实践的主要内容，中国到了构建自己的风景园林理论体系的时期。

北京林业大学园林学院院长郑曦教授认为，梁思成先生具有广阔的学术视野，对风景园林有超越时代的认识。我们回顾风景园林学科在第一次世界大战之后于美国宾夕法尼亚大学创立，梳理其在第二次世界大战后随着时代变化而不断创新发展的历史背景，发现梁思成先生 1924 年赴宾大学习过程中亲历了风景园林学科在该校的发展。在梁先生引领下，由清华大学和北京农业大学两校 1951 年合办的造园组在教学中具有明确的学科交叉互动性质，它的成立在世界范围内都是不为多见的首创之举。今天我们应该将其继续发扬光大，打破壁垒，回应当今时代的要求，在一级学科的体系下加强交叉和融合。

清华大学建筑学院景观学系主任杨锐教授总结到，在梁思成先生诞辰 120 周年、造园组成立 70 周年、风景园林学一级学科成立 10 周年这一特殊时刻召开的此次研讨会意义重大：第一，风景园林事业发展需要学习梁先生的家国情怀、广阔视野、宏大格局，从国家和人民利益出发，自觉为中华民族伟大复兴和人类命运共同体做出贡献，以成就大事业；第二，风景园林学科要防止内卷化发展，应该在一级学科平台以及一级学科之上更广阔的多学科平台发挥自身优势和作用，贡献于新时代国家发展的重大战略需求；第三，学科建设只有互助、互融、互通有无才能发挥各自优势，各个高校只有共同努力才能把风景园林事业推到新高度。

研讨会上发言的还有朱育帆、李树华、郑晓笛、邬东璠、刘海龙、庄优波、郭湧、康宁、许愿、史舒琳、曹越等景观学系教师。

摄影：卢竞文、孙一豪、陈步可

Seminar on Architectural Heritage and Cultural Development Themed on Reform and Opening-up in Shenzhen Was Successfully Held
深圳改革开放建筑遗产与文化城市建设研讨会成功举行

CAH编辑部（CAH Editorial Department）

图1 深圳国贸大厦外景

2021 年 5 月 21 日，深圳改革开放建筑遗产与文化城市建设研讨会在被誉为深圳改革开放纪念碑的标志性建筑——深圳国贸大厦召开（图 1～图 16）。会议在中国文物学会、中国建筑学会支持下，由中共深圳市委组织部、中共深圳市委宣传部、深圳市规划和自然资源局、深圳市文化广电旅游体育局、中共深圳市龙华区委、龙华区人民政府、中国文物学会 20 世纪建筑遗产委员会主办；由深圳市文物管理办公室、深圳市龙华区文化广电旅游体育局、深圳市土木建筑学会、深圳市勘察设计行业协会、《中国建筑文化遗产》编委会、深圳市物业发展（集团）股份有限公司承办；由中建三局集团有限公司、中南建筑设计院股份有限公司协办。中国文物学会会长单霁翔，中国建筑学会理事长修龙，深圳市政协副主席吴以环，深圳市委副秘书长胡芸，中国工程院院士马国馨、何镜堂，中国建筑学会副理事长赵琦，中国文物学会副会长黄元，深圳市龙华区委书记王卫，中建三局副局长罗宏，全国工程勘察设计大师刘景樑、黄星元、周恺、张宇、胡越、倪阳、赵元超、崔彤、陈雄、孙一民、桂学文，国际古迹遗址理事会副主席、中国古迹遗址保护协会副理事长郭旃，中国文物学会副会长、福建省文物局原局长郑国珍，深圳市物业发展（集团）股份有限公司党委书记、董事长刘声向、副总经理黄黎阳等 70 余位建筑界、文博界及深圳市文保、住建等部门代表参会。会议由中国文物学会 20 世纪建筑遗产委员会副主任委员、秘书长，中国建筑学会建筑评论学术委员会副理事长金磊主持。

金磊副主任委员在主持词中表示，深圳现已被列为粤港澳大湾区四个引擎城市之一，同时又是先行先试的典型，其改革再出发的使命要求它既要敬畏历史也要放眼当代，努力肩负起为“文化强国”做贡献的责任。深圳改革开放中的创新城市理念，既要有历史文化名城的“名”，也要有建筑载体的“史”，要通过建筑师、文博专家乃至城市传媒人文学者的共同努力，持续构建，用文化积淀与创造确定城市历史的社会空间。也许，这就是建筑学人用经典作品致敬改革开放、致敬中国共产党百年的扎实行动。

吴以环副主席在致辞中说，今天的研讨会树立了深圳建筑遗产保护的新里程碑，我们的改革开放只有 40 多年，而以深圳国贸大厦为代表的深圳改革开放建筑经典被推介为“中国 20 世纪建筑遗产”，感谢中国建筑学会、中国文物学会为深圳建筑遗产赋予的全新定义，这也是在中国共产党领导下改革开放事业在文化建设层面的重要成果。

中国建筑学会修龙理事长说，短短 40 余载，深圳由一个小渔村蜕变成国际化现代都

图2 参会人员参观深圳国贸大厦历史展（组图）

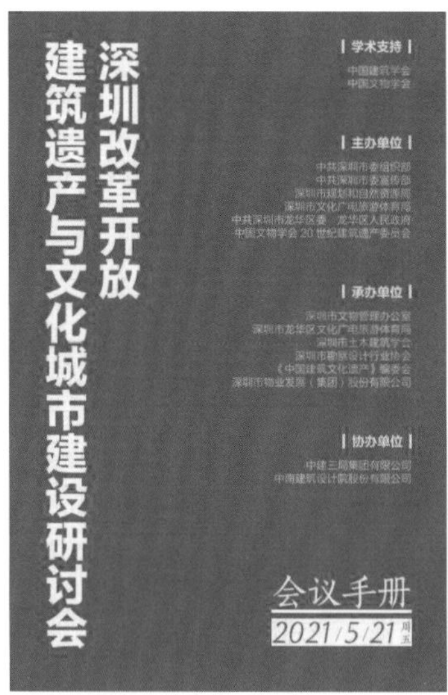

图3 “深圳改革开放建筑遗产与文化城市建设研讨会”手册

图4 嘉宾合影

单霁翔

吴以环

修龙

马国馨

何镜堂

图5 参会嘉宾（1）（组图）

图6《从“功能城市”走向“文化城市”》封面

金磊做主持辞

市，创造了世界工业化、现代化的奇迹，我们尤应关注并研究深圳这个最具当代典型意义的城市发展案例。深圳国贸大厦所代表的深圳 20 世纪建筑遗产，是非常值得我们重视、珍惜的历史建筑。深圳的 40 多年，已成功地向中外展示了中国 20 世纪建筑遗产作为当代物证资源的作用，大量有创新意义的 20 世纪建筑项目已成为公众心目中的纪念碑。

中国文物学会会长、故宫博物院前院长单霁翔，发表了题为《从“功能城市”走向“文化城市”》的主题演讲。他强调要以文化理想、文化精神去总结深圳特区改革开放 40 多年的城市建设成就。他指出，深圳是全方位的中国改革开放先行先试的地方，但为什么没有为自己高举起一个文化城市建设的名片呢？城市建设是需要仰望天空的，规划师与建筑师是卓越的城市设计者，他们是最可能将城市文化精神“落地”的智者。他列举了以色列特拉维夫、巴西巴西利亚、澳大利亚悉尼等地建筑的申遗成功之路，更盘点了 20 世纪国际知名设计大师赖特、柯布西耶、格罗皮乌斯、密斯·凡·德·罗、阿尔托、尼迈耶、伍重等人的作品入选《世界遗产名录》的情况。他还从设计北京饭店西楼、中国美术馆的戴念慈讲到设计人民大会堂的张镈、赵冬日及设计天安门观礼台的张开济，又讲到设计北京儿童医院的华揽洪及“国庆十大工程”背后的建筑大师们。单霁翔回忆了 2016—2020 年共计五批 497 项中国 20 世纪建筑遗产项目的诞生及其在行业与社会的影响力。他表示，这样的保护行动会为未来中国乃至当下的“城市更新行动”做出贡献，是为中国建筑师树碑立传之举。

在座谈研讨环节，作为深圳国贸大厦设计方、建设方及管理方代表的桂学文大师、罗宏副局长及黄黎阳副总经理分别发言，全面介绍了深圳国贸大厦的设计、施工与管理的创新经验。桂学文在发言中说，作为中国第一栋综合性、多功能超大型建筑，深圳国贸大厦之所以被称为中国改革开放的标志性建筑，重要的原因就在于它的设计建造过程体现着改革开放初期的拼搏精神。中南院建筑师前辈们在项目设计中体现的敢想敢试的首创精神和持续创新的拼搏勇气始终在中南院传承。罗宏副局长在发言中指出，深圳是改革开放的桥头堡，也是中建三局搏击市场的始发站。1984 年，中建三局在深圳国贸大厦建设中缔造

图7 研讨会现场（1）（组图）

罗宏

黄黎阳

桂学文

左肖思

刘景樑

黄星元

郭旃

郑国珍

图8 参会嘉宾（2）（组图）

了“三天一层楼”的“深圳速度”，书写出了中国建筑、中国改革开放迅猛发展的代名词，“敢闯、敢试、敢为人先”埋头苦干的特区精神，深深融入三局人的血脉中。2020 年初，中建三局用 10 天时间建成“火神山”医院，用 12 天时间建成“雷神山”医院，再次创造了新时代的“中国速度”。黄黎阳副总经理在发言中介绍了深圳国贸大厦物业的发展历史及管理经验，他认为深圳国贸大厦是特区的窗口，中国改革开放的象征，代表一段珍贵的历史记忆，是一个时代的符号，一座城市的文化名片。物业管理方将在新时代改革开放大潮中继续擦亮深圳国贸大厦的珍贵品牌。

随后，20 余位院士、大师及文博大家围绕会议主题纷纷发表观点。

何镜堂（中国工程院院士、全国工程勘察设计大师） 深圳城市建设具有敢闯敢干、多元包容的改革开放精神，现提出两大建议：深圳是充满文化自信的国际化都市，希望深圳市相关机构从文化自信层面加大对20世纪遗产的保护与维修；同时呼吁既要体现中国建筑文化与国际的融合，也要高度保护自己民族的设计特点，创作出中国与世界共享的建筑。

左肖思（深圳左肖思建筑事务所董事长） 我是深圳开荒的开荒者之一，参与了深圳国贸大厦的整个建设过程。中国老一辈建筑大师们从“国庆十大工程”开始就取得了卓越的建筑创作成就，现在的中青年建筑师完全有自主创新的能力，依赖国外、迷信大师的年代已经过去了，中国建筑设计行业必须要自主创新，我相信深圳在建筑遗产保护与历史名城的创建思想下，将来会有更好的深圳建筑成为世界的惊世之作。

刘景樑（全国工程勘察设计大师、天津市建筑设计研究院有限公司名誉院长） 我特别赞同今天大会的议

孙一民

宋源

张宇

覃力

周恺

廖凯

胡越

倪阳

崔彤

赵元超

陈雄

韩林飞

陈日飙

图9 参会嘉宾（3）（组图）

题中所叙述的要求中国建筑师弘扬中国建筑文化中的自强自信精神的内容，不论是身处京津冀的建筑师，还是身处粤港澳大湾区的建筑师，我们都需要不断学习深圳改革开放创新不止的设计精神，尤其要在保护20世纪建筑遗产或者创造当代建筑经典上下功夫，在传承与创新的环境下，让中国建筑师留下传世的城市地标，特别期待中国大地能有更多有传世价值的城市新品质建筑问世，让我们齐心协力，为中国20世纪建筑遗产跻身《世界遗产名录》做出我们的应有贡献。

黄星元（全国工程勘察设计大师、中国电子工程设计院顾问总建筑师）“十四五”时期是我国开启全面建设社会主义现代化国家新征程的第一个五年，“十四五”规划提出了“城市更新行动”等国家战略目标，这为深圳实现创建国家历史文化名城和20世纪建筑遗产保护提供了关键的历史机遇。我有三点建议：深圳要完善建筑遗产保护法，为入选《中国世界遗产预备名录》做准备和示范；对文化风貌保护区或历史文化产业风貌保护区进行评定，助推深圳成为有创新内涵的国家历史文化名城；加强对深圳乃至全国高科技产业发展有里程碑作用的20世纪及当代建筑的保护性传承。

郭旃（国际古迹遗址理事会副主席、中国古迹遗址保护协会副理事长）深圳是中国改革开放的前沿样板，今天开启的研讨对深圳乃至中国20世纪新建筑都是富有创意和挑战的命题，申遗过程必将彰显城市特征与品位，激发自豪感与创造力。套用世界遗产标准，可发现申报要明确从物质文化遗产看，以什么为主题，原则上如果申报的是建筑或建筑群（系列），那么建筑的创意与组合、功能设置、艺术形态、代表风格、特征技术都应受到重视；若是城市，要写明城市规划和建造的总特征在哪些方面，在城市规划和发展史上拥有什么地位。无论是建筑还是城市遗产，并非只有古老的才有历史价值，过去的皆可有历史价值。

郑国珍（中国文物学会副会长、福建省文物局原局长）厦门和深圳、珠海、汕头都是当时的四大经济特区，厦门多年来的建筑遗产保护工作也积累了丰富的经验，希望对本次会议的主题有借鉴作用。厦门不仅在遗产保护工作中结合世界遗产的理念，而且在改革开放建设中于遗产的保护和文化城市建设方面也做了很多建设性的工作，也是当时全国唯一的把改革开放以来的建筑遗产列入保护法律中的城市。厦门的成功实践必将对深圳改革开放有所借鉴，因为它们都体现中国人民自强不息的奋斗史。

孙一民（全国工程勘察设计大师、华南理工大学建筑学院院长）深圳作为改革开放的前沿阵地，具有相当丰富的20世纪建筑遗产，对于这些改革开放遗产来说，如何合理保护并深挖其价值是值得思考的。本次会议意义重大，希望可作为固定的学术活动每年在深圳举办，研讨活动的持续举行不仅说明深圳的20世纪建筑遗产需要传承，也说明建筑遗产学术研讨的精神需要坚持并创新。

宋源（中国建筑设计研究院有限公司党委书记、董事长）深圳市是改革开放以来新的发展里程碑，中国建筑设计研究院在深圳设立了第一家境

图10 研讨会现场（2）（组图）

外合资设计公司。这里提出两点建议：深圳的建筑的创意设计特点还是非常鲜明的，对于这里的改革开放建筑应进一步在规划上、设计上梳理独特性和创造性；对于 20 世纪遗产的保护，政府要有一些制度上的安排，在保证遗产保护工作顺利推进的同时，进一步发掘遗产背后的故事，提升社会传播的效率。

张宇（全国工程勘察设计大师，北京市建筑设计研究院有限公司党委副书记、总经理、总建筑师） 改革开放 40 多年来，深圳已经成为一个充满魅力、动力、活力、创新力的国际化创新城市，这里的建筑遗产应该作为改革开放的遗产，具有划时代的意义；建筑创作要坚定文化自信、延续城市文脉、体现城市精神、彰显中国特色，深圳市应成为文化的载体，从而体现中国特色社会主义的示范区的文化性。北京建院是与中华人民共和国同龄的设计院，老一代建筑师为中华人民共和国建设做出了巨大贡献，我们中国的建筑师未来也必将为深圳改革开放的先行先试做出更大贡献。

覃力（深圳大学建筑与城市规划学院教授，《世界建筑导报》主编） 我接到这次会议的命题后，感受很多，大家对深圳市建设有文化提质的要求，抱有很高的期望，深圳申报历史文化名城，甚至是申报世界文化遗产，还有很多工作要做。我认为作为深圳建筑学人，应该认真仔细地对深圳近些年的建设情况进行研究梳理和总结，以本次会议的主题为鞭策，为把深圳真正建设成社会主义示范区而努力。

周恺（全国工程勘察设计大师，天津华汇工程建筑设计有限公司董事长、总建筑师） 我最早来深圳是 1984 年，那时我看到了改革开放初期代表中国先进创作理念的建筑创作。天津华汇在深圳也设立了分院，参与了深圳城市建设的大潮。20 世纪建筑遗产对全国尚属较新的遗产类型，我们不仅支持其品质创新，更要为此而奉献设计文化的创意，我们愿为深圳当代建筑遗产传承与利用多做贡献。

廖凯（深圳市建筑设计研究总院有限公司董事长、深圳市土木建筑学会理事长） 在座各位专家大都在深圳工作过，基本上都为深圳的建设做过贡献，我们深圳是全国人民一起建设起来的。深圳市作为充满创新与创意的城市，为建筑师打造了高质量的创作平台。深圳申请国家历史文化名城的过程，就是挖掘深圳的改革开放建筑精神的过程，这在创作过程中都有非常重要的思路需要去挖掘。

胡越（全国工程勘察设计大师、北京市建筑设计研究院有限公司总建筑师） 当时我在做奥运场馆设计时，有人说这个项目迟早要留下来作为奥运遗产，那时普遍的观点是凡谈到遗产就认为需要上百年，后来发现承载事件意义的优秀建筑就叫遗产，遗产和时间长短没有直接关系。要说到中国城市发展改革开放，我认为深圳是中国有独一无二的事件记忆的城市。对于这些“年轻”建筑遗产的保护，也许需要我们从 20 世纪或当代遗产的专业角度、从更高的层面来认识它们。

倪阳（全国工程勘察设计大师，华南理工大学建筑设计研究院有限公司院长、总建筑师） 深圳城市建设取得的成就大家有目共睹。在建筑遗产保护上，深圳应该更多向后看，应该对当代的建筑进行保护，对当代建筑的保护或许会对未来建筑价值观的输出起到支撑作用。深圳的城市建设拥有独一无二的创意特点，我认为在这里的建筑创作要反映出区域的气候美学以及科技的发展，这也恰恰体现出 20 世纪建筑遗产保护特别需要支撑的科技体系。

崔彤（全国工程勘察设计大师，中科院建筑设计研究院副院长、总建筑师） 我主要谈三点体会：第一，深

图11 南头古城考察（1）

圳要有遗产中的时空的坐标，这是客观存在的，不以人的意志为转移，改革开放"前沿"的意义非常重要，深圳的独特性和唯一性是别的地方没有的；第二，深圳最重要的遗产特点就是一个大的设计概念，首先设计了社会的形态，这是一个从功能的城市到创新的城市、文化的城市的过程，从中可以看到深圳可以无限发展的延展文明，这种文明或者文化是它的特质；第三，作为一种遗产，不应该单纯以时间长短来标定，它包含的是动态无限延展的可能性，留下来的东西不仅是路径，更是遗产当中的一种痕迹，具有一种共识性和历史性。

赵元超（全国工程勘察设计大师、中国建筑西北设计研究院有限公司总建筑师） 我每次到深圳都很激动，能感受到城市创新的活力，单会长提出要把深圳作为历史文化名城并列入中国"申遗"预备名单，我认为深圳当之无愧。因为深圳反映出 40 多年来中国人自强不息、奋斗开拓的精神，这里是重要的城市文明的代表。深圳是一个能讲出故事的城市，我们在深圳国贸大厦举办的会议意义重大，正是在这种文化意识的感召下，深圳才不断走向文化城市。

陈雄（全国工程勘察设计大师，广东省建筑设计研究院副院长、总建筑师） 深圳的改革开放建筑遗产是非常具有独特性和代表性的。深圳在创新的过程里，一直在和世界标准接轨，其中的融合也是非常关键的，创造了从功能城市到文化城市的过程，我认为特别是创造了一种高密度城市发展的模式。基于气候适应和与自然的结合，这个城市的模式非常值得我们期待并再创新。我们非常期待深圳能够在 20 世纪建筑遗产保护与传承方面留下浓墨重彩的一笔，这是我们无比期待的，也将是我们中国建筑师持续努力的方向。

韩林飞（北京交通大学建筑艺术学院教授） 我谈两点认知。首先是对 20 世纪建筑遗产的认识，我们现在谈到的遗产都是工业革命之前的建筑文化遗产，但对工业革命以来的现当代建筑，我们对它们的遗产定位与价值判断，还比较模糊。我们应该在讨论的过程中对 20 世纪建筑遗产的理论和方法进行再认知。其二，深圳在改革开放 40 多年来，是一个很伟大的成功的实验和实践范本。对深圳的评价和现代化创造还是有巨大的认知价值可深入挖掘的，尤其在世界文化遗产申报过程中，我们应秉持着现代城市 20 世纪遗产的价值认知。

陈日飙（深圳市勘察设计行业协会会长、香港华艺设计顾问（深圳）有限公司总经理） 今天我们在深圳国贸大厦举办这样意义重大的学术会议，说明一座建筑是可以承载城市精神的。会议议题提出要推动深圳申报国家历史文化名城，确实很振奋人心，我在想，做好这项工作既要看历史，也要看当下，更要看未来。我们作为本土建筑师要奋发有为，传承和创新本土建筑文化。深圳最大的特征除了敢闯敢试，还有开放和包容，深圳有足够的底气和资源学习和吸收全球最优秀的滨海城市的城市建设特点。深圳要结合我们自己的本土文化，建全球标杆城市，一定能够在 20 世纪建筑遗产与历史文化名城的建设上做出一番贡献。

对深圳改革开放建筑遗产与文化城市建设研讨会，中国工程院院士马国馨从五方面予以总结：其一，对深圳改革开放 20 世纪遗产的认知要更新传统的历史观，这涉及对拥有 30~40 年历史的优秀建筑遗产该如何认定、如何传承；其二，无论是 20 世纪建筑申遗的国家预备名单，还是国家历史文化名城申报，都不等于深圳现在已经具备条件了，其实尚有一系列基础工作需要去做，如深圳城市建筑文博界是否拥有这种遗产新类型的文化认知，是否真正用现当代遗产观去审视自己的经典建筑，是否真正理解改革开放的创新丰碑的价值与作用；其三，对于深圳改革开放 40 多年来的建筑的重大价值，也许有人并不以为然，但如果历经百年后再回眸，它不仅在社会经济事件上有价值，更具有 20 世纪 80 年代以来的城市建筑与文化的艺术意义；其四，对 20 世纪遗产的认知需要过程与理念的进步，北京建院参与的"北京中轴线申遗"部分文本的编研，就涉及对 20 世纪建筑遗产价值的论证，如"国庆十大工程"等，所以，20 世纪与当代遗产价值体现为一种思想、一种精神，这种

图12 南头古城考察（2）

图13 在南头古城举办的童寯建筑展

图14 嘉宾合影

图15 前海国际会议中心考察（1）

图16 前海国际会议中心考察（2）

思想与精神的继承需找到可行的路径；其五，深圳的建筑与城市特色再国际化也不可忘记中国建筑师及本国的文化，如民族特色、地域特色、时代特色都要有充分的展示。

研讨会结束后，专家学者们还分别参观了有着千年历史积淀的南头古城及传承创园区。

在深圳文旅局领导的陪同下，专家们还参观了前海国际会议中心特区 40 周年成就展，近距离地感受特区 40 年的发展与变迁，使有关深圳遗产保护、城市更新、建筑文化的永恒话题变得十分有内涵。正如中国文物学会单霁翔会长所言，这样的会议无论从形式到内容都要固定下来，只要持续地研讨并实践，深圳的当代遗产必将对深圳城市的国际化产生意义，必将出现在世界遗产的壮丽蓝图中。

图：中国文物学会 20 世纪建筑遗产委员会秘书处

《中国建筑文化遗产》《建筑评论》编辑部

慧智观察新媒体平台

建筑邦新媒体平台

Academic Seminar on the Research and Practice of Cultural Relics Preservation in the New Era Was Held in Chengdu, Sichuan Province

新时代文物保护研究与实践学术研讨会在四川成都举行

CAH编辑部（CAH Editorial Department）

2021 年 4 月 26—28 日，新时代文物保护研究与实践学术研讨会在四川成都及宜宾李庄举行（图 1～图 46）。学术活动由中国文物学会传统建筑园林委员会、中国文物学会 20 世纪建筑遗产委员会、中国文物学会工匠技艺专业委员会联合主办，四川省文物局、成都市文物局、武侯区人民政府支持，北京市建筑设计研究院有限公司、中兴文物建筑装饰工程集团有限公司、北京博宬文化遗产保护中心有限公司协办，四川建恒文保科技有限公司、北京舜和文化发展有限公司、四川幸运汇科技有限公司承办。中国文物学会会长、故宫博物院前院长单霁翔，著名建筑学家刘敦桢之子、东南大学建筑学院教授刘叙杰，中国文物学会副会长王军、郑国珍、安泳锝，中国文物学会传统建筑园林委员会主任委员付清远，四川省文物局局长王毅，全国工程勘察设计大师、北京市建筑设计研究院有限公司党委副书记张宇等及来自重庆市、广东省、贵州省、云南省、河北省、海南省、西藏自治区等的建筑界、遗产界、文博界的百余位专家领导与会。成都活动分为三个阶段：开幕式及单霁翔会长做主旨报告、专题演讲、学术沙龙。接下来会议代表参观了三星堆博物馆，后赴宜宾李庄中国营造学社旧址进行考察。

图1 会议场景（1）

中国文物学会副会长，中国文物学会传统建筑园林委员会副主任委员、秘书长刘若梅主持了第一阶段活动。她在主持词中说，2021 年迎来中国共产党成立 100 周年，当前，中共中央正在全党开展党史学习教育。做好红色文物遗产等不同类型、不同等级的建筑遗产的保护利用与传承工作，意义重大。今天，由中国文物学会传统建筑园林委员会、中国文物学会 20 世纪建筑遗产委员会、中国文物学会工匠技艺专业委员会联合举办的本次会议，旨在共同回顾在中国共产党领导下，我国文物保护利用研究事业取得的伟大成就，探讨新时代不同类型建筑遗产的保护规律与特点，探讨新时期文物保护如何满足人民美好生活的需求，进而探讨完善符合国情的文物保护和利用制度。

中国文物学会副会长王军在致辞中表示，我们国家提出要深入挖掘传统文化背后蕴藏的哲学思想、人文精神、价值理念、道德规范等，推动中华优秀传统文化创造性转化、创新性发展，更要揭示内涵，加强文化自信，为新时代坚持和发展中国特色社会主义精神奠定基础。今天我们在这里召开新时代文物保护研究与实践学术研讨会，就是认真学习贯彻习近平总书记关于文化遗产保护一系列讲话精神，落实中国文物学会的社会责任，体现价值引领和文化担当。希望通过这次会议能够进一步促进文物保护的研究与实践，进一步促进文物资源的活化利用，我们既要深入揭示文物所蕴含的中华传统文化的深邃内涵和价值理念，又要不断地挖掘它们的文化精神、文化魅力。中国文物学会成立 30 多年来，以保护中华文化为宗旨，以弘扬中华文化为己任，以文物保护的学术研究活动为特征，开展大量的工作。中国文物学会成立伊始就秉承忠诚、热爱、坚守、和谐、奉献的精神，学会的精神既包含了坚韧不拔、执着敬业精神，也包含了科学严谨、求真务实、艰苦创业、勤俭办会的精神。我们在今后的工作中要将全国文物工作的重点和实际工作紧密结合，通过各种建设方式向社会宣传文物保护的理念和沿革，为推动文物保护提供更多的理论和专业支撑。

王毅局长在致辞中向中国文物学会长期以来对四川省文物保护工作的关心支持表示感谢，尤其在汶川地震时专家们数以百次的奔赴灾区帮助当地开展震后建筑遗产保护与修复工作。在迎来建党百年的历史性时刻之际，众多建筑文物保护界的专家学者汇聚成都，交流先进思想，碰撞智慧火花，为当地带来很多文物保护的新理念、新思想、新方法，对更深层次地研究文化城市、更高水平地保护历史文化遗产、更大效益地发挥文化资源价值必将起到重要的推动作用。

张宇大师在致辞中说，今天非常荣幸代表北京市建筑设计研究院有限公司参加新时代文物保护研究与学

图2 刘若梅副会长主持会议开幕式

图3 王军发言

图4 王毅发言

图5 张宇发言

图6 会议场景（2）

图7 会议场景（3）

图8 会议场景（4）

术实践研讨会。首先，向以中国文物学会为代表的为中国文化遗产保护事业的发展、弘扬中国传统文化做出不懈努力的建筑文博界的人们表示由衷的敬意。与中华人民共和国同龄的北京建院确有一批对文化遗产保护事业贡献有加的前辈，如张镈大师早在 1941 年至 1944 年就在朱启钤先生的授意和指导下率领天津工商学院建筑系 10 位新生为北京中轴线建筑的保护承担了重要工作，其成果堪称北京中轴线遗产。北京建院始终以投身首都新时代城市建设为己任，如 1959 年“国庆十大工程”中的 8 项、20 世纪 60 年代末天安门城楼落架大修乃至当今北京建院全力参与的“北京副中心”的一系列设计项目等，都是北京建院为城市更新及遗产保护所进行的有价值的设计研究。在中国文物学会、中国建筑学会指导下，由中国文物学会 20 世纪建筑遗产委员会推介的 497 项中国 20 世纪建筑遗产项目中，北京入选的有 88 项，其中北京建院设计的项目达到 50% 以上，这其中北京建院的张镈、张开济、赵冬日、华揽洪等大师的贡献尤为明显。研究中国 20 世纪建筑遗产的贡献，不能忘记为 20 世纪建筑在理论之设计思想上做出拯救的梁思成、杨廷宝等前辈。今年是他们双双诞辰 120 周年。我们在此守望与创新研讨，即将继承他们留下的精神财富。北京建院将继续支持单霁翔会长领导下的中国文物学会的建筑遗产保护工作。

图9 单霁翔会长做主旨演讲

随后，单霁翔会长以“中华文脉与文化自信”为主题做了内容丰富、长达两个小时的主旨演讲。他指出，中国文物学会的三家专业委员会共同举办学术活动是一种新的理念融合，不同领域的专家学者跨界交流是推进工作的重要方法。大家的工作理念是一以贯之的，拥有共同的奋斗目标。在演讲中，单霁翔会长从国内外文化遗产保护的先进经验出发，结合新时代中国典型文化遗产保护利用的经典案例，就以推广中国世界文化遗产项目为宗旨的《万里走单骑》大型文旅综合节目，向与会专家讲述了中国申遗的艰苦历程及国内文化遗产保护工作的成就与经验，展现了伟大的中华文化与灿烂的传统文明，提出了把文化遗产事业融入经济社会发展、让文化遗产保护成果真正惠及广大民众等一系列新理念、新思想。他的演讲思想深刻，植根于优秀中华建筑传统文化与现当代建筑遗产保护，采用科学的文化遗产保护与城市建设理念，靠大量鲜活生动的个案，为听众带来了一场令人记忆深刻的文化盛宴。

图10 金磊副主任委员主持专题演讲及学术沙龙

下午举行的专题演讲和学术沙龙由中国文物学会 20 世纪建筑遗产委员会副主任委员、秘书长，中国建筑学会建筑评论学术委员会副理事长，《中国建筑文化遗产》《建筑评论》总编辑金磊主持。金磊副主任委员在主持词中表达了三个专业委员会齐聚成都进行学术交流的跨界作用。他指出，上午的开幕式及单霁翔会长的演讲给我们许多新启示，不仅涉及遗产保护与公众、遗产传承与科普文创，更给出了新时代红色建筑遗产保护利用的思路，这些让与会专家想到何为纪念与纪念的意义。红色建筑经典的传播之路有许多，但离不开纪念性与叙事性，这是从“灌输”到自然“体验”的过程。百年来，中国建筑遗产保护与时代共进步，与国家同发展，

图11 会议场景（5）

图12 会议场景（6）

图13 会议场景（7）

图14 会议场景（8）

图15 部分嘉宾合影

重要的是只有建筑界与文博界交流合作，才能不断提升我国面向世界的学科创建能力。今天中国文物学会下属的三个专业委员会联合办会的意义重大。其一，各专业委员会专家的报告，将通过传统与现代遗产保护路径，通过追溯遗产保护的技术史，将传统文化与现代文创相融合，让遗产保护追上当代城市化发展的进程，实乃在世纪风物下，绘制遗产保护的百年史图。其二，要承认遗产保护虽成绩满满，但从国家到省市的遗产保护工程均存在缺憾，既有工艺不当、水土不服，也有保护修缮过度的情况。三个专业委员会聚英才的此次交流，必从学科交叉与整合能力上，为遗产保护的可持续发展出良策。其三，三个专业委员会各有分工，从不同层面会给出城市、建筑、文博的历史与当代功能的价值观。传统建筑园林涉及面广，它最能务实地给出遗产保护完善的修缮之策；工匠技艺专业委员会不仅弘扬精益求精的职业精神，还将为传统技艺服务并保障建筑保护的“全链条”；20世纪建筑遗产也许是遗产保护的最新类型，在国内尚未受到充分关注，但《世界遗产名录》近20年的发展动态，要求我们要充分关注并跟上其发展步伐。

随后，六位专题演讲嘉宾从不同主题与视角发表演讲。

金磊副主任委员做了题为《20世纪建筑遗产的红色经典回望与启示》的主题演讲，他分析到，已向社会和业界推介的五批497个中国20世纪建筑遗产项目中的各个不同历史时期的红色建筑经典有近百个，我们要研究建筑遗产保护构成与保护规划设计修复策略，从而探讨如何让这些红色建筑经典真正走进当代人的心中、何以从建筑文博视角讲好中国改革发展的“故事”。以历史大事件为触媒的革命纪念建筑及遗址价值，越来越受到国际社会与建筑文博学界的关注。红色建筑经典的传承也要走继承、转化和创新之途，不仅要重视建构“有形记忆”，更要通过发现来提升其历史、科技、文化价值。

红色建筑经典是不可再生资源，保护利用刻不容缓。建筑师与文博专家求索缔造的保护观，是专业素养提升与人格塑造所需要的。为此建议：其一，要在政策与法规上为守护革命文物提供保障，国家应研究编制技

图16 王时伟

图17 韩扬

图18 郭玉海

术与管理策略兼有的红色文化遗址保护利用条例；其二，革命经典项目之所以要保护并传承好，贵在它们弘扬着红色文化与精神，“工历百年而不衰”是建筑之历史记忆，要通过有形的设计建造，印证文化推演的进程，所以要让红色资源“会说话”，更要让红色资源“活起来”；其三，深圳经典建筑让人们想到历史回声与城市的一个个光荣记忆，在一个个新生设计的实践与思考中，要把握住“新建与更新”交相穿插的“度”，这是业界与全社会对新型城市历史文化的态度，也是用建筑的改革开放之思，致敬中共建党百年的专业自信。

中国文物学会工匠技艺专业委员会副主任委员、中国文物保护技术协会理事长王时伟的演讲主题为“我国馆藏文物保护的相关进展”。他指出，在欣赏那些精美的馆藏文物时，我们发现出土文物材质老化、脆弱问题突出，很多文物带病保存，情况十分危急。这些年文物保护技术协会配合国家文物局做了一些修复方案的审批、审定工作，所以，我们对馆藏文物的状况有基本的了解，如馆藏文物存在不同程度的腐蚀、损坏，六大类馆藏文物中的竹木漆器腐蚀度最高。若从文物修复的历史看，有人认为意大利在公元 1 世纪前后就已经有壁画修复的例子，而我国自古就有收藏之风，文物保护的修复活动可上溯到商周时代。早期的文物修复并非从文物保护角度出发，更多的是从古玩收藏角度出发，这种状况似乎一直持续到明清。总结现当代文物保护的特点：一是建立基于价值认知和风险评估的系统性保护体系；二是文物保护的安全性和可靠性要不断加强；三是新材料与高新技术的广泛应用，应成为丰富馆藏保护的方法与手段；四是现代科技的介入提升了对传统工艺的继承与创新。总之，风险管理过去在文化遗产保护方面应用得不多，现在已经被提到日程上了。预防性保护的目的是减缓文物的裂化速率，由于现实条件和人类认知水平发展的客观规律，预防性保护面临很多困难，面对众多不确定因素时如何使有限的文物保护资源得到最优化的分配，我们可以提供一些理论上的支持，还有帮助。所以，依托国家科技支撑计划、世界文化遗产风险预控关键技术研究与示范项目，我们正在研究建立文物遗产保护领域风险管理的理论和方法，为文化遗产风险管理工作提供指导，实现文物本体微小变化的感知技术。风险评估方法确定、环境与裂化关系、风险管理抉择、系统言语支持几个方面都需要开展工作。

中国文物学会传统建筑园林委员会副主任委员、国家文物局古建专家、北京市文物保护研究所原所长韩扬发表了题为《以现代技术手段支撑文物保护理念的重要实践——彭州领报修院震后修复》的演讲。他说，我讲的主要内容是如何用现代的技术手段支撑文物保护的理念。领报修院是我国 2006 年公布的全国重点文物保护单位，它是采用中国川西地区传统的材料工艺技术做法，仿照法国南部的建筑式样建造的一种天主教的宗教建筑。在“5·12”地震中它几乎全部倒塌，基于文物价值保护和展示的需求，我们决定对这里进行整体性的修复。我们大概 2008 年 5 月 25 日入川，5 月 26 日或 27 号到了现场，经过艰苦的努力与调查分析，我们最终圆满地完成了任务，为领报修院的再现付出了心血与智慧。现在总结其修复设计经验，该如何思考呢？传统是必须的，它是一种传承，但是在很多情况下，如果说创新的话，这种创新是被动性的，是为守旧而进行的创新，因为实物保存是文物保护的根本，本质上是守旧，所以在守旧的基础上，要千方百计引进新的技术去做一些貌似创新的工作。文物保护工作经历了漫长的发展过程，像“修旧如旧”等原则被大家说了很多年，实事求是地讲，这些原则、理念对于文物保护曾起了非常重要的作用，但是，今天站位应该更高一些。在媒体上，人们还在讨论什么叫“修旧如旧”，甚至说“修旧如旧”不对，要说“修旧如故”，然后就要讨论什么叫“旧”、什么叫“故”？我觉得这就有点不够专业了。所以，我们既强调传统，又要想办法引进新的技术，以完成文物保护从业人员应尽的职责。

中国文物学会工匠技艺专业委员会常务理事、故宫博物院器物部金石组组长郭玉海演讲主题为“传统工匠技艺的传承与保护”。他表示，传统工艺技术的保护与传承至少应该包括三个方面的共同努力，即传承者个人修养的提高、政府及相关机构的政策扶持、公众审美重塑后的反馈力量。

工匠技艺属于工艺美术的范畴，工匠们通过长期艰苦繁重的体力劳动，创造了各项具有鲜明民族风格色彩的艺术。一个专业的工匠对技艺的传承，要有遵循传统的执念和终生不懈的淡定。要成为一个优秀的工匠技艺传人，除了技法的掌握、内心的修养，还必须有大量的学术积累和广博的知识见闻。一个手工艺者，在没有全面掌握基础的工艺技巧和完成大量的重复作品之前，而去奢谈创作的“艺术”，是最不明智的选择。“艺术”的品位需要手工艺者在反复实践的摸索中体会出来。道进乎技，止于至善，应该成为每一个手工艺者毕生追求的境界。

工业时代对传统手工业的冲击是无情的，大工业制造的标准化、低成本化的巨大优势不可阻挡地吞噬着传统手工技艺的生存空间。这是工业化最为巨大的异化现象之一。非物质文化遗产的保护是一项长期的事业，它需要政府有“只问耕耘，不问收获”的气度，这期间虽不免有这样那样的问题出现，但这是必要的代价，如同古人千金买马骨的故事一样，只要持之以恒，当喧嚣过后，尘埃散去，真正的传统工匠技艺必定会再度振兴。

2018年5月，教育部发布《关于开展中华优秀传统文化传承基地建设的通知》，计划到2020年在全国范围内建设100个左右中华优秀传统文化传承基地，积极推进非遗传统手工技艺进校园活动。这种做法可以理解为是比较典型的公众审美重塑活动。公众审美重塑离不开政府政策的规划，离不开媒体舆论的引导，而一旦公众审美重塑成功，其反馈力量也非常巨大。在传承者、政府及相关机构以及整个社会多层次、全方位的共同努力下，我们对传统工匠技艺的传承与保护的前景无须担忧，它必将是一片光明。

图19 胡斌

图20 沈阳

来自重庆大学建筑城规学院的胡斌副教授做了题为《传承保护红色经典——重庆大田湾体育场改造设计示例》的演讲。他讲到，体育场1950年填土，1951年填沟，1952年在广场上举行了西南区第一届人民体育运动大会，1955年建成，1956年正式投入使用。面对体育场的年久失修，尤其是主体钢筋混凝土结构受酸雨侵蚀碳化严重，2020年，重庆市政府在充分尊重历史建筑价值的基础上，启动了大田湾体育场的保护修缮以及利用工程。

为了这个项目，我们的团队做了深入的历史资料收集与研究工作，找到了当年一些设计图纸，还找到了当年建筑师画的鸟瞰图和做的模型。经过对比，图纸和模型有很大差异，我们再通过走访和史料研究，发现大田湾体育场的设计其实是改过的，施工图出过两稿，第一稿是中国固有式风格，但该方案预算超出过多，当时还处于困难时期，后来建筑师调整了方案，比如架空看台数量减少了，装饰素材也做了减少，原主席台面对广场的立面上的拱券，后来被改成了比较简洁的柱子。

我们也走访了当年参与设计、施工的人员及其家属。如建筑师是原重庆市设计院的院长、总建筑师尹淮，他的儿女现在都退休了，在他们家还找到了原来尹淮的一些手稿。

体育场修复之后，立面恢复到1956年的样子，主席台部分动得比较大，主席台背立面1979年时的很多工艺做得非常好，如水砂石的工艺、灰雕的工艺，所以，我们还是想保留背立面和侧立面，从而保留不同时期的变化。为了解决这个区域停车难的问题，我们把大田湾体育场中间部分挖了两层下去，作为这个区域的停车空间，这样的话，整个地面恢复成人行空间。原来这个地方有很多车，整个区域车行交通非常复杂，现在停车下地，还有几条交通主干道也全部下地，地上形成步行系统，大步行系统从大田湾体育场一直到工人文化宫、重庆的人民大礼堂，车在周边和地下行驶。 原来体育场的设计人数是32 000人，经过计算之后，这个地方的疏散功能不满足当代的要求，如果举行赛事，控制在20 000人才能满足疏散要求，所以，我们设计之后将最多人数控制在20 000人。希望通过我们的修缮工作，还原一个真实的大田湾体育场，同时又能赋予这个老建筑新的功能，还市民一个新的健身中心。

中国文物学会传统建筑园林委员会副主任委员、国家文物局古建专家、中国文化遗产研究院原副总工程师沈阳的演讲主题为“古建筑保护中的真实性问题”。他指出：古建筑经过历时洗礼肯定会面临各种各样的问题，修缮的过程肯定会涉及真实性的原则，实际上这个概念更多的是从世界文化遗产整体概念中引进过来的。真实性的提法在1964年的《威尼斯宪章》中已经出现。到了《奈良真实性文件》，学界对真实性的保护有了一个比较系统的解释。但是，我们现在看到的很多国际保护文件是西方人做的，所以，西方提出这些理论的很多人其实是哲学家或者文艺理论家，他们并不是建筑师或者工程师，所以，他们所说的内容翻译过来后，我们觉得比较拗口，比如《奈良真实性文件》对真实性的解释，其实意思很简单。第一，我们在认定文化遗产的时候是基于价值的。第二，对于这些价值本身要注意它到底是不是可信。为什么强调这些呢？因为我们大家一致认为的理念就是我们对价值的认识决定了保护的手段，所以，在这个过程中，其实我们真正要保护的不只是文物的本体，还要保护本体里所富含的价值，这是现在大家比较公认的保护理念。

那么，确定一个东西是不是名副其实、表里一致，这是我们确定这个东西是否具有真实价值的一个基本要求，也就是说对真实性的判断其实是对价值的判断，这是我们现在工作中关于认知基础的东西。

所以，我提出的观点是：第一，尊重历史，我们必须要把历史变迁这样一个过程当成一个客观的存在，并且

图21 传承·保护·创新的建筑遗产理念与实践 学术沙龙

给予足够的重视，而不是像现在这样只要看到一些旧的、破的、烂的东西就一概不要，而要把它们变成一种崭新的；第二，要敬畏文物，我们在现实中经常看到反面案例；第三，我们要意识到保护就是干预，我们所有细微的保护，可能出于对文物保护的关注，初心是好的，但有时候结果往往是出人意料的，因为环境的变迁，修好以后和原来的状态往往相去甚远，所以，这种措施一定是最低限度的；第三，要加强管理，现在的文物保护从设计到施工的中间环节应该说管理力度是比较差的，当然，一方面由于我们现在保护的量已经明显增加，人员力量不足，确实有所影响，但是加强管理还是我们未来工作应该要做到的一个基本保障。

在主题为“传承•保护•创新的建筑遗产理念与实践”的建筑遗产保护利用沙龙中，在金磊秘书长主持下，来自三个专业委员会的专家围绕大会议题发表各自观点。

图22 张荣

中国文物学会工匠技艺专业委员会主任委员张荣 我们这个专业委员会成立得比较晚，面对的既包括可移动文物，又包括不可移动文物，如何开展工作是我们面临的最大问题。我感觉今天的会恰由于三个专业委员会的共同举办，似乎将我们的工作表达出来了，为工匠技艺专业委员会的优势发挥提供了条件。近期我们计划与淄博政府部门合作，因淄博在清代是为宫廷制作玻璃的，所以合力为淄博当地玻璃制作的传统工艺的传承与发展贡献力量，恰恰能体现出我们的优势与特长。

西南交通大学建筑与艺术学院副教授刘弘涛 四川是一个多灾种并发的地区，做好防灾减灾预防性保护工作对于建筑遗产保护意义重大，这一点是在汶川地震后才引起重视的，在四川研究它特别有意义，相反在灾害发生较少的内地城市其意义就不那么突出。我们讨论的是文化传承、保护、创新的问题，文化传承是人类文明延续的一种手段，也是国家综合软实力的体现。在这当中，大学和教育起到了非常重要的作用。在传承的过程当中，教育应该为先。西南交通大学成立的世界遗产国际研究中心也积极发挥了平台的研究作用，积极组织相关领域一些老师，不光是建筑、文化类的老师，实际上我们发现和文化有关的各个领域的专家、学者非常多，不受学科的限制，像中国文物学会组织的会议非常好，让我们能够有一个更宽广的跨界视野来了解文化遗产的保护、传承以及创新的问题。在大学里，我们结合教学工作、科研工作，更多地让年轻的不同学科的学生们了解和认识到文化遗产保护的重要作用。同时，让更多的人参与我们的技术保护实践，我觉得这是我们目前能够做的。在今后，也非常期待来自全国各地的专家学者能够多多指教文化遗产领域的后辈们。

图23 刘弘涛

成都市规划院三所所长张毅 参加了今天的会我特别感觉到，它体现了跨界交流的意义，从城市规划行业看，单霁翔会长是我们建筑、城市、文博诸领域跨界融合的一个榜样。成都的城市建设这几年做的核心工作都是围绕习总书记视察时提出的公园城市发展理念来做的，而历史文化保护、世界文化名城建设是成都发展的城市战略。成都市的建成时间已有 2 300 余年，整个城市的文明史约有 4 500 年，这些内容层层叠叠地不断被发现，证实了成都有非常多的历史文化遗迹，这其实需要一个丰富的城市年轮的呈现，同时也给当代的历史文化的保护与发展留下了很多命题。从遗产保护普惠为民的角度看，为了营造回归人民的城市，我们的抉择必须在遗产保护与现代发展上多做工作，尤其要用改革开放的思路，使遗产保护不僵化，有创新。对于文化的认知，非常难能可贵的是不管是官方还是民间，对整个城市文脉的传承是有共识的，一定坚守的是少拆、多改，大家参观老城区时，看到很多对传统民居的改造，会看到原有办公楼的改造，为了营造消费城市和回归人民的城市我们做了非常多的尝试。虽然并没有非常高级别的文物，但是我想城市里的任何印迹都是我们阅读城市的一些要素，都应该要有对我们情感上的隐喻，这是整个城市在文化方面的贡献。

图24 张毅

四川省文物考古研究院古建石窟保护研究所副所长崔航 最近我们单位比较火，火的原因大家也都知道，主要是因为三星堆考古遗址的新发现。实际上这些年来，我们一直持续为四川乃至周边地区的建筑遗产保护事业奉献我们的力量。“十四五”期间我们考古所有四川省文物局下达的任务，对此我们拟定了若干方向，我们院承担了一系列课题，这些课题的时间跨度是“十四五”整个期间，我们计划在“十四五”期间通过一系列的项目实践，最终能够形成四川地区相关的文物建筑保护条例、规范性文件。目前项目刚刚开展，省文物局也给了我们足

图25 崔航

图26 马振华

图27 陈纲

图28 石斌

图29 舒莺

够的空间让我们自由发挥。并不是所有的路都能走通，所以课题中的研究有些带有尝试性质，可能包括文物建筑的价值要素、价值认知和针对性勘察的关联性研究，包括文物建筑的分级分类保护模式的研究，也包括四川传统工艺调查研究。在未来，如果传统工艺能够足够多的话，我们还考虑进一步进行范式化推广。此外，对于四川地区古建筑的定额，这个需要各个部门配合，届时也请中国文物学会及其专业委员会予以大力指导。

广州集晟文化遗产保护顾问有限公司总经理马振华 我来讲一个小问题，它是来自基层保护工作者的诉求，即国家、省市应如何重视低级别建筑遗产的保护。我们建议不仅要给它们恰当的名分，同时要提供保护政策与活化利用的条件。据我了解，在国外，这些项目甚至某些世界文化遗产项目，都是有保护发展政策支撑的，我们是否要考虑做出些突破呢？这种突破指在技术上给出路，在经济上给政策，特别希望有更多的技术专家能够关心低级别文物的保护标准与技术措施的制定，我认为这是遗产保护量大面广的国情所决定的，不应小看。

重庆大学建筑城规学院总建筑师、教授陈纲 我谈三个感想。其一，为什么传承非常重要。文化是跟人息息相关的，我觉得只要人的需求没变，文化就一定得传承下去，如果文化得不到传承，它一定是没有生命力的。其二，为什么要创新，因为人的需求也是与时俱进的，我们的建筑史其实也是创新史、创造史。重视20世纪建筑遗产就不应该再发生盲目拆除城中村的事件。其三，创新重在思维的创新。我们不能把文物弄成固化的东西，它应该是生活的一个部分。我们要以谨慎的态度去研究一下何为创新意义上的传承，我们要勇于发出自己的声音，或许这就是是中国建筑文化应有的真正的自信。

贵州省文物保护研究中心副主任石斌 既然我是做建筑遗产保护工作的，那么保护的话题是离不开的。从我们工作的实践来看，最好的保护方式是活态保护，即在使用中保护，在保护中使用。我一直在做贵州省传统建筑的保护，像我们侗族的鼓楼、花桥跟戏楼就是一直在使用中的建筑。最早，少数民族侗族是没有文字的，其文化传承全靠歌曲及讲故事，文化的传播需要一个场所，鼓楼、戏楼便应运而生。无疑，这会产生在风雨下大量木构建筑的持续维修问题，这些年有很多风雨桥在暴雨中损毁的例子，所以用现代思维、传统技术保护建筑遗产的研究任重道远。

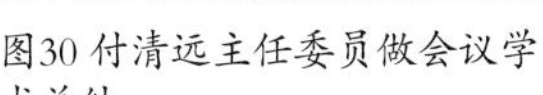

图30 付清远主任委员做会议学术总结

图31 专家合影（1）

图32 专家合影（2）

图33 专家合影（3）

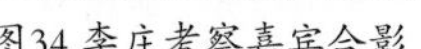
图34 李庄考察嘉宾合影

图35 付清远主任委员致辞

图36 专家考察三星堆博物馆

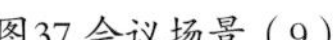
图37 会议场景（9）

图38 会议场景（10）

图39《图说李庄》赠书仪式

四川美术学院公共艺术学院副教授舒莺 无论从遗产保护还是城市创新看，重庆确在发展中，有些理念不能与北京、上海、深圳、广州相比。重庆的遗产保护尤其是民国建筑与工业遗产的保护有很多好的案例，但这并不等于说一讲城市文化，重庆就底气十足，如来福士广场取代朝天门广场就颇受争议，也许前者在城市运营上较为成功，但无论怎样，它改变了重庆历史朝天门的文化。同样，对现在不少城市中蹿出的网红打卡地，大家是不是也要全面看待呢？它们或许迎合了商业，但影响了文化传承，或许还严重地造成了城市发展的负面效应。因此，我认为这次具有传承创新意义的沙龙是很有价值的，希望以后能有更多的机会参加此类活动。

学术沙龙结束后，中国文物学会传统建筑园林委员会主任委员付清远为大会做学术总结。他主要强调，2021 年迎来了中国共产党成立 100 周年，此次研讨会是在全党开展党史教育的背景下举办的，我们三个专业委员会也从各自不同的专业角度做了研究和保护、利用、发展的学术报告。专家们从新时代背景出发，进行了不同类型建筑遗产保护和利用对策的研究、现代建筑规范与古建筑遗产保护原则的探讨、城市更新中的建筑遗产保护利用的研讨、建筑遗产保护工作的典型成果及问题的分析，以及传统工匠技艺传承和科技保护的研讨。下午的发言中有六位专家专门做了报告，还有八位专家在沙龙会上做了简短的发言。我相信通过单霁翔会长的主旨报告及下午大家的发言，到会同人会在保护、利用、传承的方法及理念方面有所收获，这也会为大家的文物保护利用工作提供有益的借鉴作用。这次学术研讨会经过大家共同的努力与参与取得了很好的效果，会后大家会在各自不同的岗位上，在新时代文物保护研究与实践中取得不断的进步和科研成果，为我国的文物建筑遗产保护利用做出新的贡献。

4 月 27 日，与会专家考察了三星堆博物馆等文博项目。4 月 28 日，在有“万里长江第一镇”之美誉的宜宾李庄举办了“传承中国营造学社李庄精神 纪念梁思成诞辰 120 周年”学术考察活动，由于雨大且急，原定在慧光寺广场的开幕式转到新建成的游客中心报告厅举行，场地现代化了，但仿佛失去了当年质朴的味道。金磊副主任委员在主持语中说，专家携中国营造学社家人齐聚四川宜宾李庄，举办“传承中国营造学社李庄精神 纪念梁思成诞辰 120 周年”学术考察活动，其目的是“致敬中国 20 世纪建筑先贤——寻根中国营造学社在李庄的精神血脉”。可喜的是，在中国营造学社后人及建筑学人们的见证下，80 年后，中国建筑与文博人还在此传承精神并不断挖掘丰富学术成果的“金矿”。中国文物学会传统建筑园林委员会主任委员付清远在致辞中说：“当年梁思成、刘敦桢先生在朱启钤先生领导下组建的中国营造学社为中国建筑文化遗产保护做出了历史性的贡献，其意义旨在于中国共产党成立百年的背景下，展示中国知识分子在硝烟弥漫的艰难岁月创下的文化抗战成果。这次李庄考察必将会使我们亲眼目睹中国营造学社当年艰苦的工作、生活环境及取得的卓越成果，是他们的不懈奋斗为我们今天的建筑遗产保护研究打下良好的基础，所以今天的考察特别有意义。”

现已 90 岁高龄的中国营造学社法式部主任刘敦桢之子、东南大学建筑学院教授刘叙杰，梁思成先生的外孙女于葵，卢绳先生的女儿卢岚，罗哲文先生之子罗杨，陈明达先生的外甥殷力欣先后发言。众人在回望抗战史的同时，寻味建筑有古色的李庄。需要说明的是在李庄主题考察活动仪式上，中国文物学会领导向中国营造学社后人赠送了 15 年前由《建筑创作》杂志社等编著的图书《李庄》（中国建筑工业出版社，2006 年 3 月第

图40 刘叙杰

图41 于葵

图42 卢岚

图43 罗杨

图44 殷力欣

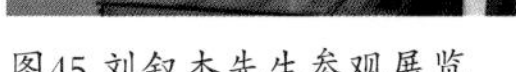

图45 刘叙杰先生参观展览

图45 专家们在考察中

1 版)。至此,新时代文物保护研究与实践学术研讨会以“传承中国营造学社李庄精神 纪念梁思成诞辰120 周年”活动圆满结束。

图:CAH 编辑部

图46 专家考察合影

On the Aesthetic Presentation and Historical Experience of the Architectural Heritage of Chongqing People's Auditorium,Cultural Palace, and Datianwan Stadium

关于重庆市人民大礼堂、重庆市劳动人民文化宫、大田湾体育场馆的建筑文化遗产的美学艺术呈现与历史经验

陈荣华*（Chen Ronghua）

摘要： 本文详细阐述了重庆市人民大礼堂、重庆市劳动人民文化宫、大田湾体育场馆的政治意涵与美学呈现，并归纳出值得我们继承和发扬的普遍规律与历史经验。

关键词： 价值诉求；美学呈现；历史经验

Abstract: This article elaborates on the political connotation and aesthetic presentation of Chongqing People's Auditorium, Culture Palace, and Datianwan Stadium , and summarizes the universal laws and historical experience that we should inherit and carry forward.

Keywords: value claims; aesthetic presentation; historical experience

* 重庆市设计院原总建筑师，重庆市首届勘察设计大师

图1 重庆市人民大礼堂、劳动人民文化宫、大田湾体育场馆文化风貌保护设计导则总图（图片来源：《重庆市人民大礼堂甲子纪》）

前言

重庆市人民大礼堂（简称“大礼堂”）、劳动人民文化宫（简称“文化宫”）、大田湾体育场馆是中华人民共和国成立初期修建的，至今已有70多年的历史。他们在领导全体军民“建设人民的生产的新重庆”的热潮中，强调物质文明与精神文明一起抓，这3个项目正好对应了政治、文化、体育3个方面，成为以大区文化为主，兼具民国、陪都和抗战文化的基于史地维度的文化单元。把它们作为一个整体来研究和保护是十分正确、必要的，重庆市人民政府也将其列为“2号工程”，足见其重要的程度。

以往，人们对大礼堂、大田湾体育场馆比较熟知，但文化宫却较少引起学界的关注。事实上，文化宫是中华人民共和国建政初期为西南大区首府重庆市劳动人民提供的第一个城市公共服务产品。其主体建筑结合纯净抽象的建筑风格与装饰艺术，生动形象地展现了那个时期革命文化的风采，在当时的重庆独树一帜，但又不止于此，整个园区风格多样，显示了兼容并蓄的格局，无论从政治上、艺术上都值得更多的讨论。本文旨在探索3个项目政治意涵与风格取向，或者说价值诉求与美学呈现之间的关系，从而归纳出值得我们学习借鉴的普遍规律与历史经验。

一、价值诉求与美学呈现

（一）大礼堂

1949 年 11 月 30 日，重庆解放，随即西南军政委员会成立，管辖川、滇、黔、康和重庆四省一市。鉴于当时整个西南大区一级党政群机关经常苦于没有能够容纳较多人的集会场所，而且在招待外宾和过往干部时用房也经常感到困难，于是西南军政委员会决定拨款 200 亿元（等于 1955 年 3 月流通的新人民币 200 万元左右），利用马鞍山和蒲草田的 40 亩（2.67 万平方米）荒地，加上新征的 50 余亩（3.335 万多平方米）土地，建设一座能够容纳 4 000 多人的大礼堂，并附设一个招待所，以满足当时的客观需要①。

图2 张家德肖像

众所周知，重庆市人民大礼堂（初名“西南军政委员会大会堂”）是著名建筑师张家德（图 1）先生集天时、地利、人和的巅峰之作。面对新生政权形象表达的重大课题，经过深思熟虑，张家德决心集北京皇家建筑之大成，采用全新的组合方式，建构一座西南人民“共商国事”的“人民圣殿”。深谙等级森严的封建社会建筑制度的他，敢用状如古代皇帝祭天的天坛的祈年殿的圆形三重檐攒尖宝顶作为中心礼堂的“皇冠”，将形似北京天安门的面阔九间的两重檐歇山屋顶的“步云楼”置于入口大厅的上方；而突出于前水平线的舒展的南北翼楼“具有故宫午门的架势”，在这里又如巨人张开双臂，迎接前来开会、观演的人们，足见张家德对人民大众的极大尊崇。

难能可贵的是，早在 70 年前，张家德就将规划、建筑与地景作为一个整体来谋划和设计，将山地建筑的优势发挥到极致，也把“人民圣殿”的雄姿推至顶峰。

仔细解读大礼堂，我们不难发现，在体量组合、功能布局、空间调度、动线安排和结构技术方面，张家德更多地借鉴了西方建筑的经验，但在文化表达上则完全采用中国传统建筑语言，他的设计既有鲜明的民族风格，又有强烈的时代特征，从而创造出巍峨壮丽、气势恢宏的大会堂，用民族建筑的形式谱写出一曲关于新生政权的壮美赞歌。这个方案高度契合了当时作为文化主体的广大军民的群体心态，做到了革命英雄主义与革命浪漫主义的完美结合，张家德所构思出来的大会堂被领导评价为“既庄严、宏伟，又有磅礴的气势，一种可以雄据百年的气势，这正是我们所要的大会堂。”也正是领导的慧眼识珠和鼎力支持，张家德的方案才能脱颖而出，得以建成。

如今我们从远处瞥见、逐步走近、而后进入大礼堂时，在张家德设定的时空进程中，一种“人民至上”的思想得以完美地呈现，让我们不得不佩服张家德对建筑时空艺术的把握与创造。（图 2）

（二）文化宫

文化宫是三大项目中最早动工的一个。相关资料显示，公营重庆建筑工程公司在取得原川东师范学校旧址用地后，随即由公司设计部（后改为重庆市建设局设计处，即重庆市设计院前身）对其进行了精心的规划，主要建筑师为龚达鳞、庄人青等。为了贯彻增加生产、厉行节约、反对浪费的方针，园区内大量质量较好的砖木结构建筑得以保留，略加修缮后

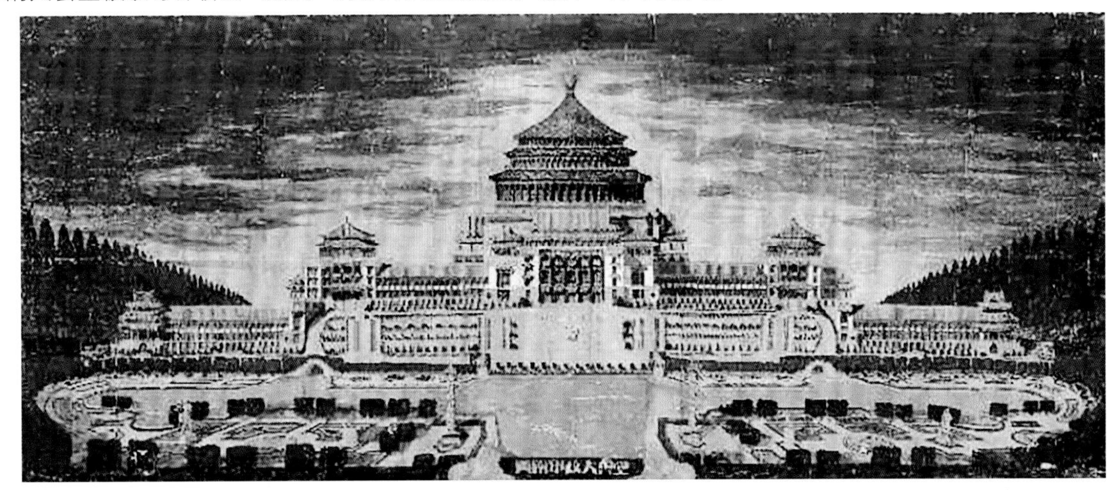

张家德手绘大礼堂投标方案立面效果图

大礼堂实景图

入口牌楼匾额 贺龙手书“西南行政委员会大礼堂”

图2 大礼堂（组图）（本页图片由尹淮、庄人青、龚达鳞后人提供）

①陈荣华等：《重庆市人民大礼堂甲子纪》，重庆，重庆大学出版社，2016。

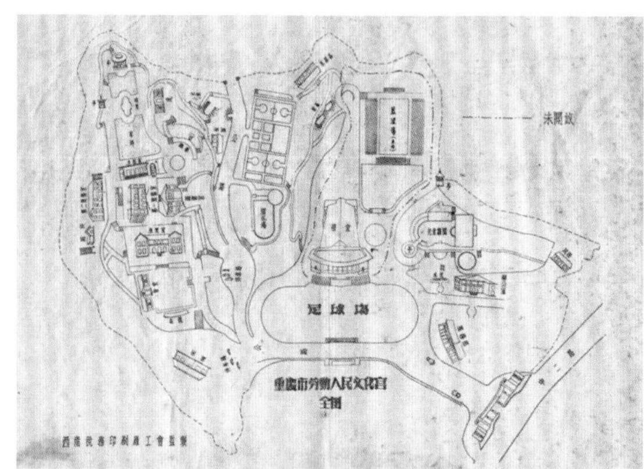

图3 1952年文化宫建成初期导览图，“未开放”区尚在继续建设中（图片来源：重庆市设计院保存的原始设计图纸）

被赋予新的功能；对一些妨碍总体规划以及毁损严重的其他建筑则予以拆除。另外新建了大门、大礼堂（即今大剧院）、图书馆、陈列室、红星亭、游泳池、露天舞台、大众茶社、餐厅、冷饮店、照相馆、小卖部、儿童乐园、观光动物笼舍等，并改建完善园区内道路系统、溜冰场、篮球场等原有设施，增建各种花圃长廊、亭台水榭和花木绿植，使文化宫成为重庆解放初期规模最大、设施最全、园景最美的城市公共空间，成为重庆市民美好生活的秀场（图3）。文化宫的建筑可谓多姿多彩，大体归纳，有以下几种建筑和景观。

1. 现代风格

如大门、大礼堂、红星亭等，整体大气、简洁明快而又不失庄重典雅。设计人员在纯净抽象的砖混结构形体上，施以米黄色斩假石，再结合装饰艺术，反复采用五星、红旗、镰刀、铁锤、齿轮、麦穗、钢笔、圆规、和平鸽、橄榄技等组成精美的图案，使其以“粉塑”和浮雕的形式出现在建筑内外的墙、柱和天棚之上，生动形象地展现了新民主主义时期以工农联盟为基础，民族资产阶级、小资产阶级、知识分子在中国共产党的领导下，共同建设美好家园、开创美好生活的辉煌愿景与坚强信念。大门额枋的正面是邓小平同志亲自题写的“重庆市劳动人民文化宫”宫名，背面则是建筑师龚达麟手书的“全世界无产者联合起来”的标语，展现了“无产阶级只有解放全人类，最后才能解放自己”的博大胸怀。（图4）

2. 欧洲文艺复兴式

欧洲文艺复兴式主要体现在园林小品上，如红星亭旁边的十字花形喷泉水池以及为遮挡挡土墙而设置的带花圃廊架的雕塑台等。建筑师用地道纯熟的手法营造出欧洲古典园林建筑的形象与韵味，使劳动人民足不出渝便能欣赏到西方艺术，有利于人民开阔眼界、拓展心胸。（图5）

3. 普罗大众式

新建的展览室、游艺室、小会堂等，均为砖混结构小青瓦坡屋顶低层小楼，与普通民房无大区别，朴素、实用，它们与被改作图书室的“中统楼”①一起，为劳动人民提高自身素质、更好地履行公民责任与义务提供了历史、文化、科技知识等精神食粮。

值得注意的是，处于本区建筑群中心位置且与红星亭、喷泉池、交谊室同在一条轴线上的第一游艺室，其

① “中统楼”，原川东师范学校旧建筑，抗战期间，国民政府迁都重庆，中国国民党中央执行委员会进驻此楼，故名。

图4 文化宫大门、文化宫大礼堂、大礼堂栏板装饰、庄人青手绘红星亭“粉塑”图案设计图（组图，《重庆母城建筑文化口述历史》组提供）

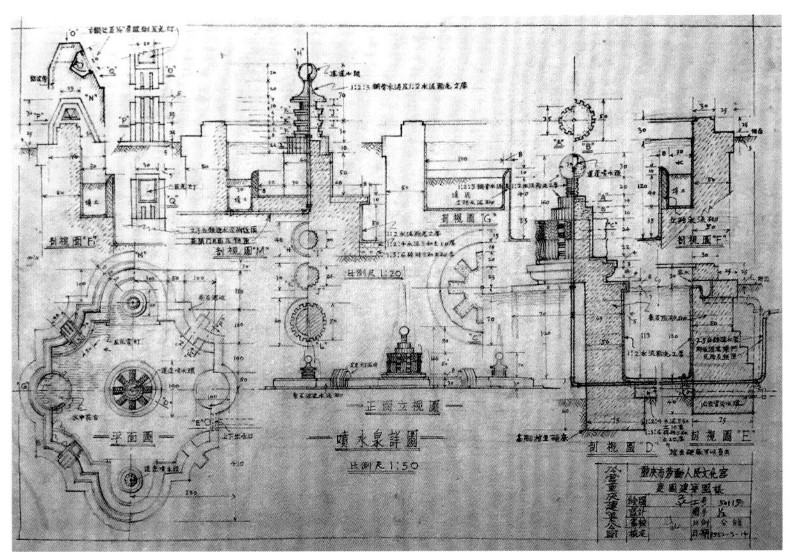

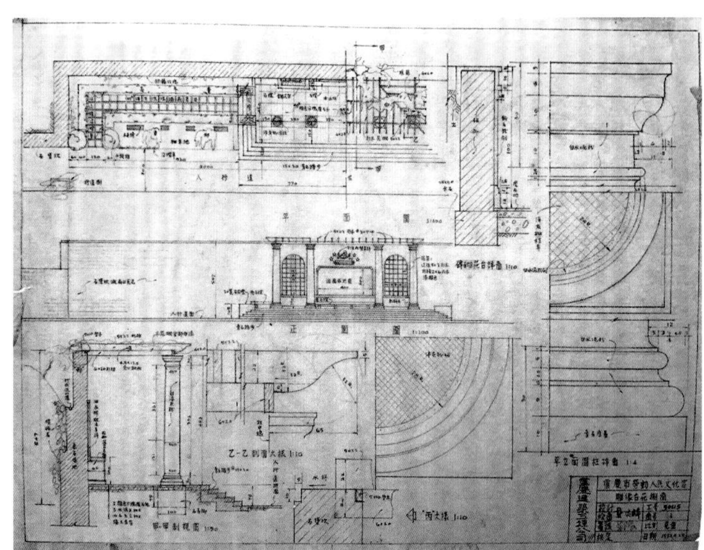

图5 庄人青手绘的十字花形喷泉水池、雕塑台、花圃廊架设计图纸（组图）

图6 图书室（“中统楼”）及第一游艺室（组图）

图7 保留作为青少年活动室的原川东师范学校教学楼及新建儿童乐园凉亭（组图）

立面处理十分特别——在一个四坡屋面的二层小楼上，外加一个造型独特的浅色墙体。该建筑的色彩、开窗形式与大小和“中统楼”相仿且协调，其北立面与同一轴线上的三个小品在风格上更加和谐。这种不拘体例但彼此关照的灵活处理，反映了建筑师的整体意识与高妙手法。（图 6）

4. 民族传统式

保留下来作为青少年活动中心的原川东师范学校的一座教学楼就是“中国固有之形式”，在砖混结构的屋身上，采用了传统飞檐翘角的歇山式大屋顶。而儿童乐园中的凉亭更是四角攒尖屋顶的典型案例。（图 7）

5. 山城特色园林景观

文化宫占地面积很大，地形地貌复杂丰富。除了众多的建筑之外，还有大量的室外活动场所。建筑师通过“在地性”“自然主义”的景观设计将所有元素整合在一起，使整体设计成为一个有机和谐的整体。特别是在结合地形高差创造特定场景与景观方面取得了很高成就。如礼堂入口平台前结合地形设置了半下沉式广场，用高达两米多的梯道将两者连接起来，使大礼堂显得更加高大雄伟。又如依托崖壁修建的露天舞台以及利用坡地形成的球场、泳池的看台等，无不显示出建筑师对自然环境的顺应、尊重和巧妙利用。（图 8）

这里我们不得不指出，文化宫后来的管理者，在商品大潮的冲击下，把许多原来的室外活动场地都改建成地下、半地下收费场所，而红星亭景区的历史建筑更被商家改成所谓的“欧陆式”风格，一些富有特色的园林景观亦消失殆尽，文化宫作为城市公共空间的属性被完全改变。文化宫的管理者理应是文化遗产的守护者，可惜他们忘了初心，失职失责，造成了无可弥补的损失，这是多么深刻的教训！

图8 文化宫大礼堂前下沉式广场、游泳池、溜冰场、灯光球场（组图）

（三）大田湾体育场馆

重庆市政府发动机关干部和市民参加义务劳动，硬是把抗战时期跳伞塔旁的小山推平，将弃土填入大田湾的沟壑之中，开辟出大约 8 万平方米的群众集会广场。1952 年五四青年节，西南区第一届人民体育运动会在这里成功举办。运动会后，重庆市成立了体育运动委员会，并在此修建室内外体育比赛场馆和体委办公楼。这里成为当时东亚地区规模最大、最为先进、也是中华人民共和国第一个现代意义的综合体育场馆，在重庆乃至全国体育发展史上有着重要的地位。

这几座建筑的设计人也是重庆市设计院（以下简称“市院”）的前辈建筑师。他们分别是尹淮（市院元老，曾任重庆市建委副主任、总工程师，后任市院院长、总建筑师）和徐尚志（市院前身公营重庆建筑工程公司设计部负责人，后调西南设计院任总建筑师，全国勘察设计大师）。

体育场是可以容纳约 40 000 名观众的室外球类、田径运动的比赛设施。当时，中国还没有自己的技术标准，尹淮参考了苏联的相关设计规范。在满足体育工艺空间形体的要求的基础上，项目采用中国传统建筑的一些形式符号如拱门、窗格、柱廊、望柱栏杆、素颜盝顶、合角博古脊吻（即取其形而不施琉璃瓦）等作为装饰，但在实际建造中，看台高处的主席台及其两侧的柱廊有所简化，色彩也变成浅色，使其更显时代气息。同是市院元老、造型艺术专业出身的白丁，设计和制作了体育场馆院内的人物群雕、运动场门楼浮雕和看台边沿望柱栏杆的花饰和兽头，增强了场馆设施的艺术效果。（图 9）

徐尚志设计的体育馆可容纳约 3 000 名观众，主要用于室内球类、摔跤、拳击等比赛，是一个中部带有弧形屋面的长方形体块。其立面主要是做竖向划分，虚实相间、比例匀称、尺度得宜，具有很强的韵律感和节奏感，在檐口、雨蓬、窗间墙处有琉璃饰件。正面有两处入口，采用了中国传统拱形门洞，再套上三层高的冲天牌楼，在二楼处以雀替状的挑梁承托阳台，上置望柱栏杆。这种前所未有的组合既有古风，又具新意，表现出一种大师风范。

同时期，徐尚志还设计了体委办公楼，与体育馆隔街相对。其平面也呈“工”字形，为当时公共建筑的流行范式。所不同的是这座办公楼在建筑风格上属于中国 20 世纪 50 年代中期所谓的“社会主义内容，民族形式”

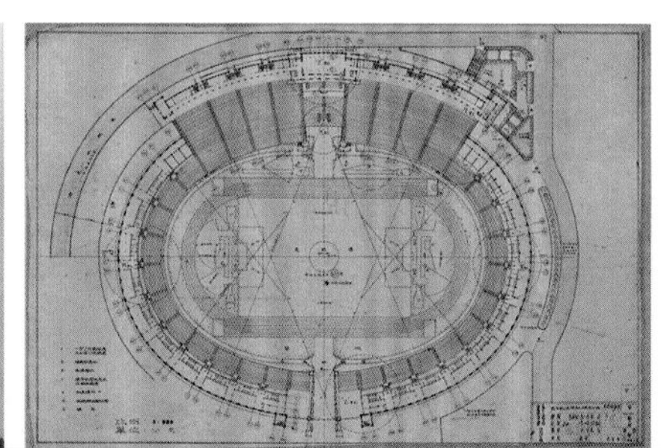

图9 尹淮肖像、体育场平面图、效果图、模型及实景照片（组图）

图10 徐尚志肖像、体育馆及体委办公楼实景照片（组图）

的典型。其主要特征是高低错落、主从有序的琉璃瓦歇山式大屋顶。整座建筑呈现出中轴对称的三段式经典构图。主墙以宽窄相间的壁柱分隔门窗，比例优雅，韵律感强，屋顶下的墙身略收进，突出梁枋和柱头上面斗拱状装饰物；主楼重檐之间的窗户更为宽大，分格以横向为主，使其显得更加轻盈富丽。中部入口向前突出，正面两根壁柱与两侧较宽的实墙划分出三道门窗，虚实对比、比例得宜。入口上方挑出的雨蓬上置望柱栏杆，不设门廊，干净利落。建筑总体给人的印象是沉稳厚重、端庄典雅，体现出建筑师驾驭这类建筑的出色能力。（图 10）

总体而言，大田湾体育场馆淡化了官方的色彩，体现了中国人民决心以健全的体魄、平等的姿态自立于世界民族之林的坚强意志。

二、普遍规律与历史经验

（一）政治意涵与风格取向的高度一致性

如果说大礼堂是新生政权的象征和“徽识”，它带有某种殿式建筑的官方特征，那是顺理成章的结果。大田湾体育场馆作为提倡全民健身的价值载体，它采用中国传统建筑的某些形式语言显示了自己的文化身份。而文化宫作为劳动人民美好生活的秀场，更需要丰富多彩，“多样并存”，但主体调性是面向未来、胸怀世界，这反映了处于上升阶段的国家正满怀信心奔向幸福，对身边的一切，只要不怀敌意，都会兼收并蓄，让各美其美，美美异和，共同奏响时代最强音。

应该看到，这种高度的一致性植根于建筑与政治息息相对的社会现实中，无论中外，莫不如此。著名建筑评论家迪耶·萨迪奇在《权力与建筑》中说，建筑与权力之间存在着不可分割的联系。这是因为建筑，特别是大型纪念性建筑，无不取决于权力对并不充分的社会资源和人力资源的掌握和分配。这些建筑象征着一个国家、一个民族、一种文化或一个时代，也反映了一种权力做出的政治判断（包括判断的水准）。中华人民共和国建政初期，百废待兴，百业待举。人民政府与人民大众之间，依然保持着相互依存、亲密无间的鱼水之情，这种政治关系和政治热情，在从革命转向建设的过程中，必然会投射到重大工程的缘起决策乃至形象情感的表达中来。建筑师作为人民的一分子，身处其中，才情勃发，只有充分把握时代的脉动和民族的心声，才能做到拿捏准确，表现出这种政治意涵与风格取向的高度一致性。在改革开放、多元并包的今天，价值诉求已远不限于意识形态，美学呈现亦远不止于风格选择，技艺表达更是永无止境，但我们仍须提倡价值诉求与美学呈现之间的逻辑关联的一致性，与时俱进向前看。

（二）宽松的创作环境带来“多样并存”百花齐放的局面

正如马国馨院士在笔者拙著《重庆市人民大礼堂甲子纪》序言中所说，“1951—1954 年，在我国现代建筑发展史上，是一个不太为人注意的年代”，“在建筑创作上还属于相对宽松的时期。那一时期的建筑师基本上延续了他们在新政权成立之前执业时的主张和风格"，"这种多样并存的局面，已经成为新政权早期设计作品的重要特色，并随着时间的推移，越发显露其创作上的生命力而引起史学家和业界的注意"。本文所讨论的3个项目尽管有着强烈的政治诉求，但建筑师们各自的创作都受到政治领导人的理解、尊重和支持，这也使得这些项目得以实施建成，并成为今天重要的文化遗产。这是一条极其宝贵的历史经验。

这3个项目的主创人员，相对于他们的老师辈，属于中国第二代建筑师，在代际传承中，承担着接续、传承和发展的角色。第一代从西方留学归来的建筑师，把建筑学作为一门学科引入中国，其时正值中国现代化转型的初始阶段。在这个阶段，中西文化二元并存和融合，成为一种普遍的现象。在国家宏大的叙事语境中，他们尝试着为尚在孕育中的现代中国建立一个建筑体系与理论平台。在创作实践方面，中国最早执业的建筑师中，很多人选择了"调和中西"的道路。其中，沿用中国传统形式并与西方建筑技术相结合的风格被称为"中国固有之形式"，而将中国建筑装饰要素与西方古典建筑形式相结合的则被称作"现代式中国建筑"。如果要归类的话，毕业于国立中央大学的张家德所设计的重庆市人民大礼堂属于前者，而毕业于重庆大学的尹淮、徐尚志设计的大田湾体育场馆则属于后者。而设计文化宫的龚达鳞和庄人青则稍有不同。龚曾师从著名画家颜文梁学习西画，后毕业于梁思成的嫡传弟子刘鸿典大师自任校长的"私立宗美建筑专科学校"（图11）。庄人青则更为传奇，初随徐泳青学习诗画，又随德国专家学习石印制版，再随工程师彭任年学习建筑绘图，其间加入上海建筑协会学习业务，并于万国函授学校修完建筑学全部课程，先后就职于多家中外设计机构，从事建筑设计，并分获上海住房和南京戏剧音乐学院设计竞赛第一名，其同事中有史上著名的邬达克（匈牙利籍）、奚福泉等人。1950年庄人青举家迁入重庆，进入第一建筑公司后调入重庆市设计院。1958年庄人青主持设计了重庆招待所（今渝州宾馆）（图12）。这两人都较长时间生活在上海，受到西方文化和现代建筑的熏陶，所以在文化宫的设计中，面对劳动人民开创未来美好生活的诉求，很自然地选择了现代风格，而且他们将自己的美术特长以装饰艺术的形式发挥得淋漓尽致，表现出中华人民共和国建政初期的文化风采。

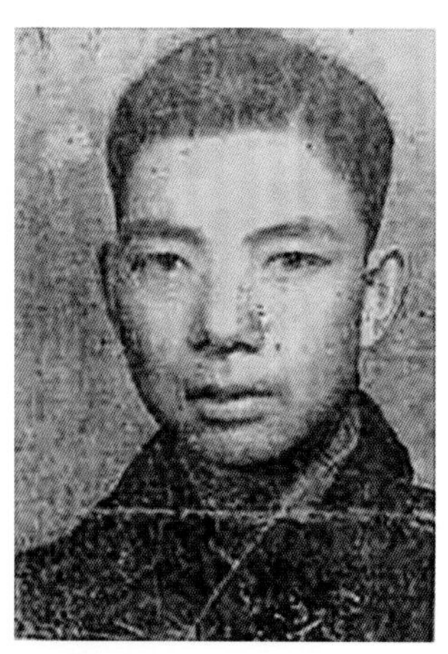
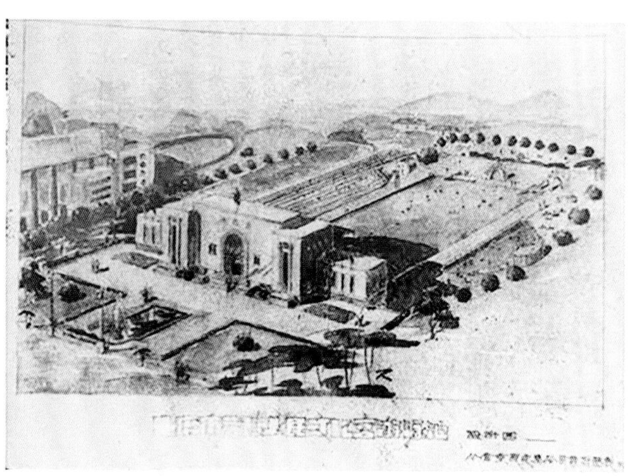
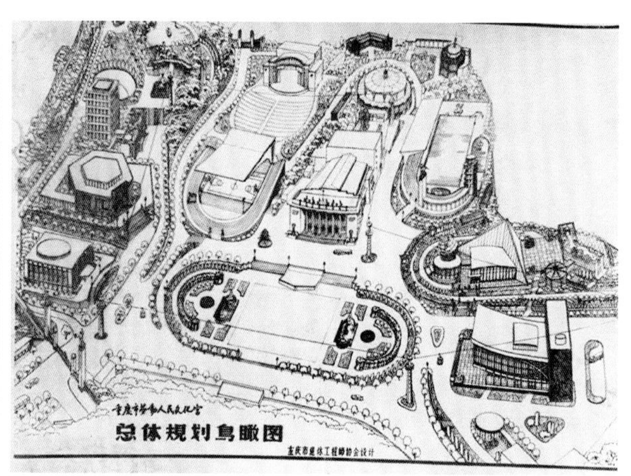

图11 龚达鳞肖像及其手绘文化宫游泳池效果图与退休后手绘文化宫改造升级鸟瞰图（组图）

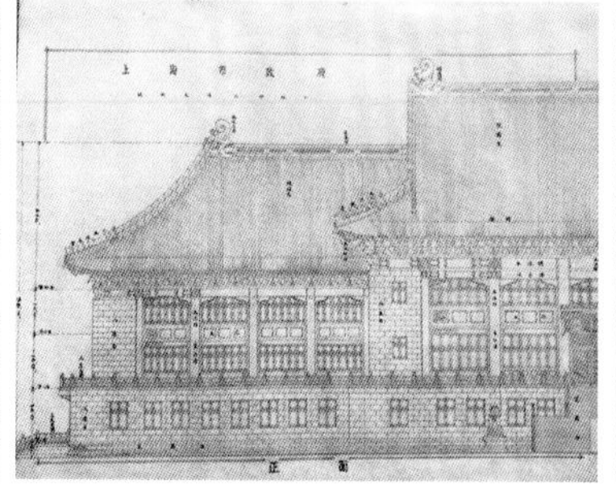

图12 庄人青肖像及其参与设计的20世纪30年代上海市政府大楼效果图、立面图以及上海市住宅之一（组图）

图13 红星亭与大礼堂呼应对话

（三）大区风貌的真谛

如果说存在一种所谓“大区风貌”的话，那么这种“风貌”主要不在于“貌”，而在于“风”，即通过建筑外在形式所体现出的“民族之精神时代之文化”的风尚、风气、风采和风韵，也就是“劳动人民当家作主”“全心全意为人民服务”“以人为本”“人民至上”的思想境界和美学特征。大区时期的重大工程，尽管具有不同的样貌，但都体现了人民政权对国家主人物质生活和精神生活的巨大关怀。比如，重庆市人民大礼堂作为新生政权的“徽识”与象征，尽管高大伟岸、气势恢宏，但在入口处用七樘精美的垂花门将建筑又拉回到了家门的尺度，对进场的人民代表、政协委员和观演群众表现出尊重与欢迎。这3个项目反映了从神权建筑、君权建筑到民权建筑、公民建筑的转变，从这个视角上看，它们具有划时代里程碑的伟大意义。此外，这3个项目设计与建设过程中所体现出来的因地因事制宜、勤俭节约、勇于创新、对待传统有所扬弃、古今中外兼为我用、面向未来与时俱进的原则也是我们应该汲取的宝贵经验。

古人云：“形而上谓之道，形而下谓之器。”“风”与“貌”正是“道”与“器”的关系，显然，我们要继承和发扬的主要是“风”而不是“貌”。大区建筑作为物质形态之“貌”，随着时间的推移，有可能被超越甚至会消失，但大区建筑之“风”，即“人民至上”的精神内涵却是永恒的财富。

（四）城市设计的示范

今天当我们把3个项目作为一个整体来研究的时候，惊奇地发现，当年的决策者和设计者已经有了这种明晰的意识和具体的表达。

文化宫的红星亭是其所在区域的制高点，与重庆市人民大礼堂遥相对望(图13)。建筑师庄人青用了两组十字交叉、成对排布的加腋梁柱，承托两层圆盘形的屋面，乍一看去，颇有传统重檐攒尖圆形亭子的神韵，与大礼堂对话呼应。在视觉上两者被联系起来，同时还有经学田湾的步道相通。而文化宫中门则有“劳动大道”直通大田湾体育场，只是在20世纪80年代由于城市道路的发展，“劳动大道”被阻断了。今年重庆市人民政府的“2号工程”确定用18米宽的天桥跨越中山2路将体育馆前的“贺龙广场”和文化宫中门联通，又恢复了当年“三位一体”的格局。此外文化宫大门的设计也颇具匠心。大门紧贴城市干道红线，空间局促，进门便是坡度很大的弯道，左侧更是向下的陡坎。龚达麟将大门设计成弧形，将内侧地面围合成一个入口小广场，综合地解决了上述几个方面的矛盾与挑战，这也是城市设计的佳例。

以上我们主要是从交通和视觉的角度解读了3个项目之间的关系。事实上，当初对于这3个城市公共服务空间的提出和选址，决策者们有着更为广阔、更为深远的考量。我们看到的结果是：大区一级的办公区(即今重庆市委、市政府)加上大礼堂形成的政治中心，文化宫加上大田湾体育场馆形成的文体中心，以及“人民解放纪念碑”周围形成的商业中心，奠定了当年重庆主城的功能大格局，至今还在发挥作用，生动地诠释了城市设计社会学空间化的本质。

结语

笔者曾在《理念引导设计——文化宫片区文化风貌保护提升设计的评析与建议》一文中指出，建成遗产的保护是一种研究型的设计课题。这种研究不光研究物质形态的层面，还要深入精神文化的层面。只有做到对研究对象全面准确的认知与把握，才能真正做好保护工作。本文的阐述虽是一家之言，但希望能对“2号工程”有所启发与帮助。

Re-understanding on the "Holistic Gestalt" of the Chongqing People's Auditorium

重庆市人民大礼堂"整体完形"再认识

陈 静[*]（Chen Jing）

摘要：历史文化及建成遗产保护的升温，引发了对重庆市人民大礼堂"整体完形"的议论。2019年9月重庆市人民政府公布了第三批"重庆历史建筑保护名录"，重庆市人民大礼堂东楼（为大礼堂的加建部分）名列其中，是该名录中最年轻的一个。继2009年"重庆市人民大礼堂（含改扩建）"荣获"中华人民共和国成立60周年中国建筑学会建筑创作大奖"之后，这次入选又一次以官方名义肯定了建成遗产"整体完形"的正确与价值。联想到它的第二次"整体完形"的夭折及其后果引发的诟病，我们再来检视这两次重要事件的过程与抉择，总结经验与教训，仍然具有文本研究的现实意义。

Abstract: As the preservation of history, culture, and built heritage heats up, it has triggered vigorous debates about the "holistic gestalt" of the Chongqing People's Auditorium. In September 2019, the Chongqing Municipal People's Government released the third list of historical buildings for preservation, including the East Wing of Chongqing People's Auditorium with the shortest history in the list. The East Wing was later built as a part of the expansion project of the auditorium. In 2009, the Chongqing People's Auditorium (including the renovation and expansion projects) won the ASC Grand Architectural Creation Award at the 60th Anniversary of the Founding of the People's Republic of China. This selection officially affirmed the correctness and value of "holistic gestalt" as a built heritage. In view of the criticism provoked by the premature end of the second "holistic gestalt" as well as its consequences, we re-examines the process and choices of these two major events to summarize experience and lessons, which still have practical significance for the textual research.

* 重庆大学建筑城规学院

加建东楼，完善风貌

图1 1954 年4 月，经过近三年的艰苦建设，西南行政委员会大礼堂全面竣工，投入使用

众所周知，重庆市人民大礼堂（初名"西南军政委员会大会堂"，1954 年 4 月更名为"西南行政委员会大礼堂"，图 1）是年仅 39 岁的著名建筑师张家德集天时、地利、人和的巅峰之作。建筑史家邹德侬先生称它是共和国在三年恢复时期用民族建筑歌颂新生政权的壮美赞歌。它"是 20 世纪 50 年代中国民族建筑形式划时代的最典型的作品"（梁思成语），在国内外享有很高的声誉。1987 年它被载入久负盛名的世界建筑史册《比较建筑史》（*A HISTORY OF ARCHITECTURE*），在同时被收录的新中国 43 项建筑中名列第二，2006 年成为全国重点文物保护单位。

大礼堂建成以后除中心礼堂之外，其南北翼楼作为市政府第一招待所主要接待来渝出差的公务人员和援华专家，1979年后改为人民宾馆，成为重庆首家涉外酒店。随着改革开放的深入和社会经济的发展，人民宾馆规模和标准已难以适应形势的要求，改建扩建成为必然之举。1986年，刚从石油施工企业转入重庆市设计院的陈荣华先生承接了这项工程。据陈先生回忆，设计之初，完全没有大礼堂的图纸与资料，只能通过现场踏斟与简单测绘去做初步的了解。但他很快确定了加建东楼"甘当配角""完善风貌"的指导思想。

东楼的用地非常局促，高差极大。早年在修建人和街支路时，大礼堂座落的马鞍山山脚被挖掉，使大礼堂立于裸岩破山之上，环境景观很差。但这有弊也有利，正好可以利用地形高差，组织不同人流、车流的入口，同时用带有吊层的建筑遮挡破岩，以改善大礼堂东立面的形象。

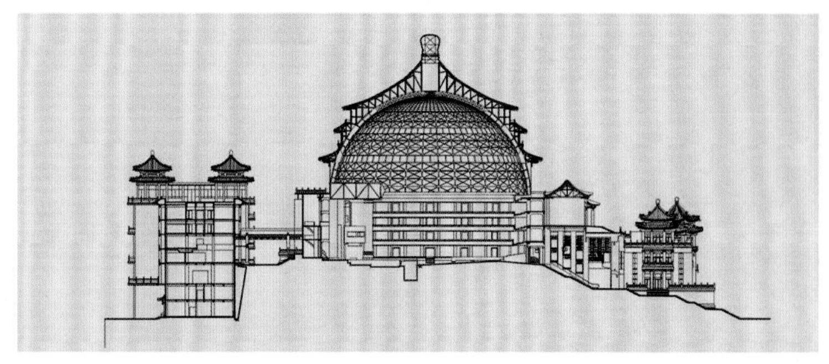

大礼堂及新建东楼剖面图

大礼堂及新建东楼实景

图2 大礼堂（组图）

在平面布局上，他将东楼置于大礼堂的中轴线上，±0.00以上部分完全遵循大礼堂严谨对称的格局。东楼的中段由于用地的限制，其外缘距大礼堂基座只有7米，刚好可容两辆车通过。东楼与大礼堂柱廊之间以连廊屋面相接，既消除了两楼之间的局促感，又使它们完全地连为一个整体，可谓一举两得。东楼南北两段，顺应人和街支路的线形，向东突出4.5米，使大礼堂内院空间趋于开阔，同时也为建筑形体的转折变化奠定了基础。在竖向设计上，±0.00仅比大礼堂室外地面高出150毫米。±0.00以上，中段为4层，南北两段为3层，均为客房；±0.00以下为3层，负2、负3层平面适当向东扩大，以适应功能的需要，在造型上作为"基座"处理，顶部饰以望柱栏杆，使上部外挑的柱廊有了落脚之处。3个吊层主要安排会议、餐饮、多功能厅、健身、桑拿以及后场管理等功能区还包括洗衣房和其他设备用房，基本上囊括了包括东楼、南北楼整个宾馆的配套服务设施。建筑造型则沿用大礼堂的形式语言，略加简化，例如屋面主要采用盝顶，有利于控制建筑高度，使中段最高的屋脊也被限制在中心礼堂"基座"顶部的标高以下。在中段与南北段转折处的屋面之上用了两组4个重檐方亭，如众星拱月，突出了大礼堂的主体地位；在色彩运用上一如大礼堂，但采用了当时较为时尚的茶色铝合金门窗和驼灰色面砖，略有时代气息，在总体上保证协调统一的同时，又使新老部分具有一定的"可识别性"。（图2）

东楼建成后得到了社会各界的认可和赞赏，可以说这是大礼堂第一次"整体完形"的成功尝试。这项工程从选址、设计到施工的整个过程都是在肖秧市长的直接领导下进行的。肖秧毕业于清华大学建筑系，1949年后又被选派到欧洲留学，是一位具有专业背景和学术视野的官员。他满怀深情地说，"人宾的扩建势在必行"，"改革就是允许人们摸着石头过河，摸准了，就要大胆去试"，"人民大礼堂是老一辈无产阶级革命家留给我们的宝贵遗产，我们要经过几代人的努力，把这座具有强烈民族风格的建筑群完善起来"。肖秧的嘱咐，实际上成为陈先生日后对大礼堂的所思所为的思想基础。

"93规划"，遏止盲动

如果说大礼堂第一次"整体完形"加建东楼还算顺利的话，那么第二次"整体完形"加建新北楼的努力则遭到了严重的挫败，其过程也十分曲折。这里有必要回顾一下它的上位规划及建筑原型的"93规划"。

进入20世纪90年代，全国房地产热席卷全国，各地城市普遍遭遇"大建设、大破坏"的考验。作为市中心具有良好地段优势的区域，大礼堂周边的地块成了房地产商眼中的香饽饽。面对大礼堂所面临的现实威胁，陈先生提出一个大胆的反制措施，即将大礼堂北边的蒲草田地块、南边的马鞍山地块和东边的人和街地块纳入进来，以大礼堂为中心，做一个统一的规划，而后根据市场需要和资金筹措分步开发，地上建筑规模可达25万平方米以上。这不但能够解决长期困扰管理部门的人民宾馆运营和大礼堂维护费用问题，还可以带来十分可观的经济效益，而环境效益和社会效益就更加显著。这个规划史称"93规划"。

这个规划可以用"一个中心、两条轴线、三个片区、六大功能"来概括。"一个中心"自然是指中心礼堂。"两条轴线"除保留和强化原有的东西向轴线外，又发展出南北向轴线，在这条轴线上加建新南楼和新北楼。"三大片区"以大礼堂加新南楼和新北

图3 经重庆市委、市政府、市人大、市政协批准的"93规划"的正式方案（未含东区）模型

图4 "93规划"东区、西区实施及三峡博物馆建成后的实景鸟瞰

图5 新北楼五星级宾馆中标方案实景融入图

楼为中区，两侧分别为东区和西区。"六大功能"因为篇幅有限，在此从略，详见陈荣华等著的《重庆市人民大礼堂甲子纪》。其中，新北楼是大礼堂第二次"整体完形"的雏形，位于蒲草田地块中心礼堂南北轴线的北端。新北楼加上东楼和老北楼为人民宾馆，其入口大堂设在北面，其与人民路之间有宽阔的前庭广场，宾馆的公共部分及后场管理部分也尽量集中设在新北楼。人民宾馆原来分设三楼、规模过小、档次不高、管理不便、效益低下的局面被彻底改变，发展成为位置显赫、风格独特、拥有500间以上客房的五星级旅游宾馆。

除住宅楼外，总图布局严格遵循中轴对称的原则。东西向轴线西起人民广场的入口牌楼，东至东区新建综合楼。南北向轴线依据建筑功能、动线、采光、通风并结合实际地形，形成四进院落的空间格局，再现了山地建筑"重台天井"的特色。在形体组合上，以两条轴线的交会点——中心礼堂为主体，建筑体量与形式沿东西、南北两个方向渐次降低与简化。在建筑语汇上，重复采用歇山、卷棚、方亭等屋顶样式以及柱廊、彩绘、望柱栏杆等，与大礼堂原有部分协调一致。

鉴于这个规划的特殊性和重要性，方案先由陈先生分别向当时接替肖秧的重庆市委书记孙同川和市长刘志忠做单独汇报，然后再提交重庆市人大、市政府、市政协组织联合审查，最后由重庆市规划局发出批文，整个过程非常顺畅，方案得到一致的肯定。审查会议纪要提到"赞成和支持这个方案"，"总的评价是规划科学、建筑雄伟、功能合理、环境优美，这个规划实现了民族建筑风格与现代文明的有机结合，实现了周围土地的优化配置，突出了'保持大礼堂原有风貌的主题思想'"，"赞成人大立法以保证方案实施的延续性"。（图 3）

规划被批准之后，重庆财信集团迅速拿到了人和街地块，于 1994 年完成了东区规划的实施，使大礼堂中轴东端有了一个得体的收头和良好的环境。1997 年，重庆再度成为中央直辖市。市委市政府决定对大礼堂进行为期 65 天的突击整修，同时建设人民广场。1997 年 5 月 25 日两项工程如期完成。6 月 18 日，直辖市的挂牌仪式在这里隆重举行，宣告重庆进入了历史发展的新时代！西区正是在这种特殊的情况下得以快速实施的。（图 4）

"93 规划"遏止了房地产无序开发带来的现实威胁，提高了人们对建成遗产的保护意识，催生了《人民广场景观周围建筑高度控制规划》，同时也为新北楼的建设和大礼堂的进一步"整体完形"提供了规划依据与建筑原型。

再度完形，引发争议

乘着中央直辖的东风，重庆各项事业进入了高速发展的新时代。1998 年重庆新城置业有限公司引进澳门资本，并与人民宾馆合作，取得了蒲草田地块的开发权，拟建不少于 500 间客房的五星级宾馆，并邀请了国内外 3 家设计机构进行方案竞标。陈荣华先生主持的重庆市设计院方案一举胜出。这一方案实际上是在"93 规划"的基础上进行的深化，重点解决内部功能布局、动线组织以及防火方面的问题，同时把人民宾馆原有的东楼和北楼整合进来，受到了甲方和酒店管理公司的高度认可（图 5）。因为关乎大礼堂，兹事体大，方案中标后，直接由重庆市政府组织审查，并由时任市委书记的张德邻亲自批准定案。重庆市设计院随即进入初设阶段，并对建筑造型、细节等做进一步推敲和深化。开发商则迅速完成了工地上的拆迁工作，并着手进行地基开挖。就在此时，张德邻调离重庆，社会上便出现了一些反对的声音。直到 2017 年我们在接待张家德后人时，才从知情人那里得到证实：当时的大礼堂管理处与人民宾馆是互不隶属的两个单位，存在着一些交集和矛盾，故而出现了一些反对声音，为此，相关部门遂邀请国内著名专家来渝咨询，但咨询会上，专家组亦未达成共识，新北楼的设计与施工就此中止。

其后，重庆市规划设计院的张捷先生提出模拟山坡的覆土建筑方案。作为重庆市规划委员会委员的陈先生参加了该方案的审查，应该说这也不失为一种解决之道，获原则通过，但提出了两个限制条件：一是在人民路临街一侧不得有冒出街面的普通建筑；二是由人民路经老北楼至东楼的道路两侧的高大林木必须保留，不得砍伐。但实施的情况却与此不符，最终还建成了现在的古玩城。致命的缺点是大礼堂北面的树木被毁，失去了树木掩映的北立面，其"缺陷"被暴露出来，即中心礼堂退后较远，而两侧的北楼与东楼的山面又伸出很多，但相距甚远，彼此之间孤立无关，形象单薄，缺乏整体感与丰满度，大大削弱了大礼堂的艺术魅力，留下了永久的遗憾。当然这绝不是张家德的失误。因为他对大礼堂周边的环境景观有着周密的考虑，除了正面之外，其余 3 方均要求保留原有的山体和树木，"崇自然、尚幽静"，让建筑与森林相辅相成，融为一体，他当然不会想到会有今天的局面。对陈先生而言，新北楼的加建也是对大礼堂"存遗补缺""整体完形"的又一次努力，而其结果，也反映了当时一些人对此认知的水准。

建成遗产保护认知新境界

时至今日，人们对建成遗产保护的认知已进入了一个新的境界，有了很大的提高。2018 年，常青院士在《建筑学报》第 4 期发表了《过去的未来：关于建成遗产问题的批判性认知与实践》，可以说是这一领域的权威专家深入浅出、提纲挈领的经典论述，值得我们认真学习。

常青院士指出，"建成遗产系由建造形成的文化遗产，是一个社会文化身份和史地维度的具象载体。其另一个延展的集群性称谓即'历史环境'(historic environment)"。常青院士在回顾了百余年来各国权威学者的观点和"激进的求全'完形派'(high restoration)与保守的抱残'维护派'(low restoration)两大阵营的论战"之后指出，人们逐渐达成了一些重要的共识，比如奥地利艺术家将古迹的价值概括为两大部分、四个方面："第一'纪念价值'(commemorative value)由'历史价值'(historic value)和岁月印痕——'年代价值'(age-value)构成；第二，'当代价值'由'艺术价值'和'使用价值'构成。这一价值认定准则逾百年来一直为国际学界主流所认可与沿用。""今天看来，建成遗产的保护与传承有 3 个相互关联的核心概念需要进一步澄清。第一个是'保存'，为遗产传承的基本前提，没有承载价值本体的保存，遗产的其他方面都无从谈起。第二个是'修复'，为遗产传承的技术支撑。……第三个是'再生'，本意一是指遗产本体的存遗补缺或整体完形；二是指遗产空间功用的死而复生，恢复活力，通常称为'再利用'，这是遗产传承的目的和归宿。"并进而指出"建成遗产的价值作用不仅要推动向内的保护使命——存真收藏(curatorial impulse)，而且要推动向外的发展使命——城市进程(urbanistic impulse)。因此，历史保护既要借助技术手段解决内向的实用性问题，又要通过'记忆文化'对社会发展施加外向的策略性影响"。"事实上，在保护法规允许的范围内，历史环境要适应今天的生活，与社会发展相向而行，就得要寻求再生的途径，包括建成遗产在执行保护法规前提下如何得体性活化，历史环境在符合风貌管控要求下如何适应性再生。具体而言，干预的种类和大小，以及对'度'的把握等，宜根据不同的对象作深思熟虑的处置，还可能会有必要的'加建'(addition)和扩建。而要解决古今融合以为'新'的转化难题，需仰赖'和而不同'的理念和方法，比如建筑类型学及原型解析理论，就为这种转化提供了比较成熟的理论范式和实践途径。"值得欣慰的是，我们在大礼堂保护实践中，包括了"原样修复、结构解危、完善功能、整体完形、活化再生、优化环境"等，总体上是符合上述认知的。详细情况请参阅笔者拙作《作为建成遗产的重庆市人民大礼堂的保护与展望》[①]。

"新北楼"争议辨析

以常青院士关于建成遗产和历史环境保护的学理认知和实践途径来检视 1998 年关于加建大礼堂新北楼的争议，无疑为我们提供了一把打开这历史迷局的钥匙。

① 陈静，陈荣华：《作为建成遗产的重庆市人民大礼堂的保护与展望》，见《中国建筑学会建筑史学分会年会暨学术研讨会2019论文集》，北京，北京工业大学出版社，2019。

图6 从人民路高低不同视点看古玩城和大礼堂北立面景观

新北楼的加建，不仅是要满足重庆成为直辖市之后对能够产生规模效应的大型高档酒店的迫切需要，同时要一劳永逸地解决人民宾馆分散三处、管理不便、客房过少、效益低下的难题，让大礼堂这一宝贵遗产参与城市进程，完成其向外发展的使命，“通过记忆文化对社会施加策略性影响”。加建新北楼是对大礼堂的进一步“活化利用”，大大提升了大礼堂的“当代价值”。

大礼堂能不能“加建和扩建”？我们从常青院士的论述中已经找到了肯定的答案。其实无论中外，早已有许多优秀的范例可以借鉴。事实上在加建的东楼，对完善大礼堂东侧的风貌起到了很好的作用，可以视作大礼堂第一次“整体完形”，受到社会各界的高度肯定。

再看新北楼的具体方案，它在“对建筑遗产原型意象进行深入辨析”之后，以中心礼堂为中心，发展出南北向轴线，遵循严谨对称的原则，用传统建筑“院落套院落”的空间组合方式进行平面布局，在竖向设计上结合地形高差，再现山地建筑特有的“重台天井”；建筑造型沿用大礼堂的形式语言，新楼老楼一气呵成，和谐统一，再一次突出了大礼堂的主体地位，极大地提升了大礼堂的整体气势和艺术形象，传承了民族建筑的空间意涵，完善和拓展了其使用功能，提升了大礼堂的“当代价值”。

值得注意的是，新北楼与老北楼之间脱开了一段距离，完整地保留了老北楼端部独具特色的八角亭塔楼，再在其后以东西向体部与老北楼中段相连。这样处理，无论从正面还是从侧面看，大礼堂的最佳形象都得以保存，毫发无损，同时又避免了北立面可能暴露的“缺陷”。新楼老楼在保证风格样式、连续性和统一性的前提下，又具有一定的可识别性。新北楼的墙面采用当时的材料与技术，表现出一定的时代特征，符合加建部分与遗产本体“和而不同”“与古为新”的理念。

综上所述，无论是从建筑遗产“加建和扩建”的可行性、上位规划的依据性、加建目的的合理性、“保存”遗产本体的完整性上看，还是从大礼堂的多向补益性上看，新北楼的方案都是可取的，至少可以作为优化的基础，亦印证了当年一些专家给出的“建比不建好”的中肯结论。

此外，古玩城建成以后的实际效果也从反面证明了加建北楼的正确性。如图 6 所示，现在从人民路上高低不同视点看大礼堂北立面，前面所述的“缺陷”暴露无遗。更为糟糕的是，2006 年大礼堂管理处接收人民宾馆进行统一管理后，一反过去的态度，又在北楼与东楼之间中心礼堂北面加建了一些多层建筑，三者之间杂乱无章，从高处看，极大地损害了大礼堂的美好形象和艺术价值。

结语

在理论上，建成遗产在必要的时候进行“存遗补缺或整体完形”是被允许的。但在实践层面，必须根据具体项目的实际情况，在不带成见的前提下进行多方案的比较研究，在做与不做、怎么做之间权衡利弊得失，做出正确的抉择，最终目的是让建成遗产参与城市进程，使其当代价值最优化。而最重要的考量有三点：第一是保存和维护遗产本体的完整性和主体性；第二是注意完形之后的整体性和协调性；第三是“完形”之后新老部分之间必须具有内在价值的关联性与逻辑性。只有满足这些必要与充分的条件，所谓“存遗补缺和整体完形”才是合理可行的。

在工程实践中，大致存在着两种不同的情况。第一种是在遗产本体上直接加建，在这种情况下，加建部分的风格样式多采取与遗产本体统一协调的做法，如美国纽约古根海姆美术馆（图 7）。大礼堂新北楼也是如此，当然也不排斥“与古为新”的做法。第二种不是或主要不是在遗产本体上加建，如程泰宁院士主持设计的南京市博物院扩建工程。在这种

图7 古根海姆美术馆，其中方形体块为加建部分

图8 南京市博物院扩建工程总平面图及主轴线透视图

情况下，扩建部分的风格样式会有更多的选择自由。但尽管这个项目的扩建规模很大，且采用了“与古为新”的现代风格，但设计者仍然对遗产本体——辽代宫殿式建筑南京市博物院怀着敬畏之心，以谦虚的态度“明确了它作为中心和主体”的地位，并以此为出发点，通过总图布局、景观设计和建筑细部的衔接处理，以及展陈内容的功能布局和动线组织建构出整体协调、和谐有序的空间秩序与建筑意境，堪称这一类型建成遗产“整体完形”的优秀典范（图8）。

在关于当年加建新北楼对大礼堂进一步“整体完形”的争议中，最终的处理意见固然反映出的是慎重的态度，但其后建成的古玩城及其后又增建的新建筑却是对大礼堂的艺术形象和“历史环境”的伤害，也印证了常青院士“在历史环境的风貌整饬中，将‘创新’的冲动融于对历史韵味的体宜和拿捏，是一种值得探索的高难度专业作为”的观点。在这个意义上，新北楼和古玩城及其后面的增建具有研究范本的意义。

假如当初的反对者具有建成遗产保护的正确认知，不是为了某方私利反对而反对；假如当初决策者具有足够的耐心听取各方的声音，能够做出具有历史担当的正确抉择；假如当初的管理部门在审批后来在中心礼堂北面增建新建筑时更加谨慎和用心，也许如今的遗憾就能得以避免。当然，历史没有假设，这是我们应当汲取的教训。

参考文献

[1]陈荣华，等. 重庆市人民大礼堂甲子纪[M]. 重庆：重庆大学出版社，2017.

[2]常青. 过去的未来:关于建成遗产问题的批判性认知与实践[J]. 建筑学报，2018(4): 8-12.

[3]陈静，陈荣华. 作为建成遗产的重庆市人民大礼堂的保护与展望[C]//中国建筑学会建筑史学分会年会暨学术研讨会2019论文集.北京：北京工业大学出版社，2019.

[4]程泰宁，王幼芬，王大鹏，等. 南京博物院二期工程[J]. 建筑学报，2015(9); 36-43.

注

（1）图片1~6选自陈荣华等著的《重庆市人民大礼堂甲子纪》，由蒋蓉江先生提供摄影图片，特此感谢。

（2）图片7为作者自绘，基础图片源自网络“百度百科”。

（3）图8为作者自制：基础图片1，源自网络“今日头条”，AS国际建筑与空间，2020-01-02。
基础图片2，源自网络 www.huitu.com，编号20131210094714659200。

“The Train Whistling Towards Shaoshan”
—Overview of Shaoshan Railway Station Buildings
“火车向着韶山跑……”
——韶山火车站建筑概述

田长青[*] 柳 肃[**]（Tian Changqing，Liu Su）

1. 韶山火车站概况

韶山火车站(图 1)始建于 1967 年 2 月 5 日，1967 年 12 月 28 日随韶山铁路正式通车而投入运营，这是通往毛泽东主席家乡韶山的韶山铁路的尽端站。建筑采用钢筋混凝土框架结构，一层通高，平面“工”字形布局，平屋顶。建筑将东西两侧副厅与候车大厅并置，主体突出。厅与厅之间设置出站口、售票处以及办公接待处等辅助用房，功能齐备。在外侧，外廊连接东西，立面上高低错落，层层向上递进，形成主次分明、横向展开的有序空间。站房总建筑面积约 3 990m²，可容纳旅客 3 000 余人。韶山火车站包括候车大厅及贵宾室、售票室、行包房等，当时是一座功能齐全、设计先进的火车站。

2 . 建设背景

1966 年，韶山作为伟人故里——毛泽东同志的出生地，吸引了广大青年学生、人民群众纷纷前往参观、瞻仰，渴望从中了解伟人的成长足迹。仅 1966 年，参观韶山的人数就超过了 290 万，当时的公路运输已经难以负担如此大的运力，因此增加运力、增修铁路势在必行。

1966 年 11 月，长沙铁道学院工程桥隧系的 12 名学生，向铁道部和湖南省政府发出了《修建韶山红色铁路》的倡议书，倡议书发出后，得到了地方和中央的高度重视。1966 年 12 月，国家计委批转了铁道部《关于

* 长沙理工大学建筑学院讲师
** 湖南大学建筑学院资深教授

图1 韶山火车站正面

安排修建韶山铁路支线的意见》。

国务院召集相关部委研究落实，要求湖南省和铁道部通力合作，尽快修通韶山铁路，并要求铁道部落实建设资金，支持毛主席家乡人民修建韶山铁路，最后由全国各铁路局调出铁道部已安排的部分建设投资，落实了资金问题。随后，湖南省成立韶山铁路建设指挥部，组织省建设、交通、民政等省直单位和湘潭地区行政公署，尽快落实征地拆迁、调集修路民工等具体工作。铁道部责成铁道部第四勘测设计院和长沙铁道学院立即到现场开展线路选择及地质、水文、桥涵、站房等勘测设计工作。韶山铁路在向韶站与湘黔铁路接轨，沿西北方向经银田站到达韶山车站，全长 21.4km。除了正线工程，主要工程还包括新建银田、韶山两个火车站，同时扩建向韶站。

韶山火车站的选址极具科学性和前瞻性。当时，韶山火车站地址的选定有两个设想方案：一个是现在的位置，距离毛泽东故居 5km；还有一个是延伸铁路路线至毛泽东故居附近。最后选定了现有的方案，让火车站同毛泽东故居之间保持一定距离，这样既能保护韶山冲原有的历史风貌，使以故居为核心的革命历史文化环境整体不受破坏，又具有合理的参观路线。这一选址理念在历史文化遗产保护愈发受到重视的今天，仍然具有先进性以及前瞻性。

韶山火车站及韶山铁路建设于 1967 年 2 月 5 日正式开工。来自周边三县的 2.8 万余名民工与来自全国各地的青年学生、工人、干部、工程技术人员以及解放军指战员共 3 万余人 10 个多月夜以继日地劳动，终于在 1967 年 12 月底完成了所有工程。

韶山铁路建成后，湖南省有关部门原选定在毛泽东 74 周岁生日当天（1967 年 12 月 26 日）在韶山举行通车典礼大会，后因故改为 12 月 28 日举行。

3. 韶山火车站建筑特色分析

建成后的韶山火车站曾一度是当时中国最先进的火车站之一，总体上体现出了较高的设计水准。

从规划的角度看，韶山火车站坐东南朝西北，建筑中轴对称，其轴线与对面的青年毛泽东塑像广场轴线重合，引领全局。

从建筑单体布局（图 2）看，候车大厅居中，为横向布置，即长方向与广场平行，而东西厅则是纵向布置，短方向与广场平行，平面整体呈现“工”字形布局，主次分明。厅与厅之间通过出站通道、售票处等辅助用房连接，布局紧凑，功能分区明确，动静分离。

在东西厅内侧分别设有天井，较好地解决了集中布局的功能用房的通风和采光问题。出站通道以及办公区的外侧，分别是两个半开敞的庭院（图 3），它们与天井一样，尽管尺度不大，但却极大地改善了建筑的内环境，使内外空间得以较好地渗透、融合，极具南方地域特色。

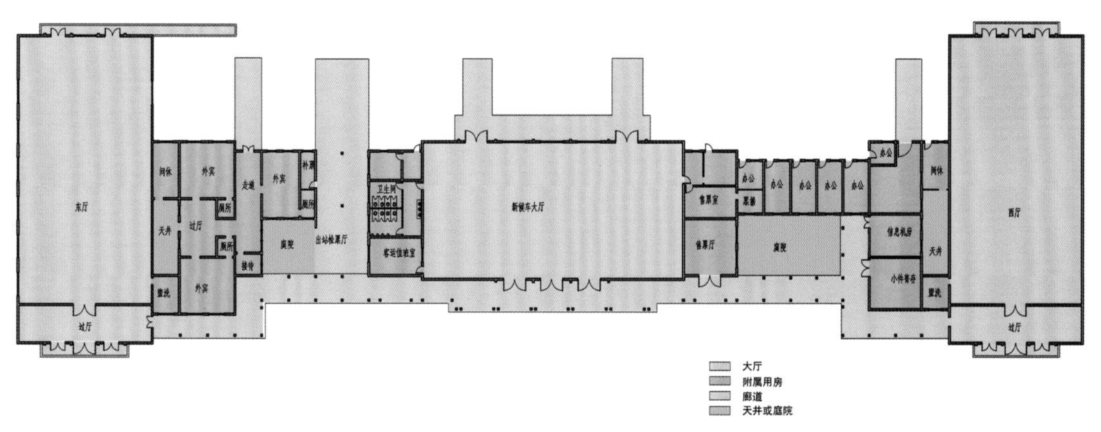

图2 韶山火车站平面图

图3 售票处外面的半开敞庭院

从建造技术与空间设计的角度看，韶山火车站的设计也很成功。建筑采用钢筋混凝土框架结构，一层通高，平屋顶，看似与普通火车站无异，但是候车大厅和东、西厅室内的纵向跨度达 18 m，内部却没有一根结构柱，这样的设计在当时，不但在技术上是极其先进的，而且空旷、巨大的室内空间也给人以极大震撼感，体现其作为主席家乡的火车站的独特空间特征和典型的时代特征。

火车站站房的造型方面，候车大厅居中，而东西厅纵向布置，远离主体，使得主体的建筑体量更为突出。候车大厅在立面处理上中间高、两侧低，层层向上递进，形成主次分明、层层拱卫的效果，又使得建筑整体呈现出庄重、稳定的观感，与时代特点相辉映。站房与广场之间通过敞开但略显低矮的外廊连接（图 4、图 5），既较好地适应南方地区炎热多雨的气候特点，扩大了建筑底层的使用空间，也使建筑的体量沿横向有序展开。同时，在高低尺度的对比下，候车大厅显得愈发挺拔、向上，与当时的社会审美要求是一致的。

1976 年 12 月 26 日发行的 T11 “革命纪念地——韶山”邮票，计 4 枚，较好地展示了韶山火车站的外景。

与韶山火车站同时开工建设、并建成的还有位于火车站前广场对面山上的青年毛泽东塑像和直达毛泽东同志故居的环山公路。青年毛泽东塑像由各行业技术的专家们参与技术制作，来自中央学术美院雕塑系、北京工艺美术总公司、清华大学的等多位专家进行设计研究，最后选用了一身长衫、意气风发的毛泽东青年形象。塑像用白水泥塑成，基座高 6.26 m，像高 6.0 m，总计高 12.26 m，寓意毛泽东 12 月 26 日诞生。环山公路从火车站出发，一路沿韶山青年水库直达故居，全长约 5 km。

4. 韶山火车站体现的时代精神与文化价值

韶山火车站是为了满足人民群众瞻仰毛泽东主席故居而专门建设的，“但为这样一个小村庄专门修建铁路及车站，本身就是一种时代特征的体现”。它反映了一个时代中国人民的整体精神面貌，映射着一个特定历史时期的社会现象，是重要历史事件发生的重要物质与空间载体，具有极其重要的历史价值。

图4 连通东西又面向广场的外廊

韶山火车站作为 20 世纪 60 年代有代表意义的火车站，其建筑具有典型的时代建筑特色，无论是装饰内容还是建筑符号，都充满象征意义。首先，在站房立面檐口下面的“向日葵”（图 6）是当时最典型的符号，象征太阳，包含着“葵花朵朵向阳开”“毛主席是我们心中的红太阳”等特定的历史含义。其次，主立面正中悬挂的毛泽东主席的巨幅肖像（图 7），也体现了特定的时代特征背景。

再次，站房内至今还有两幅巨大的油画，一幅是《走出韶山冲》，另一幅是《开国大典》（董希文 1954 年版）。这两幅油画是主要展现毛泽东两个重要时期的红色经典油画，反映了其从革命起点韶山出发到开辟中国历史新纪元的伟大历程，这两幅油画分别位于大厅的两侧，是当时全国最大的红色经典油画临摹作品。旅客大厅正面的标语内容是党的十二大明确的党在新的历史时期的总任务：“团结全国各族人民，自力更生，艰苦奋斗，逐步实现工

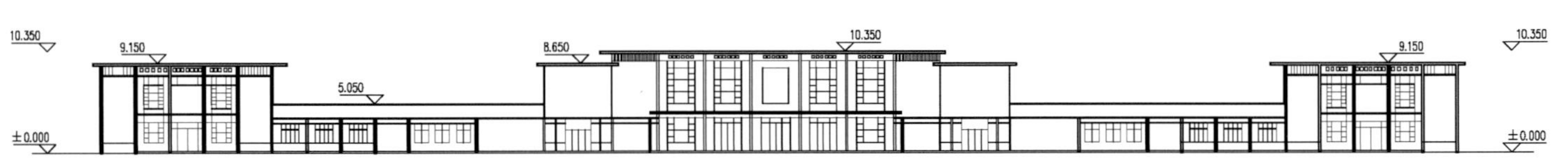

图5 韶山火车站立面图

图6 檐口下的“葵花”装饰

图7 正面的巨幅主席肖像

业、农业、国防和科学技术现代化，把我国建设成为高度文明、高度民主的社会主义国家”。

这些油画与标语内容是具有时代特色的代表性创作，无论从内容还是艺术表现形式方面，都具有典型的时代美术与宣传的艺术特征，也具有重要的艺术创作价值和时代的文化特征。

5. 结语

韶山火车站作为 20 世纪的建筑遗产，首先是因为其所在地——韶山是伟人故里，因此其建设本身就具有极其特殊的先天条件；其次，“韶山火车站是历史上唯一一次为一个小村庄修建的火车站，其时代特征十分鲜明”；再次，韶山火车站尽管是在特殊的时代背景下建设而成的，但是一直延续使用至今，从 20 世纪 60 年代到改革开放，再到小康社会的建设历程，其所承载的红色历史文化的内涵和外延也将随着时间的推移不断扩展。它与对面的韶山毛泽东青年塑像、韶山铁路以及毛泽东同志故居等红色文化遗产一起，成为韶山红色文化记忆的重要组成部分。

韶山火车站目前仍作为火车站使用，是韶山往来于井冈山之间的红色专列专用车站。习近平总书记多次强调要“把红色资源利用好，把红色传统发扬好，把红色基因传承好”，红色专列不仅把两处红色革命的圣地紧紧连接在一起，使红色传统得以保留、传承和强化，更重要的是将红色文化遗产通过线路的方式展示给社会大众，成为强化红色意识、传承红色文化的重要窗口，具有重要的社会和文化意义。

Between Tradition and Modernity—the Modern Transformation of the Ancestral Hall Buildings of Overseas Chinese Hometowns in Jiangmen, Guangdong

在传统与现代之间——广东江门侨乡宗祠建筑的近代转型*

彭长歆** 漆 皓*** 范正午****（Peng Changxin，Qi Hao，Fan Zhengwu）

摘要：随着中国清末学制改革的影响、西方物质文明和思想文化的引入以及华侨慷慨捐资的支持，广东江门地区的宗祠建筑在近代出现了从传统向现代发展的趋势。在建筑功能方面，教育逐渐在宗祠空间中占据主导地位，满足现代教学的需求；在建筑形式方面，宗祠建筑在保留传统平面形制的基础上融合了大量的西方古典建筑样式；在施工和材料方面，使用了西方当时先进的技术，空间营造更为灵活。种种现象反映了江门人民对西方现代社会的学习，体现了近代乡村社会从传统到现代的演进过程。

关键词：中国近代建筑史；江门侨乡；宗祠建筑；近代转型

Abstract: The ancestral hall buildings in Jiangmen of Guangdong Province show a trend from tradition to modernity, with the influence of educational system reform in the late Qing Dynasty, the introduction of Western material civilization and ideological culture, and the support of overseas Chinese's generous donation. In terms of the architectural function, education has gradually occupied the dominant position in the ancestral hall space to meet the needs of modern teaching; in terms of the architectural form, the ancestral hall buildings have integrated a large number of Western classical architectural styles on the basis of retaining the traditional plane forms; in terms of the construction and materials, the use of advanced Western technology at that time made the space creation more flexible. All these phenomena reflected the learning of the people in Jiangmen for modern Western society, and the evolution process of modern rural society from tradition to modernity.

Keywords: the history of modern China's architecture; Jiangmen overseas Chinese hometown; ancestral hall building; modern transition

前言

近代中西交融孕育了广东江门地区灿烂丰富的侨乡建筑文化。作为我国著名侨乡，江门五邑——新会、新宁（台山）、开平、恩平、鹤山素有出洋传统，尤其在近代国际地缘政治及乡土社会变迁的背景下，江门人纷纷前往海外谋生，形成庞大的海外华人社群，其中大多数分布在北美洲和中美洲。由于早开风气及接受华侨带回的新的建筑观念和建筑技术，江门五邑地区在近代出现了许多新的建筑类型，如碉楼、洋楼、新式学校、图书馆等，而传统建筑如传统宗祠、民居建筑等也在西风东渐下出现转型发展的趋势。作为华侨直接建造的结果，前者被视为侨乡建筑文化的典型代表，并因开平碉楼这一世界文化遗产而得到普遍关注，这在一定程度上也导致了对后者的忽视。

实际上，作为岭南乃至中国古代乡村社会的主要公共建筑类型，宗祠最能反映近代侨乡社会对原生建筑

* 国家自然科学基金（51978271）；国家文物局“指南针”计划，2012

** 华南理工大学建筑学院副院长、教授、博士生导师，亚热带建筑科学国家重点实验室，通讯作者，电子邮箱：arcxpeng@scut.edu.cn，510640
*** 华南理工大学建筑学院硕士研究生
****华南理工大学建筑学院硕士研究生

形态的重塑。宗祠最早出现于汉代，后经发展完善，于唐宋得到普及，并成为封建宗法制度的序列之一。岭南明清两代商品经济发展较快，文化昌盛，因而“大宗小宗竞建祠堂，争夸壮丽”①。宗祠因此成为岭南民间最高等级的建筑物。在侨乡社会、文化、经济等多种因素促发下，江门宗祠建筑的近代转型呈现出独特的技术路径。它一方面保持着宗祠空间存续发展的文化惯性，另一方面又在建筑功能与建筑形式等方面发生了显而易见的变化，反映出近代教育改革和华侨思想观念的影响。本文尝试探讨五邑地区宗祠建筑近代转型的动力机制，以及空间、形态的演变与特征，并试图说明五邑地区宗祠建筑的近代转型，反映近代乡村社会从传统到现代的演进过程。

1. 传统宗祠的形制特征

作为一种特殊的乡村公共建筑，五邑地区宗祠建筑的分布十分广泛。明清以来，该地区以血缘、地缘关系为主导，通过宗法制度规范、管约乡村社会，形成乡村社会组织，宗祠因此成为乡村聚落人居环境的空间中心和社会关系的中心，民间建祠十分兴旺。以五邑之一的恩平为例：“民重建祠，每千人之族，祠十数所。小姓单家，族人不满百者，亦有祠。其曰大宗祠者，始祖之庙也。庶人有始祖之庙，追远也，收族也。追远，孝也。收族，仁也……岁冬至举宗行礼，主持者必推宗子。”②而开平居潭江中下游，地势较平坦，田地较多，经济状况普遍较好，民间建祠也明显多于五邑其他地区。但与南海、番禺、顺德等地不同，开平乡间多在始祖村或主村设公祠，外迁村、分村、新建村不设宗祠者也十分普遍。

自明以来，受传统礼制观念的影响，广东宗祠发展出成熟稳定的空间结构和平面形制。宗祠建筑的主要特征在于以下两点。

（1）平面中轴对称，形成导向明确、庭院错落有致的空间序列。和北方家庙一样，五邑地区传统宗祠建筑采取院落式堂寝制，其建筑规模不等，沿纵深方向有两进至多进不等，沿横向则有一路、三路两种情形，一路两进、一路三进为该地区宗祠平面的主要形式。在血缘宗法及礼制观念的影响下，中轴线上均布置头门、大堂（又称中厅、中堂）和后座（后寝）等建筑。其中，大堂为族人议事、聚会的公共活动场所，宗祠后座为安放祖先牌位的祭厅，附属辅助用房则分列两厢。较大规模的宗祠还在大堂前设抱厦、月台或者拜亭，以强化礼仪，方便族人聚议。而中路主要单体建筑与边路建筑之间设巷道，俗称冷巷，又称青云巷，有组织通风的作用。另外，在风水观念的影响下，五邑地区传统宗祠和广东其他地区宗祠建筑一样，多依据地势沿纵深方向逐渐抬高地面，形成步步高升的纵向层次。这种前低后高的处理也有利于通风、纳阳和组织排水。

（2）模式化的入口和地方化的建筑语汇。与广府地区相类同，五邑地区宗祠头门有敞楹式和凹肚式两种，但以敞楹式居多。其建筑形象来源于门塾制，并经地方化形成高度模式化的建筑构图：左右对称布置鼓台、石鼓、石狮；左右梁架对称布置石制虾公梁、麒麟、雀替；入门处设高门槛（寓意“高门第”）等。大型宗祠还在三开间大门两侧对称布置巷头门。因财力或形制改良的原因，五邑地区乡村宗祠入口处不设月台者也十分普遍，如台山汶村陈氏闲竹祠（图1）、开平赤坎庐阳乡招村子仁关公祠、开平苍城决华谢公祠及梦龙谢氏宗祠、开平塘口以敬龙田村霞侣谢公祠等。

图1 台山汶村陈氏闲竹祠（摄于2019年）

①蔡继绅纂《澄海县志（嘉庆）》。

②何福海、黄鼎珊主修.《恩平县志，舆地略（下），风俗》. 清光绪十九年，“民国”十年校刊。

在经济条件的制约下，清末包括开平在内的五邑地区的传统宗祠无论在规模、用材还是装饰技艺等方面均弱于广府地区，该状况随着 20 世纪初华侨携资返乡热潮的到来而发生了极大改变。

2. 近代转型的机制

华侨是五邑地区宗祠建筑近代转型的决定力量。19 世纪中后期，清朝政府外忧内患，传统乡村社会遭到极大的冲击。两次鸦片战争、1851 年太平天国运动爆发、1854 年广东天地会洪兵起义，以及清咸丰同治年间广东土客械斗使五邑地区农业生产力停滞不前，乡村的社会、经济、生活等受到严重摧残。此时，恰遇美国西部大开发、太平洋铁路建设以及南美洲种植园农作生产有招募工人之需，华工成为被招募的对象。大批五邑人或自愿或被掳掠，离开家乡，远赴外洋。他们通过辛勤劳动完成了储蓄的原始积累，而在衣锦还乡、光宗耀祖的传统观念影响下，华侨买田起屋、投资乡里成为普遍现象。随着 1882 年美国《排华法案》的颁布、1911 年封建帝制结束、“民国”成立，华侨回国定居者愈趋增多，促进了侨乡建筑活动的繁荣。

华侨在带回资金的同时，也带回了新的思想观念。由于长期接受西方物质文明和思想文化的影响，华侨回国后即成为侨乡改革的先驱者和领导者。他们普遍重视教育，在侨乡捐资大量兴建学校、图书馆等；他们改良传统习俗，改善社会生活，在乡村族例、生活方式、经济营生的改革中发挥了重要作用，进而推动了侨乡社会生活的近代转型。作为社会生活变革的物质反映，侨乡建筑在西方建筑文化的影响下，一方面在空间格局上开始出现适应现代生活的嬗变，另一方面则在建筑形式上呈现出西洋化的发展趋势。

在华侨、侨资的影响下，侨乡营造业也较广东其他地区发达。因早开风气，从 19 世纪末 20 世纪初开始，侨乡子弟留学海外或自学建筑、土木工程者逐渐增多。学成后，他们一部分从事建筑设计或土木工程设计工作，一部分则成为营造商，其专业分工推动了侨乡营造业的近代转型。他们将多元化的建筑语汇和现代建筑技术引入侨乡。与此同时，由于财力充沛，并因防御和坚固耐用的需要，侨乡建筑普遍使用新的建筑材料和建筑技术，如钢材、水泥及钢筋混凝土等，奠定了侨乡建筑改良的专业基础。

3. 合学于祠——功能的转型

五邑地区宗祠的近代转型在很大程度上源于清末学制的改革。岭南宗祠素有办学传统，封建时期因科考需要，常以宗祠接纳族姓子弟入学，这也使得岭南许多合姓宗祠不用祠名，而称书院、书室等。但 1905 年清末新政废除科举、改革学制后，科考的功利性丧失，宗祠办学有萎缩之势。此时，五邑地区民间因华侨众多，早开风气，办学反而兴旺。不同于广府地区改祠为学的一般做法，20 世纪初五邑侨乡普遍采用了“合学于祠”、改良宗祠空间结构、完善功能的做法，在一定程度上也说明侨乡民众对教育的重视。

从总体来看，这些附设于宗祠的学校经过规划设计，既保留传统宗祠功能、又适应现代教学需求的做法始于荻海余襄公祠。清光绪三十二年（1906 年）余氏宗族于荻海突出潭江的半岛上（图 2）合建荻海“名贤余忠

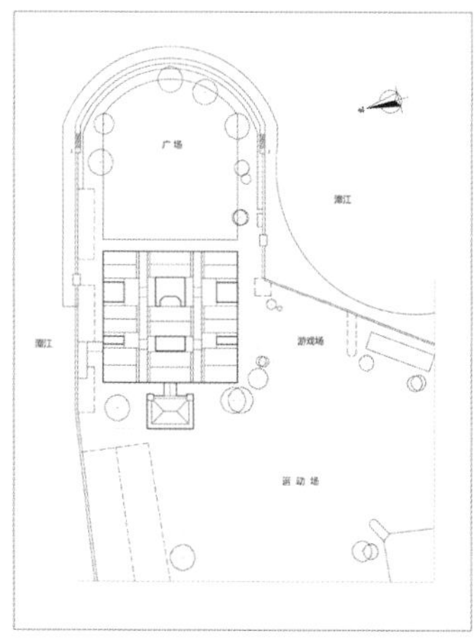

图 2 荻海余襄公祠总平面图及实景图

襄公祠”(简称“余襄公祠”)(图3),记称:“窃维尊祖敬宗收族。古礼已废久矣。惟此祠庙之制,上正祖祢,旁睦宗族,有以系宗法弗坠……而合学于祠,又将令群髦俊秀,鼓箧来者,获芘广厦焉。”①通过“合学于祠”,余襄公祠兼顾宗族祭祀与教育功能,完成传统宗祠的转型。

图3 荻海余襄公祠建筑群(摄于2020年11月)

宗祠功能与教育功能的结合催生了一种新的空间结构。从布局形态来看,余氏族人“取重室制,采参西式”①,采用了广府地区宗祠的平面形制——“宅中为祠,祠三进。前头门,中风采堂,堂与阶之间,置铁亭一。后寝庙,妥先灵焉”,为三座三进院落组合,共十五厅及六个内院天井(图4)。与传统宗祠不同,该宗祠两侧翼设两层楼房作为学校校舍,正所谓“夹祠峙东西两斋,斋各为楼三大座,而连属之。楼各二层,窗棂开朗,光线空气亮且洁。楼与祠之间,跨两衢而矗为楼者四,由望楼层累而下,为晾台者十二”。这些教学空间以天井院落为中心组织,并以飞阁形式与主厅相连,丰富了建筑空间。

而宗族聚会与祭祀则改在风采楼。该建筑于1914年兴建,“以五百金,雇西人鹜新绘式”①。风采楼采用中式平面,“祠后为风采楼,楼四层,全仿西式,始祖遗像,奉安于此。登斯楼者,穆作景仰名贤之想。祠前旷地逾十亩,乔木嘉卉,列植交阴……”②其为宗族聚议及活动之场所,一层为图书大厅,会议厅和纪念厅分别位于二、三层,建筑因南方气候特征设有挑廊、平台等(图5)。

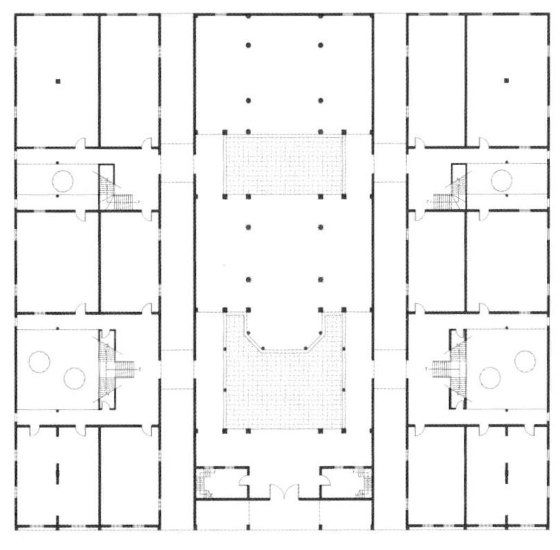

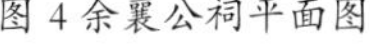

图4 余襄公祠平面图

图5 风采楼

余襄公祠“前祠后楼、两翼校舍”的空间结构整合了教育与宗祠功能,成为20世纪初五邑地区祠学兼容的建筑原型。其他“合学于祠”者还有1921年塘口镇潭溪乡谢姓族人重修的荣山谢公祠,以及1918年塘口镇方姓族人修建的九二方公祠等。谢氏本族建筑师谢济众出生于塘口镇南屏乡,曾留学美国学习建筑,后回香港执业。为振兴家乡教育事业,谢济众带头集资修葺了当时已经破败的荣山谢公祠,并亲自设计建造了宝树楼。1922年春,荣山谢公祠成功办学,并被定名为广仁学校。与余襄公祠“前祠后楼、两翼校舍”的布局模式相类同,荣山谢公祠由宗祠宝树堂和宝树楼两部分组成(图6),其整体为三进院落布局,其中,宝树堂为二进祠堂格局,两翼因教学需要设二层校舍;堂后宝树楼为院落的第三进,被用作广仁学校的师生宿舍,楼高三层,造型似碉楼,材料为钢筋水泥,具有一定的防御性,为师生提供安全庇护(图7)。

塘口古宅九二方公祠同样采用“前祠后楼、两翼校舍”的布局模式。与余襄公祠和荣山谢公祠不同的是,其堂后象吉楼为学校附设图书馆,采用碉楼形式,是将碉楼用于校舍的特例。

同样“合学于祠”的还有台山市斗山镇大湾小学,该校由当地华侨陈程学主持设计并建造。陈程学1860年赴西雅图谋生,1868年创办华昌公司(西雅图最早的商号之一)。陈程学心系家乡的教育事业,回乡后出资20 590银元,与族人集资共41 184银元,重修了观佐祖祠:“今日新祠成立,其内容构作学堂之用,报德育才两义完备。”③重修后的宗祠兼

①余觐光:《狄海余襄公祠堂记(1915年)·宏义祖家谱》,7页,台山,同文公司。

②余观光:《狄海学校记(1920年)·宏义祖家谱》,8页,台山,同文公司。

③见“重建观佐祖祠捐款芳名勒石”,1917年,该石碑嵌于宗祠右路后进墙面。

图 6 宝树堂与宝树楼（摄于2020年）

图7 宝树楼侧面（摄于2020年）

图8 台山市斗山镇大湾小学（摄于2019年）

图9 台山市斗山镇大湾小学二层檐廊（左）与阳台（右）（摄于2019年）

备宗祠和学校两种功能，1916年以新式教育为标杆的台山大湾学校(初名“崇礼学校”,中华人民共和国成立后易名为“大湾小学”)在此成立(图8)。在这次重修宗祠的过程中,陈程学的身份是“倡办见祠总理事兼绘则”①,即修祠总理事和建筑师,在“协理”和捐资者名单中,还有一个抢眼的名字——陈宜禧。陈宜禧为陈程学的族侄,1860年赴美谋生从事铁路工程。1904年他设计建造了新宁铁路。

大湾学校采用两进院落式布局。与余襄公祠类似,宗祠两侧翼设两层楼房用作学校校舍,两层楼房靠近青云巷一侧均设置檐廊,二层的檐廊通过廊桥、阳台与主厅相连(图9),这种建筑内部的“风雨连廊”设计,在保证了宗祠功能的同时,又适应了现代教学的需求。

① 见“重建观佐祖祠捐款芳名勒石”，1917年，该石碑嵌于宗祠右路后进墙面。

图10 风采楼穹顶塔楼（左）和风采楼券线及柱头细节（右）（摄于2004年）

图11 宝树楼鸟瞰图

4. 采参西式——建筑形式的西洋化

近代华侨文化的传播极大地改变了五邑地区宗祠建筑的风貌，具体表现为西洋形式在传统建筑中的植入与对传统建筑的渗透。其植入模式通常以传统平面为基础，在保持传统礼制空间的前提下，对传统建筑语汇进行西洋化置换。从现存资料来看，这一做法始于荻海余襄公祠。

与该时期广府地区传统宗祠建筑相比，以余襄公祠为代表的近代五邑宗祠最大的变化在于其形式语汇的西洋化。风采楼因由西方建筑师设计，采用了西方古典建筑样式：西式四坡屋顶，四角设盔式穹顶及塔楼，所有券线及柱头花饰等细腻多变，做工精美（图10）。荣山谢公祠的宝树楼同样采用西洋化的建筑样式，由一系列的圆形瞭望塔和盔式穹顶所组成（图11），其造型复杂、风貌奇特，反映出建筑师具备一定的设计素养。

余襄公祠主厅风采堂则糅合中、西两种不同建筑形式。该建筑大量采用语汇转译、构件置换的方法，如将中式廊柱改为西式拱券与柱式、中式屋顶下采用西式生铁柱与铸铁铁花等（图12）。建筑局部仍然保留了传

图12 风采堂主厅（左）、风采堂西式券拱与柱式（中）、西式生铁柱与铸铁铁花（右）（摄于2004年）

图13 余襄公祠立面实景图

图 14 大湾小学山花与拱券（组图）（摄于2019年）

统岭南宗祠的风格，如建筑两侧采用三层重叠式的封火山墙，立面布置月梁和狮座，屋顶装饰为传统灰塑，墙面装饰传统石雕等。由于每一个细节均以各自应有的比例和规范为蓝本，互不干涉，基本保持了原有的法度（图 13）。

与余襄公祠风采堂略有不同，大湾学校的外部与内部均采用了构件置换的方法，如两翼校舍立面上的山花和柱式、中堂内部的拱券和柱式（图 14）等，但平面与立面的构成关系仍然属于传统宗祠形制。

从荣山谢公祠和九二方公祠中，还可以发现一种新的宗祠立面形式。虽然建筑仍然维持三开间的入口格局，圆弧拱和西式山花的运用使荣山谢公祠（图 15）完全摆脱了传统宗祠立面的视觉形象，而呈现完全西化的态势。这与 20 世纪初余襄公祠内部大量采用西洋装饰，而外部维持传统模式化的立面构图有明显的不同。能够佐证这一新的宗祠立面形式形成的个案还有 1934 年建成的塘口镇苍东村侯成谢公祠（侯成学校）和秉文谢公祠（寿贞学校）（图 16）。需要说明的是，虽然二祠在形式上完全西化，但在平面形态上仍为传统宗祠

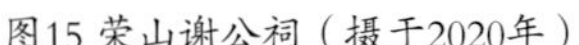

图15 荣山谢公祠（摄于2020年）

图 16 塘口镇苍东村侯成谢公祠（侯成学校）（左）和秉文谢公祠（寿贞学校）（右）（摄于2012年）

格局。总体上来说，其组织原则仍是以中为体、以西为用，反映出五邑人民对本土文化的坚守和对外来文化的兼容。

此外，上述这类宗祠建筑在建筑材料和建造技术上也与传统宗祠有较大区别，使用了当时先进的铸铁材料和钢筋水泥，而正是由于新材料的运用，宗祠的结构和内部空间也随之发生了转变。其中以余襄公祠为代表，其中风采堂拜亭的柱子采用了铸铁材料，突破了木材的高度限制，其营造的空间更为高耸，突显出其礼仪作用，贴近西方古典纪念性空间；宗祠中路厅堂和柱廊等多处运用了拱券技术如半圆券、弧券等，空间营造更为灵活，且中路厅堂的高度大于两侧柱廊空间的高度，通过对比强化了中轴的重要性，与西方巴西利卡式建筑有异曲同工之妙。类似空间营造手法的运用案例还有侯成谢公祠和秉文谢公祠，两座祠堂的正立面均采用了拱券技术，除了视觉形象呈现完全西化的态势之外，由于明间拱券的跨度和高度远远大于次间，在空间上产生了强烈的对比，这突破了传统的仅以开间跨度的区分来强化中轴的设计手法。新技术的运用使建筑由二维平面转向三维空间来传达礼制观念，是西方纪念性空间营造手法在中式传统建筑中的体现。

5. 结语

五邑地区乡村宗祠建筑的近代转型在很大程度上反映了文化观念的转变。一方面，作为血缘宗法的象征，宗祠建筑语汇的西洋化表征了民间对现代社会的向往和追求。由于众多华侨的言传，以美国为代表的西方国家是侨乡民众有关现代想象的源头，一方面，他们采用西洋建筑语汇改造宗祠，其行为本身既隐含了人们对现代西方世界的学习，又表达了他们以西方模式改造乡村的美好愿望；另一方面，传统礼制观念依然牢固。在他们看来，保持传统宗祠的平面格局是“尊祖敬宗收族”之于空间礼仪的必然，是宗族存续发展的象征。这种矛盾与冲突正是转型时期侨乡社会文化特性之所在。

The Architecture in Nanjing Since the Reform and Opening-up

改革开放以来的南京建筑*

刘知己** 周学鹰***（Liu Zhiji，Zhou Xueying）

* 本文得到国家社科基金（批准号为17BKG032）、江苏省社科基金（批准号为18LSB002）、江苏省文物局课题（批准号为2020SK06）资助

** 上海合城设计集团董事长、首席设计师，中国矿业大学客座教授、硕导，南京大学东方建筑研究所兼职研究员

*** 中国考古学会建筑考古专业委员会副主任委员，南京大学历史学院考古文物系教授、博导，南京大学东方建筑研究所所长，中国文化与文物研究所副所长，南京大学城市规划设计研究院有限公司名城古建所副所长

摘要：在我国城市建筑现代化发展中，千城一面、千镇一面，或许未来接踵而来的千村一面等，越来越得到社会各界的广泛关注。当前中国城市建筑发展水平，我国建筑设计事业的发展，与社会公众的期望之间，与我国已取得的经济水平以及我国国际地位的巨大提升与影响力等之间，存在着某些不相匹配的地方。我国改革开放以来在城市建设方面最大的遗憾，就是除平遥、丽江、苏州等有数的几个历史文化名城以外，其他历史文化名城几乎被破坏殆尽。就南京地区而言，取得了一些成绩乃至不凡的成就，但亦有某些不尽如人意之处。已有的建设中，部分缺乏通盘考虑与整体把握，南京在老城保护、传承、活化和利用等方面，还存在着较大的提升空间。未来的南京在继承已有地域建筑特色的基础上，很有希望创造出独有的现代建筑特色。

关键词：改革开放；地域建筑；南京特色；建筑学

Abstract: In the modernization of China's urban architecture, the assimilation of cities and towns, and even the possible rural assimilation, has attracted more and more attention from all sectors of the society. Currently, the development of urban architecture and architectural design in China does not match the expectation of the public and the economic growth, as well as the great improvement and influence of China's international status. Except for several state-list famous historical and culture cities, such as Pingyao, Lijiang and Suzhou, others have been almost ruined since the Reform and Opening-up. This is also the most regrettable phenomenon during the urban construction in China. As far as Nanjing is concerned, some achievements, even impressive ones, have been made, as well as some unsatisfactory aspects. Due to the lack of overall consideration and understanding in some existing construction, there is still much to be done in the preservation, inheritance, renewal and utilization of the old city. Hopefully, on the basis of carrying forward the existing local architectural features, Nanjing will stimulate its unique modern architectural identity.

Keywords: Reform and Opening-up, local architecture, Nanjing's Features, architecture

图1 紫峰大厦

改革开放40余年来，伴随着我国经济实力的巨大提升，中国建筑界同人与国外同行们的交流越来越多、日渐频繁。全国各地新建筑层出不穷、屡有佳作，设计单位有国外设计单位、中外设计联合体和土生土长的建筑设计院所等，形式多样。

各种建筑新思潮精彩纷呈，比如有后现代主义、解构主义、粗野主义、结构主义及乡土主义等众多国内外流派。但城市建设中也存在着某些问题，如广受诟病的千城一面、千镇

图2 紫峰大厦大堂（白天）

图3 紫峰大厦大堂

图4 侵华日军南京大屠杀遇难同胞纪念馆（1）

图5 侵华日军南京大屠杀遇难同胞纪念馆（2）

图6 侵华日军南京大屠杀遇难同胞纪念馆（3）

一面，甚至可能马上接踵而来的千村一面等。这些，或许至少说明，目前我国建筑设计事业的发展与我国的经济水平以及我国国际地位的巨大提升和影响力等之间，存在着某些不相匹配的地方。

就南京地区而言，改革开放以来的40余年间，涌现了不少具有相当水准的新建筑。南京城内，从曾经名列世界第七大高楼的紫峰大厦（图1~图3），到侵华日军南京大屠杀遇难同胞纪念馆的二期、三期工程（图4~图6），再到其他一些小型建筑，都取得了一些成绩乃至不凡的成就。

毋庸讳言，城市建设中亦有某些不尽如人意的地方。若深究其原因，就不能不简单地回溯历史，来讨论这个问题，这样的认识才会相对客观、清晰。

中华人民共和国成立初至“文革”结束（1949—1976年）：小有波澜后归于沉寂

中华人民共和国成立以后，随着我国政治环境的变化，国内主流意识对清末肇始、民国时期大量出现并被大力提倡的“中国固有式”新建筑（实际是有关传统建筑与现代建筑融合的探索）秉持批评与全面否定的态度。

从批判梁思成先生的“大屋顶”，到全面学习苏联，再到中华人民共和国成立之初在北京建设的十大建筑，在中国建筑有一些起色后的不久，“文化大革命”开始，建筑事业的发展一波三折。

客观而言，这一时期，除以十大建筑为代表人们对建筑设计进行了某些有益的探索以外，应该说总体上我国建筑原有的、有机的发展过程被打断了。这个令人扼腕的过程，基本上终止了我国传统建筑走向现代的努力，使我们的数代前辈们，在前面积累的一些宝贵的方法、认识与经验，和已有的即将瓜熟蒂落、落地生根的理论等，都未能得到很好的传承。因此，已有的某些理论认识和具体方法基本上被全盘否定。先辈们的探索也被迫适应或者说是比较相对不和谐地进入另外一种轨道。这个轨道，一方面是全面倒向苏联的；另一方面是在全面倒向苏联的基础上，进行的对表现新时代特征的苏式建筑与现代建筑实践结合的一种探索。

现在，我们比较客观地来看中华人民共和国成立初期的十大建筑，它们在当时情境下我国建筑现代化的探索中，具有相当重要的启示作用。十分可惜的是，随着“文革”的到来，这种启示、甚或启蒙，就变成了划过长空的启明星，成为绝响。

其根本原因在于当时意识形态的单一化，也在于国家经济的极度不稳，根本不足以支撑更多、更好的新建筑，社会整体环境也不利于有个性的新探索的进行。因而，在此种历史氛围下，在 1966 年至 1976 年的“文革”十年间，我国各种建设基本处于停滞不前的状态，甚或处于倒退、崩溃的边缘。记得我们的启蒙导师熊振①先生曾经谈起当时的心路历程。他说，20 世纪 50 年代批判“大屋顶”“大跃进”，60 年代进入“文革”等，他们当时真是想把原有的脑中学习到的建筑美学、建筑经济与理论知识等全部清空，变成一片白纸，来迎接新时代的新知识和要求。熊振先生还说，在“文革”之前及“文革”期间，一栋 3 层楼的建筑设计都已经是非常大的项目了。据此，可想而知，我们国家的建筑界在 20 世纪六七十年代的这十几年期间，处于一个非常萧条且理论和实践均极其贫乏的时期。

改革开放以来（1978— ）：争奇斗艳下的外表浮华

我们可以清晰了解到，1978 年中国开始的改革开放是建立在什么样的基础之上的。中国建筑对传统建筑的继承、现代建筑的创新等，几乎都是一片空白，虽然有一些苏联的经验，但 20 世纪 60 年代随着中苏关系的交恶，苏联模式遭受到严厉的批判而被彻底否定。再回过头来看，1959 年十大建筑的建成，我们获得了不少体会与认识，但在此后的 10 年中，这些经验和认识并未得到实践与发展。也就是在这样贫瘠的基础之上，我们坚定地迈开了改革开放的脚步。

可喜的是，国内 20 世纪 80 年代以来的建筑教育、建筑设计的兴起，成功结合了两个主要的方面：一方面，当然是具备了相应的经济基础，改革开放焕发出国人求变、求富的强大欲望，我国社会、经济、文化迅速发展，逐渐积累起巨大的物质财富；另一方面，有懂得设计的建筑专业人才。后者又包含两方面的内容。一来是民国时期回国后还健在的一些高水平的建筑师以及中华人民共和国成立初期培养的一些基础相对扎实的建筑师，他们重新展开久违了的建筑设计，活跃在实践第一线。二是以他们为代表的老建筑师们，任教于全国各重点高等院校建筑系，培养了大量建筑类人才，尤其是建筑学专业人才。

我国改革开放后的建筑事业便在这些基础上展开，与此同时，随着国家经济逐步走上正轨、经济总量不断提升，建筑事业得到进一步的发展。

但是，我们也不应回避建立在此基础上的建筑实践与建筑教育有着某些缺陷。虽然，这批建筑师学习期间受过系统的传统建筑学的训练，民国时期又有过宝贵的实践经验，自身修养高、能力强。可惜的是，十多年甚或二三十年的疏于实践，机会缺乏，或可能使得他们的设计思想、实践与社会的需求尤其是对世界新潮流的把握，存在着某些脱节之处。

就高等建筑教育而言，1978 年后，全国建筑系都得到了长足发展，由少数几个老牌高校有建筑系和建筑学专业②，扩展到各地方学校迅速创立建筑系、建筑学专业等。包括我们的母校——中国矿业大学，也在 1985 年正式创立建筑系建筑学专业，但由于师资跟不上，建筑学专业甚至停招一年③，反映了当时建筑教育缺乏师资、人才、设备以及建筑学科的相应积累等。

或许，可以这么说，此时的我国建筑事业是在被伟大的时代倒逼着往前跑。当时的建筑系毕业生，都能得到良好的工作分配、住房等待遇，足以反证国家对建筑人才的迫切需要，及对专业人才的巨大需求。以上是改革开放以来，对我国境内建筑实践和教育探索的简单的、粗线条的回顾。

国内建筑事业蒸蒸向上的同时，也开始大量引进国外设计师的设计理念及作品，发展国外独立设计、中外合作设计等，紧跟世界建筑设计潮流，积极融入世界建筑界。

此时期，不同国家的世界级优秀建筑大师，在中国各地留下了不少优秀的设计作品，令人印象深刻。但毋庸讳言，此过程中，也是泥沙俱下、鱼龙混杂。尤其是进入 21 世纪以来，随着我国建筑设计市场的全方位开放，巨大的业务量吸引了全世界发达国家建筑师的目光，他们纷纷来华开展业务。我们国家各地政府投资的重要民生工程项目以及不少著名的私营公司的开发项目等，都投入了巨量的资金，大手笔地引进国外设计理念，甚或形成没有国外设计大师参与的设计方案竞赛，似乎就代表着思想观念落伍、设计水准低下的观念。

① 熊振（1931— ）：中国矿业大学建筑系、环艺系最主要创始人。清华大学建筑系1948级本科生（班主任为吴良镛先生，同学为傅熹年、杨鸿勋、陈志华、徐伯安等），1953级研究生。

② 全国老牌建筑院校有“新四军”、“八路军”之谓。前者指：清华大学、同济大学、东南大学、天津大学；后者指除“新四军”以外，再加上哈尔滨建筑大学（现哈尔滨工业大学建筑学院）、西安冶金建筑学院（现西安建筑科技大学）、重庆建筑工程学院（现重庆大学建筑学院）、华南工学院（现华南理工大学）。

③ 1985年招收第一届建筑系专业学生，1987年招收第二届建筑系专业学生，简称“建87”。

可惜的是，总体而言，我们的巨大人力、物力与财力的付出与得到的某些廉价回报，似乎并不匹配！尤其是随着时代文化发展、大众学识见识提高、社会整体审美水准进步等，我们越来越得不到想要的结果，可谓离理想渐行渐远。全面开花、机会多多的国内设计市场，反而成为某些国外设计师争奇斗怪的场所，沦落为他们的试验场。这就直接导致社会上出现对改革开放后期尤其是近些年来的一些建筑设计作品的争议。

从某种程度上而言，这也折射出我国改革开放以来在城市建设方面最大的遗憾，除平遥、丽江、苏州等有数的几个历史文化名城以外，其他历史文化名城几乎被破坏殆尽！南京亦未能幸免。南京老城自改革开放以来亦未得到良好保护，这是非常令人可惜、遗憾的事情。

南京浮光掠影：凝聚共识、任重道远

20 世纪 90 年代初期的南京老城，从新街口往南基本还是保存较好的老城形态，青砖小瓦马头墙的平房建筑在老城南比比皆是，相关建筑体量与南京老城墙相得益彰。低矮的平房建筑衬托出老城墙的高大、威严，老城墙厚重的石墙也与其围合的、轻盈的平房建筑等传统建筑共同构成一幅和谐美丽的画面。

这样优美、和谐的画面在 20 世纪 90 年代初开始逐步消亡，尤其是进入 2006 年以后，传统建筑更是因改造老城的名义被平毁，十分可惜。特别是 2006 年 6 月，在南京市“建设新城南”的大规模旧城房地产开发中，因“改善民生”，受尽火劫幸存下来的南京老城内几个仅存的历史街区终于走到了生命的尽头。

2006 年 8 月，16 位全国知名的专家、学者发出《关于保留南京历史旧城区的紧急呼吁》的呼吁信。12 月，当时的建设部、国家文物局联合举行专家组会议。会议上，相关部门承诺：一定听取专家们的意见，保护老城南，保护住南京的历史建筑，坚决不拆了。实际上，拆迁一直未停，只不过改换名词曰搬迁、已搬迁。

2009 年新年伊始，南京市借“保增长、扩内需”之势，启动规模空前的“危改”拆迁。残存的几片历史街区全部被列入“危旧房改造计划”，南捕厅、安品街、门东、教敷巷以及内秦淮河两岸（图 7）等开始了更大规模的拆迁，门西则办理拆迁“前期手续”。拆迁全面开花、大举推进。门东老街一期、安品街已被平毁，内秦淮河两岸拆毁殆尽；南捕厅、门东、教敷巷也被拆毁！

2009 年 4 月，南京本地 29 名专家、学者再次发出《南京历史文化名城保护告急》呼吁书。

2009 年 5 月 27 日上午 10 时至下午 1 时，时任国家文物局局长的单霁翔在出席《中山纪念建筑》一书首发式的间隙，在南京市领导、相关签名专家等的陪同下，考察南京老城南南捕厅及相邻的安品街历史街区。在南捕厅，单霁翔局长面对陪同的南京市、区领导、规划部门人员、围观的市民等，耐心、详细宣讲历史街区的概念、意义、具体保护方法与措施，指出历史街区要整体保护，不仅保护历史建筑、构筑物、古树、古井等，保护原有的空间尺度、肌理等物质文化遗产，还必须保护以原住民为代表的风俗民情、礼仪风尚、思想文化等非物质文化遗产。他坦言此处不是镶牙，“我看是满口假牙！”[①]。在步行去安品街历史街区的途中，单霁翔局长踮起脚尖、举起相机，在拍摄高墙围合着的已经完全平毁的安品街时，险些摔倒。他站在平毁的安品街仓巷现场，问道：“这就是你们的‘镶牙式’保护，牙在哪儿呢?”实际上，单局长所站的位置，就是安品街文保单位群的废墟[②]。坐在回去的汽车上，单霁翔局长对南京市陆冰副市长说：“陆市长，从我看到的情况来看，不好啊。”表达出一个历史文化遗产捍卫者的认识、责任、操守与良知！

2009 年 6 月 3 日下午的会议上，时任副市长的陆冰明确表态：“老城南改造，既然大家争议这么大，

图7 南京老城内秦淮河两岸的新建筑

① 孙洁：《熙南里 一个街区的文化抗争》，《现代快报》，2009年6月14日。

② 谢海涛：《南京老城南保卫战》，《南都周刊》，8月21日。

图8 南京科技馆（来源：钟训正，南京科技馆，牟桑、陈翔：《全国高校建筑学学科教师美术作品集》，78页，哈尔滨，黑龙江科学技术出版社，2001）

那就放慢或者暂停。"

2009年6月5日，住房与城乡建设部、国家文物局联合调查组进驻南京。"调查组要求：立即停止甘熙故居周边拆迁工作，拆迁人员撤离现场。同时，由于甘熙故居是国家文保单位，周边建设牵涉到国保单位的保护和建设控制地带，因此周边建设、规划必须经国家文物局同意，并报住房和城乡建设部批准。"

2009年7月17日，南京市规划局在南京电视台《政风行风在线》节目中表示："现在按照市领导的要求是坚决停下来。请听众放心，肯定是要停下来。"实际上，至今也没有停下来……

南京老城南残存的几个历史街区，是南京历史文化的缩影，其中的历史建筑遗产，承载着厚重的历史信息，具有浓郁的地域特征。譬如，2007年3月被拆毁的黑簪巷6号吉干臣故居，是南京云锦机户建筑中仅存的优秀建筑，也是表现南京古城风貌和人文特色的代表。其砖石铺地、青砖灰瓦、风火墙高耸，建筑细部做法均有南京特色。不论是作为主要承重结构的大木作梁架，还是装修用的小木作落地格子门、和合窗、隔扇、栏杆，砖雕门楼、砖细等雕刻，精美而不繁复，曲线舒展、落落大方，这种平和、质朴大气的建筑风格，恰如大家闺秀，既不同于皖南徽派建筑的烦琐、张扬，又不同于苏州建筑的玲珑、书卷气，是南京地域独具的特色，合于南京"大萝卜"文化个性，在我国传统民居中独树一帜①。

当年对于北京市城墙、历史建筑等被毁，梁思成先生曾经说过：50年以后，历史会证明我是对的。关于南京老城南，恐怕5年以后历史就会证明今天的错误！

之所以谈到南京老城南，是因为我们讨论南京地域改革开放以来的建筑本身，就包括单体建筑、群体建筑及城市建设，它们是不可分割的一个整体。

在上述粗略梳理、回顾的基础上，我们再回过头看改革开放40余年来的南京建筑，就会比较清楚地发现：这40余年来南京的现代建筑发展之路基本上类似于全国的情况，是我国大时代背景下的一个地域的小缩影。可以进一步归纳为三部分内容。

首先，前辈设计师们在坚守。比如，东南大学齐康院士、钟训正院士等，以他们为代表的老一辈建筑师设计了一批优秀的作品，它们与其所在的城市空间比例协调、创意良好。譬如，钟训正先生设计的南京科技馆（图8），齐康先生设计的南京雨花台烈士陵园、侵华日军南京大屠杀遇难同胞纪念馆等，都很有说服力。与此同时，我们也似乎看到并发现，能够拿出手，在建筑设计方法、构思上比较有创意，或理论上比较有突破的成果，似乎还可以再多一些。

① 周学鹰，张伟：《简论南京老城南历史街区之文化价值》，载《建筑创作》，2010（2）。

其次，南京的建筑院校为全国培养了不少的著名建筑师，仅东南大学建筑系走出去的院士就有10位左右，令人振奋。但是，我们也发现，南京本地留下的作品与所培养的建筑人才的规模、质量等却显得不那么匹配。

最后，南京引入的国际建筑设计师的代表性作品的数量、质量以及这些作品在国内的影响力、认可度等，除曾经享誉全国的金陵饭店（图9）[①]、紫峰大厦等有数的以外，似乎不少排名均较靠后，启发性不大。

老城南本可成为吸引游人体会老城文化以及独特城市形态之处，是原滋原味的明清时期乃至民国之前的城市格局，体现着民国时期作为首都的南京建筑的大气风格。但在已有的建设中，因缺乏通盘考虑与整体把握，老城保护、传承、活化和利用等方面还存在着较大的提升空间（图10~图15）。据此，南京向前走的现代建筑之路还较长。

但是，我们有理由相信：凭借南京历史上深厚的文化底蕴及其优秀历史文化的积淀，较发达的高等建筑学教育及众多杰出建筑人才的储备，只要能够继续秉持开明、开放的态度，能够进行比较完备、前瞻性的通盘规划、构思与设想，南京就一定能继承已有的地域建筑特色，并有希望创造出属于自身独有的现代建筑特色。

有关此点，我们坚信不疑。

图9 南京金陵饭店（来源：《南京金陵饭店装有47台蒂森克虏伯电梯》）

① 金陵饭店由香港巴马丹拿建筑工程事务所设计，是相当成功的优秀建筑设计作品：横向的开窗与竖向实墙面对比鲜明，具有强烈的雕塑感；形体简洁，结构合理，节省造价。饭店总占地面积约25 000平方米，总建筑面积（包括车库）48 640平方米，共有客房804间；塔楼共37层（包括地下室），总高103米。主体设计者选用正方形塔式方案：塔楼没有方向性，从各个方向看去都犹如一座雕塑，南京其他旅馆都是板式建筑，采用塔式易于识别；从结构上说，造价与板式相差不大（香港巴马与登纳设计公司：《南京金陵饭店》，载《建筑学报》，1980（5）。

图10 从南京电视塔远眺尚在建设中的紫峰大厦

图11 从南京电视塔远眺紫峰大厦、紫金山、玄武湖

图12 从南京电视塔北眺南京老城一角

图13 从中华门城堡北眺南京老城

图14 从中华门城堡远眺净地出让的老门东

图15 南京大学标志性建筑北大楼与“后起之秀”——消防大厦

Research on the Architecture of Commander Zhang's Shaoshuaifu
少帅府建筑考

陈伯超[*] 刘 兵[**]（Chen Bochao，Liu Bing）

摘要：张氏帅府是国家级文物保护单位，“红楼群”（少帅府）是张氏帅府的重要组成部分。本文以多年的研究与翔实的考证为依据，从这组建筑的置地、筹建、建设过程，以及由其引发的一场震惊中外的国际官司，对一直以来多存争议的建筑性质、建筑规模、设计者、承建人、建造情况、诉讼过程等历史问题，进行了依据确凿的澄清，解开了一系列众说纷纭的历史悬案，还历史真实于本原。
关键词：少帅府；建筑；历史；考证

Abstract: Zhang's Shuaifu is a state-level cultural relic protection unit, "Honglou Group" (that is, Shaoshuaifu) is an important part of Zhang's Shuaifu. Based on years of research and detailed textual criticism, this paper, from the land acquisition, preparation, construction process of this group of buildings, as well as an international lawsuit that shocked China and foreign countries, the historical issues, such as the nature and scale of the building, the designer, the contractor, the construction situation, and the litigation process, which were the subjects of many disputes, have been clarified on the basis of solid evidence. And a series of outstanding historical cases with diverse views have been solved, to let history be what it is.
Keywords: Shaoshuaifu, architecture, history, textual research

* 沈阳建筑大学教授、博导
** 中国人民解放军联勤保障部队第四工程代建管理办公室工程师

少帅府是指位于沈阳的全国重点文物保护单位——张氏帅府西路的一组红楼群。张氏帅府是中国两代名帅张作霖和张学良父子的宅邸，也曾作为他们执政东北时的办公场所。张氏帅府由中路、东路和西路三组建筑构成，中路和东路建筑由张作霖所建，西路建筑是张学良主持建造的。这座中国历史上著名的府邸，特别是西路一组建筑，一直有诸多存疑，甚至以讹传讹。本文正是针对此，在进行了大量调查、研究和考证的基础上，还它以历史的本原。

一、少帅府建筑历史沿革

少帅府（亦称“红楼群”）由于位于张氏帅府的西侧，因而也有“西院”之称。张氏帅府的中路是一组东北典型的三进四合院；东路是帅府花园，花园中坐落着具有浓郁时代感与地域性特点的“中华巴洛克”式风格的大青楼和小青楼；而西路则是一组由红砖砌筑、呈现为新古典折中主义风格的建筑群。西路建筑最初建有 6 幢，后期又加建 1 幢，占地面积 11 017 平方米，建筑面积 13 250 平方米。这组建筑是帅府中动工最早、建成最晚、规模最大、形态最精美，也是建筑水平最高的一组群体（图 1）。

为什么说它“动工最早、建成最晚”呢？让我们回顾一下帅府的建造过程。

1911 年，张作霖应东三省总督赵尔巽之邀，以镇压革命党人（张榕、蓝天蔚）组织的起义为名，率其巡防队于 11 月 23 日进入奉天城最初租用的、位于现帅府中路四合院位置的“荣厚道台府”，将其作为临时居所。从此，这里成为影响民国历史的一处重要处所。

图1 张氏帅府西院

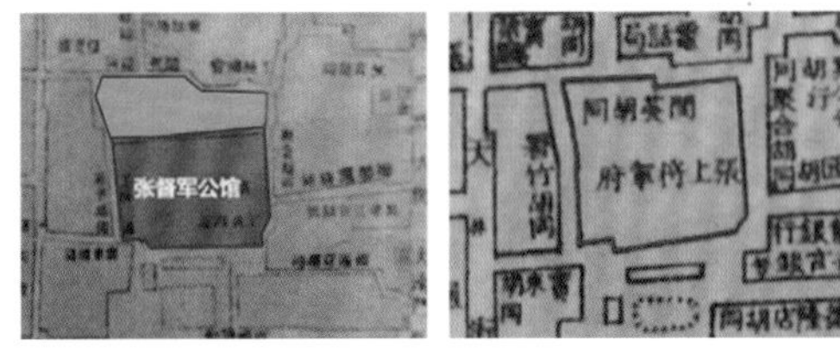

图2 两次购地情况

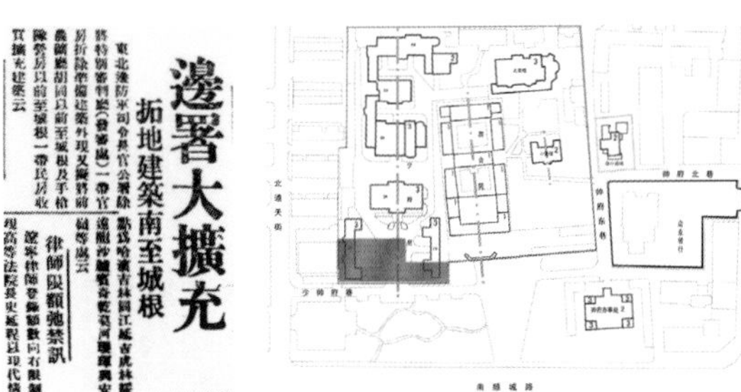

邊署大擴充
拓地建築南至城根

律師限額弛禁訊

图3《盛京时报》相关内容（组图）

1913 年，张作霖买下了荣厚府及其西侧的江浙会馆（今少帅府址）。实际上，今天所见张氏帅府院内的用地是经过 3 次拓展形成的：我们通过对 1917 年与 1927 年奉天城图的比较（图 2），可以发现第 2 次购地拓展帅府用地的情况，另从 1930 年 2 月 5 日盛京时报（图 3）的报道中，可以发现张家第 3 次购地的情况。再加上他在院外购地以修建院外建筑，才构成了今天的规模。

1914 年，张作霖着手修建帅府的首批工程——中路四合院和“老西院”（今天所见红楼群之前的建筑），从此拉开了帅府建设的序幕。

1918 年，东院花园中建成了相当于中国传统园林中的花厅建筑——小青楼。

1922 年，建成供张作霖办公与家眷居住之用的大青楼。

1925—1926 年，建成了院外的帅府办事处和边业银行大楼。

1929 年，买下并改建了院东相邻位置的赵四小姐楼。

1932 年秋，建成了少帅府。

至此，帅府建筑群工程全部完成。

确切地说，西院建筑是两次建设的结果。第一次建于 1914 年，第二次建于 1930 年（图 4）。为了区别，我们将第一次建造的称为“老西院建筑”，将第二次建造的称为“红楼群”。

老西院建筑是由并排布置的“两座一进四合院 + 卫队营用地”组成。它与中院可通过西辕门和四合院月亮门相联系。两座并排院子中西侧的四合院由张作霖二哥张作孚（当时已故）的夫人及孩子（张学文、张学成）居住。东院由张学良的几个弟弟居住（张学良和于凤至也曾在这里短住）。

1929 年，张学良计划用此场地修建少帅府，并委托设计，随后，将老西院建筑共 46 间房拆除，建红楼群。其全部建成已是九一八事变以后，帅府被日伪所占领，红楼群被用作伪满沈阳军区第一军管区司令部（名义上为“中央图书馆”），光复以后被用作国民党奉天市党部，中华人民共和国成立后为辽宁省图书馆，1977 年辽宁省文化厅进驻，现为张学良旧居陈列馆。

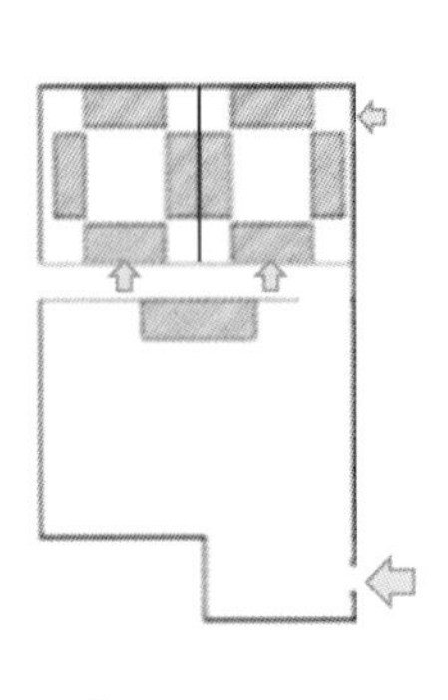

1914年

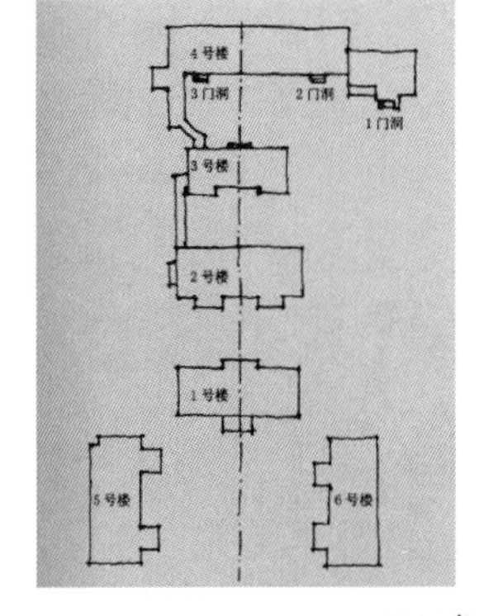

1930年

图4 西院建筑

二、存疑与考证

1996 年，张氏帅府以“张学良旧居”的名义被正式列入国家重点文物保护单位，少帅府则是其中一个重要的组成部分。它重要的历史价值取决于它在中国特殊的经历及地位，取决于它对历史的真实记载和作为不可辩驳的物态证明。然而，恰恰在这一点上，在一些十分关键的问题上，一直有所存疑，众说纷纭。因此，我们特对此进行了多方考证，以明确真相，还历史于本源。因时间久远，且涉及资料或流失于域外，所以调查过程也的确经历了一番周折。

这些问题主要集中在建筑的性质与功能、建筑设计人、承建人及由此引发的一场国际官司等几个方面。

（一）建筑的性质与功能

这组建筑究竟是做什么用的？主要有“私宅说”和“公廨说”两种说法。

1. 私宅说

《团结报》2007 年 4 月 16 日登载窦应泰的文章《为兄弟建造小洋楼——张学良招惹国际官司》，文中记载“1929 年张学良子承父业主持东北军政以后……决定用他多年积蓄的钱，在帅府的西院兴建七幢欧式小楼，以供七个弟弟结婚成家时居住”。既然是为弟弟们结婚居住使用，就是一组纯粹意义上的私宅。

“张氏帅府”网站上提到：“张学良主政东北后，决定拆掉西院四合院和卫队营房，请国内著名设计师设计了七幢具有英国都铎哥特式风格的三层楼房，准备分给每个弟弟一幢。”——需要指出的是，在更新后的网站上，删掉了这句话。不过有类似说法的文章仍为数不少。

诸如以上观点在现存的一些档案和发表过的文章中多有相同者。其中最关键的是两点：一是，同时建了 7 幢楼，因为张学良有 7 个弟弟，每人一幢；二是，这组建筑是供其弟弟居住的楼房，故而，其性质为“私宅”。

2. 公廨说

文章《帅府轶事之帅府引起的诉讼》（2007 年 1 月 13 日）中提到：“……以大青楼为主体的帅府，已满足不了使用需求。所以他任东北边防长官后，于帅府西边，另起楼台，以充公廨”。

前帅府副馆长曲香昆在他的著作《民国军阀第一宅》中提出了“西院红楼群具有官邸和私宅双重性质的使用功能”的观点，并据此对红楼群逐栋的建筑功能进行了分析和推测。

3. 历史复原及考证

“私宅说”和“公廨说”各执一词，但以“红楼群是为张学良 7 个弟弟建的私宅”之说为主流。经过多方考证，我们认为“公廨说”更符合历史原真。

依据 1 后面将提到，围绕着这一组建筑曾经发生过一起著名的国际官司——从日内瓦国际法庭一直打到上海地方法院。《申报》登载的上海第一特区地方法院（民国二十四年 9 月 18 日）的判决书中提到：“美国马立思建筑公司于九一八事变前所承建之工程，经本院查实为东北边防长官公廨之一部分……”。判决书中对这一组建筑已有明确的定性——边防长官公廨。张学良时任东北边防长官，“公廨”即官员办公的场所，简言之，就是张学良的办公处所。按照中国传统习俗，高级官员办公与居住经常是在同一个建筑组群之中的。

依据 2 民国十八年（1929 年）《盛京时报》载：“张学良司令长官客岁拟建筑办公楼房一所及住宅一所于大南门内旧址迤西……此项建筑计有张长官住楼一所其家属住楼数所办公楼一所警卫室两所……”这对建筑的性质、幢数以及每一幢的用途都做了清楚的说明（图 5）。

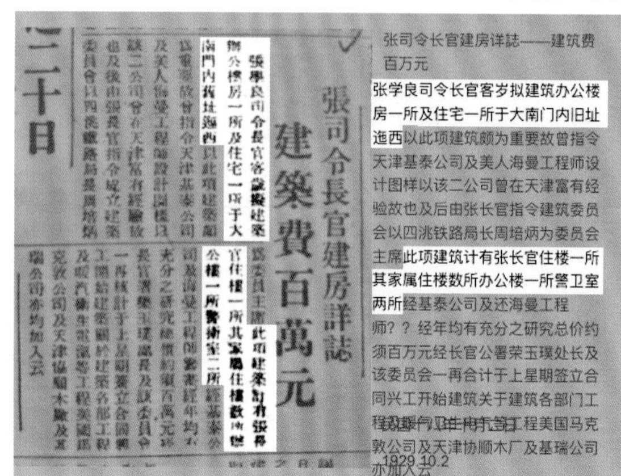
張司令長官建房詳誌
建築費百萬元

张司令长官建房详誌——建筑费百万元

张学良司令长官客岁拟建筑办公楼房一所及住宅一所于大南门内旧址迤西以此项建筑颇为重要故曾指令天津基泰公司及美人海曼工程师设计图样以该二公司曾在天津富有经验故也及后由张长官指令建筑委员会以四洮铁路局长周培炳为委员会主席此项建筑计有张长官住楼一所其家属住楼数所办公楼一所警卫室两所经基泰公司及还海曼工程师？？经年均有充分之研究总价约须百万元经长官公署荣玉璞处长及该委员会一再合计于上星期签立合同兴工开始建筑关于建筑各部门工程……工程美国马克敦公司及天津协顺木厂及基瑞公司亦加入云

1929.10.2

图5 民国十八年（1929年）的《盛京时报》

我们还可以从建筑的空间构成角度客观地分析它的建筑性质，从中可以非常明显地看出它作为公廨的性质属性，见各楼建筑平面图（图 6）。从各幢建筑的平面布局形式可以明晰地判断出 1#、2# 楼及东西厢楼为办公性质，而 3#、4# 楼为居住性质，这与《盛京时报》中的描述一致。

中国传统“公廨”布局皆遵循“前朝后寝”的原则，宫殿如此，各级衙门也是如此。其中的“朝”为办公之所，前面 4 栋楼都为办公之用。“寝”，主要为官人自己也为其家眷居住之用。具有“寝”之功能的是 3# 楼和 4# 楼，共有 4 套户型。其中 3# 楼必然为张学良自用，它与前面的办公用房相毗邻，且又与布置为办公从属用房的西厢楼用走廊相连，从室内沟通了“朝”与“寝”的空间联系。4# 楼的 3 套居室则应该是提供给张作孚的夫人、张作霖的两位遗孀及其未成年的孩子居住的。这完全符合张家当时的实际情况。若说它们是分给张学良的 7 个弟弟的，是无论如何也分不均的，且不符合传统伦理道德关系。

那么，为什么会有为其 7 个弟弟建房的说法？据我们的猜测，是源于张作霖最初买下这块地皮时，要把张家原有的产业都交给长子张学良，而以此作为对其他几个儿子安置之用的初衷。《杨廷宝与少帅府》一文的作者杨永生先生（杨永生早年清华大学建筑系毕业，与杨廷宝先生多有交往）也曾有这样的推测，可惜杨先生过世早久，无从与之做进一步的交流和探讨。而张学良主政后，原大青楼作为办公和居住混用房，空间明显不足，于是另辟西院建起公廨之所。

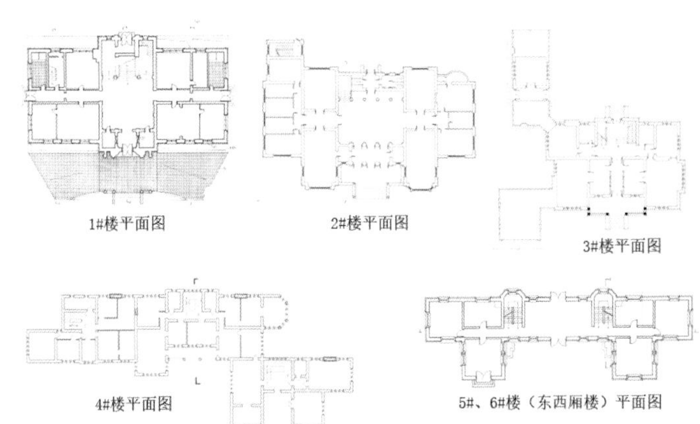

图6 各楼建筑平面图

另外，由此而引发的进一步推测如下。

一是，最初设计了 7 栋楼，后来被日本人改为 6 栋，这种说法没有任何根据。因为当时的设计图就是 6 栋楼，说成 7 栋，不过是为了圆分给张学良 7 个弟弟的说法而已。所以按这种说法最后又由于日本人的干预变回到 6 栋，以再次圆回仅为 6 栋的现实。

二是，日本人为了破坏帅府的风水，将楼群的位置做了改变，向南前移。这种说法没有根据，也没有条件。在有限的建设场地之内，设计师令这 6 栋建筑布局合理，尺度控制很有章法，不存在随意移动的条件与迹象。况且，日本兵占领帅府时，工程已经建设近半，根本不存在更改位置或减少一栋建筑的前提。该说法更缺乏具有说服力的档案记载，所以也只能认为是缺乏依据的想象而已。

据上所述，我们可以判定这一组建筑的性质，为办公与居住合一的公廨，也即“少帅府”。

（二）建筑设计人

这是一组设计水平相当高的建筑精品，那么，它的设计者是谁呢？关于此也是众说纷纭。

有的说是国内著名设计师（见 2007 年 10 月 26 日《沈阳晚报》邱宏的文章《沈阳市房产局档案：帅府红楼产权仍属张学良》），有的说是荷兰设计师，也有的说是日本人对设计做了改动（即日本人也介入了设计）等。然而，最主要的说法集中于两个人身上：杨廷宝和陈从周。

我们不妨用排除法来推导一下：在说荷兰人或日本人为设计人的有关资料中，都没有具体设计师的名字，更没有相应的历史证明，因此，只能认为是一种武断的猜测。一种说法源于对施工承包商是荷兰人说法的延伸，将设计人与施工人混为一谈，甚至在相应的材料里将该建筑的风格也说成是荷兰式或北欧式，这属于明显的指鹿为马。另一种说法说日本人介入了设计，是因为九一八事变之后，日本人占据了帅府，当时工程进展近半，就猜测日本人修改了设计，甚至将 7 栋减为 6 栋并将位置也做了改动，这都是无据可查的，不足以为证。

至于由“中国著名设计师”所为的说法，并没有具体指出是哪个人，则与杨廷宝或陈从周的说法并无矛盾。那么，设计人到底是杨廷宝还是陈从周呢？

在 2000 年 6 月 15 日《解放日报》刊登的文章《张学良和美国建筑商的两场诉讼案》中提到：“1930 年春天，张学良下令拆除了西院所有的旧宅，聘请上海著名建筑家陈从周代为设计 7 幢小楼……。”暂且不论设计人是否是陈从周的问题，这篇文章中的错误很多。比如说，将 6 幢说成 7 幢；将中院的三进四合院说成是“晚清东三省总督赵尔巽留下的旧宅”；说大青楼是“1911 年张作霖问鼎奉天军政时兴建而成”（实为 1922 年）；说张学良为其 7 个弟弟建造的住宅，却又仅仅写了 6 个弟弟的名字（缺了张学英，是否因只有 6 幢建筑而为之）；说 1931 年 9 月 7 幢小楼“地基施工和地下室项目均告完成”，而实际上仅仅建了 6 幢；说“……一股急火致使马立思突发脑溢血，1935 年春天，这个美国建筑商在上海一家美国教会医院病逝”，实际病逝的是马立思的合作人汉门……因此，该资料所提内容（含设计人为陈从周）不足为据。

在其他资料中，也多有提到设计人为陈从周的。那么，陈从周是何许人？

陈从周（1918—2000 年），上海同济大学教授、博士生导师，中国著名的古建筑和园林艺术家，也是颇有成就的作家和画家。

1938 年，陈从周入之江大学文学系中国语文学科就读，毕业后任杭州省立高级中学国文及历史教员。

1944 年，陈从周成为张大千入室弟子，攻中国画（1948 年曾在上海举办首次个人画展）。

1950 年，陈从周任苏州美术专科学校副教授，教中国美术史。在此期间，他结识了同在苏州任教的建筑大师刘敦桢，于是，开始了他在古建筑和中国传统园林领域的生涯，成为现代将中国传统园林艺术推向世界的第一人。他出版有大量的学术著作，他的设计作品遍及国内外，在业界影响巨大。

从陈从周的生平中，我们发现，他在 1950 年以前任国文和美术教授，尚未触及建筑领域；直到 1950 年以后，他才开始涉足建筑。更直观的是，少帅府建筑设计发生在 1929 年，那时，他不过才 11 周岁。所以可以得出结论：陈从周不是少帅府建筑的设计人。

于是，从各个角度，设计人都指向了杨廷宝。

曲香昆先生在其所著的《民国军阀第一宅》一书中指出："1929 年，张学良请天津基泰公司著名建筑师杨廷宝设计帅府西院建筑，杨廷宝设计了 6 栋英国都铎哥特风格的 3 层楼房，张学良十分满意。"

杨永生在《杨廷宝与少帅府》（《建筑工人》2002 年第 01 期）一文中则具体地描述了杨廷宝接受任务及设计的过程，"据闻，当时曾向一些外国建筑师征集来不少方案，并未向中国建筑师征集设计方案……当关先生（当时杨廷宝所任职的基泰工程司的掌门人关颂声）得知少帅正在征集方案，距截止日期只剩下两三天了。于是，决定派杨廷宝立即飞赴沈阳，参加投标。杨先生抵沈阳后，顾不上休息，夜以继日地在现场踏勘，伏案构思绘图，在征集截止之前拿出了一套完整的设计方案参加投标。据说，张学良与夫人于凤至亲临方案展厅挑选。最后，他们夫妇二人一致看中了第 * 号方案，揭开封签，才知道是天津基泰工程司杨廷宝的方案。中国建筑师的方案被选中，令少帅夫妇十分欣喜。"特别是得知杨廷宝恰恰是刚刚完成京奉铁路辽宁总站的设计人后，对之更加信任。

"张氏帅府"官网明确指出："红楼群由国内著名设计师杨廷宝设计。"另外还有许多材料都认定设计人确是杨廷宝。这些资料大多具有可靠性。然而，唯一的一个存疑点，是 1983 年由中国建筑工业出版社出版的《杨廷宝建筑设计作品集》一书中，将杨廷宝早年在沈阳设计的包括东北大学等 1 项规划和 8 项建筑设计的项目悉数收录其中，却唯独没有将这个项目收录进去。而该书出版时，杨廷宝还健在。不过，在 2001 年为纪念杨先生诞辰 100 周年而再次由中国建筑工业出版社出版《杨廷宝建筑设计作品选》一书的编辑过程中，经过大家举荐，家人和杨廷宝先生的同事、学生认定，将少帅府补录其中。为了进一步敲定此事，我们还曾专门在台湾查找当年基泰工程司的工程图档案，以期求得杨廷宝在设计施工图上的亲笔签名。遗憾的是，基泰在大陆期间的档案皆已不存，特别是九一八事变之前在沈阳的档案更早已损毁。另外，在杨永生写的《杨廷宝与少帅府》一文中出现过这样一句话，并以其作为文章的结尾，"杨老在世时曾谈起这件事，但未详谈，别人也未及细问"。整篇文章中所表达的全部都是有关少帅府设计的这一过程，因此这句话中的"这件事"，指的便是设计少帅府。

由此，少帅府建筑的设计人是杨廷宝确是无可置疑的。

杨廷宝（1901—1982 年），中国第一代建筑学家，建筑教育家，曾任国际建协副主席、中国建筑学会理事长、江苏省副省长等职；早年留学美国，并多次获得美国建筑设计奖；1927 年回到中国，加入由关颂声创办的天津基泰工程司，主持建筑设计工作。他回国之初最早完成的设计项目都在沈阳，而且个个精彩，全部被列为重点文物保护单位。他的作品在沈阳近代建筑史上留下了浓重的一笔。

当时基泰的掌门人、同样为"海归"的关颂声既有专业特长，又善于利用上层关系获取设计项目。由于他在美国留学时曾与宋子文相识，而宋家与张学良又有着密切的关系，于是他通过宋子文间接地搭上了张学良，这成为基泰进入沈阳的桥梁。此前，他就曾通过张学良拿到了京奉铁路辽宁总站项目的设计权。当然，其中的关键因素还在于杨廷宝的适时加入，以及他所立即表现出来的设计才华与实力。此后，因一出手就拿出了京奉铁路辽宁总站和少帅府两大杰作，杨廷宝在沈阳的名气越来越大，作品一发不可收拾（图 7），随后相继完成了东北大学规划，东北大学南、北文法课堂楼，图书馆、化学馆、体育馆、体育场和教授住宅等校园建筑，以及由张学良任校长的同泽女子中学体育馆与教学综合楼等一系列杰出的作品。直到九一八事变，日本人以野蛮的武力阻断了基泰工程司和杨廷宝在沈阳的创作之路。

杨廷宝在少帅府建筑设计中，再一次展示了他师从美国著名新古典主义建筑大师保尔·克瑞而形成的设计特色，将新古典主义与中国的国情和文化进行了有机的融合。他早年在沈阳所做建筑的造型大多采用了源自英国都铎式的红砖样式，这也成为他在少帅府设计时的主要手法。都铎式起源于公元 1534 年的英国，都铎王朝的亨利八世为了婚姻问题和罗马天主教庭决裂，新贵们开始建造舒适的官邸。在这种情况下，混合着传统歌特风和文艺复兴风格的都铎建筑应运而生，以后陆续被民间广泛采用。

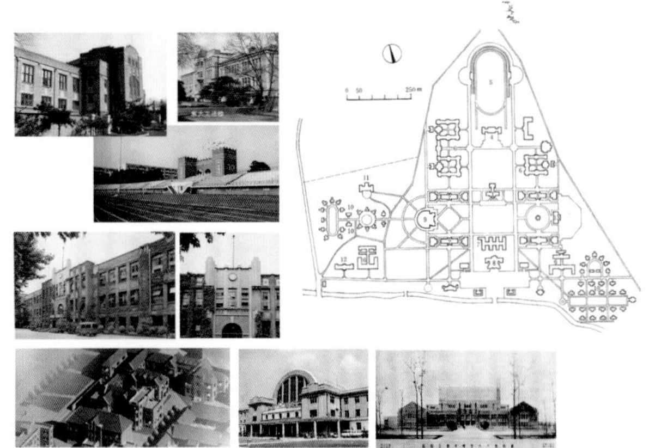

图7 杨廷宝的设计作品（组图）

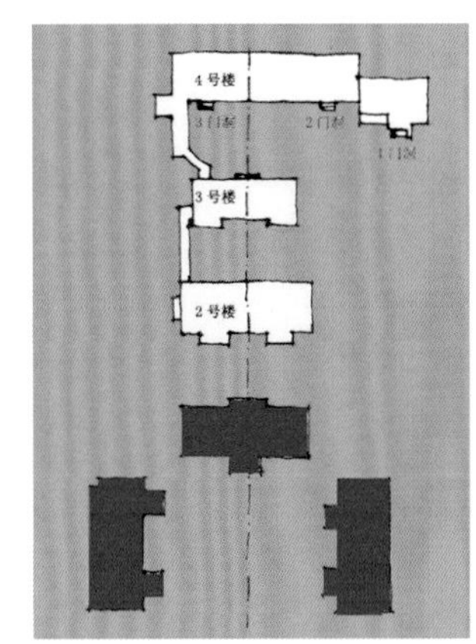

图8 少帅府建筑群布局（组图）

都铎建筑形体起伏，保留了歌特式建筑的塔楼，竖向构图中间突出，两侧对称，又具有文艺复兴建筑的特点。

但是作为当时中国海归的新锐建筑师，杨廷宝一直致力于将西方建筑艺术与东方文化融合，潜心于西为中用之路的探索与开辟。因此，在少帅府的细节部分，我们可以清晰地看到融入建筑中的中国传统元素。

少帅府建筑群在总平面布局上采用了“U”+“E”两位一体、既对称又不对称的“四进半四合院”式的、极有创意的构图手法（图8）。建筑群既符合中国传统庄重的礼仪形式和生活习惯，又体现出具有时代感的、灵活的精神气息。特别是根据中国传统官邸的构成习惯，办公区布置在前面4幢布局呈“U”字形的建筑之中，而生活区布置于后面的2幢建筑之内，又通过西侧“E”字形的偏楼令办公区与生活部分形成方便的室内联系。建筑群布局灵活实用，又体现着“前朝后寝”的公廨特点。前后两个院子，前面一个庄重典雅，空间开敞，“公廨”氛围凝重；后面一个灵活亲切，相对封闭，充满了宜人的生活气息。

建筑的装饰具有当时最时髦的西洋风气息，但在细节上又非常巧妙地结合了中式的传统构图。比如2#楼大厅的天花板吊顶以中国斗拱的造型作为主题装饰素材，令人体验到强烈时代感的同时，一股浓郁的中国传统文化气息又扑面而来（图9）。这些手法，至今仍令人叹服，恐怕也只有杨廷宝这样的国际级大师才能勾勒出如此惊艳的旷世之作。

（三）承建人及由此引发的一场国际官司

是谁承建了少帅府的施工项目，这又是一个具有争议的话题。对此，大致有两种说法：一种说法是荷兰人，源于“张氏帅府”网站以及诸多媒体的介绍材料；另一种说法是美国人，源于《盛京时报》（图10）及前帅府副馆长曲香昆先生等。

更多的材料都将承建人指向美国公司，具体建筑商的名字是马立思（也有译为马力协、马克敦等，《盛京时报》和《申报》在后来的官司中反复提及）和汉门（图11《优游国外之张学良在沪被控欠款》）。而对于荷兰人的说法，却查无凭据，究其根源都是源于转载，一个传一个，一直错下来。该项目施工方的确定过程大致是这样的：杨廷宝的设计完成之后，即开始了工程建设招标，最后确定了当时在葫芦岛港施工的一家外国公司负责承建，就是美国建筑商马立思所主持的公司。至于有人说是荷兰公司，可能是因为当时在葫芦岛港承担施工任务的主要是荷兰公司（见《盛京时报》），从而一提到当时在葫芦岛施工的外国公司就误以为是荷兰公司。甚至有人将少帅府建筑也判定为荷兰式或北欧风格，这应该也是从荷兰人作为承建商而推测的。更为显而易见的是，

图9 2#办公楼大厅及装饰（组图）

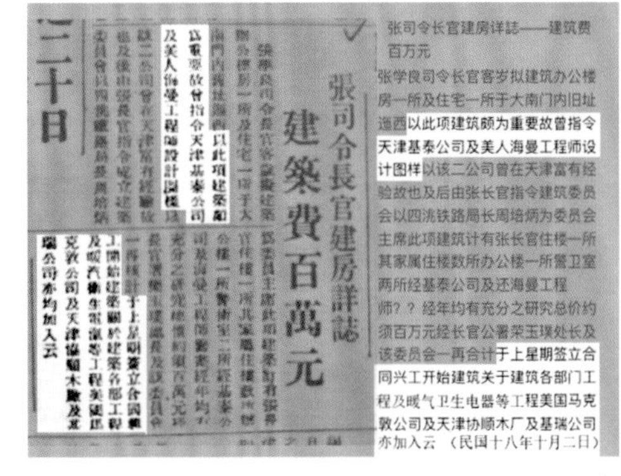

張司令長官建房詳誌 建築費百萬元

张司令长官建房详誌——建筑费百万元

张学良司令长官客岁拟建筑办公楼房一所及住宅一所于大南门内旧址迤西以此项建筑颇为重要故曾指令天津基泰公司及美人海曼工程师设计图样以该二公司曾在天津富有经验故也及后由张长官指令建筑委员会以四洮铁路局长周培炳为委员会主席此项建筑计有张长官住楼一所其家属住楼数所办公楼一所警卫室两所经基泰公司及还海曼工程师？？经年均有充分之研究总价约须百万元经长官公署荣玉璞处长及该委员会一再合计于上星期签立合同兴工开始建筑关于建筑各部门工程及暖气卫生电器等工程美国马克敦公司及天津协顺木厂及基瑞公司亦加入云 （民国十八年十月二日）

图10《盛京时报》相关文章

優游國外之張學良 在滬被控欠款

图11 民国二十二年（1933年）八月二十六日的《申报》

图12 日军于张氏帅府搬家具

建筑的风格不取决于施工人，而取决于设计人。杨廷宝的学习与设计实践经历，乃是该组建筑风格体现的真正来源。

关于工程进度的几个时间节点也有不同说法。少帅府项目于1930年正式开工（见前面报道张家拓展地皮的1930年盛京时报）。1931年9月18日东北沦陷，据大多说法当时工程进行到正负零标高，即基础和地下室已完成，到达一层室内地平的高度。但《张学良和美国建筑商的两场诉讼案》一文却提出另外一种说法："工程主体完成后，内部的壁柜、门窗、暖气管和水电设备尚未装修时，突逢九一八事变……"。这种说法可能是确切的。我们从一张拍摄于1931年9月日本第20军团78联队占领张氏帅府并搬家具的照片（图12）（该队伍10月撤回朝鲜战场）可以看到，其背景上红楼的土建工程已经大体完成，而不是仅仅建到一层地平高度。这也和马立思找张学良要钱及其在法庭上的说法相吻合。

据称，日本占领帅府之后，工程一度停下，经马立思与日方周旋，方重新得以继续。1931年10月，张学良曾致电马立思要求停工，因张已经不能控制局面。但马立思以工程已接近尾声，向张学良讨要工程款。1931年11月底，马立思派代表戈尔专程赴北平六国饭店索款，张称得到消息工程仅建成一半，戈称大部完成，张拿出曾要求停工的电报。双方未达成一致，戈尔空手而归。1932年春，马立思亲自赴北平催款。1932年秋，工程全部告竣，其间，马立思派戈尔多次催款，均被张学良的代表回绝。理由是张学良已将九一八事变之前的承建费付清，九一八事变之后，张曾多次要求停工，美方不停，属擅自行为，应由马立思自己承担。

1933年春，张学良辞去军事委员会北平分会委员长之职，下野，移居上海，准备戒烟后赴欧洲考察，马立思追到上海讨款，遂开始了当时颇为社会瞩目的一场官司。

第一次诉讼

1933年6月，马立思将张学良告到日内瓦国际法庭（也有荷兰海牙国际法庭的说法，但并无实据）。张当时已在欧洲意大利。此前张学良曾与著名律师（也有说是时任国民政府外交部政务次长的王家桢）——章士钊（曾任北洋政府司法与教育总长，张学良任东北大学第三任校长时曾聘章士钊任东北大学文学院主任）商讨此事，于是请章士钊出庭，但当时章士钊正专注于陈独秀案，遂派其弟子著名律师黎冕代为出庭应诉。

1933年7月，正式开庭，黎冕出庭即将日本关东军总司令追加为第二被告。由于日方未出庭，按缺席审理。法庭判决：因张学良已无能力控制局面，由日本关东军支付美方工程款48万元。1934年1月，美国建筑商马立思赴大连向日本关东军总司令本庄繁要钱，然而不但未要来钱反被关押3天轰出。马立思再不敢去找日本人。

第二次诉讼

在马立思向日内瓦法院上诉的同时，马立思会同另一位美籍建造商汉门随张学良到上海，聘请两位律师阿落满和田鹤鸣，将张学良告至上海第二特区地方法院，裁定照准于民国二十二年（1933年）八月十五日向张学良发传票和诉讼善本等文件。由于张学良当时已登程赴欧洲考察，法院文件无从送达张学良本人。限期已到，张不到庭，又不符合"公示送达"的规定，法院只好宣布该案陷于暂停状态。

1934年1月，张学良结束欧洲考察回国，接任豫鄂皖三省剿匪副总司令之职，并移居武汉。美承包商继续上诉，上海第二特区地方法院重新开庭。审理结果以原告为美国人之故，将该案移送上海第一特区地方法院。上海第一特区地方法院受理。这一期间，上海《申报》对这场官司曾有经常性的跟踪报道，所以其情节和依据都比较清晰。如以上情况可参见：民国二十二年（1933年）八月二十六日《申报》《优游国外之张学良在沪被控欠款》、民国二十三年（1934年）七月五日《申报》第4张《马克敦控张学良案》（图13）、民国二十三年七月十六日《申报》第4张《张学良被控欠款案》（图14）。其间，于民国二十三年（1934年）四月二十三日，两原告之一的美商汉门在沪的一所美国教会医院病逝。民国二十三年（1934年）七月四日，上海第一特区地方法院开庭，双方律师到庭。该案因张学良律师提出的审理权限问题几经拉锯周折，终于民国二十四年（1935年）五月三十一日在上海第一特区地方法院再次开庭，由乔万选推事负责审理。张学良请章士钊律师代表出庭，因汉门已故，美方由美国

馬克敦控張學良案

張為現役軍人 是否受理未決

图13《申报》民国二十三年（1934年）七月五日

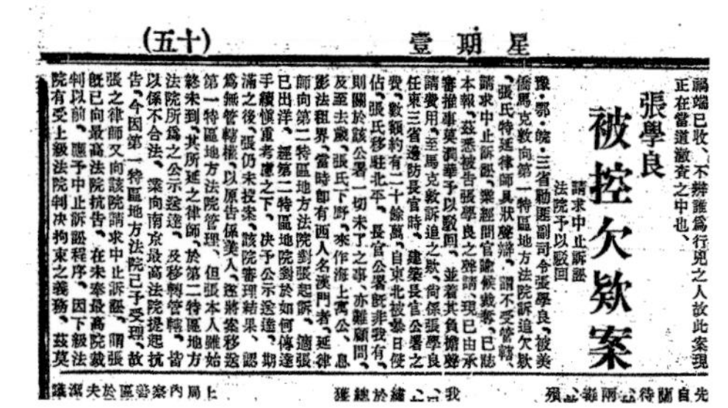
星期壹 (五十)

張學良被控欠欵案

請求中止訴訟 法院予以駁回

图14《申报》民国二十三年（1934年）七月十六日

美國工程師
控訴張學良案

图15《申报》民国二十四年(1935年)六月一日

副领事米赫德作为汉门的代表和马立思携各自的律师出席。章士钊义正言辞地对美商进行了驳斥,其代理词曾在当时各报端激起强烈反响(图15,民国二十四年六月一日《申报》第4张《美国工程师控诉张学良案》)。判决结果:①原告所诉欠款非建设正常费用,没有设计监督,也无被告方的加账证明,其数额无从凭证;②米赫德替代汉门原告地位不符合中国法律,属诉讼主体错误的过失;③对原告所述问题尚有深入调查之必要,故将此案按延期再审。

民国二十四年(1935年)九月十八日,这场颇为曲折又长达两年的国际官司终告结束。上海第一特区地方法院对这场官司做出了正式宣判,美国马立思建筑公司于九一八事变前所承建之工程,经本院查实为东北边防长官公廨之一部分,现张学良为卸任长官,故无法负此付款之责。况且事变后东北所有土地房产(包括该公司承建的一部分边防长官公廨)均被日方所侵占,且前定建筑合同先行作废,因此工程所欠一应建筑用款,理应通过外交途径,要求日本政府偿还,原告所提出其他诉讼请求,本院也悉数驳回。

通过对这组建筑群从多方面的考证与判定,使得我们对它的重要价值有了新的认识和理解。

鉴于这组建筑作为东北边防长官公廨的实际功能与性质,即使它建成以后并没有被如此使用,今天我们也该为这组红楼群正名了。正如沈阳故宫东路建筑群一样,虽是努尔哈赤当年为自己修建的金銮宝殿,却没等建成自己驾鹤西去了,后来只是被用作皇家的礼仪性场所,但我们今天仍称它为故宫。因此,这组建筑群的正式名称,应该是“少帅府”,而以往仅仅依据其外观颜色或所处位置给它的称呼“红楼群”或“西院建筑”都不过只是它的别名罢了。

随着少帅府的回归,这座满载着历史情怀的建筑群,逐渐完整地展示在后人眼前(图16),它以真实的自我向人们证实着不可磨灭的历史,也向后人诉说着那段令人难以忘怀的故事。

图16 少帅府全景

Research on the Spatial Layout of Facilities for Elderly Care Services in Time-honored Communities in Beijing

北京老城社区养老服务设施改造设计研究

胡 燕*（Hu Yan）

随着我国人口老龄化的快速发展，养老服务需求日益凸显。根据我国国情，建立健全以“居家为基础、社区为依托、机构为补充、医养相结合”的多层次养老服务体系，是目前我国应对养老问题的主要策略。社区衔接家庭和机构，是二者的服务保障，也是养老产业的中坚力量。北京市近年来大力推动社区养老服务体系的建设，目前已经建成上千个各类社区养老服务设施。但在实际运营中，这些养老服务设施的使用情况参差不齐：有些经营良好，社区老年人满意度较高；有些亏损严重，甚至关门停业。如何提高社区养老服务设施的利用效率和服务水平，已经成为提高北京城市治理水平亟待解决的重要问题。

1 国内外研究概况

近年来，社区养老已经成为养老研究领域的一个热点问题，但我国社区养老起步较晚，理论研究和实践活动都还处于探索阶段，尚未形成完善的体系。

国内学者通过数据分析，在北京养老服务设施的规划布局方面给出意见和建议；通过实地调研，对养老服务设施的功能配置进行了深入研究；还从实践的角度出发，对既有建筑改造为养老服务设施提出技术策略；在医养结合方面，倡导将社区医疗服务与养老设施服务相结合，共享社区资源。

发达国家的社区养老服务体系经过多年的发展，日趋完善，理论研究和实践活动都比较成熟，在不断探索和实践中，逐渐形成了一些新动向：强调预防保健的最大化，提供服务的专业化、多样化和人性化，服务主体及资金来源的多元化。

综上所述，国外关于社区养老服务设施的研究已经有一定的基础，而国内社区养老尚处于起步阶段，相关的服务体系和设施建设还处在试验和摸索阶段，虽然相关研究已有一定的数量积累，但内容不够深入。本文以北京市社区养老服务设施为研究对象，主要分析社区养老服务设施的功能空间配置，并寻求提升和改造策略。

2 北京老城养老需求

《北京市养老服务设施专项规划》中明确提出按照“以居家养老为基础，以社区为依托、以社会福利机构为补充”的养老服务体系，以空间资源协调配置为重点，对机构、社区、居家养老设施进行分类指导，促进各类设施协调发展。可以看出，社区养老服务设施已经成为重要的养老阵地，是家庭养老的坚实后援。

根据《北京市养老服务设施专项规划》，2014—2016 年北京市集中建设了一批街（乡、镇）养老照料中心，使得老人能够就近享受生活照料、康复护理、精神慰藉等服务，实现了城区和城市发展区养老照料中心基本覆盖。

北京老城老年人口比例高，高龄老年人口多。由于生活及医疗服务设施齐全，交通便利，居住在城内的老人希望在离家不远的社区养老，对养老服务设施的需求旺盛。但是旧城内建设空间有限，养老服务设施缺口较大，老人就近入住养老服务机构困难。

* 北方工业大学建筑与艺术学院副教授

北京老城的典型街道格局是胡同，而四合院是构成胡同的基本单元。以往的养老服务设施一般利用既有建筑改造而成，多为低矮的四合院、平房，建筑占地面积大，使用面积小，一处院落往往难以满足养老服务设施的使用要求。现在腾退出很多四合院，完全可以对其进行升级改造再利用，使之服务于社区。

3 北京老城社区养老服务设施现状

北京老城社区养老服务设施多数是在政策指导下快速建设起来的，在实际运营中出现了很多问题。本次研究拟通过调研发现问题、总结经验，在功能空间配置方面为社区养老服务设施提出具体的策略，为北京市社区养老服务设施的改造和提升提供依据，以促进北京城市管理水平的进一步提高。

社区养老服务设施，即社区内为老年人提供生活照料、文体娱乐、精神慰藉、日间照料、短期托养、康复护理、紧急救援等养老服务的设施。以北京市为例，社区养老服务设施主要有街道养老照料中心、社区养老服务驿站（日间照料中心）等。

北京市从 2016 年开始，按照“政府无偿提供设施，运营商低偿运营”的思路，在社区层面开展了社区养老服务驿站（简称养老驿站）建设。这是充分利用社区资源，为有需求的老年人提供日间照料、呼叫、助餐、健康指导、文化娱乐、心理慰藉等居家养老服务的机构。

为了发挥社区对居家养老的依托作用，解决养老服务“最后一公里”的问题，2016 年北京市老龄工作委员会印发《关于开展社区养老服务驿站建设的意见》。相比于服务与空间配置，相关机构的首要工作是研究场所无偿提供机制、实现品牌连锁运营、实现可持续运营、切实解决居家养老难题。

社区养老服务驿站是充分利用社区资源，就近为有需求的居家老年人提供生活照料、陪伴护理、心理支持、社会交流等服务，由法人或具有法人资质的专业团队运营的为老服务机构。社区养老服务驿站可采取单体设施和“主体服务区 + 加盟服务点”模式。

4 社区养老服务设施功能空间配置

社区养老服务设施应包括生活用房、医疗保健用房、公共活动用房和服务用房。在满足使用功能的前提下，生活用房、公共活动用房和服务用房可合并使用。以椿树街道养老照料中心（图 1、图 2）为例，分析功能空间需求，提出改造策略。

街道级的养老照料中心功能配置原则：①配置公共交流空间，同时保证各功能空间流线便捷；②为突出康复照料服务特色，配备康复训练区；③设置公共洗浴空间，为卧室配备卫生间，提高居住舒适性。

4.1 公共交流空间

公共交流空间是养老设施改造的重点，包括四季厅和康复区，设计依照以下原则：①创造大面积的交流活动空间，营造亲切和蔼的居家氛围。②赋予空间多种功能，提高空间复合使用效率。③流线清晰，减少干扰。

椿树街道养老照料中心的四季厅就像家庭中的客厅（图 3），融合了多种功能，是一个有凝聚力的公共交流空间，这是该项目的最大特色。四季厅是将原有院落三分之二的空间加建了屋顶，用玻璃围合成一个透明封闭的空间。这个空间连接了卧室、餐厅、康复室等主要活动空间，为老人提供了一个遮风避雨的交流活动空间。四季厅的加建改变了常规走廊式布局，缩短了交通流线，并提供大空间为老人使用，营造出一种居家氛围。四季厅是一个多功能空间，备餐、就餐，看电视、打牌，常规检查都集中在这里，无论春夏秋冬、刮风下雨，

图1 椿树街道养老照料中心入口

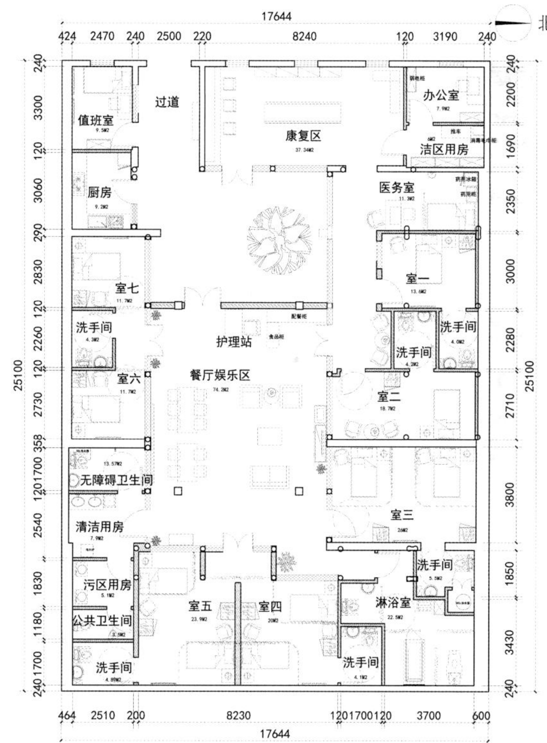

图2 椿树街道养老照料中心平面图

图3 公共交流空间

图4 康复区

图5 医务室

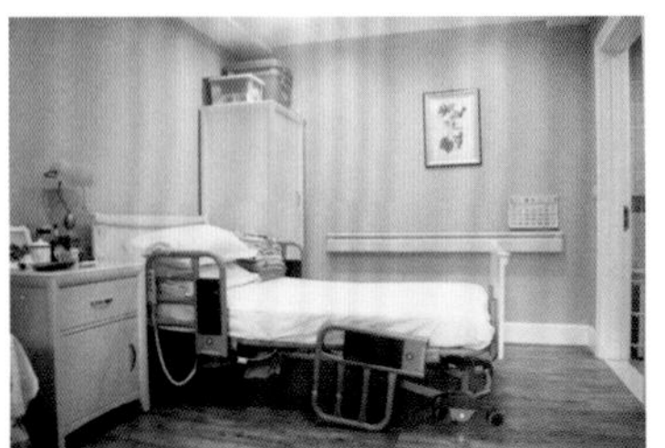

图6 床两侧临空摆放

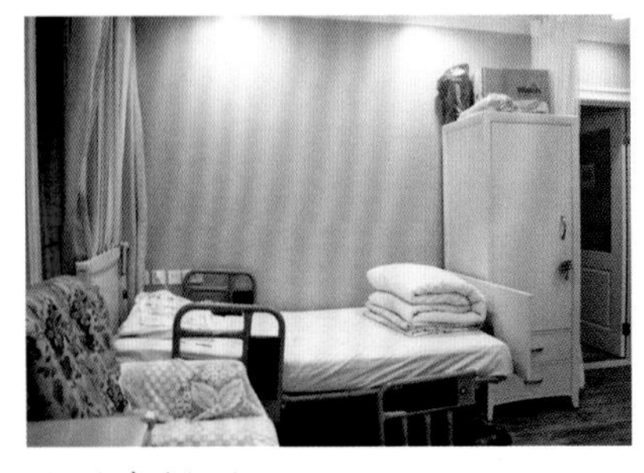

图7 床靠墙摆放

都可以在这里散步，成为老人们喜欢且实用的空间。

4.2 医养空间

医养空间宜包括康复区（图4）、医务室（图5）等。其中康复区的设置应考虑实用性，既能满足社区老人需求，又不浪费空间。

椿树街道养老照料中心的康复区单独设置在靠近主入口处的倒座房间内，面积宽敞，利用走廊与四季厅相连，也可从院中直接进入。康复区布置了行走训练器、台阶训练器、康复训练床、作业训练区等，可以进行PT/OT（运动疗法/作业疗法）康复训练。同时该房间也是一个小型多功能活动区，可以组织周边社区老人进行文体活动，如书画练习、手工制作、音乐欣赏等。

4.3 卧室空间

养老服务设施中卧室设计应尽量满足以下要求：①尽可能设置单人间，以满足私密性要求；②为每间卧室配备独立卫生间；③满足轮椅通行要求。

卧室内家具的设计依照以下原则：为每位老人配备一张护理床、一个沙发、一个单门衣柜、一个床头柜；为了便于照护人员护理老人，床两侧要临空摆放（图6），但是在实际使用中，老人希望有所依靠，床经常靠墙摆放（图7）；为了保证老人的私密性，设置软帘隔开每个床位。

4.4 洗浴空间

养老服务设施中的洗浴空间应满足以下要求：①设置公共浴室，配备先进洗浴设备，留出护理人员服务空间；②满足轮椅通行使用要求；③安全第一，做好防摔倒设计。

由于卧室内的卫生间面积有限，无法设置浴缸或淋浴，于是考虑集中设置公共浴室。公共浴室中设计洗浴空间、更衣空间和卫生间。安装两台先进的洗浴设备：步入式浴缸（图8）和坐式淋浴设备。由于空间有限，可在角落处摆放椅子，供老人洗澡时穿脱衣服使用。考虑到老人洗澡时间较长，在公共浴室内设置了卫生间，配备了马桶、洗手盆，以解决洗澡过程中的内急问题。公共浴室内部均采用软质浴帘分隔空间，可根据使用人数灵活划分，可分可合。软质浴帘也方便轮椅进出。

5 社区养老服务设施改造设计策略

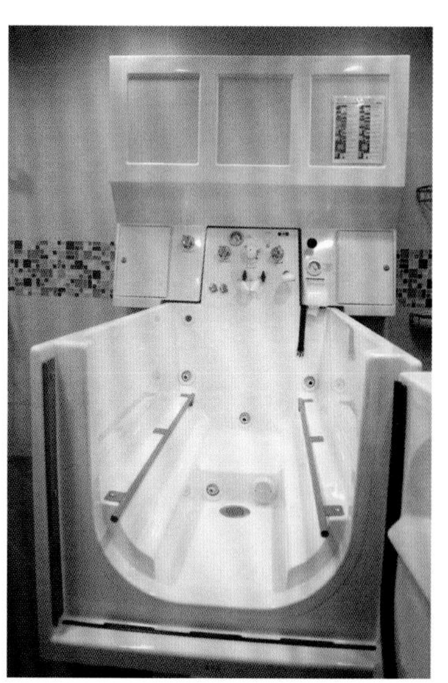
图8 步入式浴缸

北京老城社区养老服务设施采用少干预、多利用的原则进行改造。从社区内居民的使用需求出发，结合养老服务设施现状分布情况，做精细化设计。归纳北京老城社区养老设施的改造设计建议如下。

5.1 整合资源

北京老城社区养老服务设施可以选择四合院等既有建筑分散改造，统一运营，同时整合周边医疗、交通等资源，因地制宜，分级分类设置，达到为社区各类老人提供全面服务的目的。从椿树街道养老照料中心的建设经验来看，整合资源，利用社区闲置用房，多处选址，分散布置，协同运营，是老城社区养老设施改造建设的选址原则。

5.2 建筑改造

北京老城建筑改造尽可能利用原有建筑结构。此次改造中，保留了四合院原有建筑的木柱，拆除了部分隔墙，基本保留了原有格局。新加建的四季厅采用钢结构，用四根钢柱支撑起整个大厅，与原有结构脱离，减小对原建筑的影响。钢结构部分土建造价约为 30 万元，包括钢、玻璃以及电动遮阳设施。

5.3 空间设计

北京老城社区养老服务设施应突出特色功能，如就餐、洗浴、康复训练、长期照护等服务，根据不同的功能配置相应空间。对提供长期照护服务的养老设施，应做以下设置：①设置公共空间，融合就餐、交流、散步等功能；餐桌使用频率高，应优先布置，并设置较大桌面，利于多功能使用，如就餐、制作手工等。②设置康复空间，帮助老人锻炼身体机能、大脑机能等。③卧室尽量做成单人间，以满足老人私密性要求，同时避免相互影响；预测床可能的摆放位置，预留灯具、开关、插座、导轨等设备的位置，兼顾老人喜欢靠墙睡觉的生活习惯。④设置公共浴室，为社区及社区周边老人提供服务；做好干湿分区，更衣空间应宽敞，留出照护人员的操作空间。⑤设置较多的储藏空间。

5.4 无障碍设计

无障碍设计是养老服务设施改造中非常重要的环节，应从以下几个方面入手：①在院门主入口处设置轮椅坡道。②统一室内外地面标高。原来室内外地面有约 150 mm 的高差，改造后院落地面整体垫高，与室内地面同高。③所有门的净宽不小于 800 mm，以保证轮椅通行。④浴室及卫生间均为无障碍设计。卧室内的卫生间面积均大于 4.00 m^2，设有直径不小于 1.50 m 的轮椅回转空间，并安装安全抓杆和紧急呼叫按钮。⑤室内灯具、空调等设施的控制面板设置高度为 1.1 m，采用清晰明确的大字体。

5.5 适老化设计

适老化设计是养老服务设施改造中的基本要求，应从以下几个方面入手：①营造居家氛围，去机构化，构建安全舒适的适老环境。②保证地面平整，采用防滑材料（PVC 地胶）铺装。③提供充足照明，安装防眩光灯具，可增加局部照明或在入口空间、走道、卫生间安装感应地灯。④在卧室床头、卫生间、公共空间设置紧急呼叫按钮。

5.6 安全疏散设计

安全疏散设计是消防部门审批最严格的部分。椿树街道养老照料中心原来只有一处出入口，但是按照消防疏散要求养老服务设施必须有两个出入口。经过仔细推敲，并与邻居沟通协商，在医务室的外墙上开启一扇门（图 5），利用相邻院落的通道进行疏散，解决了养老照料中心的人员紧急疏散问题。

本文通过调研得出的基础数据和总结提出的规划布局与功能配置方面的策略，为社区养老服务设施的选址、规划布局和层级分布等提供了理论支持，为社区养老服务设施体系构建提供了理论框架，可为各地的社区养老服务设施建设提供经验。

From Industrial Area to "Narrative" Campus—Architectural Design for Relocated Weicheng Middle School in Xianyang

从工业厂区到"叙事"校园——咸阳渭城中学迁址新建项目建筑设计

刘 动[*]（Liu Dong）

摘要：为贯彻实施"腾笼换鸟、退城入园"战略，咸阳渭城中学迁至陕棉八厂原址，并在此处新建校园。本文以实际项目为例，围绕设计理念、校园规划两大方面展开了探讨，为相关项目提供借鉴。

关键词：校园设计；迁址；校园规划

Abstract: In order to implement the strategy of "exchanging birds for birds and retreating to the park", Weicheng Middle School in Xianyang will be relocated to the original site of Shaanxi Cotton Eighth Factory, and build a new campus here. Taking the actual project as an example, this paper discusses the design concept and campus planning, so as to provide reference for relevant projects.

Keywords: campus design; relocation; campus planning

1 项目背景

随着城市产业结构的升级转型，20世纪70—90年代的工业厂房大部分将退出历史舞台。近年来，咸阳实施"腾笼换鸟、退城入园"战略，给工业厂区的更新与城市教育设施的提升提供了一次耦合的契机。

2016年5月，具有80多年历史的陕棉八厂正式停产，同时开始了用地权属变更、固定资产清算。根据城市规划，始建于1955年的省级标准化高中咸阳渭城中学将迁址于此，一共72个班，用地7.17 ha，建筑面积9.45万m^2。

2 场地概况

陕棉八厂位于咸阳市渭城区中心地段，其历史可以追溯到1934年，当年国民政府在此创建了西北地区最早且规模最大的一座近现代化棉纺工厂；1937年"卢沟桥事变"后，该厂仓库担当起苏联援华军火物资的中转站和秘密仓库的重任；中华人民共和国成立后，咸阳是国家"一五"规划的纺织基地，直到21世纪初，纺织产业仍是咸阳的"母亲产业"。

厂前区有一栋五层的办公楼，楼前绿化景观良好。生产区主要为单层厂房（图1），基本铺满了整个用地，车间内部仍保留着机器、生产日志等生产时的状态，另一重要建筑为打包房（图2），位于车间东侧，由德国人建于20世纪30年代，结构至今保存良好。

* 高级工程师，国家一级注册建筑师

图1 厂房

图2 打包房

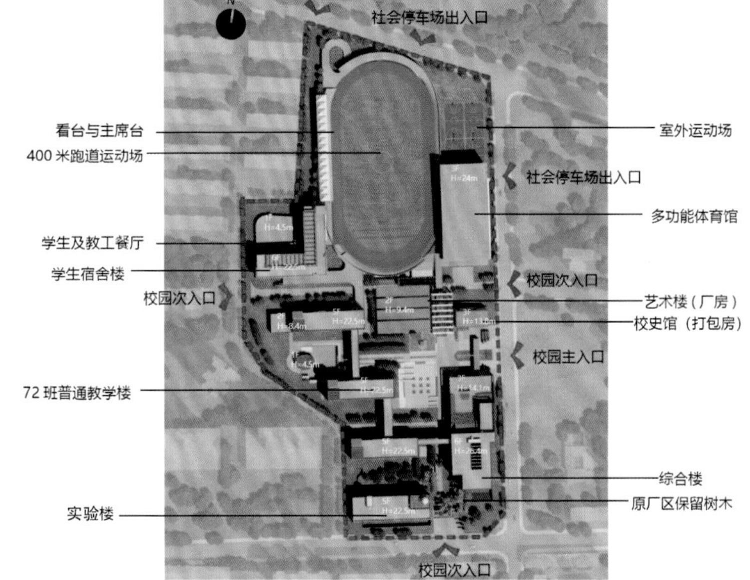

图3 渭城中学总平面图

3 设计理念

陕棉八厂见证了中华民族实业救国、救亡图存的历史，参与了轰轰烈烈的新中国工业建设，自带自力更生、艰苦奋斗的革命基因。在这个具有革命历史、地域文脉的用地上，新世纪的高中校园应该以什么样的姿态和面貌展现在人们面前呢？

对此，确定如下理念：希望孩子们通过建筑遗存不忘初心；希望孩子们通过校园空间感受历史变迁；希望孩子们通过场所交流产生思想的碰撞；希望孩子们通过建成环境切身体验到建筑设计、建筑技术带来的绿色、节能与共享的价值观念。

现代校园建筑不仅仅是一个遮风避雨的学习场所，更是一个充满正能量、塑造人格、传播文化的载体[1]。因此，创造一个叙事性的校园成为设计理念的核心。

4 校园规划

4.1 策划与规划

在陕棉八厂停产之时，厂区建筑成为工业建筑遗存。面对如何处理建设新校园与保存原有工业建筑的矛盾，如何进行功能策划、用地规划等问题，应该先进行理性分析。表1为工业建筑遗存整理表。

如果全部保留厂房建筑，则不能实现学校的功能，而全部拆除则是对文脉的漠视。保留并改造小部分车间和整旧如旧、对打包房进行功能置换，能够传承文化、保留文脉。这种设计策略得到了校方及市领导的高度认可，为校园规划埋下伏笔。

校园规划设计在深刻理解地块文脉的前提下展开。地块北侧为陇海铁路，西侧与住宅小区紧临，东侧有规划道路，南侧为现状城市道路——人民西路。

根据周边道路及环境，校园的功能布局由逻辑推衍而来（图3、图4）：考虑噪声因素，运动场靠北临近铁路布置；宿舍

表1 工业建筑遗存整理

建筑遗存	项目					
	建成年份	层数	建筑面积/m^2	价值与空间分析	利用、改造策略	功能策划
厂前办公楼	2000	5	约6 000	普通的现代建筑，空间不便于学校使用，亦无学术价值	拆除	
厂房	1986	1	约30 000	代表性的纺织车间形式，空间可以灵活使用	保留部分厂房，保持原建筑形态特点	艺术中心，教学用房
打包房	约1934	3	约1 000	具有一定的历史意义，空间可以灵活使用	可视为保护建筑，以整旧如旧为原则	校史馆、厂史馆

食堂设在西侧，靠近周边的住宅区；为展示学校形象，在东南角布置具有图书馆、报告厅及行政办公等对外功能的综合楼；由于人民西路南侧高层住宅的日照遮挡，在用地的最南侧布置无日照要求的实验楼；三栋教学楼则布置在校园的中部。由此，形成了运动区、生活区和教学区三大功能区。

4.2 轴线与传承

舒尔茨认为，场所是具有清晰特性的空间，是行为和事件发生的地方。

本地块蕴含丰富的自然和人文信息，因此，该设计利用传统的轴线手法优化建筑位置，将不同年代的建筑串联起来，形成横向轴线（图5）。以东入口为起点，拉开"叙事"校园的空间序列：从东入口广场，经由20世纪30年代的打包房到80年代的厂房，再到规划的校园中心广场及钟塔，经过新建的教学楼连廊，随着轴线景深向西延展，直到A4楼的下沉庭院，空间序列在高潮中结束。

东西向的道路，在交通功能之外更像一条时空隧道，在时间和空间两个维度上述说着这块土地的今昔变迁，实现文脉的传承，可以说这条轴线是文化的传承之轴。

4.3 "被动"与"主动"

新的校园，一定会在继承优良文化的基础上融入时代的价值观。近年来，"被动房"的概念深化了人们对环境的认知。在校园里建造一个节能减排、绿色低碳的建筑，能向学生展示节能技术，为他们提供一堂生动的环境教育课，这是设计理念的初衷。其示范作用和教育意义将超出建筑本身。

以A4教学楼（图6）为例，其位于横向轴线的尽端，小而独立，对其进行被动房设计，可以避免增加太多投资。地下一层为校园演播中心和下沉庭院，首层为合班教室，共约600 m^2。保温及密闭系统使用60 mm厚真空板作为外墙和屋面的保温隔热材料，传热系数达到0.13 W/（m^2·K）；外门窗采用密闭门窗，外窗为断桥铝合金Low-E中空玻璃窗（Low-E5+21Ar+5+16Ar+5Low-E），整窗传热系数达到0.8 W/（m^2·K）。管线洞口均采用密闭做法。

在空气调节和清洁能源利用上，采用了高效能设备和系统、能量回收系统以及太阳能光伏发电、室内CO_2浓度监测等技术，使室内的声、光、热、空气质量给人以较高的舒适度。对A4教学楼而言，它不但达到了被动房标准，而且达到了国家绿色建筑三星级的标准。

A4教学楼的形态和表皮特征也不同于校园其他建筑，固定遮阳设施结合编织特色的处理形式，隐喻纺织工艺，将文化内涵赋予建筑，是主轴空间序列的高潮。看不见的技术和看得见的艺术统一体现在建筑上。A4教学楼的"被动"技术和"主动"的环保教育作用，丰富了"叙事"校园的情景模式。

4.4 记忆与场所

陕棉八厂作为80余年的老厂，不论对企业职工还是对整个城市都是难以泯灭的历史记忆。

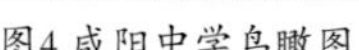

图4 咸阳中学鸟瞰图

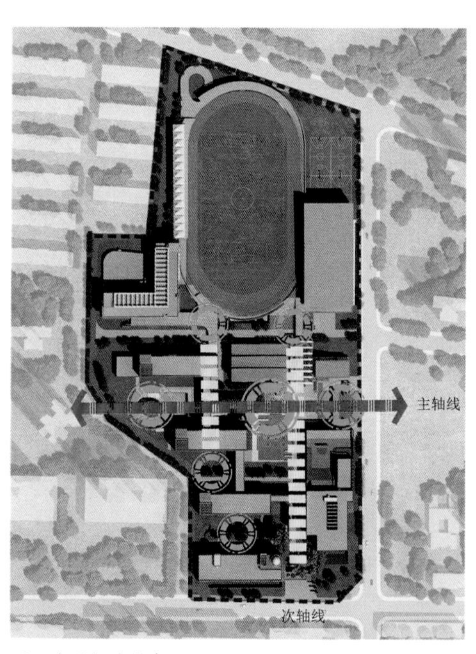

图5 总图轴线分析

图6 A4教学楼

图7 主入口与塔

图8 打包房与校史馆间的展廊

图9 打包房室内

凯文·林奇是将心理学知识引入城市研究的学者之一，他在《城市印象》一书中指出：人们对城市的印象归纳为五种元素，即道路、边界、区域、节点和地标。

（1）校园中心广场是横向轴线和纵向轴线的交会处，作为校园空间的重要节点，设计以“塔”形成空间的标志（图7）。在建筑形体上，钟塔以阙为意向，体现咸阳作为历史文化古城的地域文化特点，融入历史怀古情韵。“镇地脉，兴文风，建塔以定之”。钟塔在此时此地具有关联性并富有意义，促进场所感的形成。

（2）用地东南角的花园是良好的景观资源，厂里职工及周边居民对其印象深刻。设计大部分的树木保留下来，结合北侧图书阅览室做了下沉庭院，营造静谧的读书环境，昔日厂前花园变成了读书一隅。有树，有记忆，有院，有书声。

（3）在打包房和厂房之间开辟出一方室外展场，具有代表性的纺织机器等集中布置在这里，结合室内校史馆展示厅，记忆在新的场景、空间中留存（图8、图9）。

（4）打包房见证了中国近百年来的历史，三层柱子上的毛主席语录仍清晰如昨，结构加固时巧妙避开了这些柱子，室内设计采取保护这些历史遗迹的措施，让建筑本身就是展品。

5 结语

渭城中学已经开工建设，相信渭城中学完成迁址新建之时也是棉纺八厂破茧成蝶之刻，在时代的浪潮下实现华丽转身。

在这块“棉纺”宝地上，把尊重文化、传承文脉、低碳环保的价值观利用建筑设计的手法精心演绎，空间感受变成一种润物无声的教育模式，完成一次情景式的宏篇叙事。

参考文献：

[1]朱佳维. 记忆场所的物质性叙事载体与传承策略[D]. 上海：上海交通大学，2017.

The tension of cultural standards and the abandonment of heterogeneous cultures—The position of modern Chinese architecture in a postmodern context

文化本位的张力与异质文化的扬弃
——后现代语境中的中国现代建筑立场

崔　勇[*]（Cui Yong）

内容提要：本文指出西方后现代主义建筑是杜威实用主义哲学和罗蒂后现代哲学在建筑上的直接反映。后现代主义是西方后工业时代文化语境的必然产物，它消解历史与文化的深度，急功近利地复制文化，追求零散化与大众化的艺术效应，与中国正在行进中的现代化进程不相符，坚持中国现代建筑的立场势在必行。

关键词：西方后现代主义建筑；中国现代建筑；20世纪中国现代建筑的立场

Abstract: This article points out that Western postmodernist architecture is a direct reflection of Dewey's pragmatic philosophy and Rorty's postmodern philosophy in architecture. Postmodernism is an inevitable product of the cultural context of the Western post-industrial era, it dissolves the depth of history and culture, quickly replicates culture, pursues the artistic effect of fragmentation and popularization, which is inconsistent with the process of modernization that China is on the move, and it is imperative to adhere to the position of modern Architecture in China.

Keywords: Western postmodernist architecture, Chinese modern architecture, the position of modern Chinese architecture in the 20th century

时至今日，我依然信奉胡适先生在20世纪二三十年代就提出的“少讲点主义，多研究些问题”的观点，对于建筑学术界一些学者讨论的诸多主义，我不否认其可能给人以学理上的启发，但我也不完全苟同，就像我阻挡不了众人慕名涌进大型演唱会去听通俗歌手演唱一样，但我自己从来不会去凑这种热闹。后现代主义不同于一般由西方舶来的昙花一现的主义，它普适众生并几成风尚，无论是产业方式、经济模式、社会体制还是人的生活方式都预示“后现代社会已经来临”①，我们已进入了后现代文化语境。在后现代文化语境中，包括建筑艺术在内的所有艺术门类都因信息音像时代的到来而变动不居，因此我不能不强调中国现代建筑应有的立场。

说来有趣的是，后现代主义似乎与中国的建筑实践场所特别有缘分，无论是在中国台湾，还是在中国大陆都很有市场，而在中国香港与澳门则反响不强烈，这或许与文化特性有关。

我们不妨先来考察一下后现代主义赖以产生、发展的社会背景与思想根源及文化特征。美国后现代主义与文化理论专家杰姆逊以西方社会与文化为背景，在《后现代主义或晚期资本主义的文化逻辑》②一文中指出，后现代社会包括后工业社会、消费社会、传播媒介社会、信息社会等等，这是一个科技高度发达、文化观念产生根本性逆变、美学范式不同于往昔的社会。伴随着资本主义高度发展而来的后现代主义具有区别于现代主义的社会背景，主要表现在以下几方面。

首先是后现代主义文化达到了空前的扩张。在古典时期文化被视为高雅的精神活动，到了后现代主义阶段，文化已经完全大众化，艺术与生活、高雅文化和通俗文化的界限基本消失。

* 中国艺术研究院研究员

① [美]丹尼尔·贝尔：《后工业社会的来临——对社会预测的一项探索》，高铦、王宏周、魏章玲译，北京，新华出版社，1997。

② [美]弗雷德里克·杰姆逊：《后现代主义或晚期资本主义的文化逻辑》，见王岳川、尚水编《后现代主义文化与美学》，北京，北京大学出版社，1992。

其次是语言和表达的扭曲。这里的语言不单是指说话的语言，而是更广泛地体现为一种后现代的表达方式。在后现代文化语境中，并非我们控制语言或我们在说语言，而是我们被语言所控制。人从万物中心的境地退化到了连语言也把握不了而被语言所把握的地步，各行各业的失语乃至胡言乱语便是这种情状的真实写照。

最后是非理性的思维与言行方式直接对抗现代主义的理性与规范，从而导致社会与思想的无序。

后现代主义的思想根源是罗蒂[①]新实用主义的后现代哲学思想。作为后现代哲学思想的代表人物，罗蒂继承了詹姆斯和杜威的实用主义哲学思想并予以新的阐释，他认为实用主义只是运用于像真理、知识、语言和道德这样一些观念的反本质主义；在关于真理应该是什么和关于实际上真理是什么之间，没有任何认识的区别；在价值与事实之间，没有任何形而上学的区别；在道德和科学之间没有任何方法论的区别。由此可见，实用主义的后哲学文化观是罗蒂的思想核心，旨在打破传统镜喻哲学的中心性、整体性观，倡导综合性、无主导性的实用哲学观[②]。罗蒂因之而致力于多元论和历史主义的研究，将他的实用主义哲学视为后现代社会中的一种协同性的哲学，这样的哲学不再具有文化之王的地位，好比一个封建社会的国王在后现代文化大语境中可以作为一个普通的公民继续存在一样。在罗蒂看来，后现代社会已经来临，理论界所持的态度应该更加宽容，视野应该进一步扩大，应将任何偏激的理论和实践放到历史中加以检验，以减少文化独断性和虚妄性，这是美国实用主义哲学的最新发展。

后现代文化有怎样的特征呢？北京大学王岳川教授结合杰姆逊的研究成果将后现代主义的文化特征概括如下：其一是平面感——深度模式消失。平面感就是浅薄感，致使文化艺术的深度审美意义消失而回到一个浅薄的表层上获得一种无深度的感觉，从而在文化的表面把玩其能指与文本，从思想走向描述，从意义的追寻走向本文的不断代替和无端的翻新。其二是断裂感——历史意识消失。这是后现代文化深度模式消失的另一重表现。这使得后现代文化告别了传统、历史、连续性而浮上表层，在非历史的当下时间体验中去感受文化断裂感。其三是零散化——主体的消失。在后现代文化语境中，主体丧失了中心地位，已经零散化而没有一个自我的存在了。其四是复制——距离感消失。后现代文化颠覆了传统文化艺术所具有的距离感审美特性，其根本的主题是复制，从而使大众与神圣的艺术之间的距离消失。复制宣告原作的不复存在，这在根本上消除了唯一性、终极价值的可能性，一切都在一个平面上，没有深度、历史、主题及原真[③]。

后现代主义建筑就是在这样的文化背景下凸现在 20 世纪 70 年代西方文化舞台上的。代表人物詹克斯主张："现代建筑艺术受到杰出人物统治论的损害，后现代主义正试图去除这种杰出人物统治论，不是单纯扔掉它，而是依靠在诸多不同方向上来扩充建筑语言，——深入民间，面向传统及大街上的商业俚语。"[④]詹克斯认为他的主张是激进的折中主义，这种激进折中主义依靠手法，从口味和语言开始设计，因此能为居民，又能为杰出人物所理解和喜欢。

文丘里宣称他喜欢复杂与矛盾的建筑，因此在《建筑的复杂性与矛盾性》一书的第一章，他就开门见山地说："我爱建筑的复杂和矛盾，我不爱杂乱无章、随心所欲、水平低劣的建筑，也不爱如画般过分讲究的繁琐或叫表现主义的建筑。相反，我说的这一复杂和矛盾的建筑是以包括艺术固有的经验在内的丰富而不定的现代经验为基础的。"[⑤]此外，他认为用意简明不如意义丰富，既要含蓄的功能也要明确的功能，他喜欢两者兼顾超过非此即彼，喜欢黑的、白的或者灰的，而不是非黑即白。在文丘里看来，一座出色的建筑应该有多层含义和组合焦点，它的空间及其建筑要素应当既实用又有趣。文丘里还意识到复杂和矛盾的建筑对总体负有特别的责任，它的真正意义必须在总体中体现或者说它必须有总体的含义，它必须体现兼容的困难的统一，而不是排斥其他的容易的统一，多并不是少。这显然与现代主义的"少就是多"相抗衡。

史蒂文·康纳慷慨激昂地说："后现代主义建筑表现出拯救和研究历史风格与技术的新愿望，在后现代主义理论所关注的复兴精神的各种形式中，我们可以看到它在填补建筑的时间或历时性语境和共时性语境方面所做的努力。"[⑥]

伍尔芙认为："建筑上的后现代主义者却始终未能从 20 世纪 20 年代格罗皮厄斯、柯布西耶和荷兰人的盒子式的建筑艺术中走出来，他们的所作所为无非是把已经有 60 年历史的建筑观念颠来倒去地换换花样而已。"[⑦]泽得勒说："在现代主义者心目中，建筑无非是建筑的实体，它们不过是同一事物不同称谓罢了。后现代

① 理查德·罗蒂，系美国弗吉尼亚大学凯南人文科学讲座教授，被公认为美国当今最重要的哲学家之一，他的代表性著作《哲学与自然之镜》是其哲学思想的奠基力作，实用主义的后哲学文化观是他的中心思想。

②［美］理查德·罗蒂：《后哲学文化》，黄勇编译，上海，上海译文出版社，1992。

③ 王岳川：《后现代主义文化研究》，236~244页，北京，北京大学出版社，1996。

④ [英]查尔斯·詹克斯：《后现代建筑语言》，李大夏摘译，3页，北京，建筑工业出版社，1988。

⑤ 罗伯特·文丘里：《建筑的复杂性与矛盾性》，周卜颐译，1页，北京，中国建筑工业出版社，1991。

⑥ [英]史蒂文·康纳：《后现代主义文化——当代理论导引》，严忠志译，82页，北京，商务印书馆，2002。

⑦ [美]T. 伍尔芙：《后现代建筑的趋向》，见王岳川、尚水编《后现代主义文化与美学》，北京，北京大学出版社，1992。

主义者则认为，建筑实体仅仅是建筑的躯壳，建筑本身是隐匿于其中的，必须从文化感情或许还有历史的关联中去领悟建筑的意义。如果我们孤立地研究这两种思潮，我们就不得不说，虽然它们都掌握着半数的真理，但却没能顾及生活的整体。从这个意义来说又都误入歧途了。然而，只要我们能够以整体性原则阐释建筑，进而视两者为同一枚硬币的两个不同的面，我认为它们必能提供某种有益的启示。"①

建筑师斯特恩曾经将后现代主义建筑的特征总结为文脉主义、隐喻主义、装饰主义等几个方面。这些特征昭示它们首先是回归历史，喜欢用古典建筑元素，其次是追求隐喻的设计手法，广泛使用各种符号和装饰手段来强调加注形式的含义及象征意义，最后就是走向大众化与通俗化，使用古典建筑元素来形成卡通效果。后现代主义建筑的开放性使之并不排斥似乎也将成为历史的现代建筑，重新确立了历史传统价值，承认建筑形式有技术与功能逻辑之外的独立存在的联想及象征含义，恢复了装饰在建筑中的合理地位，并树立起兼容并蓄的多元文化价值观，这从根本上弥补了现代建筑的一些不足。正是在这种意义上，邹德侬教授认为："后现代建筑如果纳入现代建筑史中当一个注重传统、历史和大众文化的流派，有它的积极意义；如果想取现代建筑而代之，那就只剩下消极作用了，在中国尤其如此。"②

从历史的眼光来看，后现代主义建筑其实是现代主义建筑在美学、形式上的一种扩展，一种修正，一种变化，而不像詹克斯所说是死而后生的。有意思的是，曾几何时，后现代主义建筑在中国似乎很有市场，人们不禁会问：后现代主义建筑为什么在中国大陆和台湾能够很快风行？我认为有以下几方面因缘：其一是似曾相识的文化观念认同，一方面文脉主义、隐喻主义、装饰主义很符合中国人对传统文化的认同与回归的愿望，另一方面后现代反文化、反历史、消解深度的平面操作杂糅倾向也符合信手拈来习尚；其二是实用主义与实用理性相通，李泽厚先生说中国自古是一个讲究实用理性的民族，这种实用理性使得中国人"重视经验而不尚思辨"③，直接拿来立竿见影，后现代主义建筑诸多手法因许多建筑师活学活用的需要，自然成为首选；其三是西方后现代建筑嫁接了中国古典园林艺术灵活多变的设计原理，变相地投其所好以获得青睐。

客观地讲，后现代主义在20世纪80年代末至90年代在学术界有过一番热闹的理论探讨，《世界建筑》《新建筑》杂志曾经辟专栏予以介绍。后现代主义建筑对中国建筑学界一些饥不择食的青年学子有一定的影响。坦率地说，后现代建筑的诸多手法因简单易学而容易接受，因此对中国青年建筑学子的影响主要是技术操作层面的，思想观念的影响则没有根深蒂固的基础。不少院校建筑学专业学生会在学位论文中表达对后现代建筑技术手法的喜爱，在建筑设计中大量地借鉴与运用后现代建筑的拱、空构架、削角形体、简化了的屋面等手法。与此同时，一些抓住后现代建筑主张历史文脉的青年建筑师试图提炼中国传统建筑的若干符号，将其运用于新建筑之中，如将简化了的梁枋、雀替用于窗洞或门洞上口，麻叶头用于挑梁的梁头，斗拱抽象化为装饰，牌楼、亭子、抱厦重构于新建筑设计之中等，于是乎出现了一批自称中国后现代派的建筑师。

20世纪八九十年代之后，一些所谓的中国后现代建筑也的确给人以新意。譬如北京中国国际展览中心，该建筑集中组织了展览空间，外形利用简单几何形体进行切割，结构外露，色彩简洁明快，没有另加无功能作用的装饰配件，为产品陈列创造了良好的环境。上海华东电力局大楼被称为中国后现代建筑的代表作。该建筑地处狭窄的地段，建筑设计师只得向空中要空间，整座建筑犹如一座现代雕塑，刚劲有力、挺拔向上又不断变化的削面体，像出土的春笋般使人感到无限生机，在上海鳞次栉比的高楼大厦中独树一帜，给人以新意。

后现代主义建筑在西方存在自有其适宜的土壤，一旦被绍介到中国来必然产生变种。诚如弗兰姆普敦所说："要阐明在建筑及其他文化领域出现的后现代主义的基本特性甚为困难。从一个角度来说，它被认为是人们对社会现代化压力的一个反作用，也是对当代生活完全受制于科学——工业组合的一种逃避。虽然启蒙运动当初的乌托邦式的解放意愿现在可能已经在更有效和令人心安的现实主义形式的名义下被放弃，我们仍然没有证据说现代社会可以，或是最终希望拒绝现代化带来的基本利益。正如哈贝马斯于1980年被授予西奥－阿多诺奖时的讲演中所提示的：是现代发展的速度和贪婪性，而不是先锋派文化，应该对分裂和失望以及大众明显的对新事物的反感负责。最终，即使是坚定的新保守主义者也承认很少有机会可以真正抵抗现代化的无情发展。"④中国文化具有博大的包容性，吸取后现代主义建筑的先进技术，并去其糟粕即可，现代性的思考尚未完成就急于畅想后现代主义难免操之过急。后现代哲学思想、审美意识是西方历史文化背景下的产物，我不认为适用于中国的文化土壤。尽管在中国确实有一些所谓的后现代建筑的作品，但不是中国建筑的主导。

① [加] E.H.泽德勒：《后现代建筑与技术》，见王岳川、尚水编《后现代主义文化与美学》，北京，北京大学出版社，1992。

② 邹德侬：《两次引进外国建筑理论的教训——从"民族形式"到"后现代建筑"》，载《建筑学报》，1989（11）。

③ 李泽厚：《中国古代思想史论》，301页，合肥，安徽文艺出版社，1994。

④ [美]肯尼斯·弗兰姆普敦：《现代建筑——一部批判的历史》，张钦楠译，345页，北京，生活·读书·新知三联书店，2004。

用后现代主义建筑的观念与方法探索有中国特色的现代建筑不妨一试，盲从则大可不必。在后现代已经来临的当下，我们尤其要坚持中国特色的现代建筑的立场。

我们正面临一个文化复制十分便利的后现代社会信息时代，后现代主义建筑在中国快速的现代化建设进程中自然还会有一定的市场，在这样的背景下我们应当有中国现代建筑自身的坚定立场。我们必须清醒地认识到，后现代主义建筑是西方文化土壤的必然产物，对西方后现代主义建筑的价值和意义的取舍取决于中国特色城乡现代化建设实际的需求。

20 世纪 80 年代中后期，随着西方建筑思潮与设计思想以及建筑师的大量涌入，在西方历经了近半个世纪实践与磨砺的后现代主义建筑、结构主义建筑、解构主义建筑、新殖民主义建筑、新现代主义建筑、建筑形态学与类型学、新陈代谢与共生建筑等新的设计思想、理论与观念如潮水般涌入中国建筑学界，并在中国 20 世纪末期的近 20 年时间里几乎逐一被演绎过。《世界建筑》《建筑学报》《新建筑》《建筑师》《华中建筑》《时代建筑》等学术期刊络绎不绝地译介西方新的建筑设计思想和著名建筑师及其作品，莘莘建筑学子以效仿现代西方建筑理论与作品为时尚，各种国际国内的有关现代建筑设计的竞赛也推波助澜。但因建筑学子们对中外建筑文化历史及其建筑设计思想食而不化，以致在匆匆忙忙的建筑设计实践过程中始终没有形成自己的建筑设计思想与践行方式，其结果只能是依靠集仿主义的方式与抄袭及拼贴的手段在大好的建筑市场中重复地做简单的机械操作，毫无原创的气概。殊不知国外引入的诸多建筑理论与观念的背后有深厚的文化哲学基础，中国建筑学子没有自己的设计美学思想，一阵热乎之后又陷入理论贫乏境地。

回顾改革开放 40 多年以来中国建筑艺术在后现代文化语境中所走过的波澜壮阔的风雨历程，在某种程度上可以说，国际上形形色色的建筑思潮与建筑风格及建筑流派在当代发展中的中国有比其他任何国家更为丰富、更为全面的实践呈现，以至于目前谈到世界建筑的历史情状就不能不论及中国作为世界上最大的建筑设计与创作实验场所的事实。展望中国建筑艺术的未来，掩卷凝思，如果说 20 世纪的建筑设计先驱经过艰苦卓绝的努力使得新建筑走向世界的话，那么 21 世纪初始后会人们将迎来什么样的新建筑呢？那应该是一种环保的、可持续的文化生态建筑，从而带领人们走向人为环境与自然环境有机结合的、和谐美好的人居环境的诗意境地。天津大学中国现代建筑历史理论专家邹俶教授说得好：“国家性 + 国际性，永远的建筑艺术方向。”中国工程院院士、华南理工大学建筑学院何镜堂教授秉持的“整体观与可持续发展观及其地域性、文化性、时代性”的建筑思想当是我们应有的基本立场。

书讯：《华南圭选集》出版

CAH编辑部

2022年元月《华南圭选集——一位土木工程师跨越百年的热忱》（华新民编　同济大学出版社　77万字　2022年1月第一版　定价328元）出版，正如编者华新民女士在编著序中说：“……通过泛黄的纸张和工整的墨迹，我和祖父隔空对话了，开始熟悉他，以及一个此前我并不甚了解的时代……1911年祖父归国，他终于能施展自己的抱负了，他几十年中活跃在不同领域中：铁路、房屋建筑、桥梁、水利、市政建设，时而在一线指挥具体工程，时而参与制定规划，时而著书并教书。”《选集》共有六大章节，共选入文章81篇，并有编者序及鸣谢、旧词注释等。第一章为城市市政建设篇（以北京、天津为主），文章绝大多数是1949年前讲述北京与天津城市建设与保护的文论，也有五篇1949年前后建设新中国的文章。第二章为中国交通工程篇，有专论交通的规划、政策、管理、游记、法规等文章22篇。据铁路史志专家姚世刚说，华南圭确乃一位谋略大师，他提出的中国铁路发展十五经、十四纬的建设设想，全面且周到，包含了连同外蒙古在内的中国当时版图上所有地区的铁路规划。归国后第二年，在《铁路协会杂志》发表的《铁道泛论》一文，既讲述了铁路是文明之媒介，发展铁路的迫切性，同时还对中华铁道做了大谋划（而孙中山先生《建国方略》中的铁路计划问世于1919年），这与当下中国铁路六纵六横、八纵八横等发展战略确有多处不谋而合。第三章为中国工程师社团篇。1908年，他在法留学时与另外二位同学联名给《时报》《申报》投稿“拟组织工程学会启”，一是强调国人要自强自尊，如“各国路权绝无尺寸在外人手者，吾国路权殆无尺寸不在外人手者”；二是从国外经验看，“组建学会对国家工程是振兴之标志，它可集思广益，胜任专而收效速也……其办法之大略如下，工程学总会、工程学支会……”，据查中国工程师学会于1913年成立。第四章为房屋建筑篇。虽只有10篇文章，但涉及不同建筑类型，研究了建筑美学，分析了建筑室内空气环境，更对中外建筑特点作出比较与贯通研究等。第五章为其它文章，不仅涉及建筑物理、建筑机电设备，还有启迪公众教育观的，如1912年所译《法国公民教育》绪言及例言。第六章附录既有华南圭略历（自述）、他本人主持拟定的法规，还有华新民女士整理的华南圭生平及著作列表等。

《华南圭选集——一位土木工程师跨越百年的热忱》

Further Study on the Relocation and Protection of the Ancient Architecture in China

我国古建筑迁址保护再探究*

马 晓** 刘真吾***（Ma Xiao, Liu Zhenwu）

摘要：随着社会快速发展，我国古建筑亟待保护，原址保护是基本；在一些特殊情况下，迁址成为一种变通的保护方式。目前，我国古建筑保护仍存在需要提高重视程度、完善法律规范、切实落实保护措施、确立多元化保护理念与方法等多方面问题。在不得已的情况下所做的迁址保护，要有科学规范保证，并力求详尽记录、合理选址；与此同时，注重保护与民生相结合，才能更好地留存古建筑本体及其环境景观，彰显其独具的文物价值。

关键词：迁址；建筑遗产；建筑保护；建筑历史

Abstract: With the rapid development of the society, the protection of ancient architecture has become an urgent task in China. While in-situ protection remains a fundamental means of preservation, relocation turns out to be more flexible in some circumstances. However, some improvements are required in the protection of ancient architecture, including raising awareness, revising legal regulations, fulfilling preservation measures, as well as establishing diversified protection concepts and methods. As the last resort, relocation must be guaranteed by scientific process, detailed records and reasonable site selection. At the same time, it is vital to combine architectural protection with people's livelihood in order to better preserve the ancient architecture itself and its environmental landscape, as well as manifest the value of its historical heritage.

Keywords: relocation; architectural heritage; architectural protection; architectural history

古建筑是人类创造的体量最大、数量最多、价值最大的珍贵文化遗产，它承载着生活在这片土地上的人们的历史记忆，时刻影响着人们的身心，并与周边环境产生千丝万缕的联系。但一个必须面对的问题是，随着时间的流逝，再坚固的古建筑也终将消失在历史的长河中。由此，如何尽可能延长其存世时间，对其进行有序保护与利用，就成为人们一直以来不断探索的问题。

1 我国古建筑保护现状概述

不可否认中华人民共和国成立以来的特定历史时期之中，传统建筑及其优秀的文化，承受了世人极大的偏见，因而遭到了大量破坏。

直到 20 世纪 80 年代，话语方向发生逆转①。全社会逐渐意识到传统文化对一个国家长久发展的重要性，它是民族之魂、文化之根，能够凝聚民族自信心，激发文化认同感。

值得一提的是，1982 年 11 月 19 日起施行的《中华人民共和国文物保护法》极大地推动了全社会对古建筑等文化遗产的保护。但是，随着我国城乡社会经济的快速发展，各地古建筑遗产面临着越来越急迫的挑战。除各级各类重点文物保护单位（一般设有专门机构、专人或兼职者对其实施管理、定期维护修整）、文物点或登

* 本文得到以下基金或课题资助：国家社科基金（批准号为17BKG032），江苏省社科基金（批准号为18LSB002），江苏省文物局课题（批准号为2020SK06）

** 南京大学历史学院副教授、名城古建研究所所长
*** 南京大学历史学院硕士研究生

① 王贵祥：《关于文物古建筑保护的几点思考》，见中国紫禁城学会 编《中国紫禁城学会论文集（第四辑）》，32页，北京，紫禁城出版社，2005。

图1 迁建后的芮城永乐宫宫门

图2 迁建后的芮城永乐宫无极门

图3 迁建后的芮城永乐宫三清殿外观

图4 迁建后的芮城永乐宫纯阳殿外观

图5 迁建后的芮城永乐宫纯阳殿内藻井（摄影：牛志远）

图6 迁建后的芮城永乐宫纯阳殿内壁画1（摄影：牛志远）

图7 迁建后的芮城永乐宫纯阳殿内壁画2（摄影：牛志远）

图8 迁建后的芮城永乐宫纯阳殿内壁画3（摄影：牛志远）

记挂牌的历史建筑(群)外，量大面广的一般古建筑鲜有人问津，没有得到有效保护，拆除、损毁事例持续上演。例如：各地城市的一些传统街道和古建筑，在城市更新中被人为地拆除[①]；随着不少乡镇开展新农村建设，古建筑在拆旧建新中慢慢消失[②]；许多历史建筑身处交通不便、偏远的古老村落，未受到足够重视，处于无人看管状态，最终在自然侵蚀中倒下[③]。

近些年来，我国经济快速发展带动了社会整体文化氛围的进步，普通民众对文化遗产重要性的认识日益加深，全社会逐渐流行复兴文化遗产的热潮。在古建筑保护领域，修缮保养、修原重建各地比比皆是，而频频曝光的异地保护成为最近关注的热点问题。目前，有关古建筑异地迁址保护的争议尤为突出[④]。

中华人民共和国成立以来，关于古建筑异地迁址保护存在不少实例。譬如山西芮城永乐宫的异地迁址案例(图1~图8)。其原址在三门峡水库淹没范围内，出于保存建筑的需要，最终决定对其实施整体搬迁[⑤]。永乐宫建筑物各组件及其内部装饰壁画实行分开转移，前者经由拆分编号、添修构件，后者则通过细致揭取、加固修复等过程，最终在新址完成建筑与壁画的拼合统一，呈现永乐宫原有之面貌[⑥]。这是中华人民共和国成立以后古建筑迁址保护的经典案例，它从建筑结构、材料和施工方法等方面为往后古建筑搬迁提供了重要参考。在此之后，三峡工程建设时，相关文物保护部门对库区及其周边133处地面文物也实施了迁址保护。迁至异地后，根据不同空间处理形式，再以集锦式景区、野外博物园、开放公园和独立建筑群4种形式进行保护展示[⑦]。

目前我国古建筑异地迁址保护主要分私人和官方两种途径。前者主要是一些买家从皖南、浙江、江西等地收购当地民间古居，再将其搬迁至异地，重新搭建利用，后者则是经国家文物单位批准后，将一些不适合原址保护的古建筑整体搬迁至异地，实施集中管理和保护。前些年，有名人曾将个人收藏的几栋徽派建筑赠予国外大学用于科学保护研究[⑧]。此事件在当时引发社会广泛争议，后

① 田春风：《论古建筑保护与城市现代化建设的矛盾与统一》，载《大众文艺》，2012(5)，284页。
② 吴垚，肖备，谢建民：《新农村建设中古建筑的生存与保护初探》，载《山西建筑》，2012，38(12)，1~2页。
③ 爱塔传奇：《山西木结构古建筑亟待维修》，载《中国文化报》，2012-03-22(07)。
④ 王江，王仲璋：《关于异地迁移维修古建筑的思考》，载《文物世界》，2004(2)，30~31页。
⑤ 谢武琦：《永乐宫搬迁和保护纪事》，载《文史月刊，2007(9)，18~19页。
⑥ 中国文物研究所：《永乐宫古建筑群搬迁保护》，载《中国文化遗产》，2004(3)，88~89页。
⑦ 陈琪玲，毛华松：《基于活态保护的三峡库区迁建文物古迹空间干预研究》，见《中国风景园林学会2017年会论文集》，7页，2017。
⑧ 林峰：《异地重建的古建筑》，载《现代装饰》，2014(3)，142~143页。

图9 迁建后的安徽黄山市潜口民居环境

图10 迁建后的安徽黄山市潜口民居入口

图11 迁建后的安徽黄山市潜口司谏第外观

图12 迁建后的安徽黄山市潜口司谏第南京

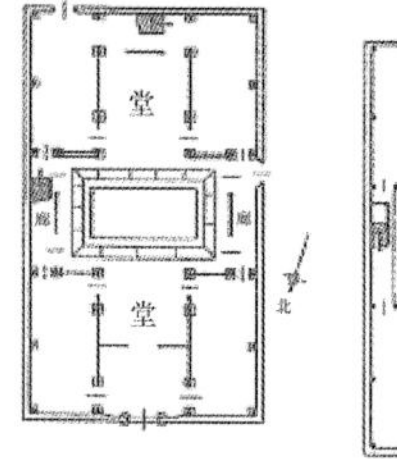

图13 迁建后的安徽黄山市潜口方文泰宅平面图

图14 迁建后的安徽黄山市潜口方文泰宅天井内景（从下往上）

图15 迁建后的安徽黄山市潜口方文泰宅天井内景（从二层窗户往外看）

图16 陕西渭城市韩城普照寺内迁建的元代建筑外观1

图17 陕西渭城市韩城普照寺内迁建的元代建筑外观2

经由多方协商规划，最终将这些古建筑运抵回国进行保护和展示。其实出于保护目的而搬迁古建筑的案例不在少数，一些地方政府会与文物保护单位在古建筑保护领域寻求合作，对古建筑异地迁址开展实践性探索，如浙江省龙游县“民居苑”①、义乌市佛堂镇“古民居苑”②，安徽省蚌埠市“湖上升明月”③、黄山市潜口民宅博物馆（图9~图15）④，陕西省渭南市韩城元代建筑（图16~图17）⑤等项目，就是将亟待保护的古建筑整体搬迁至该项目指定的规划区域，实行集中保护，搬迁建筑类型多样，涉及地方民居、祠堂等，搬迁建筑来源地也不尽相同，如义乌市佛堂镇和蚌埠市“湖上升明月”项目区内的一些古建筑就是分别从安徽、江西等省收购而来的，而龙游县“民居苑”搬迁的古建筑都来自当地⑥。搬迁完成的古建筑，后期也会有进一步的规划、开发和利用，具体如表1所列。

表1 古建筑搬迁案例举要

古建筑异地迁址案例	建筑年代	建筑类型	迁址区建筑来源地是否单一	迁址后期保护方式
龙游县“民居苑”	明、清时期	地方民居、祠堂、亭台、牌坊等	是	旅游开发
义乌市佛堂镇	明、清、民国时期	地方民居、祠堂、寺庙等	否	历史名镇规划建设、旅游开发
蚌埠市“湖上升明月”	明、清、民国时期	地方民居、戏台、祠堂等	否	旅游开发、文化艺术展示场馆、论坛研讨平台
潜口民宅博物馆	明、清时期	地方民居	是	旅游开发
韩城元代建筑	元代	寺庙、道观等	是	旅游开发

对于异地搬迁古建筑的做法，质疑之声一直存在。质疑者认为古建筑一旦离开原生环境，缺少特定文化氛围，便破坏了其本身历史文化价值⑦，不仅古建筑的真实性和完整性受到影响，而且搬迁后其原先所在村落的自然风貌会有所缺失。对于古建筑而言，原址保护不可否认是首选，它能够最大限度地展现古建筑的文化内涵与价值。国际和国内法律法规都主张对建筑实施原址保护，除非在只有迁建才能保护古建筑的情况下，才能实施异地保护。国家相关部门也曾下发紧急通知，制止某些违规迁建而对古建筑造成破坏的行为，具体到实践工作中，保护工作又面临很多问题。

2 古建筑保护面临的挑战

现有条件下古建筑保护尽管已经取得了很大进步，但仍然面临着诸多挑战，主要有以下几个方面需加以完善。

2.1 高度重视古建筑保护

每年国家和地方财政部门为保护文化遗产、促进文化事业发展，都会投入大量资金用于文化事业、产业相关部门运营，文化遗产的科学研究和保护管理以及与文化遗产相关的项目建设等；各地也大力开发自然、文化遗址，申报各级文化遗产保护单位，划定保护范围，并建设相关展示场馆、遗址公园等。

2005年国家就已设立专项资金，投资20亿元用于大遗址保护，次年国家发展规划纲要中也明确要完成100处重要遗址的规划⑧。至2018年，全国已设立36处国家考古遗址公园，总面积达61万ha，另还有67处遗址列于立项名单中⑨。考古遗址公园的规划面积广大，不仅保护主体考古遗址及其附属文物，还配备有整套完善的周边绿化环境、公园基建设施等，国家及地方投资经费多达几十亿至上百亿元不等⑩。以西安大明宫遗址公园为例，园区总面积为3.84km^2，建设区域总投资达1400亿元，园区建设涵盖多项产业，带动周边经济发展⑪。

相较而言，古建筑所受重视程度远远不够。许多古建筑的价值被低估，获得的财政资金投入较少，建筑及周边环境整体规划保护不到位，以至于某些文保单位的古建筑都面临着年久失修，濒临倒塌或被人为拆除的处境。

① 陈荣祺：《古建筑异地保护的探索》，载《东方博物》，2006(2)，104~107页。
② 杨宇全：《古建筑异地拆除重建：是被“变卖”的乡愁，还是浴火后的“重生”？——以浙江省义乌市佛堂镇“古民居苑”为例》，载《民艺》，2018(3)，46~50页。
③ 支翔，柳肃：《古建筑异地保护再利用的探讨——以蚌埠市湖上升明月项目为例》，见《2019中国建筑学会建筑史学分会暨学术研讨会论文集（下）》，2019。
④ 张靖，李晓峰：《乡土建筑遗产易地保护模式》，载《新建筑》，2009(5)，115~120页。
⑤ 李平新，贺林，许艳：《韩城元代建筑搬迁保护工程》，载《文博》，2005(4)，24~25页。
⑥ 单颖文：《古建筑“异地迁建”的爱与痛》，载《文汇报》，2013-06-09(07)。
⑦ 袁浩：《莫让古建筑“背井离乡”》，载《建筑》，2015(23)，27页。
⑧ 单霁翔：《考古遗址公园：让城市发展与文物保护两全其美》，载《经济日报》，2012-03-29。
⑨ 国家文物局：《国家考古遗址公园发展报告》，2018。
⑩ 单霁翔：《大型考古遗址公园的探索与实践》，载《中国文物科学研究》，2010(1)，2~12页。
⑪ 刘一思：《大明宫遗址公园建设过程中的相关经济问题探讨》，西安：西北大学，2013。

考古遗址和古建筑都是珍贵的文化遗产，在大力提倡建设考古遗址公园的同时，也不能忽视对古建筑的保护。文物部门对于各门类预算应有合理规划，让每处古建筑、遗址都能得到与其价值相对应的保护。考古遗址公园建设是必要的，但其不能仅依赖于财政拨款和投资来维持运营，也需有自主性方法保持收支平衡，使整体园区处于良性运转。

2.2 亟待完善古建筑法律规范

国内针对古建筑异地保护的法律规范有待进一步完善。目前古建筑保护相关法律条例多是在中央和地方文物保护法中有所提及，古建筑类专项法律较少，并且从专项法律数量对比来看，古建筑远少于遗址一类。很多地区一些重要的遗址都设有专项法律实施保护，但就古建筑而言，暂无此类具体条例，目前最有针对性的是苏州、黄山等少数城市结合本区域实际情况设立的地方性法规（表 2）。

关于古建筑异地保护，《中华人民共和国文物保护法》（简称《文物保护法》）规定需根据建筑保护等级向相应级别文物部门报批，经审核同意后才能执行，并且迁址前需完成测绘、文字记录、拍照摄影等资料建档工作，按照设计方案实施搬迁，最终由相关组织或单位进行验收。

《文物保护法》的相关规定对异地保护实施具有一定的规范作用，但仍需细化和深入。如古建筑本身产权认定不明确，在搬迁过程中，往往会涉及建筑产权的变动，如果迁址前对古建筑未有清晰的产权界定，后期易导致各责任方之间权责不明，法定程序无法有效实施①、保护管理和修复难度加大②等问题。若出现私人无法承担全部搬迁费用的情况，当地政府及文物部门可给予一定帮助，在保障所有人权益不受损的前提之下，有效处理古建筑异地迁址的保护工作③。此外，针对非法偷盗、违规倒卖古建筑构件等行为应予以严厉打击，从立法、挂牌开始，加强古建筑保护力度，向民众宣传、普及古建筑价值及意义，提高民众的法律意识④。

随着法律规范不断完善，地方相关部门依照法律条例落实监督管理，政府和公众共同参与保护，对古建筑开展科学的异地迁址和保护管理等工作也将有更为坚实可靠的保障。

2.3 切实落实古建筑保护措施

古建筑直接接触外界，常年经受风吹雨淋、阳光照射，并且其主要使用的木、砖结构材料耐火等级低⑤，极易发生火灾危害。2021 年初，中国最后一个完整的原始部落——云南省临沧市沧源县翁丁村寨遭遇大火，烧毁严重，据事后走访和调查，火灾发生时村寨里安装的消防桩未通水，相关的消防设施配置不尽完善⑥，这反映出古建筑存在极大的火灾隐患。火灾主要由自然、人为和电气因素导致，其中人为因素占比最高⑦。古建筑内

① 何绍军，张杰：《皖南古建筑异地保护与迁移开发中的产权界定》，载《商场现代化》，2011（34），47~49 页。

② 柳秋英：《苏州历史文化遗产保护中的产权问题》，载《上海城市规划》，2008（2），48~51 页。

③ 包明军：《浅谈我国的不可移动文物所有权》，载《中国文物科学研究》，2013（1），34~37 页。

④ 魏董华，王学涛：《古建筑的“改头换面”》，载《协商论坛》，2020（12），42~45 页。

⑤ 曹刚，尤飞：《古建筑建构材料火灾隐患及防火对策》，载《消防科学与技术，2014，33（6），691~694 页。

⑥ 宗路：《传统村寨火患忧思录》，载《城乡建设》，2021（5），32~35 页。

⑦ 蒙慧玲，陈保胜：《古建筑火灾分析及预防》，载《新建筑》，2010（6），140~143 页。

表2 古建筑迁移异地保护的相关法律法规举要

法律法规	条款内容
《中华人民共和国文物保护法》（2017修正本）	第二十条 建设工程选址，应当尽可能避开不可移动文物；因特殊情况不能避开的，对文物保护单位应当尽可能实施原址保护。 实施原址保护的，建设单位应当事先确定保护措施，根据文物保护单位的级别报相应的文物行政部门批准；未经批准的，不得开工建设。 无法实施原址保护，必须迁移异地保护或者拆除的，应当报省、自治区、直辖市人民政府批准；迁移或者拆除省级文物保护单位的，批准前须征得国务院文物行政部门同意。全国重点文物保护单位不得拆除；需要迁移的，须由省、自治区、直辖市人民政府报国务院批准。（节选） 第二十一条 国有不可移动文物由使用人负责修缮、保养；非国有不可移动文物由所有人修缮、保养。非国有不可移动文物有损毁危险，所有人不具备修缮能力的，当地人民政府应当给予帮助；所有人具备修缮能力而拒不依法履行修缮义务的，县级以上人民政府可以给予抢救修缮，所需费用由所有人负担。 …… 文物保护单位的修缮、迁移、重建，由取得文物保护工程资质证书的单位承担。 对不可移动文物进行修缮、保养、迁移，必须遵守不改变文物原状的原则
《苏州市古建筑保护条例》	第十一条 古建筑不得擅自迁移或者拆除，确需迁移或者拆除的，必须征得文物行政主管部门同意后，报规划行政主管部门批准。对需要迁移或者拆除的古建筑，实施单位应当确定迁移或者拆除的方案，做好测绘、文字记录和摄影、摄像等资料工作，落实古建筑构件保管措施。拆除的古建筑构件不得擅自出售，应当报请文物行政主管部门处理

法律法规	条款内容
《黄山市徽州古建筑保护条例》	第十三条 古建筑应当原址保护。因地质灾害、重大工程建设等原因，确实无法原址保护的，可以通过迁移进行保护。 古建筑需迁移保护的，由所有权人提出申请，经县（区）文物主管部门审核，报市文物主管部门批准。迁移出本市范围的，应当报市人民政府批准。 经批准实施迁移保护的古建筑，实施单位应当做好测绘、文字、影像等建档工作
《江苏省文物保护条例》	第十四条 建设工程选址，应当尽可能避开不可移动文物；对文物保护单位应当尽可能实施原址保护。 文物保护单位因特殊情况确实无法实施原址保护，需要迁移异地保护的，应当报省人民政府批准。迁移省级文物保护单位的，批准前须征得国务院文物行政部门同意。迁移全国重点文物保护单位，须由省人民政府报国务院批准。尚未核定公布为文物保护单位的不可移动文物，需要迁移异地保护的，应当事先征得文物行政部门的同意；需要拆除的，应当事先征得省文物行政部门同意。 对需要迁移异地保护的不可移动文物，建设单位应当事先制定科学的迁移保护方案，落实移建地址和经费，做好测绘、文字记录和摄像等资料工作。移建工程应当与不可移动文物迁移同步进行，并由文物行政部门组织专家进行验收
《浙江省文物保护管理条例》	第十九条 不可移动文物实行原址保护原则。未经依法批准，不得迁移、拆除。 第二十四条 经依法批准，迁移文物保护单位、文物保护点的，其迁移方案必须报经相应的文物行政部门批准。文物行政部门应当对移建工程实施监督并组织验收
《福建省文物保护管理条例》	第十六条 因建设需要，对不可移动文物必须进行迁移异地保护的，建设单位应当在报批前落实迁建地址和经费，并依照国家有关规定制定迁建保护方案，做好测绘、文字记录、登记、照相和摄像等工作。迁建工程应当与不可移动文物的落架拆卸同步进行，并由县级以上地方人民政府文物行政主管部门依法组织验收

部用火不当、文物保护单位监管不力、电路老化未及时检修、消防设备陈旧无法正常使用等，都反映了古建筑保护措施落实不到位的情况。古建筑中木质文物构件除易燃外，还面临着生物、物理、化学性损害[①]。对于地处潮湿、植被覆盖度高的地区的古建筑，生物侵害防治十分必要。如集中迁建成为全国重点文物保护单位的安徽潜口民宅博物馆，自建馆起就一直进行着白蚁防治，监测巡查不间断，并及时更换糟朽木构件，因此其古建筑保护成效显著[②]，成为古建筑迁址保护的重要实例。

古建筑保护措施不是设置好即可，日常监控建筑内外部环境，定期检查、维护、修缮同等重要，只有将各项工作落到实处，才能真正降低灾害发生的可能性，减少对古建筑的破坏。

3 多元化的古建保护方法

3.1 难以原址保护的古建筑，可以实施迁址保护

古建筑迁址得到广泛讨论，反映了人们的古建筑保护意识的提升。原址保护不再是古建筑保护的唯一方法，面对众多确实无法在原址上较好保存的古建筑，经相关文物部门审核批准，可以实施科学的异地保护方案。

异地保护绝非一件易事，首先需要经过专家和文物保护技术人员的考察调研，确定具有可行性后才能申报立项。古建筑搬迁必须贯彻“保护为主、抢救第一、合理利用、加强管理”的方针，整体工作围绕“保护放首位”来开展。

其实，由于工程建设需要而转移保护古建筑的情况不仅出现在国内，国外也有不少相关著名案例。20 世纪 50 年代在尼罗河畔修筑阿斯旺大坝，这一水坝建设带来诸多便利的同时，也对尼罗河沿岸诸多古迹造成了威胁。1960 年，在联合国教科文组织的协调下，多国不同领域的专家被召集，共同开启了努比亚地区众多神庙异地保护工程的计划[③]。其中较为典型的案例是搬迁阿布辛拜勒的两座神庙，实施搬迁时，将神庙切割成 2 000 余块石件，迁移至新址后才进行重新组装，使神庙搬迁前后的结构位置保持一致。1960—1970 十余年

① 汪中红，姚杰，钱庭柱：《浅析古建筑木构件与木质文物的保护方法》，载《林业实用技术》，2009(4)，59~61 页。

② 杨永艳：《文物古建筑的虫害防治与日常维护》，载《中国文物报》，2016－10－28(08)。

③ 令狐若明：《推动世界文化遗产事业诞生的重要考古遗存：古埃及阿布辛拜勒石窟庙》，载《大众考古》，2016(3)，80~87 页。

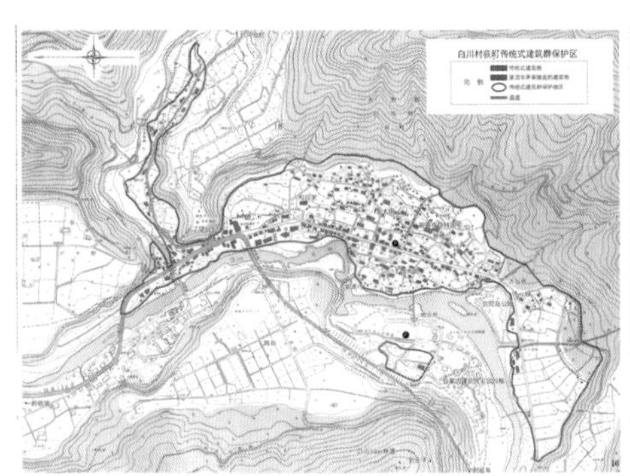

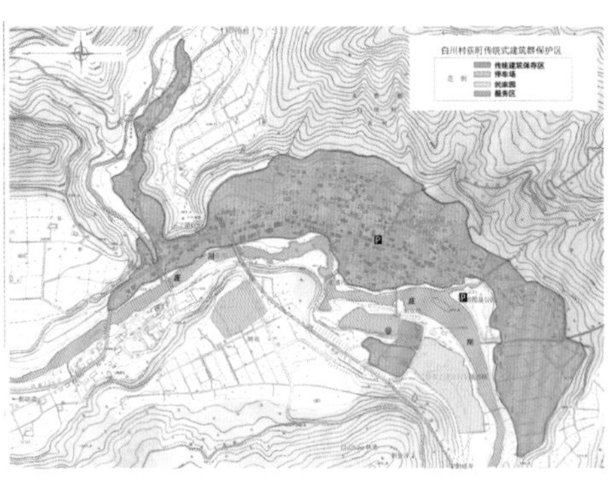

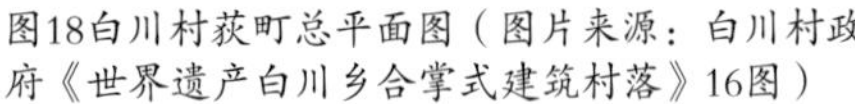

图18白川村荻町总平面图（图片来源：白川村政府《世界遗产白川乡合掌式建筑村落》16图）

图19 白川村荻町功能分区

间共完成了23座神庙的保护任务，这项工程取得成功是多国通力合作的结果，同时神庙保护方案也为世界其他地区建筑类遗存迁址保护提供了一定参考。

再如，日本岐阜县白川乡的白川村（图18、图19），由于水坝的建造，其他村落散落的一些合掌造民居的生存受到威胁，白川村的社团、政府及当地居民将散落的合掌造建筑集中保护起来，于1972年在白川村荻町开始建设“野外博物馆合掌造民家园”（1994年6月，改称“合掌造民家园”，图20~图30）[①]供游人近距离参观和体验，而河对面白川乡荻町原本就是一个合掌造民居聚落，位于庄川河东岸，迁建的民家园则位于庄川河西岸，二者通过桥梁相连。这样的规划既保护了迁建民居，也有效地延续了荻町的传统文化生态。因为好奇的游客可以在民家园中慢慢参观，如此就不会影响荻町原居民生活的私密性。当然，部分想深度体验合掌造民居的游人，则可以入住民宿，感受烟火气息浓郁的原住民生活。这种迁建模式使得传统民居、原住民、游人、古建研究者等多方共赢，值得借鉴。由此，荻町被誉称日本最美丽的乡村，在1996年荣列世界文化遗产[②]。

3.2 制定全面科学的迁址保护规划设计方案，逐一严格落实

迁址前要对古建筑本身及其周边环境进行详细的调查和记录，包含建筑历史、结构布局、区域人文、自然环境等众多信息。除运用传统手段整理地方志、家族史等文献资料外，还可以利用口述史研究手段[③]，对与待搬迁古建筑有关的当地居民进行访谈，做好录音、录像记录，详细调查建筑始建年代、修缮历程，形成古建筑资料档案。

①宫泽智士：《合掌造りを推理する》，70页，白川村，白川村教育委员会，1995。

②马晓，周学鹰：《兼收并蓄融贯中西——活化的历史文化遗产之一·翁丁村大寨与白川村荻町》，载《建筑与文化》，2013(6)，138~143页；马晓，周学鹰《白川村荻町——日本最美的乡村》，载《中国文化遗产》，2013(5)，102~107页。

③傅光明：《口述史：历史、价值与方法》，载《甘肃社会科学》，2008(1)，77~81页。

图20 民家园平面示意图

图21 民家园入口

图22 民家园内迁建的磨坊

图23 民家园内迁建的浅野忠一家主屋外观

图24 民家园内迁建的浅野忠一家主屋室内陈列1

图25 民家园内迁建的浅野忠一家主屋室内陈列2

图26 民家园内迁建的浅野忠一家主屋室内陈列3

图27 民家园内迁建建筑之一室内陈列

图28 民家园内迁建建筑之二室内陈列

为了确保古建筑整体搬迁的顺利进行，前期使用先进仪器设备进行测量是必要的，绘制建筑平面、剖面、立面结构图，提高测绘施工图精度，以保留更多建筑现状信息[①]。还可尝试利用三维模型重建、地理信息系统分析等数字化技术手段建立完备的数据库，便于顺利完成周围环境监控、数据采集以及优化搬迁修复古建方案等工作[②]。

正式搬迁时必须严格按照规划设计方案实施。在古建筑拆件过程中，任何构件都应仔细编号，分门别类地摆放、运输迁至新址。木构件的运输过程做好严格防护，以防止其受损。古建筑重新组合搭建时，要依据构件拆卸时的编号分类，正确拼接每一根柱、梁、椽、枋，每一块砖、瓦，遵循建筑搬迁前的原状[③]。如果有构件出现糟朽、破损情况，还应及时更换、修补，尽可能选用原有木料，按原工艺、技术制作对应的补配件。迁址修缮古建筑要保持其真实性，施工聘请具有专业资质，熟悉古建结构材料、修缮技术的人员，才能保证建筑顺利搬迁。

图29 民家园内迁建建筑之三室内陈列

图30 民家园迁建建筑之四室内陈列

3.3 坚持迁址保护古建筑的“活化”利用，使其真正融入新环境

“保护为主”是文物工作的一个重要原则。据此，我们或可进一步提出，古建筑保护的最终目的，首先是为了利用，不论是纯粹用于科学研究，还是兼具理论与实践意义，两者仅是利用形式不同而已。最近几年来，古建筑的“活化”利用已经成为全社会的共识。

因此，不论原址保护还是异地迁址保护的古建筑，它们的后期管理均十分重要。在各级各类古建筑价值认定的基础上，因地制宜地实施不同程度的管理与利用。迁址保护、“活化”利用后的古建筑，必须融入新的环境之中，成为所在地居民引以为傲的文化景观，也成为他们生活中必不可少的一道亮丽的风景线。当地文物保护单位需完善监督管理机制，统计本辖区范围内的古建筑数量，定期查勘古建筑保存现状等。

3.4 适当补偿原址居民，促进全社会共同发展

毋庸讳言，古建筑搬迁离开原址之后，相关古建筑的缺失确实会给原址的居民和环境带来影响，因此可适当给予当地一定补偿，改善他们的居住条件，保护周边自然生态环境，这样既能实现古建筑的合理保护，也能让原生环境实现可持续发展。

民生思想贯穿于中国共产党百年伟大实践中[④]。当前我国全面建成小康社会后，在减少相对贫困、推进部分先富的实践基础上，不断丰富与发展马克思主义中国化共同富裕思想，为指导全面建设社会主义现代化国家和推进乡村振兴战略的伟大实践，进而逐步实现社会主义共同富裕提供理论和行动指南[⑤]。

目前，我国农村“精准扶贫”已初步结束，城镇“精准扩中”逐步纳入议程。有研究者认为：“精准扶贫”与“精准扩中”交替推进，我国就能快速实现城镇化与共同富裕两大目标[⑥]。

尤其是在 2021 年 7 月 1 日，庆祝中国共产党成立 100 周年大会上的重要讲话中，习近平总书记强调，我国“正在意气风发向着全面建成社会主义现代化强国的第二个百年奋斗目标迈进”。全面建成小康社会，成为共同富裕的重要里程碑。2021 年 5 月 20 日，中共中央、国务院公布《关于支持浙江高质量发展建设共同富裕示范区的意见》，进一步明确以浙江省作为共同富裕示范区。

4 结语

文物的价值在于它得到完好的保存[⑦]。只有古建筑实体留存于世，其历史、艺术和科学价值才能得以彰显。

相对于可移动文物来说，体量巨大、数量众多的古建筑的保护，涉及的方面众多，需要采取各种各样的具体措施。譬如，加大古建筑保护资金投入，合理规划古建筑及其周边自然环境保护范围；完善与古建筑相关的法律法规，明确古建筑产权，严厉打击违法偷盗倒卖，宣传古建筑的重要性，提升民众法律保护意识；落实古建筑保护措施，定期维护、修缮古建筑构件，检修电气设备，排查安全隐患等。

对古建筑而言，首先应实施原址保护，其次可考虑迁址保护，两者真正目的都在于更好地保护古建筑本身，传承其宝贵的历史文化价值。诚然，古建筑迁址保护有诸多不足有待完善，但对于目前尚无法在原址上得到有效保护，面临倒塌、消失风险的古建筑仍不失为一种好的选择，因迁址保护能让它们在适宜环境下得以保存延续。

① 吕彩忠：《施工图测绘在古建筑异地保护中的应用研究——以龙游为例》，载《科技创新导报》，2013(6)，252~254 页。

② 范张伟，邢昱：《基于数字化技术的古建筑保护研究》，载《北京测绘，2010(3)，18~21，35 页。

③ 杨辉：《古建类文化遗产易地保护研究》，西安，西北大学，2015。

④ 杨丽娟、陈阳芳：《百年大党民生思想的理论创新和历史经验》，载《牡丹江师范学院学报(社会科学版)》，2021(4)，30~40 页。

⑤ 吕小亮、李正图：《中国共产党推进全民共同富裕思想演进研究》，载《消费经济》，2021(8)，1~8 页。

⑥ 陈万钦、刘奎庆、徐双军：《我国如何“精准”扩大中等收入群体》，载《河北经贸大学学报》，2021(5)，46~53 页。

⑦ 马炳坚：《〈威尼斯宪章〉与中国的文物古建筑保护修缮》，载《古建园林技术》，2007(3)，34~38，57 页。

Ancient Stories about Yinshan Pagoda Forest and an Ancient Stele

银山塔林和一通古碑的千古奇谭

姚敏苏*（Yao Minsu）

提要：银山塔林位于北京市昌平区，是国务院公布的第三批全国重点文物保护单位之一。现存金代至清代的古塔十余座以及一座古代佛寺遗址。以往人们认为这座佛寺起源于唐代，依据是遗址内现存的一通金代石碑。本文通过实地探访和查阅多部古籍文献，考证出此碑为明代伪刻，对银山塔林的起源和历史研究起到了填补空白的作用。

关键词：银山塔林；全国重点文物保护单位；石碑；考证

Abstract: Yinshan Pagoda Forest, situated in Changping District of Beijing, is among the third batch of important heritage sites under state protection designated by the State Council. It consists of a dozen of ancient pagodas and an ancient Buddhist temple site that were built between the Jin Dynasty and the Qing Dynasty. The ancient temple was previously believed to be built in the Tang Dynasty, judging from a stele in the site, which was made in the JinDynasty. After making filed visits and extensively consulting ancient literature, the author verified that the stele was a forgery in the Ming Dynasty, thereby filling the gap in the research on the origin and history of Yinshan Pagoda Forest.

Keywords: Yinshan Pagoda Forest; important heritage sites under state protection; stele; textual research

天下名山僧占多——这话着实不虚。大凡优美的自然景观里，往往包含着人文古迹，给历代游历山水的人们增添了浓浓的文化雅趣和思古幽情。

北京市昌平区天寿山东麓有这样一片山，峭楞楞几座山峰，刀劈斧斫般列峙成一排，在燕山山脉浑圆的群山中异峰突起，煞是引人注目。这处景区有一个响亮的名字——铁壁银山，是古昌平“燕平八景”之一。银山之所以称为“铁壁”，是因为山体岩石多呈铁青色，而冬雪季节，山峰一派银白，又形成强烈对比。

像笔架一样列峙的银山脚下，环抱着一片平缓的台地，一座古刹一千年前在这里拔地而起。但是经历了岁月的无情激荡，山间的梵音渐渐消失，座座佛殿僧寮一一倾颓，只剩下林立的宝塔，默默屹立在群山怀抱中，高耸的塔尖刺破山峦的天际线，形成了一处巍峨的古迹——银山塔林（图1~图3）。

1988年，国务院将银山塔林列入第三批全国重点文物保护单位名单。我最初正是借着这个因缘，初访这处佛教圣迹的——大约在2003年，为编辑《全国重点

图1 塔林佛光

图2 银山塔林里的古碑

图3 遗址东部的残塔

* 文物出版社副编审

图4 山路边清代覆钵式塔

图5 银山塔林国保标志碑

图6 银山塔林中心五座金代密檐式塔

图7 元代覆钵式塔及藏经楼基址

图8 回望大雄宝殿基址

图9 从藏经楼望大雄宝殿基址

图10 寺院基址俯瞰

图11 山门基址

文物保护单位》大型图录，同摄影师来这里拍摄（图4~图5）。

庚子金秋，重访银山，一晃相隔了17年。山路依然，塔林依旧，只是古塔做了修缮，古寺遗址的殿基也清理得更加清晰。

银山塔林现存古塔十余座，建造年代从金代直至清代，核心是五座巍峨的金代密檐式砖塔。五塔坐落在寺院中轴线前段，做梅花式对称排列，正中和东南、西南三座为八角十三级，最高的超过20 m；东北、西北两座为六角七级，也有15~16 m高。单纯的灰黄色宝塔，在青翠金红交叠的秋山和碧青的蓝天映衬之下，耆旧庄严；而须弥座与塔身上嵌饰的层层砖雕，又在阳光的辅助下，勾勒出一派古雅的华丽。这种装饰繁复、俗称“花塔”的造型，是北方辽金时代古塔的典型风格。（图6）

图12 夹杆石与西半部山门基址

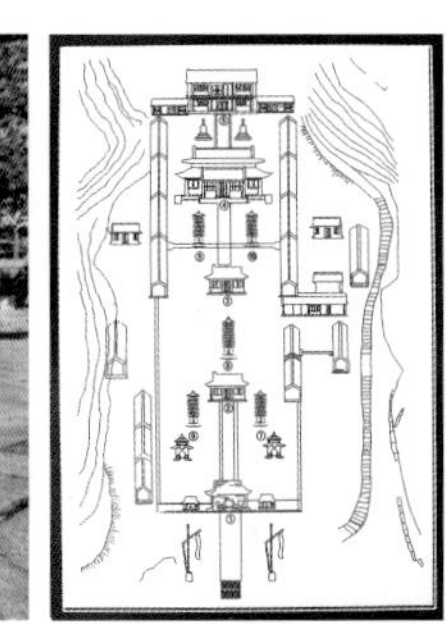

图13 银山遗址复原示意图（摄自景区）

这些塔正是近千年前遗留的金代遗迹。塔林脚下的建筑基址，为我们讲述着古刹昔日的辉煌（图7~图10）。

有关这座古寺通常的介绍是：相传此地唐代即建有寺院，名僧邓隐峰曾在此说法、修行；辽代寿昌年间（1095—1101年)，满公禅师创建宝岩寺；金代天会三年（1125年），海慧禅师（？—1145年）重修庙宇，名大延圣寺；明代宣德四年（1429年）司设监太监吴亮出资重修寺院，于正统二年（1437年）完工，英宗赐名法华寺；明清两代此地佛法兴盛，寺院屡次重修，清末民国时期发生衰败，抗战时期殿宇被日军拆毁，只剩下实心的砖塔。

放眼遗址全境，自南向北，布列着依山势次第升高的三进殿宇，采用汉地寺院规矩的伽蓝七堂中轴对称布局。山门前东西两侧，各有一对逾1 m多高的花岗岩夹杆石，根据体量和石间距推测，寺前的幢幡木杆相当粗壮高大（图11、图12）。沿中轴线拾级而上，是三开间的山门殿，中门两侧分列着低一级的边门。三门，象征着佛教的空门、无相门、无作门，又代表了智慧、慈悲、方便三解脱门的含义。其后的天王殿基址位于正中宝塔的南面，殿中央供奉佛像的石须弥座还存在；塔后是禅堂遗址，与天王殿都是三开间的面阔（图13）。再向北，五座宝塔的北侧，则是寺院正殿大雄宝殿的殿基，从遗留的柱网排列可看出，其具有面阔五间、进深三间的宏大规模。东、西两侧各有配殿，应该是伽蓝堂和祖师堂。中轴线的最北端，高高的月台上是藏经楼的遗迹，台阶两侧各立着一座元代覆钵式喇嘛塔。再后，紧贴山体，就是石砌的寺墙了。

置身这样的历史场景，如果在脑海里把坍塌的殿宇复建起来，该是怎样雄阔的场面！特别是大雄宝殿，想象一下山西遗留的金代建筑形制：高耸的殿顶，深远的出檐，硕大的斗拱，粗壮的柱梁，古朴的色彩，再加上殿堂里慈悲的佛像……叠印在这处遗址上，好一座庄严清净的幽燕名刹！而耸入云际的宝塔穿插分布在殿宇之间、居于寺院最显耀的中心位置，在后代寺院建筑里是不多见的。

银山塔林的五座密檐式砖塔，是金代五位高僧的舍利塔。五塔都在一层正南面仿木塔门的门楣上嵌有塔铭，居中的一座为“故祐国佛觉大禅师塔”（图14~图16），西南是“故懿行大禅师塔”（图17~图19），东南是“晦堂祐国佛觉大禅师塔”，西北是“圆通大禅师善公灵塔”，东北是“故虚静禅师实公灵塔”，最后这个塔铭的左、右侧还各刻有一行题记，右侧为“公主寂照英悟大师独管此塔”，左侧为“大安元年九月二十三日功毕”。这是五座塔上唯一的纪年。

五塔中占据中间位置的，塔主人的地位显然也最为重要，他就是被封为国师的一代高僧“祐国佛觉大禅师”，法号海慧。佛教史上的重要典籍——梁、唐、宋、明四朝《高僧传》里，唯有海慧禅师入选明代编纂的《明高僧传》卷七。其中记载，海慧禅师生活在金朝初年，“幼而英敏，过目成诵”。他曾经潜踪五台山耕读禅修一十五载。“一日叹曰：大丈夫当以众生为急……遂携锡燕都遍历禅寺，随缘演化。”之后有这样一段记载：“金皇统三年六月，英悼太子创造大储庆寺于上京宫侧，告成，极世精巧，幻若天宫，慕师道价，降旨请为开山第一代。”那是金熙宗时期，国都还在现在的黑龙江，就是金上京会宁府。辽金时代皇室普遍崇奉佛教，海慧禅师在燕地度化众生，声名远播，被迎请到上京。当时有规定，获封国师的高僧是要住在都城的。

不过，这部可靠的典籍也有经不起查考的地方，翻阅一下《金史》，就会发现《明高僧传》里一个重大的讹误。那位英悼太子，《金史·列传十八》有几行记录，他是熙宗的长子，名叫济安，皇统二年（1142年）二月戊子日生于天开殿，同年十二月，济安突然患了急病，熙宗和皇后连忙赶往佛寺焚香，痛哭流涕地哀祷，又赦免了五百里内的罪囚。可是无济于事，“是夜，薨”。小太子还是当夜就死了，熙宗为他封了个悲凉的谥号叫“英悼太子”，将他葬在皇家的兴陵旁边，还亲自送灵到郊外的乌只黑水；又命工匠为太子塑了像，供奉在储庆寺里，跟皇后亲自到寺院安置。济安不满周岁就患急病夭折了，他是不可能建寺的。显然，迎请高僧的，应该是熙宗本人。《明高僧传》说，海慧于皇统五年（1145年）圆寂，烧出五色舍利无数，“金主偕后、太子、亲王、百官设供五日，奉分五处建塔。谥曰佛觉祐国大师”。至于上京的大储庆寺，几年后海陵王完颜亮杀死熙宗、迁都燕京，“毁上京宫室，寺亦随毁”。这是《金史》里的记载。

银山这一座塔，正是瘗埋海慧大师舍利的五处之一，也是唯一可以确认的一处。而周围四座塔的主人，估计是寺院历代住持，生平一时无从查考。位于西南的故懿行大禅师塔，砖雕装饰在五座塔里最华美，推想也是当时倍受敬重的大师。

海陵王完颜亮迁都燕京是在公元1152年，之后的金世宗（1161—1189年在位）和金章宗（1190～1208年在位）时期，金国一度相对稳定，国力渐趋强盛，北京著名的卢沟桥就是世宗末年到章宗初年建造的。而塔林东北部的故虚静禅师塔题记的大安元年是公元1209年，金章宗驾崩后一年。鉴于北边两座塔只有七级，位置也偏后，推想虚静禅师的时代也比前面几位高僧晚一些，专门写了“功毕”两个字，似乎表明建塔功德圆满，推断为建塔时间的下限也合理吧？然而从五座塔的布局看，它们绝不是随意择地安插的，尽管工程有先后，但显然是有整体统一规划设计的。是否可以判断，五塔主要建造于金世宗到章宗时期？

金世宗的年号是“大定”，这又引出一件奇事。

银山塔林里除了古塔和建筑基址，还有几通古石碑。古碑可以说是刻在石头上的史书，也是重要的文献。银山古碑中年代最早的，是一通“大定六年”的“重建大延圣寺碑”。塔林的介绍文字里大多会提到它，并把它作为重要的史料依据。我重访塔林，也是重点要去看这块碑。它立在大殿基址前台阶西侧的须弥座上，体量不大，碑额雕刻云纹，中间篆书“重建大延圣寺记”。但是碑早已经残断，缺了中间三分之一，只剩下碑额和碑身的下半段，上半段碑身是根据原碑的尺寸补配的新石材，没有碑文（图20、图21）。

图14 故祐国佛觉大禅师塔

图15 故祐国佛觉大禅师塔塔铭

图16 故祐国佛觉大禅师塔塔檐及护法天人

图17 故懿行大禅师塔

图18 故懿行大禅师塔须弥座砖雕

图19 故懿行大禅师塔须弥座砖雕细部

图20 重建大延圣寺碑

图21 重建大延圣寺碑碑文细部

图22 重建大延圣寺碑拓片

我把拍摄回来的残碑碑文，在电脑上放大释读起来，其中拿不准、认不得的碑别字或异体字，则隔着屏幕向书法家李穆先生一一请教。可是，每一行碑文都缺了上半行，就算是全都释读出来了也不解其意。我不得不在网上查找线索，想找到完整的碑文，才发现关于银山塔林，文物部门的专业介绍只有简短的文字，大多是私媒体的游记。正在无奈之际，突然看到2007年发表在《北京日报》上的一篇文章《银山塔林的古赝碑》，作者是杨乃运。他考证的正是这块“大定六年”碑。作者通读碑文，发现了诸多不合理的地方，断定为伪碑。可惜的是文中没有抄录全部碑文。另外，他提出疑问：“金、元、明、清没有特别的动机去炒作寺庙的历史和银山的景物……把立碑时间推前的动机是什么？”他在排除造假的经济企图之后判断，碑还是金代的，只是年代作假推前了。

这让我立刻来了兴趣，越发想找到完整的碑文。花了两天时间，终于在一篇博文里看到了据说是收藏在国家图书馆善本部的碑文拓片（图22），对照图中勉强认清的字迹和我释读出的半块碑文，纠正了作者释文的不少错字，把全文释出来了。碑文如下。

重建大延圣寺记

都城之北相去仅百里许，曰银山铁壁，景趣殊绝。其麓旧有寺曰大延圣，创建自昔。相传大安大定中，寺有五百善众，傍有七十二庵，时有祐国佛觉大禅师、晦堂祐国佛觉大禅师、懿行大禅师、虚静禅师、圆通大禅师、和敬大师相继阐教演法于其地。而中虚道人邓隐峰有题曰白银峰、佛顶峰、古佛岩、说法台、佛觉塔、懿行塔、雪堂、云堂、茶亭、濠泉，皆其旧迹，尝咏歌其事，至今尚存，其所由来概可知矣。年代虽有古今之殊，而山峰基址、人心之善则无古今之异，后之览者必将起敬起慕于无穷也。

隐峰十咏

白银峰

孤峰高出云，上有银色界。识得普贤身，虚空犹窄隘。

悟明理性时，不作尘境界。劫火或洞然，此山无变坏。

佛顶峰

巍巍佛顶峰，妙笔莫能画。傍列千万层，比之无不下。

毗卢顶上行，却笑望崖柏。烟锁碧螺纹，幽境难酬价。

古佛岩

云锁幽岩路，寒松映碧虚。世人都不到，古佛又安居。

寂尔心常静，凝然体自如。他年奉香火，相近结茅庐。

说法台

松下石台妙，山僧转法轮。虽然长苔醉，终不惹尘埃。

自有云为盖，宁无草作茵。当年谛听者，悟道是何人。

佛觉塔

示生临济村，示灭长庆寺。非灭亦非生，谁明佛觉意。

分彼黄金骨，葬此白银峰。宝塔耸云汉，僧来仿灵踪。

懿行塔

于其亲也幸，于其师也恭。临机答问难，诸方怖机锋。

七十一光阴，白驹之过隙。秋风振塔铃，说尽真消息。

雪堂

冷烟藏万壑，积雪满千山。空谷幽深处，虚空寂寞间。

庭前明月静，窗外白云闲。中有庞眉老，孤高不可攀。

云堂

斯堂最虚豁，衲子来如云。虽有凡圣混，不碍宾主分。

何必习大智，何必修多闻。一念万年去，方为报圣君。

茶亭

西峰寒翠中，有亭虚四面。山间奇绝处，一一皆可见。

古松八九株，秋云三五片。共分壑源春，胜比瑶池宴。

濠泉

寂寂银峰下，寒泉浸碧空。堪将蛴池比，不与偃溪同。

夜印月华白，秋风霜叶红。蛟龙此深隐，天旱济群蒙。

大定六年三月初三日立石

奇哉！奇哉！这哪里是一块正经的记事碑啊！顶多是一篇游记。记事碑该有的建寺缘起、出资功德主、重建过程等实事一概没有，而大延圣寺的历史则是一句虚的“创建自昔”。下一句“相传大安大定中”更好笑，金代的大定年（1161—1189年）在前，大安（1209—1211年）在后，叙述历史必须从早至晚，比如唐宋、明清，绝不可能说宋唐、清明的。这还不算，更不可思议的是，立碑年代是“大定六年”，就把将近30年后的“大安”年的事记上了，这不是穿越吗？

不止如此，碑上大书特书的十首诗“隐峰十咏”也很离奇。碑文上说，“中虚道人邓隐峰”记录了银山的十处名胜，写了十首诗。这个邓隐峰是谁呢？

宋代《景德传灯录》《五灯会元》等多部佛教典籍里记载，唐代有一位传奇的神僧隐峰禅师。他是福建邵武人，俗姓邓，时称邓隐峰。他少年出家，先到江西拜马祖道一参学，又赴南岳衡山参访石头希迁禅师，往返参学多年，终于在马祖门下开悟。之后又游历池州、沩山、五台等禅宗道场，“冬居衡岳，夏止清凉”，冬天住在南岳衡山，夏天住到五台山。他的公案特别多，最著名的是显神通的故事。唐元和年间（806—820年），隐峰禅师登五台路过淮西，遇上官军同叛军吴元济交战，未决胜负。便说道：“吾当去解其患。”于是把锡杖抛向空中，然后飞身而过。两军将士仰头观看，发现眼前这一幕跟夜里梦见的预兆一模一样，吓得再不敢争斗，战争由此平息。

隐峰在公开场合显神异，担心有惑众之嫌，于佛法不利，因为释迦牟尼佛是禁止弟子们显神通的。于是来到五台山后，决定在金刚窟前示灭。他问信众：诸方大德圆寂，坐化的卧化的我都见过，有立化的吗？信众说：有。又问：有倒立的吗？信众答：未曾见过。于是他就倒立着入灭了。奇怪的是，他的衣服居然整整齐齐顺着身体，并未倒挂下来。众人想把他的遗体抬到火化窑里荼毗，却怎么用力都抬不动。当时，邓隐峰有个妹妹是个比丘尼，上前拍着他的尸体呵斥道：“老兄，你从前不循规蹈矩，死了还要吓唬人吗？”说完用手一推，尸体随即倒下了。

虽然后代把故事编得十分离奇，但是邓隐峰在佛教史上确有其人。不过那“隐峰十咏”的十首诗，李穆先生帮忙翻阅了《全唐诗》查找，明确告知：没有。《全唐诗》补编里只有他的一首偈子。

考证越来越好玩。

“隐峰十咏”里描绘的白银峰、佛顶峰、古佛岩、说法台等，都是银山的景点，大多至今还在。银山上到处都是邓隐峰的影子：山峰石岩下是隐峰晏坐处；山旁盘曲的松树，是邓隐峰的挂衣树。十咏诗中所谓“说法台”，即中峰那一片平坦的岩石，也是传说邓隐峰在银山说法的遗迹——邓隐峰写诗缅怀自己留下的“遗迹”，不仅如此，他还能描写身后400年的金代佛觉塔和懿行塔。这让人不禁窃笑：他是真的“神通广大”哦！

不过严肃地说，隐峰禅师虽然在佛教史上赫赫有名，但史籍上记载的他的行迹，却没有提到幽州、昌平、银山一带的地名。要知道唐代的幽州远离国都，主要作为军事重镇和交通要冲，其他方面的影响还不是很大。隐峰是否真的在银山驻锡过，有很大疑问。此外，他也没有“中虚道人”的别号，目前也查不到后代又出了第二个邓隐峰，哪怕是位道士。这就奇了，“十咏”的作者究竟是什么人？刻碑的人为何犯如此低级的错误，假托历史名人，演出这样一幕“关公战秦琼”的穿越剧呢？

要查明真相，还需要下点笨功夫。我向北京市文物研究所的黄秀纯老先生请教。黄先生打开书柜，找出《帝京景物略》《光绪昌平州志》《天府广记》《长安客话》，还有顾炎武的《昌平山水记》等好几本北京史地的古籍借给我查阅。

我重点需要了解的是那块碑的内容最早出现在什么时代。翻阅了上述古籍有关银山的记载，摘录出来，按时代一一罗列，脉络逐渐清晰起来。

最初命名“燕平八景”的，是明嘉靖年间（1522—1566年）的昌平人、尚宝司少卿崔学履，他编辑的《昌平州志》，在《地理志》中辟“燕平八景”，将银山铁壁列入其中。

而万历年间（1573—1620年）成书的《长安客话》，是目前我见到最早出现“隐峰十咏”刻石的。此书作者是蒋一葵，万历二十二年（1594年）举人。这本书里记录得十分混乱，说金天会三年始建法华寺，明正统十二年重修赐额大延圣寺。作者把金代和明代这座寺院的名字说颠倒了，还把“正统二年”写成了“正统十二年”，将“隐峰十咏”刻石纪年的“大定六年三月”说成“大定三年”。可能他并没有实地走访，不知抄自何处，还是仅仅记录了传闻。

从此以后，相关文献就开始屡屡出现同样的内容。

崇祯八年（1635年）刘侗、于奕正《帝京景物略》刊行，记正统十二年太监吴亮重修寺院、大定六年碑刻隐峰十咏。

清顺治十六年—康熙十六年（1659—1677年），顾炎武（1613—1682年）游昌平，六谒明陵，写《昌平山水记》，记银山法华寺、邓隐峰银山十诗、金大定六年立石。

光绪十二年（1886年）刊刻的缪荃孙、刘万源等著《光绪昌平州志》，引顾炎武《昌平山水记》，记银山隐峰十诗。

……

而至今还立在遗址里的两通明代石碑，一是正统二年（1437年）立“敕赐法华寺碑”，由“资善大夫礼部尚书兼翰林学士国史总裁南郡杨溥撰文”；一是成化二十一年（1485年）立“重修法华寺碑”，落款是“神宫监祭文立石”，都没有提到邓隐峰和唐代的任何痕迹，也没有提及金代石碑。细读可以看出，这两块碑的文字是比较严谨的（图23、图24）。

之后，根据线索，我在孔夫子旧书网上买到了麻兆庆著《昌平外志》，原书清光绪十八年（1892年）刊行。其中卷四《金石记》，收录了一篇碑文《元银山宝岩寺上下院修殿堂记》（原碑已失），碑由元代“至元二年十一月住持传法沙门潜云道泽立”，记述了银山寺院的起源和宗派沿革：“京之北，有山曰银山，寺曰宝岩，实亡辽寿昌间满公禅师之开创，通理、通圆、寂照三师继席之道场也。金天会初，佛觉徇缘始居之，故历代相仍。”元碑上的表述，银山寺院的开创者是辽代的满公禅师，直到元代，寺名一直是宝岩寺。碑文提到的通理、通圆、寂照三位法师也是金代有影响的高僧，通理就是在房山云居寺主持刻经的大法师。从辽至金至元，这里是禅宗云门宗道场，而且在华北一带自成一派。元碑没有提到寺院起源于唐代，更没有提隐峰，甚至没有说金代寺名大延圣寺，同样没有提及金代石碑。

这块碑的立碑年代是至元二年。元朝有两个至元年号，一是世祖，一是顺帝。碑文中提到“有元甲辰间”，而元唯一的甲辰年是1304年，这里的至元一定在甲辰之后，是元顺帝的年号，至元二年就是1336年。这篇由住持僧人撰写的碑文，是迄今所见有关银山古寺最为严肃可靠的文献之一，而且时代比较早。

再看那“隐峰十咏”诗，有白银峰、雪堂的景点，又有“寂寂银峰下”的诗句，显然是有了“铁壁银山”这个名称之后的作品，可以认定为在嘉靖《昌平州志》命名“燕平八景”之后。

图23 明正统二年敕赐法华寺碑

从目前我见到的资料看，所谓“大定六年”碑，很可能是明代的伪作，最早出现在明代嘉靖至万历年间，像是横空出世。而此后的一切误会，全都是这块碑惹的祸。被大加渲染的唐僧邓隐峰与银山的关系，多半是子虚乌有。

图24 所谓大定六年碑（左图）与正统二年碑（右图）形制对比

上述明代碑文告诉我们，从宣德初年开始，银山这座大寺就由太监出资修建了。明清太监有建寺修庙的传统，一是弘扬佛法、积功德修福报，再就是最实际的，他们退休后多住到寺庙里终老。权势和财力，让他们有条件做这样的大工程。难不成伪造那块碑的是宫里的太监？而碑阴刻的那些功德主姓名，有人发现有好几个姓阮和姓黎的，猜想是当时来自交趾郡（今越南）的太监。这只有找到上半截碑文，才有可能看到身份记录。

银山法华寺既然从正统年间就成为敕建的寺院，而且隐藏在如今交通都不是很方便的昌平山野间，外人一定是极少朝拜游览的。在没有旅游业经济的当时，伪造一块古碑又是给谁看呢？编造一段名人历史又为了蒙骗谁呢？这仿佛是一件很难理解的事。

但是沿着这个思路推理下去，我恍然大悟：如果真是太监所为，那动机反倒成立了，需要蒙的只有一个人——皇帝！建寺修庙需要大量资金，需要朝廷拨银两。而见到一通古石碑，一般有几人去通读碑文呢？只要指给他有唐代高僧邓隐峰的名字，有金代大定六年的落款，就连学者都会激动不已的，更何况皇帝呢。

兴许始作俑者都预料不到，这块碑会一路蒙下去，不仅蒙了皇帝，还蒙了万历年间的蒋一葵，崇祯年间的刘侗、于奕正，就连明末清初的大儒顾炎武也信以为真，更不要说明、清两代修地方志的人了，谁都希望一处古迹能扯上更远古的名人。

而令人遗憾的是，当代文物工作者也只是因袭了这些文献，却没有去深究它们的合理性。谁想得到？一群明代的太监刻了一块金代的碑，让一个唐代高僧写诗缅怀他自己留下的遗迹和400年后金代的塔——捋清楚这几件事的逻辑，还真要费点脑筋呢！至于那个十咏作者“清虚道人”究竟是何方神圣，已经不重要了。管中窥豹，这处已经被定为国家保护单位的古迹——确确实实有价值的真古迹，它的历史轨迹却横生出如此复杂的枝枝蔓蔓，足可说明眼见不一定为真。写在纸上、刻在石上的历史，也是真真假假，虚虚实实。

这真是一次有趣的考证。不过不能算严谨的考证，有不少属于推理。要是有人能拿出更可靠的信史推翻我的结论再好不过，也算是我为查明一段历史抛出一块引玉的砖吧。

A Preliminary Study on 19 Stone Rubbings of Buddha Gestures

19幅佛像手势石刻拓片初探

牛洪涓*（Niu Hongjuan）

摘要：观音菩萨一向以救苦救难、普度众生而得到世人广泛信仰。千手千眼观音是密教中最重要的菩萨之一。本文针对19幅佛像手势石刻拓片，在梳理佛典及现存其他千手千眼观音资料的基础上，从其发展、造像特点等出发，根据其与世俗文化的结合规律及表现，扼要分析这些拓片的真伪及其特征，并对其做出初步的年代鉴定。

关键词：拓片；千手千眼观音；佛教考古；艺术考古；文物学

Abstract: Guanyin Bodhisattva has long been worshiped for bringing people out of misery and saving all living beings. The "Thousand-arm and Thousand-eye" Guanyin is among the most important bodhisattvas in Tantra. With the focus on 19 stone rubbings of Buddha gestures, this article combed through the Buddhist scriptures and other existing materials on the "Thousand-arm and Thousand-eye Guanyin, studied the evolvement and characteristics of statues, explored the laws beneath and the performance in their integration with the worldly culture, and analy sed the authenticity and features of the rubbings, before coming to a preliminary conclusion about their origin.

Keywords: rubbings; the Thousand-arms and Thousand-eyes Guanyin; Buddhist archaeology; artistic archaeology; Science of Cultural Relics

一、前言

观音信仰是中国历史上最具有文明形态的宗教信仰，在历史上创造了辉煌灿烂的文化，对中国的文学、建筑、音乐、绘画、雕塑、书法、民俗、伦理，乃至思维方式、民族精神都产生了深刻的影响①。

观音在密教中的地位是十分高的，从经轨的卷帙、造像的流行程度上看，千手千眼观音是诸观音中最主要的一种②。其形象在敦煌莫高窟、西千佛洞、瓜州榆林窟、龙门石窟等石窟壁画及佛教石刻造像中有众多遗存，是人们信仰膜拜的对象，也为专家学者们探索观音及佛教文化与世俗文化的交融提供了直接素材。

1 2 3 4 5 6 7 8 9

10 11 12 13 14 15 16 17 18 19

* 天津工业大学艺术学院

① 郑铁生：《观音信仰是富有生命力的社会文化现象》，载《辽东学院学报（社会科学版）》，2013，15（5），86~90页。

② 王惠民：《敦煌千手千眼观音》，载《敦煌学辑刊》，1994（1），63~76页。

本文针对 19 幅佛像手势石刻拓片,在梳理佛典及现存其他千手千眼观音资料的基础上,从其发展、造像特点等出发,根据其与世俗文化的结合规律及表现,初步分析此拓片的真伪及其特征,并对其做出初步的年代鉴定。

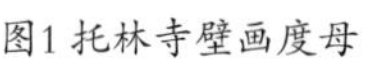

图1 托林寺壁画度母　图2 成熟度母唐卡　图3 奋迅度母唐卡

二、整体初判

在佛教造(图)像中,人们能够看到具有多只手臂的神佛:其一为度母,其一为千手千眼观音。

1. 度母

在藏传佛教中,度母被视为观世音菩萨悲泪所化现的女性佛母,称为"多罗母""多罗佛母""救度佛母"。度母的化相众多,但在藏传佛教各个教派的僧俗信徒中最为重视的是二十一度母。二十一位度母身体颜色分别显现为绿色、白色、红色、橘色、黑色、青色等①。度母的法相有多种,有一至十二个面孔,二至三十六只眼睛,二至二十四只臂膀②。

度母的起源,在佛教界存在着争议。印度佛教历史学者夏斯特里(Hirananda Shastri)坚信佛教度母并非起源于印度,而是起源于印藏边界拉达克的某个地方。马拉·高希(Mallar Ghosh)认为,最早的度母形象创造于印度东部摩揭陀地区③。随着藏传佛教不断演进,度母融合印度、中国中原内地、尼泊尔等地的文化形成其独特的形象特征。其中,在唐卡、壁画等艺术形式里均可见到度母形象。

譬如:托林寺二十一度母壁画中的度母,或跏趺坐于莲座上,或屈腿站立在莲座上,手握金刚杵、宝剑、棍、钵、戟等法器(图1)。

再如:西藏博物馆藏度母唐卡中,度母亦多手臂,手握弓、金刚铃、剑、杵、法轮、海螺等法器,但其手中未见慈眼(图2、图3)。

2. 千手千眼观音

目前,我国遗存的众多壁画、绘画、佛教造像等资料中,千手千眼观音的特征为:千手、千眼、多臂及所结手印与所持法器宝物。

千手千眼观音眼目分两部:一为面中之眼,不空《摄无碍大悲心大陀罗尼经仪轨》曰:"顶上五百面,具足眼一千。"④一为手中之眼,主要指其各手掌中的小慈眼,智通《千眼千臂观世音菩萨陀罗尼神咒经》曰:"……一千臂,一一掌中各有一眼。"⑤

《千手千眼观世音菩萨广大圆满无碍大悲心陀罗尼经》中记载正大手:"1. 如意珠手,2. 罥索手,3. 宝钵手,4. 宝剑手,5. 跋折罗手,6. 金刚杵手,7. 施无畏手,8. 日精摩尼手,9. 月经摩尼手,10. 宝弓手,11. 宝箭手,12. 杨枝手,13. 白拂手,14. 宝瓶手,15. 旁牌手,16. 斧钺手,17. 玉环手,18. 白莲华手,19. 青莲华手,20. 宝镜手,21. 紫莲华手,22. 宝箧手,23. 五色云手,24. 军迟手,25. 红莲华手,26. 宝戟手,27. 宝螺手,28. 髑髅仗手,29. 数珠手,30. 宝铎手,31. 宝印手,32. 俱尸铁钩手,33. 锡杖手,34. 合掌手,35. 化佛手,36. 化宫殿手,37. 宝经手,38. 不退金轮手,39. 顶上化佛手,40. 葡萄手,41. 甘露手,42. 总摄千臂手。"⑥故此经中所述手臂为四十二只。(附录表1)

然而,不空《千手千眼观世音菩萨大悲心陀罗尼经》中描绘的正大手则有:"1. 甘露手,2. 施无畏手,3. 日经摩尼手,4. 月经摩尼手,5. 宝弓手,6. 宝箭手,7. 军持手,8. 杨柳枝手,9. 白拂手,10. 宝瓶手,11. 傍牌手,12. 钺斧手,13. 髑髅宝杖手,14. 数珠手,15. 宝剑手,16. 金刚杵手,17. 俱尸铁钩手,18. 锡杖手,19. 白莲华手,20. 青莲华手,21. 紫莲华手,22. 红莲华手,23. 宝镜手,24. 宝印手,25. 顶上化佛手,26. 合掌手,27. 宝箧手,28. 五色云手,29. 宝戟手,30. 宝螺手,31. 如意宝珠手,32. 罥索手,33. 宝钵手,34. 玉环手,35. 宝铎手,36. 跋折罗手,37. 化佛手,38. 化宫殿手,39. 宝经手,40. 不退转金轮手,41. 葡萄手。"⑦

由此,对照相关经典文献所载,从拓片手势、手中慈眼及所持物,可初步判断如下:

(1)此 19 幅拓片为千手千眼观音正大手。笔者整理图片后认为:拓片1为五色云手,2为宝印手,3为施

①陈立华:《藏传佛教中的救度母形象》,载《西南民族学院学报(哲学社会科学版)》,2015,36(3),34~38页。

②德吉卓玛:《论度母的起源与文化模式》,载《西藏研究》,2006(4),24~29页。

③刘钊:《试析度母信仰起源及早期传承》,载《收藏》,2019(12),72页。

④【唐】不空:《摄无碍大悲心大陀罗尼经仪轨》,见《大正藏》第20册,130页。

⑤【唐】智通:《千眼千臂观世音菩萨陀尼神咒经》,见《大正藏》第20册,87页。

⑥《千手千眼观世音菩萨广大圆满无碍大悲心陀罗尼经》,河北省佛教协会虚云印经功德藏,69~74页。

⑦纪应昕:《敦煌千手千眼观音研究》,55页,兰州,兰州大学,2018。

图4 唐二世观音图

图5 唐代观世音菩萨像

图6 不空绢索观音菩萨像

图7 龙王观音手部图

图8 丁观鹏千手观音像

图9 敦煌第321窟十一面六臂观音

无畏手，4 为宝螺手，5 为金刚杵手，6 为宝弓手，7 为如意宝珠手，8 为甘露手，9 为斧钺手，10 为玉环手，11 为不退金轮手，12 为白拂手，13 为宝镜手，14 为宝箭手，15 为跋折罗手，16 为军迟手，17 为锡杖手，18、19 应为莲华手（但因颜色所限，此处未能区分白、青、红、紫。比照附表 1）。

（2）从拓片中手势造型及绘画装饰特点来看，拓片 3 与其他拓片不属同一期。因为两点：一是从此手造型看，与其他手势相比，其造型更朴拙，有男子之手的特点，手指尖较粗，手指、手掌及手腕造型比例欠佳，动态结构不准。而其余拓片手中造型比例准确，动态皆自然舒适。二从其绘画线条看，拓片 3 线条流畅度较差，缺乏立体感，整体专业性及美感不足。而从正规的观音菩萨手的画法来看，一般为手不露骨节、柔软若绵，犹如象鼻之婉转；手指修长、灵巧，双手皮肤光洁，指甲狭长，薄润光洁。

佛像题材中不同称谓的佛、菩萨等造像及绘画的特征，在同一时期理应相通。首先，对照《敦煌壁画复原》《敦煌菩萨》《壁上观》及各朝代典型的著名菩萨绘画（附表 2），就手部线条及比例关系而论，观音菩萨手部线条皆十指纤纤、柔软细腻。即便唐代男相观音菩萨，其手部线条亦柔软圆顺、纤纤流畅。例如，图 4（出自敦煌莫高窟，藏于大英博物馆）、图 5（出自敦煌莫高窟，藏于大英博物馆）中，观音菩萨的手部线条明显体现出纤纤细腻、无骨柔软之感。

再如法国吉美亚洲艺术博物馆藏北宋绢画《不空绢索观音菩萨像》（图 6）、南京博物院藏明朝《龙王观音图》（局部见图 7）、故宫博物院藏清丁观鹏《千手观音像》（图 8）中，宋、明、清时期观音菩萨的手皆有圆顺无骨之感，纤细流畅。再观拓片 3，其手部线条粗糙、造型不准，使人怀疑其专业性。

（3）从手腕所戴配饰来看，拓片 3 腕上所戴为双镯，镯上未有装饰。其余拓片手腕所戴腕钏均为饰有形似珠、石类的饰物。台湾学者于君方先生指出："观音在东晋以迄北周的造像上，虽有多种面貌（如十一面观音、千手千眼观音等），但仍以男性为主。……到了唐代，观音却完全变成了女性。"①其造像及服饰配件都形成一定的仪规，腕钏形状随菩萨腕结构形成环绕形状，上多以宝石、金银等装饰。由此断定拓片 3 与其他拓片应不属于同时期，或出处于不同的作者。

三、千手千眼观音演化比较

初唐时，西域千手千眼观音像就传至中原②。自彼时起，经历代演化，各有特点。从遗存的资料（比如壁画、造像、绘画等）中，我们能够看到其造型的变化，具体如下。

初唐时期千手观音基本容貌造像尚未脱离异国他乡的外域风格，衣着朴实，装饰单纯，线条厚重，造像的衣饰、身材、面貌五官以及雕刻手法等带有鲜明的印度传统审美特色（图 9）。盛唐时期千手千眼观音表现出世俗化特征，犍陀罗那种僵直的样式逐渐被取代。颈项、臂腕皆有繁复的瓔珞或环钏，面相和体态体现出盛唐

① 焦杰：《性别之变：唐代中途地区观音女性化过程的考察》，载《广西技术师范学院学报（社会科学）》，2015（4），1~9 页。

② 王惠民：《敦煌千手千眼观音像》，载《敦煌学辑刊》，1994（1），63 页。

图10 丹棱郑山第64号千手观音龛

图11 敦煌370窟八臂十一面观音像

图12 大足石刻北山佛湾石窟第9号窟

图13 河北正定隆兴寺大悲阁千手观音

图14 山西平遥双林寺大雄宝殿千手观音

的丰腴特点（图 10）。中唐时期的千手千眼观音是印度艺术和中国佛像艺术的结合，面相丰腴，坠耳环，身披璎珞，衣带饰物华丽（图 11）。晚唐时期的千手观音臂腕间饰有臂钏和腕钏，披璎珞，面颊圆润，神情温和，显示出唐代菩萨特有的雍容华贵（图 12）。两宋时期的千手观音以世俗中的富态女性为蓝本，其服饰已完全脱离域外印度之形象，呈现出中国人的衣冠，中国人的面目（图 13）[①]。

明代千手观音服饰呈现出更加世俗化、生活化的特点。此时佛像仪规甚少，身体佩戴璎珞、环钏并不多，身姿秀美，肌肤细腻；造像多采用对称手法，表现手法趋于写实，侧重自然主义的体现。山西平遥双林寺大雄宝殿千手观音（图 14）展示了端庄、高雅、含蓄的特征。其手指纤细柔软，饰物细腻但不烦琐，整体写实自然。观其额上未有第三只眼，手中未有眼目，亦未有千手环围合而成的背光。这些皆表明千手观音已淡化密宗仪规，走向人间化。

清代千手观音因受藏传佛教的影响，呈现出诸多藏传佛教的特点，色彩艳丽，衣饰豪华（图 15）。同时，此时期的千手观音的造型、线条等具有更多程式化特征。从承德普宁寺千手观音（图 16）可看出，其宽额端鼻，双目慈祥，表情肃穆，衣饰精美，臂钏、腕钏图案精致烦琐，手中有慈眼。

纵观以上各时期千手观音的造型特点、手势及手中握物形态，可以发现明代以前的千手观音皆体现出较为自由、充满生机活力、较少程式化的特点。对比来看，这 19 幅佛像手势拓片的比例结构、手握法器的姿势、构图特点及云纹图案的绘画方式及元素组成等都体现出浓重的程式化特点，绘画较粗糙，工匠之风甚重，缺乏变化和活力，因此可推断其应为清代后作品。

四、唐代以来历代云纹特点比照

云纹在中国传统纹样中占有重要地位，其始于对天象的敬畏与信仰，后经过多种形式的演变，越来越多地被用于器物、建筑、佛教造像、服饰、家居生活等方面，并形成了特有的文化内涵。其中云纹代表吉祥如意、表达人们对仙界向往之情的含义深深影响了其使用领域。佛教造像中，云纹是很常见的装饰纹样之一，其造型特征、线条风格及元素组合皆与世俗云纹关联密切，可从世俗云纹特点来比较、推断拓片云纹的时代特征。

从上文拓片可见，其手势有云纹环绕；从云纹特征看，拓片的腕间云纹造型特征、组合形态、如意头及云尾皆具有极高的相似度，可基本断定拓片（除拓片 3 外）应出自同一时期。

图 17~ 图 20 为唐代云纹，观察这些图可发现，此时期云纹融入了清风明月般的浪漫色彩，恣意舒卷，构建成形完意足的程式化形态；出现对称形式，强调装饰意味。其典型形态朵云纹，有单勾卷和双勾卷两种基本样式。此后不断变化的云纹，大都属于朵云纹的组合形式。此时的如意云纹，亦形成一定程式化并被广泛使用。拓片中的云纹形态、表现风格、笔触及组合与之相去甚远，如图 20 中唐代如意云纹，其如意头的造型及云尾便与拓片中的差距甚大。

宋代云纹总体上依然以朵云为主，形态上较复杂，但笔调更率意。元代朵云在宋代基础上更复杂化，但其组合规律性更明显[②]。

① 田立勤：《中国佛教中千手观音造型之演变》，载《文物鉴定与鉴赏》，2014（9），70~75页。

② 徐雯：《云纹的演绎与发展中国传统装饰研究片段》，载《饰：北京服装学院学报艺术版》，2000（1），12~14页。

图15 千手观音菩萨像清乾隆美国大都会艺术博物馆藏

图16 承德普宁寺千手观音

图17 唐代石刻卷云纹

图18 唐代银箱云鹤纹

图19 唐代飞天纹

图20 唐代如意云纹

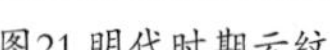
图21 明代时期云纹

图22 明代如意云纹1

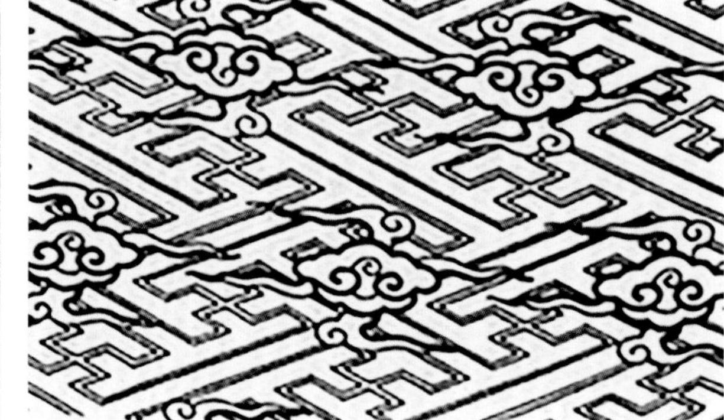
图23 明代如意云纹2

明代朵云纹组合形式有多种，进入全新的团花时期。朵云和基本的云元素（云头和云尾）都以相对独立的面貌作为整体结构的组成部分，其中最具时代特征的是四合如意云[①]，亦有三合云及单个如意云形式，如图21～图23所示。从图中可比较容易地分辨出其如意云与拓片中如意云的不同，即云头造型区别较大，组合形式亦明显不同。

综上，通过将拓片中的云纹与上述唐代到明代的云纹逐一比较可知，拓片中的云纹与这几个朝代的云纹的特点并不吻合。于是，进一步将其与清朝云纹做比较，以期有新发现。

清代云纹主要有朵云、团簇云、枝状云三类。下面分析三类云纹特点，并分别与拓片云纹进行比照。

（1）朵云。清代朵云有规则朵云与不规则朵云之分。根据拓片中云纹特点，尝试与不规则朵云进行比较：清代不规则朵云以朵云为主体，在某些部位增加一些小云头、小云尾做修饰，其身姿及元素进行无规律自由组合。拓片中云纹云元素排列亦缺少规律性，但皆由相同的如意云头组合而成，其云尾特征并不明显，甚至缺少云尾。显然，此二者依然区别较大。

（2）团簇云。清代团簇云由若干云头或小朵云组合在一起，有一定体量感，云尾时有时无。依据此特征，对照拓片信息发现，拓片中云纹由若干如意云组成，有一定体量感，云尾亦与其类似，时有时无。进一步分析可知，清代规则形态团簇云，分如意云、串云、盘云、叠云及其变体。与拓片关联的如意云团簇形式，遗传明代特点，包括四合云、三合云等组合式。拓片中如意云组合形式自由，并无上述四合、三合规律。而清代团簇云亦有不规则形态，其为若干云元素或朵云自由组合，正与拓片中如意云组合特点相似。

（3）枝状云。顾名思义，此云纹造型如树枝状，多杈，整体多弯曲，云尾时有时无，由若干云头相连，或为如意云头，或为灵芝形云头，或为珊瑚形云头；因云头形状，亦有骨朵云、灵芝云、珊瑚云之称。比较拓片，其云纹亦有枝状云部分特点。

通过以上分析，依据拓片中手势腕间云纹特征，可大胆推断，其云纹属清代团簇云不规则类型或枝状云。下面，笔者通过图片资料进行进一步推定。

① 王业宏，姜岩：《清代云纹解析》，载《温州大学学报》，2017，30（6），52~56页。

图24 清代云龙纹（1）

图25 清代云龙纹（2）

图26 清嘉庆云龙纹

图27 清晚期炕毯

图28 千手观音像（清丁观鹏）

图29 桃花坞年画

图30 杨柳青年画

图 24、图 25 为清代云龙纹，其中图 24 的云纹为典型枝状云，躯干较纤细，如树枝状。图 26、图 27 中如意云头与拓片中云头非常相似，较扁平，但总体造型和组合形式与拓片明显存在很大差别。

回顾上文，此组手势拓片断定为清代，那到底属清代哪个时段？清入关以后，顺治朝云纹从构图、组合布局等都受明代影响。此后在民族交流过程中及在政治影响下，其有了较大改变，至康熙年间，云头抬起，云躯整体有变高、变大趋势。乾隆年间的云纹体现出奢华、雍容之感。嘉庆以后，云纹呈简化趋势，云尾基本消失，云头多为如意形变体、组合。至清晚期，云纹更加简化，构图上多为一朵朵云头的重叠排列，十分密集[1]，从图 26、图 27 便可见此点。而拓片中云纹基本以几朵相同三瓣如意云无规律重叠排列，云尾时有时无，具有清末云纹特征，从这点来断定，上组拓片之实物应属晚清作品。

五、从艺术史角度窥拓片之信息

清代历朝皇帝对佛教信仰非常推崇，另清代手工业和商业经济发达，加之戏曲、小说在民间广为流传，因此清代绘画作品及民间艺术品题材丰富，相互影响，达到了繁荣景象。其中，有不少内容可用来推断此组拓片信息。例如：清代著名画家丁观鹏擅长画仙佛、神像，留下了许多佛像题材艺术作品。从丁观鹏之作品《千手观音像》（图 28）中，皆能找出与上组拓片中之相似手势，且相似度极高。上文中，因拓片色彩之故，未能分辨拓片 18、19 具体为哪种莲华手。根据手势左右手、握莲姿势及其色彩，可分辨拓片 18 应为青莲华手，拓片 19 应为白莲华手。

此外，民间工艺品同样可以提供佐证素材。譬如，从清代著名的木版年画中可见到其中关联，如图 29 和图 30 所示，其云纹特点与拓片高度相似——三瓣如意云头造型，云尾时有时无，组合形式随意，都与清晚期云纹吻合。但拓片云纹从绘制手法看，线条较粗糙，应为民间工艺人所制。（图 17~ 图 26 出自吴山著《中国纹样全集》，图 27 出自张晓霞著《中国古代染织纹样史》。）

① 王业宏，姜岩：《清代云纹解析》，载《温州大学学报社会科学版》，2017，30（6），51~56页。

小结

社会文化缘起、形成、发展及演化是一个庞大的体系。其在发展过程中，从不是孤立单线向前的。因此在研究相关历史遗迹时，应从关联的或看似并无大联系的多方面着手。佛教进入我国后，在其传播过程中，逐渐与我国本土各地域文化相融合，涉及文化、艺术、生活、习俗各方面，形成具有中华民族统一特征又兼具地域特色的新佛教文化。

本文对19幅观音手势拓片的分析及断代，正是通过文化间交流融合特征的细节来寻求佐证的。对于此类题材的分析推断，服装及配饰是非常重要的一方面，也能作为佐证资料。遗憾的是本组拓片仅有手势体现，未来笔者将进一步搜集资料，以期能找寻到更多拓片，得到更多佐证材料，对其进行进一步鉴定，进一步探究其产生背景、文化特征、历史文化及现实意义等。

附表1《千手千眼观世音菩萨广大圆满无碍大悲心陀罗尼经》载千手千眼观音手势图一览

1. 如意珠手	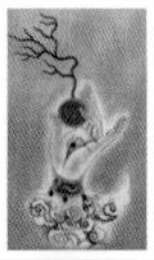	2. 罥索手		3. 宝钵手	
4. 宝剑手		5. 跋折罗手		6. 金刚杵手	
7. 施无畏手		8. 日精摩尼手		9. 月经摩尼手	
10. 宝弓手		11. 宝箭手		12. 杨枝手	
13. 白拂手	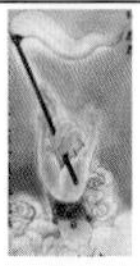	14. 宝瓶手		15. 旁牌手	
16. 斧钺手		17. 玉环手		18. 白莲华手	
19. 青莲华手		20. 宝镜手		21. 紫莲华手	
22. 宝箧手		23. 五色云手		24. 军迟手	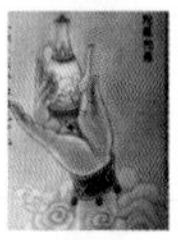
25. 红莲华手		26. 宝戟手		27. 宝螺手	

28. 髑髅仗手		29. 数珠手	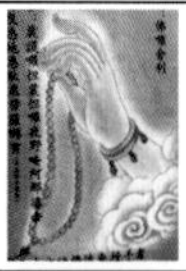	30. 宝铎手	
31. 宝印手		32. 俱尸铁钩手		33. 锡杖手	
34. 合掌手		35. 化佛手		36. 化宫殿手	
37. 宝经手	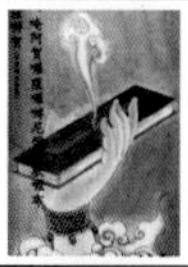	38. 不退金轮手		39. 顶上化佛手	
40. 葡萄手		41. 甘露手		42. 总摄千臂手	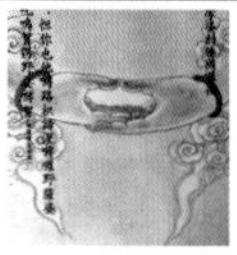

附表2 几本书中所载壁画中佛、菩萨手指线条比较

1.《敦煌壁画复原图》	 敦煌第113窟观无量寿经变中菩萨（盛唐时期）	 敦煌第370窟八臂十一面观音（中唐时期）	 敦煌第14窟持法螺菩萨（晚唐时期）	 敦煌第465窟持莲供养菩萨（元代）
2.《敦煌菩萨》	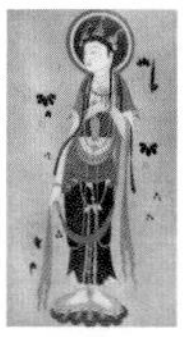 第278窟协侍菩萨（隋代）	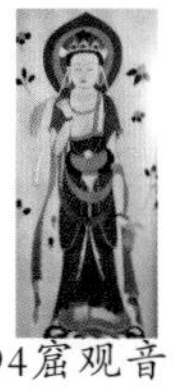 第394窟观音菩萨（隋代）	 第3窟千手千眼观音（元代）	
3.《壁上观》	 山西稷山县兴化寺壁画《过去七佛说法图》（元代，故宫博物院藏）	 山西稷山县青龙寺腰殿壁画局部（元代）	 山西稷山县兴化寺壁画《弥勒佛说法图》，元代，加拿大多伦多皇家安大略博物馆藏	

Discussion on the Cause of the Prosperity of the Traditional Opera Architecture in Jiangxi Leping

议江西乐平传统戏场建筑的兴盛之因

张静静*（Zhang Jingjing）

摘要：江西乐平是赣剧的发源地之一，戏曲文化历史悠久，底蕴深厚，用于戏曲表演的乐平传统戏场建筑——古戏台在当地占有重要而独特的历史地位，承载着灿烂的中华文明。据调查现存明清以来的传统戏台近500座，结构巧妙，装饰精美。作为民间戏台建筑，无论是从建造的数量还是从建筑的体量来看都是令人震惊的，这充分体现了乐平古戏台建筑艺术的繁盛。现存462座传统戏台营建之密集、受众之多广、建筑之宏美在全国乃至世界文明史上都是难得一见的。那么，数量如此之多，规模如此之大的乐平传统戏台，它是如何在这样一个不足2 000km^{2}的县级市产生和兴起并兴盛的呢？是什么原因让其不断发展并饱含生命力？笔者认为一定是多方面的因素共同作用的结果。经过深入考察和调研，笔者初步总结了三方面的原因，即地方习俗与民间信仰、强烈的宗族意识以及传统戏曲的作用。

关键词：乐平；戏曲；传统戏台；兴盛；原因

Abstract: Leping in Jiangxi Province is one of the birthplaces of Jiangxi Opera and opera culture has a long history and deep inside information. The traditional opera architecture in Leping, which is used for opera performance, occupies an important and unique position in local area, carrying the splendid Chinese civilization. According to the investigation, there are nearly 500 traditional stages since the Ming and Qing Dynasties, with ingenious structure and exquisite decoration. As folk stage buildings, they are stunning both in terms of the number and the size. This fully reflects the prosperity of ancient stage architectural art in Leping. The existing 462 traditional stages are dense, whose audience is very wide, and the architectural beauty is rare in the national and even the world civilization history. So, how did such a large scale of Leping traditional stages, in such a less than 2,000 square kilometers of county-level city produce, rise and flourish? What is the reason for its continuous development and full of vitality? I think it must be the result of multiple factors. After in-depth investigation, I preliminarily summarized three reasons, namely, local customs and folk beliefs, strong clan consciousness, and the role of traditional opera.

Keywords: Leping; traditional opera; traditional stage; prosperity; reason

乐平人钟情于看戏，所以民间戏曲长久兴盛，作为传统戏曲载体的戏台成为与戏曲并驾齐驱、血脉相连的独特建筑艺术。乐平现存462座传统戏台，其营建之密集、受众之多广、建筑之宏美在全国乃至世界文明史上都是难得一见的。根据文献记载和出土的文物考证，元代时乐平已经出现了一定规模的戏台，明清之际古戏

* 中国艺术研究院设计学系在读博士，景德镇陶瓷大学讲师

台在数量上急剧增加，自清代开始戏台建筑装饰渐趋精美且极尽富丽，建筑规模也更加宏大（图1）。

戏台的建筑类型和形制随时代的更迭和戏曲文化的交流发展逐渐发生变化，乐平地区现存的戏场建筑多为祠堂台和万年台，以及由祠堂台和万年台相结合演变而来的晴台。其兴起及兴盛的原因是多方面的，对其背后的原因进行探讨将有助于我们了解乐平地区的生活习俗、民间信仰、社会经济、宗族制度、戏曲文化等，同时对于古饶州地区整个区域文化的研究也有重要的参考价值。

图1 浒崦戏台（清）

图2 乐平做开谱戏

一、地方习俗与民间信仰

1. 地方传统习俗

乐平因"南临乐安江，北接平林"而得名。其置县以后，社会相对稳定，受战乱的冲击较小，因而经济平稳发展。因为自然和社会的因素，自古以来乐平民风淳朴，民众安居乐业，乐平古文化也渊远流长。

江南古城乐平的民俗，由于受地域文化的长期影响，加上地处浙、赣、皖的交汇区域，人口往来比较频密，有明显的江南特征。自古以来乐平民众生活相对安定，每个村庄的族姓也相对固定，经过历史的沉淀，民众的生活习俗自成体系，绵延千百年，形成了具有乐平鲜明特色的民俗风情。乐平人非常注重礼仪，好客、重感情的特点尤为明显。有血缘的亲戚之间，无血缘的朋友之间，始终保持着热情的往来。比如乐平一直以来有"走亲"的习俗，且极为重视，远远盛于周边县市。走亲的内容也极为丰富，包括红白喜事走亲和送生日、送满月、祝寿诞走亲。走亲过程中最重要的一个环节就是演上一场大戏，亲朋好友共享其乐。重友好客、注重感情交流已经深入乐平村众的内心，这也成为乐平民俗文化中引以为豪的优秀品质。在这种约定俗成的你来我往中，乐平民间处处洋溢着浓浓的亲情，亲戚邻里之间一片祥和之气。"走亲"习俗千百年来一直延续至今，深刻影响着当代乐平百姓的生活，而这些丰富的走亲内容也成为请戏班子演戏的理由，名目数不胜数。

乐平在传统时令、节日方面的习俗也极具地方特色。在早期自给自足的农耕社会，制约农耕文化的自然条件是四季变化，春、夏、秋、冬四个季节制约着中国古人的生产节奏和生活节奏。例如作为一年开端的立春，乐平民间要在这一天举行迎春祭神仪式，祈求本年度风调雨顺、农畜兴旺，百姓安居乐业。又如冬至，也是乐平民间极为重视的节日，这一天各村寨会以姓为族，把同姓花甲以上的老人邀请到一村中的祠堂，宴请老人，表达敬老之意。这一天还要开宗祠祭祖，并在祠堂里举行祭祀大典，所有参加之人皆向列祖列宗行三跪九叩礼。悼念祖宗就免不了要用歌舞戏曲献祭给老祖宗，请戏班子演戏以及在祠堂里搭建戏台也就成为必然。另外，一年四季十二个月份，在乐平几乎每月都有酬神应节的戏曲娱乐活动，每个节令根据节气的内涵和酬谢神灵的不同而有相对固定的对应剧目，如正月的花朝戏、元宵戏，二月的娘娘戏、土地公公戏，三四月的鸣山公、胡老爷等菩萨戏……一直到十二月，所演剧目数不胜数，此外还有破台戏、开谱戏等（图2），戏台已经成为必不可少的公共文化空间。

无论是乐平民间的"走亲"，还是乐平的传统节日庆祝、祭祀习俗以及民间节气酬神习俗，都离不开公共聚集、庆贺，而最佳的庆贺方式便是请戏班搭台唱戏，这极大地丰富了民众的精神生活。民众对戏曲的热衷、喜爱，为听戏、看戏奠定了一定的社会基础，也为乐平民间戏曲的繁荣和发展以及乐平古戏台的兴建和繁盛起到了极大的推动作用。

2. 传统民间信仰

我国是一个多民族国家，在几千年的历史长河中，各民族神话传说中普遍蕴含着深刻的民间信仰。民间的宗教以鬼神崇拜和巫术活动为信仰中心，久远的神话就是民间信仰的产物，它伴随着先民的生活，是人类第一颗智慧的果实。乐平是汉民族的聚集地，因而乐平民间的信仰具有典型的民族特征。诸如自然崇拜、祖先崇拜、诸神信仰、图腾崇拜等汉民族共有的民间信仰形式在乐平民间都有一定的表现，可谓"众神齐聚"。这些对不同鬼神的崇拜观念来自古时期"万物有灵"的朴素世界观。民众并不是为了崇高的精神追求或者宗教世界观，而是为了现实的生活需求和明显的目的性而敬拜各路巫神，希望得到鬼神、先灵的帮助，解决眼前切实存在的实际问题。因此，在这种情况下，乐平的民间信仰五花八门，不拘一格，民俗风情千姿百态，比较明显和突出地表现在以下几方面。

第一，对天的敬畏和崇拜。

在中国传统文化里，天是自然之本、万物始祖。天与地在乐平民间历来是人们心中地位最高的自然神，虽然在民众心里，“天”是一个抽象的概念，是一个宏大的臆想，民众无法为它建专门的祠庙，立神立牌位，但自古以来天就深受乐平先民的崇拜。过春节时，百姓每家每户要在自家的厅堂上方贴“香火”，中间为“天地国亲师位”，天放在首位，两边是“某氏祖先，高贞香火”。民间过春节时设天地神架，摆放在厅堂上方的桥台上供奉。民众心中普遍认为“人在做，天在看”，天作为人们心里的永驻之神无时不在、无处不在，对意图做有违道德之事的人心理上是一个震慑。

图3 乐平后港镇下屋头村土地庙

第二，对大地的膜拜。

在乐平自古以来大地仅次于天，但人们往往将地与天同祭。唐代以后，土地神开始在乐平民间被人格化，被称为“土地公公”，管辖一方土地。明代开始，在乐平农村大建土地庙，土地庙多以砖石垒筑，顶盖瓦，大小不一，较为简单（图3）。有的则借鉴民居建筑的样式，内部结构稍许复杂，尽可能做到麻雀虽小五脏俱全。乐平几乎每个自然村都建有土地庙。平时为了祈求风调雨顺，民众时常供奉香火，以示敬畏。每年的大年三十更是不忘祭祀，祈年丰、祷时雨，许多农夫途经土地庙都会行祭拜之礼。逢年过节还会演出与土地神相对应的“土地公公戏”。

图4 祠堂里放祖先牌位供族人祭拜

第三，对家祖的崇拜。

明代民间家庙祭祀合法化之后，祠堂建筑在南方大肆盛行，乐平地区风气尤盛。在乐平民间历史上，家家都要对祖先进行祭祀、供奉，每个宗族都要选建祠堂，将宗族历代祖先的牌位供奉在祠堂内供族人祭拜（图4）。宗祠是祖先灵位的安息地，乐平的民众喜用演戏来表达他们对祖先的追思，对神灵的敬畏，具有强烈的娱神娱祖的意味。比如按乐平当地传统，清明节、中元节、重阳节、除夕这些时节的祭祖戏是少不了的，演戏娱祖也就成为必然。

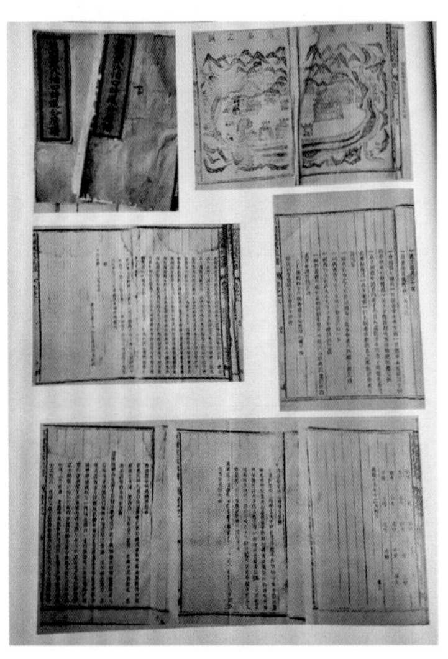

图5 乐平名口镇戴家宗谱

第四，对佛教、道教的信仰。

无论是佛教还是道教，都有诸多的神灵，百姓对众神灵都心怀敬畏。乐平所酬之神既有民间供奉的神灵，又有佛、道两教推崇的神明（跟佛教有关的观音戏、地藏王戏、周公菩萨戏等，与道教有关的许真君戏、三仙戏、李老君戏等，都是带有强烈宗教意义的戏剧）。原本庄严肃穆、需要虔诚面对的宗教祭祀活动，通过与轻松活泼、轻歌曼舞的戏曲的融合，为大众所普遍喜爱，极大地丰富了农村文化生活。

民俗生活影响着民间信仰的形成和发展，反过来民间信仰又影响和贯穿民众的日常生活。民俗生活和民间信仰相互影响、相互作用，极大地丰富了乐平传统民间文化的内涵。千百年来，乐平地区形成的一系列民间信仰活动，如以上提到的对天地的信奉、对家祖的崇拜及定期举行的宗族祭祀活动等都为戏曲的发展提供了深厚的基础，成为催生古戏台的重要因素。

二、强烈的宗族意识

氏族宗法血缘传统是乐平古戏台大量存在和兴建的重要社会根基。中国古代村落主要是以血缘关系为纽带、以宗族制度为基础形成的。在乐平农村始终保持着氏族宗法文化，无论是大村落还是小村落，大都聚族而居，同姓一村，各占一方，特别强调族群意识，对宗族血缘极为看重和依赖（图5）。

自古以来的聚族而居使得当地人产生了强烈的地缘观念和宗族意识，几千年的宗法文化、宗族意识根深蒂固，并通过宗谱和祠堂不断强调和加固。乐平人对本族定居的村落地界及其所有的土地、山林、水域有一种天然的认同感和所有权意识，一旦认为本族利益受到来自邻村邻族的侵害，就会产生激烈的矛盾，如果矛盾激化就有可能引发严重的“相杀”事件。在漫长的历史变迁中，族群之间相互竞争，宗族势力此消彼长，加上民众争强好胜、不甘人后的族群文化根深蒂固，使得宗族械斗时有发生。长年的争斗严重影响了基层民间社会的稳定，给民众造成了极大的生命危害和财产损失。残酷的现实引起了不少宗族中有识之士的警醒和反思，如何去教化和引导民众积极向善、和睦相处，让历史上曾经发生过械斗的族群冰释前嫌，成为民间社会彼时着重考虑的问题。同时，把争强好胜、不甘人后的族群意识，从恶性斗争中引导到良性互动的竞争中来，也是维护民间秩序、促进社会有序发展的关键。因此宗族中的有识之士开始大力宣扬戏剧文化，对于没有知识和文化的族人来说，戏曲中演出的故事情节能对他们起到最好的教化作用，也更容易被他们接受。探究乐平民俗文化历史可以发现，民间戏曲着实在这一方面起到了很好的正面引导作用，并且戏剧怡情，极大丰富了百姓生产劳作之余的文化娱乐生活。此时宗族势力、族群之间的相互攀比和争斗不再通过械斗，而是以另外一种形式呈现出来，明着攀比、暗里较劲在戏台的兴建上表现得淋漓尽致。在乐平民间流传着这样一个故事：镇桥神溪华家的戏台建成后，台上正中央的匾额上题的是"顶可以"，自满中隐藏着自傲；镇桥浒崦戏台落成后，不甘人后地题上"久看愈好"；镇桥徐家戏台匾额为"百看不厌"，更是有一种自满自得的情绪①。从中可以看出，争强好胜、不甘人后的乐平先民的传统族群意识，在古戏台的营造中得到了有效的宣泄和释放，同时也成为戏台越建越精美华丽的原因之一。

图6 礼林界头村程氏开谱、游谱

图7 礼林界头村程氏宗族依当地习俗举行开谱庆典

乐平强烈的宗族意识还体现在续族谱、祭宗祖上。乐平古人崇拜自己的祖宗，并以广续族谱的方式，让子孙永远记住自己的祖宗及功德，"千年一家，不动一土；千丁之族，未尝散处；千载谱系，丝毫不紊"。村中续修族谱便会在神圣的宗族祠堂举行重大庆典。续修族谱是宗族中的大事，且环节复杂而隆重（图6、图7），然而恰恰是这隆重而烦琐的修谱仪式体现了乐平族人强大的宗族凝聚力。

每逢修谱、节庆或祖先祭日宗族举行祭祖活动时便免不了用歌舞戏曲献祭，以表达他们对祖先的追思，于是在祠堂内搭建戏台成为必要之举，这也导致了乐平乡村"有宗必有祠，有祠必有台"。祭祀之时，戏台开戏，族人与祖先同乐，如此成就了乐平早期的祠堂台。祠堂台是戏曲活动的重要载体和场所，承载着娱乐教化任务的同时，也是氏族祭祀、社交、议事和施行族规家法之地，是宗族重要的"新闻"发布场所。因此村族里的主姓村民愿意自发集资建造戏台，并力求巍峨雄伟。由此可见古戏台在乐平人心目中的地位，也正是它使这种原本已经非常牢固的氏族宗法关系达到了极致。

图8 浮梁南宋戏瓷俑

在乐平，戏台是联系家族血脉的象征，也是同一宗族姓氏的精神依托，具有众多的社会功能。戏台已经不仅仅是一个演戏的场所，它甚至体现着乐平各宗族内部成员间的凝聚力和向心力。各村宏伟、精美的戏台又成为各宗族间实力的一种较量，是彰显宗族气势的一个载体。

三、传统戏曲与戏台

乐平戏台建筑的蓬勃发展，自然离不开戏曲文化。古戏台是民间戏曲的重要载体，许多著名剧作家作品的传播都是依靠戏台。宗祠中的戏台传播了戏曲作品，也普及了这些作品。识字的人可以看剧本，不识字的人则可以看戏。乐平古戏台历经沧桑，见证了乐平民间戏曲的繁荣与发展，传统戏曲与古戏台二者相互促进，共同成长。

图9 元代青花釉里红楼阁式谷仓正面

乐平被誉为"中国戏曲之乡"。千百年来，乐平民间始终保持着对戏曲的钟情与热爱。从最早的南戏、元曲、昆山腔、弋阳腔到乐平腔、饶河戏，再到赣剧，乐平人都以极高的热情传承和发展着戏曲，这种全民参与、经久不衰的戏剧情怀催生了越来越多的古戏台。小小的古戏台成为乐平地区经济、文化发展的缩影，也是承载民众情感的重要载体。古戏台和传统民间戏曲，相得益彰，互为依存和促进。

图10 元代青花釉里红楼阁式谷仓背面

南戏是最早成形的戏曲形式，被称为"中国百戏之祖"，始于宋代，延续至元末明初，是12—14世纪在中国南方地区最早兴起的戏曲剧种。罗德胤在《中国古戏台建筑》中也提到，元末明初，北杂剧开始衰落，南戏则得到进一步发展。史料表明，早在南宋中期，在浙江地区创立和发展起来的南戏就已流入江西，尤其在赣东北地区盛行。据《景德镇市戏曲志》记载："1964年景德镇市浮梁县的查曾九墓中出土了南宋淳祐十二年（1252年）的瓷俑三十七个，虽大部分为供奉俑，而其中六个是带有表情和动作形态的戏俑。有一女戏俑，头戴三花冠，右手捂嘴做暗笑状，和后世戏曲人物的打扮几乎没有什么区别。"（图8）墓中这些戏俑姿态各异，表情丰富，服装、头饰及靴帽也有向戏曲演化的趋势，可见彼时的乐平确已出现了戏曲。此外，1974年江西景德镇还出土了元代青花釉里红楼阁式谷仓（图9、图10），谷仓上瓷俑人物众多，共有18位，各人物安排有序。其中最具有代表性且明显呈现出地域文化特征的当属站在顶层后廊和二层侧廊的8尊乐俑。站在顶层后廊的为4

① 徐进：《话台言戏：传统文化视阈下的乐平古戏台与民间戏曲》，南昌，江西人民出版社，2017。

图11 顶层后廊4名奏乐女俑

图12 百姓看戏如痴如醉

名奏乐女俑（图 11），左侧的在打夹板和弹琴俑，右侧的在吹笛和吹笙俑。实际上从这一场景可以看出元代景德镇地区的民间社会生活，谷仓上的场景是当时生活的情景再现与真实写照。这些文物也成为专家学者研究景德镇地区宋代南戏的绝佳实物。

根据元代青花釉里红楼阁式谷仓及以上提到的景德镇考古出土的南宋实物可以判断，南宋中期戏曲（南戏）已经进入景德镇，且戏曲文化在景德镇及周边地区广为流传，逐渐成为百姓生活的一部分。而与景德镇相隔 50 km 左右的乐平市则是颇负盛名的“戏窝子”，千百年来，乐平民间始终保持着对戏曲的钟情与热爱，戏班子、戏曲民间艺人常年奔波于各大村庄之间进行巡演，且乐此不疲。

人们通过戏曲可以获得一份闲情逸致，求得情感上的寄托，又可以借机与亲朋好友欢聚，畅叙友情和亲情（图 12）。同时通过戏曲，缺少知识和教育的村民可以获取历史知识和古典故事，他们在接受这些知识的同时，无形中提高了自己对艺术的鉴赏能力和对文化的欣赏品位。乐平人对戏曲文化的喜爱，使得人们营建戏台的热情持续高涨。既然戏曲在乡民的生活中占据如此重要的地位，那么在死后陪葬器物中继续呈现戏曲表演的场景也就不足为奇了。

宋元时期赣东北地区出现的戏剧和词曲名家及他们的传世作品也印证了南戏在当地的盛行。南宋文学家、音乐家姜夔（1154—1221），饶州鄱阳（今江西省鄱阳县）人，精通音律，能自度曲，其词格律严密，传世之作《白石道人歌曲》是研究宋词乐谱的宝贵资料。自元代开始，乐平开始盛行杂剧，出了在全国享有盛名的元杂剧、散曲作家赵善庆（乐平赵家湾村人），他作有《孙武子教女兵》《醉写满庭芳》《执笏谏》等八种杂剧，被我国现存最早的明代北曲谱《太和正音谱》誉为“蓝田美玉”，这些杂剧曲目为后期戏曲的发展奠定了基础。

《中国戏曲通史》中讲道：“起初是南戏各种声腔的并列竞争与交流发展，随后是昆山腔与弋阳诸腔的崛起盛行和流布演变，新兴的昆山腔和弋阳诸腔戏，继承了南戏的传统，又吸收了北杂剧的成果，在戏曲演出舞台上，开创了以南曲为主的传奇时代。”①实际上在戏曲艺人流动过程中，为适应当地群众的需要，原本的戏曲与当地语言、民俗及民间艺术相结合，逐步发生变化，形成了以地方命名的曲种。比如，南戏流入弋阳，弋阳人讲的是赣方言弋阳话，故艺人们在吸收北杂剧成果的同时，在南戏中慢慢加入本地的流行小调以适应弋阳方言语音语调，这就出现了弋阳腔的唱法，明代时弋阳腔开始繁荣并迅速向外传播。乐平与弋阳紧临，在地方语言系统上又同属中州语系，生活习俗相近，民间信仰文化相通，因此在弋阳腔向外传播过程中，乐平是最快也最易受到影响的地区，加之“弋阳腔在贩夫走卒与农夫渔父等地位较低的社会阶层中广泛流传，其剧目大都反映历史上的政治斗争和军事斗争事件，以题材广阔和庞大的舞蹈场面见长，武戏动作大、线条粗、色彩浓”①，易被乐平乡民接受，所以弋阳腔得到迅速传播。嘉靖年间以后，由弋阳腔演变而成的乐平腔逐渐盛行，明末清初更是盛极一时。清乾隆年间，江西戏曲活动鼎盛，发展迅猛，流行于大江南北的乱弹腔鼓乐传到饶河流域，为顺应潮流，乐平戏班开始兼唱乱弹腔，而在这一过程中，受当地民风影响，乱弹腔很快被熏陶成一新的剧种，即饶河戏。明清时期乐平戏曲文化可谓空前繁荣，演出的场所也渐趋成熟和定型。乐平传统戏台多数建于这一时期，有着浓郁的赣地建筑风格。1950 年著名剧作家石凌鹤（乐平后港大田村人，图 13）将弋阳腔饶河班、信河班两大流派合并，创立了江西地方名剧——赣剧，此后赣剧在乐平地区日益兴盛（图 14）。

在元、明、清三代，随着戏曲的不断发展，戏曲表演对戏台建筑也提出了更高的要求，戏班人数的扩大和服装道具的增加，促使戏台在构架上有了前、后台之分，后台逐渐扩大，有的甚至超过了前台的面积，前、后台

① 张庚，郭汉城：《中国戏曲通史（中）》，北京，中国戏剧出版社，1981。

图13 石凌鹤及其作品、故乡

之间用固定或非固定的隔断进行分隔，隔断两侧又分别设置上、下场门以供演员上、下场之用。明清时期是乐平戏曲、戏台发展的高峰期，戏曲表演角色的增多导致一部分戏台的面阔不断扩大，并发展为三开间甚至五开间，戏台建筑形制逐渐发生变化。通过翻阅文献、查看实物发现，嘉庆至道光年间乐平古戏台在建筑形制上变化较大，例如原先的祠堂戏台那种狭小的舞台场地和看场空间，既不便于演出大戏又容纳不了更多的观众，因此乐平先人创造性地建造了一种双面台，以满足规模较大的戏班和民众的看戏要求。可见戏曲表演对戏台建筑的推动作用是明显的。但是我们又发现这种推动作用并非毫无限度，乐平古戏台建筑发展到明清以后，虽形制上有变化，但尺度和结构方面却没有较大的革新。另外，明清时期戏台在装饰上更趋美观和华丽，戏台的建筑装饰多与结构功能脱离，有的极为繁复。从乐平现存的明代涌山昭穆堂古戏台、清代的车溪敦本堂戏台到后来的镇桥镇浒崦戏台可窥一二。

图14 乐平传统戏曲赣剧

乐平地区戏曲艺术的发展态势很大程度上决定了戏台的营建态势，明清时期是戏曲交流和发展的高峰期，乐平现存的 79 座明清古戏台可作为佐证。随着赣剧在乐平的形成和发展，乐平古戏台更是成为与赣剧血肉相连、并驾齐驱的独特的建筑艺术。因此，综合看来，江西戏曲与其他声腔剧种之间的交流，促进了彼此的进步，推动了戏曲的繁荣发展，这种繁荣又深深地烙印在乐平古戏台建筑艺术中，众多宏丽的戏台是乐平戏曲艺术繁荣的写照。

现在乐平人民对看戏的热爱和痴迷程度有增无减，随着时代的发展和乐平人口的不断增长，戏台的数量也在逐年增加，加之村族之间的攀比，认为破旧或者矮小的戏台有损村族的颜面，戏台也是常修、常建、常新。早先的戏台规模已经不能满足当下人们对看戏的需求，加之一些大型戏曲剧目的演出需要，现在的戏台规模越来越大，气势更加恢宏。据了解，当前乐平新建的最大戏台花费甚至有四百万元之多。戏台建筑的不断兴建与修复也使得戏台木作传统营造技艺得以延续、传承和发展。

结语

乐平文化习俗和民间信仰的丰富极大地促进了戏曲文化的繁荣，不胜枚举的戏曲曲目又不断加强着戏曲与戏台之间的联系，为戏台建筑的大规模营建奠定了一定基础。宗族活动的需要成为乐平人热衷于修建戏台的另一重要原因，加之经济的繁荣和社会的相对稳定，特别是乐平人对戏曲文化的喜爱，使得人们营建戏台的热情持续高涨，这又成为推动戏台发展的第三个原因。乐平的戏台营造传统孕育出一代又一代的能工巧匠，他们创造了一个又一个戏台的传世经典。乐平传统戏台是乡土建筑、艺术品，也是历史文化，同时还是乐平乡民心目中的圣物。

参考文献：

[1] 徐进. 话台言戏：传统文化视阈下的乐平古戏台与民间戏曲[M] .南昌：江西人民出版社, 2017.

[2] 张庚, 郭汉城. 中国戏曲通史（中）[M]. 北京: 中国戏剧出版社, 1981.

[3] 杨后礼, 万良田. 江西丰城县发现元代纪年青花釉里红瓷器[J]. 文物,1981（11）: 72–74.

[4] 王文章. 非物质文化遗产概论[M]. 北京: 文化艺术出版社， 2006.

[5] 车文明. 中国古戏台调查研究[M]. 北京: 中华书局, 2011.

[6] 徐进. 民间信仰视阈下的乐平古戏台研究[J]. 装饰, 2015（1）: 84–85.

[7] 罗德胤. 中国古戏台建筑[M]. 南京: 东南大学出版社, 2009.

[8] 吴炳黄. 乐平古戏台研究 [D]. 南昌: 江西师范大学, 2009.

[9] 吴开英, 罗德胤, 周华斌. 中国古戏台研究与保护[M]. 北京: 中国戏剧出版社, 2009.

Interpretation of the Form and Meaning of Quadrangle Dwellings from the Perspective of Semiotics

符号学视角下的四合院民居建筑形式与意涵解读

王 琪*（Wang Qi ）

摘要：四合院作为中国传统建筑形式的代表，表征着典型的中国北方传统建筑理念和思想；现代符号学的产生为建筑设计提供了有力的理论支撑和创新探索，其中皮尔斯的符号学理论体系表现出与中国传统建筑，尤其是四合院民居建筑的深刻契合。在中国传统建筑语境中，建筑形式和建筑意涵的解读一直是一个重要话题，皮尔斯的符号学理论体系阐释四合院，可以为解读四合院的建筑空间、寓意以及功用提供独特的视角，打开中国建筑历史的符号学路径。

关键词：中国建筑；四合院；符号学；符号意义

Abstract: As the representative of Chinese traditional architectural form, quadrangle dwellings represent the typical traditional architectural ideas in northern China. The emergence of modern semiotics provides strong theoretical support and innovative exploration for architectural design, in which Pierce's semiotics theory system shows a deep fit with Chinese traditional architecture, especially with quadrangle dwellings. In the context of Chinese traditional architecture, the interpretation of architectural form and architectural meaning has always been an important topic. Using Pierce's semiotics theory system to interpret quadrangle dwellings could provide a unique perspective to interpret the architectural space, implication and function of quadrangle dwellings, and open a semiotic path of Chinese architectural history.

Keywords: Chinese architecture; quadrangle dwelling; semiotics; symbolic meaning

北京四合院作为中国传统民居的典型，是经过数千年文化和精神积淀的表现形式，是北京居民居住形式的物化，是中国建筑历史中不容忽视的民居文化代表。在中国建筑史的书写中，常记建筑规制、礼制、样式、装饰、用途等方面。自从西方符号学理论被引入中国，这种将万物视为符号，并归类、解读符号的做法为理解中国建筑打开了新的视角。中国匠人向来擅长模仿和抽象，四合院的建筑符号在长期发展和演变中被确定下来，建筑符号及其象征意义充斥在空间的规划与装饰的选择及功能体现之中。“意义必用符号才能解释，符号用来解释意义。反过来，没有意义可以不用符号解释，也没有不解释意义的符号。”①这样的符号研究和解读，为四合院建筑形式和意涵的理解提供了一种理论依据和释义方法，可以帮助我们在符号化的基础上有实际的创新和应用，也为中国建筑史的理解和书写增加了符号这一通道。

* 中国艺术研究院博士研究生，南京邮电大学传媒与艺术学院讲师

① 赵毅衡：《符号学原理与推演》，2页，南京，南京大学出版社，2011。

一、皮尔斯符号学与中国建筑史研究的契合

人类对符号的应用历史十分悠久，而现代符号学产生于20世纪初。瑞士语言学家索绪尔1894年正式提

出"符号学"(Semiology)的概念,他的学生整理出版的《普通语言学教程》奠定了索绪尔"现代符号学之父"的地位[①]。20 世纪 60 年代,主要盛行的是索绪尔的符号学,主要着眼点是建立在符号的任意性基础上的整个系统集团。所以,索绪尔符号学的核心问题,不是"结构",而是"系统"。在这个系统中,有索绪尔理论最重要的四个二元对立:能指 / 所指、语言 / 言语、共时 / 历时、组合 / 聚合。相反,皮尔斯没有讨论系统性问题,而这恰恰是皮尔斯的优势所在。符号学对结构主义突破自身转变为后结构主义起到巨大的作用,也奠定了皮尔斯模式在当代符合学中的基础地位。

语言不是皮尔斯符号学的范式,符号与对象之间的关系显现出的是本有的连接,并分为像似符号、表示符号、规约符号三种。皮尔斯的符号学重在解释和认知,符号的意义在本质上不与对象一同出现,因为一旦出现则代表了符号表意的终结。而一个意义的发出(表达)与接收(解释)的环节都必须用符号才能完成。感知只是符号定义的一半,这个感知必须在接收者那里成为一种被识别、被解释的体验,也就是有可能被"符号化",才成为符号。也就是说,理解建筑符号需要深入了解文化背景和建筑本身的需要,这也解释了建筑居住者为何能够读懂建筑符号背后的寓意。这种视角引导我们看待任何一个建筑符号的文本,都携带着大量社会约定和联系,这些约定和联系往往不显现于文本之中,只是被文本"顺便"携带着。在解释中,不仅文本本身有意义,文本所携带的大量附加的因素也有意义,甚至可能比文本有更多的意义。而建筑作为承载符号的载体的最大作用,是指示居住者或者观看者解释眼前的建筑符号文本,建筑本身是个指示符号,引起读者某种相应的"注意类型"或"阅读态度",即对建筑类型指示性的领悟。

符号学作为专门学科是在近代西方被建立和完善的,从实践角度而言,建筑学家们在建筑设计领域对符号学的引用,也让建筑符号学逐渐成为一门独立的学科,为建筑实践提供了有力的理论依据,并且对现代建筑产生了不可泯灭的影响。虽然对于中国传统建筑来说,符号学是"舶来"理论,运用西方理论解读中国传统常有牵强附会之嫌,且由于语境、语义差异造成误解。但事实上,"纵观中西方古代建筑活动,符号、象征和隐喻三者的运用是普遍的,也是不作有意区分的,所以它们常常同时存在于一个建筑作品中"[②]。皮尔斯理论框架中的符号运用实质上已经长久隐形地存在于中国传统建筑之中。延续数千年的中国传统建筑本身就是汇聚了礼制、宗教等多方面的符号之集大成者。一方面是诸如台基、斗拱等对建筑整体结构具有诸如防水、加固等功能性的构件;另一方面是文化意义大于功能价值的装饰性构件,其在中国漫长的封建社会中发挥着体现等级、诉求吉祥等隐喻和象征的作用,不仅让建筑的功能性更具有审美价值,而且体现出中国人民对美好生活的一种诉求和寄托。"北京四合院的个体建筑,经过长期的经验积累,形成了一套成熟的结构和造型。"[③]这种建筑形式的稳定性为其内涵的解读奠定了基础,这决定了北京四合院可以被视为具有稳定寓意的符号进行分析。因此,皮尔斯的阐释角度为我们多维理解中国传统建筑提供了新的契机。相对于文丘里和艾森曼对符号元素的直接借用与拼接,中国传统建筑符号的形式和意涵表现得悠久深刻。中国传统建筑的系统统筹、形式背后的表意关系、建筑用途和语境的差异化理解等都表现出与皮尔斯符号学理解的深刻契合。

①刘先觉:《现代建筑理论》,87页 北京:中国建筑工业出版社,2008。
② 戴志中,舒波:《建筑创作构思解析:符号·象征·隐喻》,前言,北京:中国计划出版社,2006。
③ 刘敦侦:《中国古代建筑史》,313页,北京:中国建筑工业出版社。
④ 赵玉春:《北京四合院传统营造技艺》,1页,合肥:安徽科学技术出版社,2013。

二、四合院的符号学释义

"严格地讲,北京四合院特指北京市老城区及周边县镇内(除中远郊区农村)特有的传统民居建筑。"[④]从考古发现看,我们的祖先大约于上周时期便开始采用类似于四合院的这种围居形式建筑了。四合院是汉民族最普遍的一种居住形式,往往坐北朝南,由东、西、南、北四面的房屋围合起来,中间形成内向型庭院,四面的房屋又分为正房、厢房、门房等级别(图 1)。白居易在《伤宅》中所描述的"丰屋中栉比,高墙外回环。累累六七堂,栋宇相连延"即是这种规整院落式建筑组群的描写。这种民居形式可以说是代表汉民族特色的建筑,上到皇宫、官员府邸,下至民居、杂院,都是以四合院为原型,加以或多或少的变化形式,遍布于中国北方的诸多地区,其中北京四合院又是四合院建筑形式中的典型。北京四合院民居一般都是单层的平房,高大且厚实的墙壁将东、西、南、北四间围合在一起,只在东南角开大门。本质上讲,这是一种宅院。《释名》曰:"宅,择也,择拣吉处而营之。"因此,宅不是随意之处,传统的古代四合院一般体现出了家族的观念,即选择吉祥之地用心经营它,是一家几代人共同协力生活的符号象征,一家人只有和谐相处并一同奋进才能长久繁荣,这是生活在这种

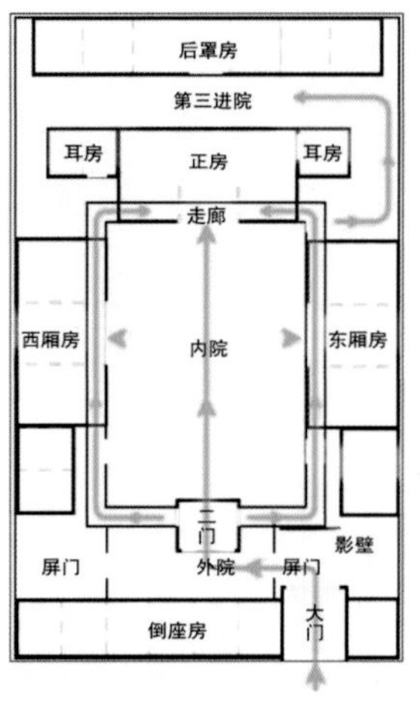

图1 三进院四合院院落等级设置示意图

图2 北京四合院的清水脊

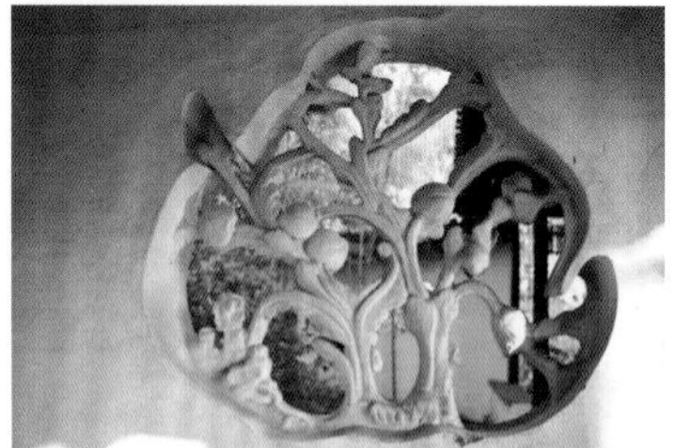
图3 沧浪亭的“四季”漏窗——冬梅

图4 墀头与垫花

建筑里的中国人对“家”的符号的一种物化形式的寄托。皮尔斯的理论认为：只有当现实世界中的人在寻求意义的时候，符号才具有价值；只有当物理或者经验世界转变为人化的世界时，它们才具有存在的本体性质。可以说，超出人的经验范围之外，这个世界即使充满了符号，也只能是潜在符号，它们无法被解码，也无法获得意义。北京的四合院是一种与人、与交流、与现实和未来密切相关的、具有鲜活生命力的建筑类型，以皮尔斯理论框架中的三类符号，即像似符号、标示符号、规约符号为切入点，北京四合院的建筑形式与意涵可获得相应的解读。

（一）像似符号

像似符号即依靠某一具体或者非存在对象的“像似性”建立与符号之间的关联，可以表现为“无论什么东西，只要它具有某种品质，并且是一个存在的个体，或者一种规则，那么它就是这个东西的像似符。这只是因为它像那个东西，并被当作这种东西的符号来使用。”[①]“像似性”看起来似乎简单直接，有一种“再现透明性”，似乎符号与对象之间的关系自然而然，而且让我们直接联想到相似对象。

北京四合院的像似符号集中呈现在建筑装饰中，这些像似符号的图案多位于屋脊（图2）、漏窗（图3）等处，它们不仅在视觉效果上美化了整个居住的空间，更体现出所有者愿望的美好，希望从中得到美好的祝福。“辨十有二土之名物，以相民宅而知其利害。”（《周礼·地官·大司徒》）不过实际上，像似的概念远比这样的视觉相似复杂。首先，像似不一定是图像的，也可以是任何感觉上的。比如歌德的名言“建筑是凝固的音乐”。其次，像似并非单纯模仿某一对象，皮尔斯已经指出：“像似符号可以不必依靠对象的实在性，其对象可以是纯粹的虚构存在。”[②]比如在四合院的戗檐侧面的砖博缝头上常刻“鸳鸯荷花”“博古炉瓶”“麒麟卧松”等图案，相比于门楣、影壁等创作空间充裕的构件，这里属于“边角”。因此，在刻画程度上不如影壁等完整，但这不意味着符号形象的缺失，在有限的空间中，形象追求简约而神似，故事追求经典而不累赘。这保证了这些像似符号对意义的传达——不求原样复制，但求通过符号形象直接联想到像似对象。有的更为精致的墀头砖雕组（图4），以荷叶墩为主，下面用花篮的形式加以垫花，看起来就像花篮中插满各种花卉，构图精美巧妙，同时以形式直接传达寓意。

在四合院的建筑形式中还有很多像似符号，它们被嵌入建筑结构之中，作为物的符号存在，通过与像似对象的进一步关联才能完成表意。如果接收者无法辨认发出者的符号，那么符号存在的意义就会大打折扣。建筑是符号的集合，建筑师在基本的建筑技术的基础上，融合美，结合观念，将一系列的符号有序地组织到一起，为使用者提供居住的功能、等级体验与精神祈福，还向建筑之外的人传达信息，使其通过与建筑的互动，读解建筑符号所传达的用意。传达与接收二者不可分割，建筑使用者的文化水平、社会地位、经济条件等都会体现在对建筑的表达上。因此，像似符号要依据符号发出者与接收者对符号与其相似对象的共同理解，才能表意。所以，在中国传统建筑中常见的龙、凤、麒麟等装饰图像看起来生动实在，其对象却不真实存在，但居住者和观看者依然可以读懂这些符号的意义。

（二）标示符号

当符号所承载的信息量增多，意义变得复杂的时候，符号的转码就变得不那么明确，就需要依靠能指和所指之间约定的关系，一般理解为是在特定的文化背景中才能清晰明确地完成符号蕴含的信息传达。皮尔斯讨论的第二种“有理据”的符号是指示符号（index），指示符号是“以对象为原因”（really affected）而形成的。“指示性，是符号与对象因为某种关系而形成的互相提示，从而让接收者感知符号即能够想到对象。”[③]

建筑本质上是一种视觉艺术，建筑的符号是一种视觉呈现，四合院的符号意义并非一成不变的，它在几千年的历史中受到时代发展等诸多因素的影响，朝代的更替、宗教的交融、经济的兴衰等都在无形之中影响着四合院建筑的符号意义。与追求挺拔、直入云霄，可以与上帝对话的西方哥特式建筑（图5）相比，四合院则蕴含着中国传统的哲学思想（诸如中庸、无为、和谐等观念）。因此，通过对视觉符号的观看和解读，可以接收到符号对寓意的传达。这一方面是社会等级制度对民居的规范，另一方面也是基于环境、文化做出的选择。四合院中有诸多的装饰品类，这些装饰不局限于像似符的形式，而是人为地、有意地以其内在的规则为基础建立了形与意的关联，例如在门楼和影壁上常见的砖雕通常会有一些符号表现吉祥寓意，这些寓意通常由形式符号的文化背景决定。比如，蝙蝠在西方文化中通常代表吸血鬼的恐怖形象，而在中国的民俗观念中因为和“福”

① 皮尔斯：《论符号》，赵星植译，51页，成都，四川大学出版社，2014。

② Charles Sanders Peirce: *Collected Papers of Charles Sanders Peirce*, Cambridge Mass. Harvard University Press, 1931–1958, Sol 4, p531.

③ 赵毅衡：《符号学原理与推演》，82页，南京，南京大学出版社，2011。

图5 科隆大教堂

图6 “五福”砖雕

图7 “福寿双全”砖雕

图8 “喜上眉梢”砖雕

谐音，常组成“五福”（图 6），还与汉字“寿”组成“福寿双全”（图 7）；喜鹊与梅花的图案组成“喜上眉梢”（图 8），还有“子孙万代”“玉棠富贵”“福禄寿喜”等等；象征着君子的梅、兰、竹、菊则自然成为文人们喜欢的符号。这里的“蝠”与“福”，梅兰竹菊与文人的关联虽然不是直接让人想到的形式关系，但这里抽象的、文化的约定依然具有稳定性。玲珑剔透的砖雕工艺不仅给影壁增添了一种诱人魅力，而且以像似的花卉、神兽形象寓意着居此宅院将会吉星高照、福禄满门。这些装饰或抽象或具象，它们存在的意义已经超越装饰作用本身，通过这些符号联想到的对象更深度地契合了建筑装饰兼顾实用性和精神需求的双重作用。

此外，四合院的色调也被约定，“灰色调是北京老四合院民居建筑的标志性色彩，这种色彩蕴含着一定的哲学思想，它承载着北京千年的历史文化积淀，映射了北京地域、环境及民俗文化，体现了极高的史学价值。”①灰色属于中性色，本身带有一种弹性，比黑色更为含蓄、内敛，比白色更加优雅、深沉，是一种介于黑与白之间的中立色彩。这种色彩属性表现出温和、谦让、平凡、高雅的意蕴，更重要的是，在封建社会，建筑色彩是一种被明确规定的指向符号——从故宫等皇室建筑，到乌衣巷等官府宅邸，再到江南的私家园林，我们都可以读取到代表着不同阶级、等级的符号语言。我国古代一直没有关于建筑设计思想的完整著作，设计思想和审美观点往往散落在史书或者文人笔记中，在《考工记》《营造法式》《清工部工程做法》专门性著作中对建筑有较为详细的等级和规制的限定。比如在四合院的建筑中，建筑色彩和装饰都有等级和规制。据《明史》对室屋制度的规定：“一品二品厅堂五间九架……三品五品厅堂五间七架……六品至九品厅堂三间七架……庶民庐舍不过三间五架，不许用斗拱，饰彩色。”②代表至高无上皇权的宫廷建筑采用庑殿顶、歇山顶的形式，使用琉璃瓦作为屋顶，色彩呈现出高饱和度的明黄、翠绿、朱红等色彩。民居则只能使用悬山、硬山顶等低规制的形式，民居整体的色彩以青灰色为主。

人对事物的第一印象往往至关重要，建筑对使用者的第一波冲击来自视觉，而很大一部分的视觉冲击来自色彩。所以，建筑色彩作为指示符号承担着建筑和使用者互动交流的第一职责。但在突破了阶级禁锢的当下，以建筑色彩指示建筑属性的作用被削弱了。灰色调在有意地规避多元色彩的现代主义建筑中成为主流色彩之一，同时这是与钢筋混凝土的方盒子本身相符的指示符号，象征着技术、极简与现代。因此，指示符号在此依然具有强大的解释效力。指示符号的一个相当重要的功用，就是吸引解释者去解码符号对象，赋予对象的组合一定的顺序，即符号指明对象的排列位置，从而在关系中确定符号和对象的意义。指示符号的这种功能，是其他符号无可替代的。

（三）规约符号

依靠社会约定符号与意义的关系的符号称为规约符号，皮尔斯称之为 symbol。规约符号正如索绪尔所定义的是一种“任意、武断”的符号，它与指向对象之间缺乏充足的直接理据的连接。符号与意义之间的关联完全依靠社会文化的约定俗成。虽然皮尔斯承认任何符号与对象之间的关系最终都需要社会约定，也就是说，可以有纯规约符号，却很少会有纯理据性符号，但像似与标示具备了一定的理据性，因此皮尔斯尤其强调规约符号中约定俗成的社会性。不同语境之下的符号自然蕴含着不同的意义，但是在一定的语境中呈现出相对的稳定性，究其原因是因为它们都是在长期的综合因素的作用下被筛选出来并凝固形成的。符号的构成方式影响符号的最终表现意义，四合院建筑的符号构成是在封建社会中发展的结果，同时这些符号形式在人们的日常生活之中潜移默化地影响人们的思想观念。“每当我们想起过去伟大的发明时，我们有一种习惯，就是应用看得见、有纪念性的建筑作为每个文明独特的象征。”①这是文化的结果，是规约的结果。

①杨梦杉：《北京老四合院改造中的色彩设计研究》，载《艺术研究》，2014(4)，3~5页。

②[清]永瑢，纪昀等：《四库全书·史部·正史类·明史·卷67·舆服志》，电子版，上海，上海古籍出版社。

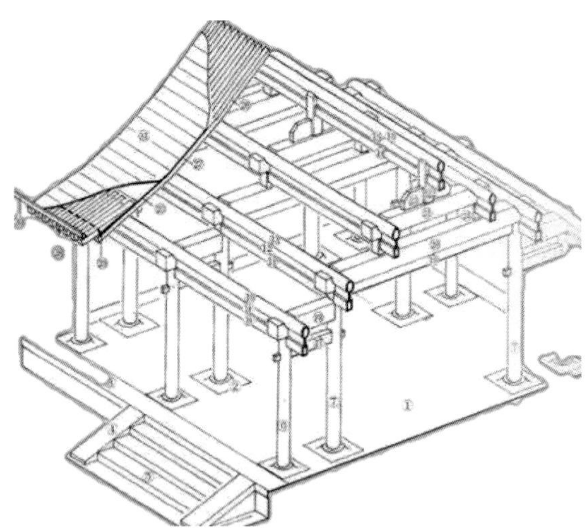
图9 建筑架构示意图

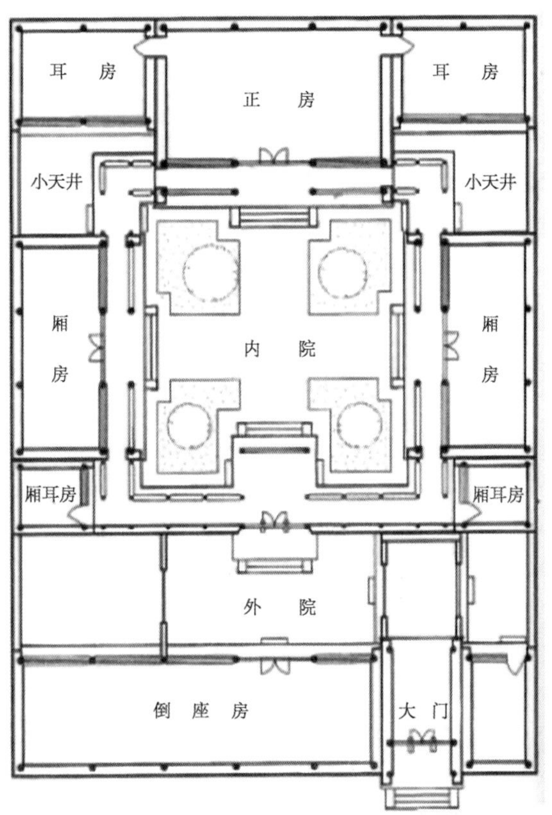

图10 北京四合院民居经典格局平面图

中国传统建筑具有组群布局的特点，“以‘间’为单位构成单座建筑，再以单座建筑组成庭院，进而以庭院为单位，组成各种形式的组群。”[②]首先，从建筑的立体构图角度方面看，不管是官用住宅还是民用住宅，四合院的建筑都采用的是中国传统建筑的典型建筑形式——台基、屋身、屋顶三部分（图9）。在商代殷墟之中考古发现了夯土的台基，在《营造法式》中也有关于这三个部分较为详细的记载。它们的规制是由房屋所有者的身份、财富等因素决定的。在民宅四合院中，台基相对官邸较低，房屋的体量当属作为一家之主所居住的正房最为高大，它是四合院的核心。厢房体量次之，一般为子孙住房，且东尊西卑。仆人居住的裙房更为矮小。东南方的正门最大，皇家和官邸通常还会设置三扇门，在重要的节日或最重要的宾客来临时走中门，平日则走偏门。这些无一不体现出封建制度和宗族思想主次分明、尊卑有别的布局表现思想，凸显了制度的森严和井然，而这种整齐和规制也给人一种高低参差、错落有致的韵律感。

其次，从平面构成（图10）来看，四合院以中轴线为基准，左右对称，坐北朝南，逐层展开。这种布局和朝向很大程度取决于北方的气候条件。“虎踞龙盘，形势雄伟。以今考之，是邦之地，左环沧海，右拥太行，北枕居庸，南襟河济，形胜甲于天下，诚天府之国也。”（范镇《幽州赋》）北方的气候相对干燥，北京的气候夏季常多东南风，东南朝向的正门有利于把气流引入相对封闭的四合院中，有利于通风散热，清除浊气，以清新空气；冬季常吹西北风，因此四合院北向不开窗，可有效阻挡寒冷，起到保温的作用。除了适应气候这种功能性的布局外，宗族观念的影响造成了四合院的平面横向构成。四合院受到规制限制，很少有多层建筑的，一般是平行的，向里一层层聚合。另一方面“在这种定位原则的控制下，建筑群不论是有计划或无计划地发展，都很容易自然地形成一个和谐、统一的构图，对于扩展和合并都十分自由和有力；所有的建筑都基于统一的以方位形成的参考线来定位，相互之间就此便产生了一种关系。”[③]

再次，从空间构成上看，四合院是一种相对独立的建筑形式，虽然身处胡同的统一建筑群落，但是四合院的每一个单体都是具有封闭性的，除了东南大门和少许窗子，四合院几乎被高墙围起，与外界隔离，宣誓自己的独立。这是家族与外界的界定，是第一层次的空间划分。进入四合院之后，建筑的构成也要符合一定的规制，那就是第二层次的空间划分，从前院到垂花门的部分空间属于相对外向的内部空间，在这里外宾可以进入；一般情况下，主人在此会客，如果没有特别允许，客人只能止步于此。第三空间层次则是院落中的层级划分，北房为正房，空气流通好，阳光照射好，也因此是家族正室所居之所，而妾室只能住在偏房，这大概更说明了“地位之争”吧。第四空间层次是内院所在，多为女眷住地，如小姐闺房绣阁之类，小姐在出嫁之前，多活动在这个区域。最后一个空间层次便是仓储灶厕等称为后罩房的后院。空间上明确而严格的划分，充分说明了四合院建筑符号的不同构成。

以上依据皮尔斯对符号的三种分类阐释了北京四合院民居建筑中的建筑形式与意涵。“像似性使符号表意生动直观；标示性使对象集合井然有序；规约性让符号表意准确有效。”[④]事实上，虽然四合院作为我国北方规制严格、风格稳定的建筑形式，在符号与表意之间的取向相对固定清晰，但事实上，相当多的符号混合了多种成分，无法截然地说清某个符号属于三类符号的某一种，只能以其中某种更加显著的成分和维度为划分标准。所以上文说，四合院中的任何符号都多少带有图像像似性，多少有标示性，也多少有规约性。因此，皮尔斯曾说上述三种关系“尽可能均匀混合的符号，是最完美的符号”[⑤]。

① 萧默：《文化纪念碑的风采：建筑艺术的历史与审美》，22页，北京，中国人民大学出版社，1999。

② 刘敦侦：《中国古代建筑史》，8~9页，北京，中国建筑工业出版社。

③ 周雨婷：《北京四合院建筑符号学研究》，沈阳，沈阳建筑大学，2011。

④ 赵毅衡：《符号学原理与推演》，87页，南京，南京大学出版社，2011。

⑤ Charles Sanders Peirce: *Collected Papers of Charles Sanders Peirce*, Cambridge Mass, Harvard University Press, 1931-1958, Sol 4, p448.

三、分析与小结

从符号学的视角看，人的世界与物理世界的不同之处在于人的世界是由符号组成的。文化是社会和历史所有意义活动的总集合，建筑不例外，中国建筑也不例外。相对于建筑形制、体例的演变，囊括了等级制度、吉祥寓意等表征的建筑符号，体现的是建筑的社会意义。虽然西方符号学理论对于中国建筑符号的解读不完全适用，但从具体运用来看，符号学理论可以作为一种解释工具，相应地，也因为符号学视角的引入，建筑符号的形式与意涵得到了强调。正是因为建筑符号形式与意涵的提取，使得人们对建筑历史的理解不仅仅在营造的层面展开，它还作为一种沟通文脉的路径，成为讲述过去、朝向未来的媒介。皮尔斯甚至认为："每一个思想是一个符号，而生命是思想的系列，把这两个事实联系起来，人用的词或符号就是人自身。"①符号学涉及人的思维，人的思维是按照语言的形式，为符号这种形象寻找意义。

当四合院民居遇到皮尔斯的符号学理论，其建筑语言被分类、被解读，一方面，在中国传统建筑的基本语言和法则的基础上呈现出寓意美，促使现代建筑了解传统建筑符号，书写传统建筑符号，并汲取灵感，迸发新思。另一方面，只有了解了四合院民居的符号特征和意涵，才能读懂和讨论四合院作为一种民间居住载体如何建构居住主体与居住语境之间的关系，以及作为一种策略方案如何将阶级思想、历史文化、吉祥寓意建筑本身和灌输给居住者。

建筑发展到现在，人们已经发觉从历史文脉中汲取养分越来越重要，而图像符号正是后来后现代主义建筑风格的一种常用手段。中国传统建筑符号是中国建筑历史的一部分，它源于人们对中国传统文化的解读，以及对大自然的崇拜和模仿，长期积淀之下，这些符号带给居住者稳定的象征意义。诚然，在中国建筑历史中，人们对四合院的研究已经非常系统，但无论如何应当看到，在故宫、恭王府等皇家或贵族四合院建筑走向讨论核心的同时，四合院民宅这一建筑类群带给现代建筑，尤其是现代建筑的历史文脉语言的机遇。这种始终用鲜活视角看待历史建筑，并加以扬弃和再生的努力，是将我们引向某种深层次追问的必不可少的契机。

当前对四合院民居建筑的符号学研究还从建筑符号的意涵出发为建筑的人文内涵打开大门。这种观点的意义在于，它不是要限定建筑的元素或符号，而是要回归建筑作为人体验和了解世界的途径本身，这就肯定了建筑作为"物"的桥梁性质，同时基于建筑对时代和历史精神的反映形成感知认识。因此，皮尔斯的符号学理论为适度地发展建筑的象征价值维度提供了启示：其一，建筑的物质和精神侧面应当同样被重视；其二，建筑的象征意义需要注入人文关怀。这两者是建筑未来发展的必然方向，也是可以深耕的领域。

① 转引自瓦尔：《皮尔士》，116页，北京，中华书局，2003。

From Gardens in Qin and Han Dynasties to Mountain Residence in Wei and Jin Dynasties —On the Relationship between Chinese Early Garden and Natural Landscape

从秦汉苑囿到魏晋山居
——中国早期园林与自然山水关系之辩

李盈天[*]（Li Yingtian）

摘要：秦汉苑囿可以说是中国早期园林的雏形，本文试图梳理从秦汉时期的苑囿到魏晋时期的山居这种形式上的流变，结合先秦哲学到魏晋玄学的思想发展脉络，从历史文化和艺术审美的角度来观照并详细阐述中国早期园林与自然山水之间的关系。（图 1～图 8）

关键词：秦汉苑囿；魏晋山居；自然山水；园林；审美

Abstract: Gardens in Qin and Han Dynasties can be said to be the rudiment of Chinese early gardens. This paper attempts to comb the formal changes from gardens in Qin and Han Dynasties to mountain residence in Wei and Jin Dynasties, combine with the ideological development context from pre-Qin philosophy to metaphysics in Wei and Jin Dynasties, and from the perspectives of historical culture and artistic aesthetics, observe and elaborate the relationship between Chinese early garden and natural landscape.

Keywords: in Qin and Han Dynasties gardens; mountain residence in Wei and Jin Dynasties; natural landscape; garden; aesthetics

一、秦汉苑囿与自然山水之关系——实际需求占主导

秦代历经短短的 15 年到二世而亡，是中国历史上较为短命的王朝之一。然而，作为历史上第一个封建大一统国家，秦王朝对中国后世各方面的影响却极为深远，在很多方面都给后世树立了典范。“书同文，车同轨，度同制，行同伦，地同域，种种改革促成了中华文化共同体的基本形式”[①]。依据李泽厚的观点，“百代皆沿秦制度”[②]，后世建筑的体制和风貌始终遵循着先秦奠定下来的基本规范，从秦汉至唐宋再到明清，建筑艺术基本保持和延续了相当一致的美学风格。这是秦代苑囿开始出现的时代背景。

众所周知，秦汉苑囿是由统治者划定地理范围，命人在自然山水中营建的。然而秦汉苑囿究竟源自哪里呢？这要从中国古代的园林史讲起。王贵祥在一篇文章中“将中国古代园林史大致分为五个阶段，其中先秦时期为中国古代园林的孕育期，秦汉时期是皇家园林的初创期，也是私家园林的萌生期”[③]。在他看来：“古代中国最早的造园活动可以追溯到传说中的黄帝轩辕氏，夏代的桀、商代的纣以及周文王都是热衷于兴建苑囿的国君，到了春秋战国时代各诸侯国也是纷纷效仿”[③]。我们都知道，做研究要将文献和实物结合起来互为证明才能让人更加信服。然而在傅熹年的论述中，古代文献中关于秦汉之前的苑囿的记载不够详细，且目前尚

* 中国艺术研究院设计学系，太原师范学院美术系

① 冯天瑜，何晓明，周积明：《中华文化史》，294页，上海，人民出版社，2015。
② 李泽厚：《美的历程》，79页，天津，天津社会科学院出版社，2002。
③ 王贵祥：《中国古代园林史札（15世纪以前）》，载《美术大观》，2015（3），101页。

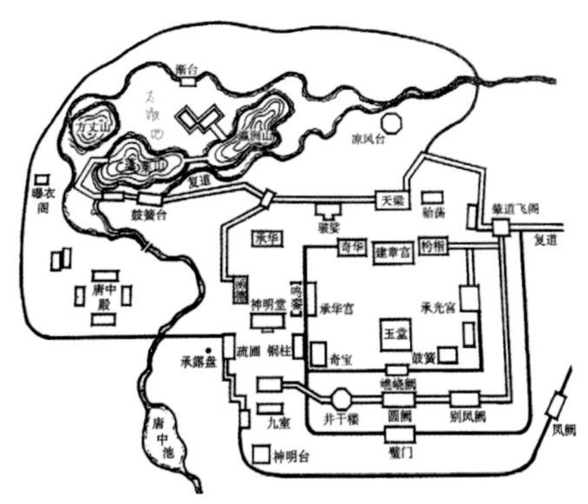

图1 上林苑“一池三山”，即太液池（一池）+蓬莱、方丈、瀛洲（三山）

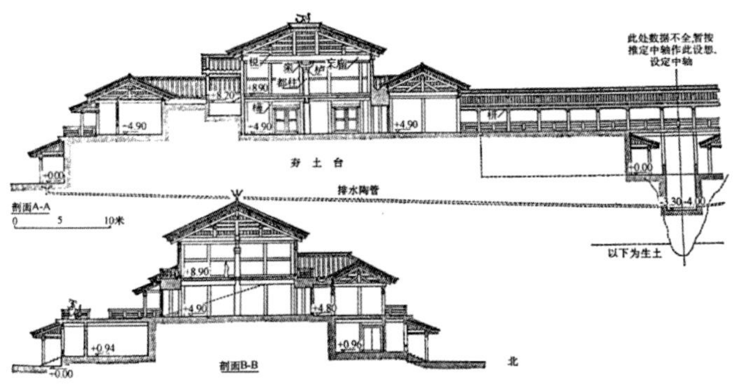

图2 秦咸阳宫一号宫殿纵、横剖面复原图

未有相关考古遗址发掘，因此王贵祥讲中国古代园林是从秦汉苑囿开始讲起的①。

秦统一中国后，秦始皇好大喜功，集中人力、物力、财力大建宫室，其建筑和造园的规模史无前例地宏大。西汉淮南王刘安及其门客所著《淮南子·汜论训》是这样谈论秦时建筑的：“秦之时，高为台榭，大为苑囿，远为驰道”②。由此可见秦时建筑气势恢宏、规模庞大。我们所熟知的阿房宫虽然实物已荡然无存，但可从文学作品得以管中窥豹：“六王毕，四海一，蜀山兀，阿房出。覆压三百余里，隔离天日……歌台暖响，春光融融；舞殿冷袖，风雨凄凄。一日之内，一宫之间，而气候不齐”③。诚然，文学作品有夸大其词的成分，但是仍能从中领略到秦时建筑宏大之美，这也奠定了秦汉时期建筑总体的审美基调。

建筑是一个时代最核心、最厚重的文化载体，中国古代园林建筑之所以能够经久不衰，在世界独树一帜，非常重要的一个原因就是它承载了中国的历史变迁和文化精神，这种文化精神中很重要的一点就是中国古人的审美观，这里就包含中国古代美学的深刻影响，也是中国园林能够保持自身独特风格和鲜明民族色彩很重要的原因所在。当然，一种建筑形式的形成和发展也深受其所处的历史地理条件和自然风土环境的影响。秦汉苑囿自出现以来，通常建在宫城外自然的山林湿地之间，与当地的自然山水是分不开的。

中国造园艺术史中与园林建筑相关的较早记载有秦代的台榭，《三辅黄图》记有：“鸿台，秦始皇二十七年筑，高四十丈，上起观宇，帝尝射飞鸿于台上，故号鸿台。”④从中可以了解到，鸿台是秦始皇射击飞禽的地方。汉承秦制，汉代苑囿中的台观很多，由此可以推测秦时台观应该也不会少。秦汉时代喜筑高台，许多宫殿、苑囿甚至郊野都有筑台，这是一个“高台建筑时代”⑤。秦汉时期苑囿中的“台”，根据功能可分为天文台、祭神台、纪念台、观赏台、娱乐台等，其构造方式有削山平顶成台和凿池累土成台⑥。在张家骥看来，台从另一个角度表现了封建统治者穷奢极欲的追求。自从各种社会阶级的对立发生以来，正是人的恶劣的情欲——贪欲和权势欲成了历史发展的杠杆⑦。遥想帝王站在高台上，可以登高望远，目极四裔，人情之所乐也，再加上秦始皇迷信方士所言，企图登高“望神明，候仙人”，实现长生不老，这也是秦汉喜筑高台的一个原因。《蜀都赋》中就有“开高轩以临山，列绮窗而瞰江”的句子，这是出于审美的精神世界的需求，体现了古人对于亲近自然山水的渴望。当然更多时候是处于实际的需要，比如为了御敌的军事瞭望等。与其称之为“秦汉建筑宫苑”，倒不如《三辅黄图》中所称“台苑”，较能反映出秦汉高台建筑时代苑囿的形式特征。在张家骥看来，将秦汉苑囿称为“自然经济的山水宫苑”⑧更能概括出秦汉苑囿的本质特征。

秦汉苑囿一如秦代的宫殿，面积辽阔达数百里，其中不乏大面积的自然山水和宫殿楼观。汉代苑囿在秦代的基础上加以恢复和扩展，在娱游和狩猎的功能外，同时还有自然山水可以欣赏。上林苑⑨是这一时期具有代表性的苑囿，始建于秦王朝，经汉代扩建，在长安城西南的数百里都是其领地，苑内山川河流，高台楼观，满足了帝王园居生活的需要，同时还有苑中之苑、苑中之宫、台观和池沼等，包括果园和太液池，可谓一个自然山水中的建筑综合体。在早期造园空间处理上，相对于宋代艮岳的中景构图和明清园林的近景构图，秦汉时期苑囿中的池沼山林台苑，更接近大空间内的远景构图，给人以“空间上的旷如，艺术上的粗犷”⑩之审美感受。

① 傅熹年：《中国古代园林》，载《美术大观》，2015（3），95页。
②《淮南子·汜论训》，陈广忠译注，北京，中华书局，2011。
③ 摘自唐代诗人杜牧的作品《阿房宫赋》。
④ 见《三辅黄图·长乐宫》记载。
⑤ 张家骥：《中国造园艺术史》，71页，太原，山西人民出版社，2004。
⑥ 同⑤，72~77页。
⑦ 恩格斯：《费尔巴哈与德国古典哲学的终结》，27页，北京，人民出版社，1962。
⑧ 同⑤，51页。
⑨ 文学家司马相如《上林赋》记载：“……于是乎离宫别馆，弥山跨谷，高廊四注，重坐曲阁，华榱璧珰，辇道纚属，步櫩周流，长途中宿……”
⑩ 同⑤，60页。

图3 河南灵宝出土的汉代三层望楼模型

图4 元代李容瑾汉苑图

在这里可以种植蔬果草木，有宫殿可居，台苑可观，还有射熊观可以养禽狩猎，完全可以满足帝室的基本生活需要，历史上有名的女德故事冯媛挡熊即是出自于此。《左传》有言："国之大事，在祀与戎"。事实上，皇室狩猎并非满足皇帝一己之私欲，狩猎在古代是一种非常重要的军事训练和演习活动[①]。同样，上林苑中的昆明池也是为了操练水军来征伐昆明国，这是实际的防御需求。

这样的建筑形式与我们中华民族的性格和文化心理是密切相关的。李泽厚曾说过："我们汉民族的文化之所以不同于其他民族，这就需要我们去追踪其思想渊源即先秦的美学思想"[②]。回到先秦诸子百家争鸣的时代，我们通常认为中国古典美学发端于先秦，比如叶朗就认为"老子美学是中国美学史的起点"[③]。在李泽厚看来，孔子在塑造中国民族性格和文化—心理结构上的历史地位已毋庸置疑，这是因为孔子运用理性主义精神来重新解释古代原始文化——"礼乐"。他把原始文化纳入实践理性的统辖之下[④]。什么是"实践理性"呢？实践理性"是把理性引导和贯彻在日常现实世间生活、伦常感情和政治观念中，而不作抽象的玄思"[⑤]。这与其后的魏晋时期的观念有很大差别。在先秦诸子百家的论点中，对后世园林艺术和山水画影响最大的莫过于孔子的自然山水美学观——"知者乐水，仁者乐山"。孔子认为人们由于内在品质不同，对自然美的认识也不相同，"知者动，仁者静；知者乐，仁者寿"。孔子的这种自然美不是通过人的美感同自然现象的某种属性的关系，即人与自然的关系去理解的，而是智者对于水、仁者对于山的一种主观感情的外移。在孔子看来，自然美既不在于客观事物本身，也不在于主观与客观的审美关系，而在于审美主体的思想感情，这无疑是唯心的，认为自然美在于"比德"，这种观念是先秦时期一种普遍的认识[⑤]。当然，这是儒家的观念，孔、孟、荀一脉相承。事实上，这种理性精神是诸子百家的共同倾向。在李泽厚看来，以老庄为首的道家可以说是儒家的补充，尤其庄子从美学和艺术的角度来阐释"自由"，与儒家一起对国人的世界观、人生观、文化心理结构和审美理想等产生了根深蒂固的影响。

汉代哲学家董仲舒继承了儒家的自然美学思想，他在《春秋繁露·山川颂》中谈到的"德者""勇者""是以君子取譬"等与先前孔子讲的"比德"是一回事，自然山水象征了君子的良好品德。在董仲舒看来："自然山水之所以具有君子的品质，很重要的一个原因是自然山水是我们赖以生存的不可或缺的物质资源。由此，他认为宫室台榭、舟舆桴楫等衣食住行都离不开自然界的山水，这些都是生而为人实实在在的需求，这种主观感情外移的'比德'说是建立在客观的物质基础上的"[⑥]。正是因为受到儒家这样入世的实用观念的影响，中国许多传统建筑与西方截然不同，中国建筑是温暖的木头，有着注重现世衣食住行的人性，西方建筑是冰冷的石头，给人以崇高感。中国的建筑是供人居住的，而非瞻仰神灵的地方。

鲁迅是这样评价汉画像石的："唯汉人石刻，气魄深沉雄大。"这样的赞誉绝不仅仅体现在汉画像石上，汉赋也是极尽铺陈华丽，汉代宫殿建筑"非壮丽无以重威"，汉代苑囿占地数百里，从建筑的占地面积和体量上来看的确给人一种恢弘之美。当然，这里有政治因素对建筑艺术的影响，儒家思想注重现世享乐和活在当下的影响也是无孔不入。"汉代唯一有历史记载的民间私家园林，是袁广汉园"[⑦]。"袁广汉园面积达五平方公里，家僮八九百人"[⑧]。为什么秦汉造园规模如此之大，而在汉以后造园规模逐渐缩小？汉代苑囿的性质又是什么呢？从《盐铁论》中可以了解到："汉代的苑囿是具有生产性质的，通过种植果蔬来作为物质生活资料。事实上，在汉武帝时期，在占地数百里的苑囿范围里，除山林、池沼、宫室外，还有大量可供耕种的农田租给了农民以收租税"[⑨]。汉代苑囿内容十分丰富，包罗万象，包括动物园、植物园、果园、菜圃、药圃、游乐园、竞技场、矿山、林场等，它既是帝王家狩猎和娱乐的场所，同时也是具有物质生产资料的基地。"从经济方面看，秦汉苑囿的

① 张家骥：《中国造园艺术史》，62页，太原，山西人民出版社，2004。
② 李泽厚：《美的历程》，64页，天津，天津社会科学院出版社，2002。
③ 叶朗：《中国美学史大纲》，19页，上海，上海人民出版社，1985。
④ 同②，46页。
⑤ 同①，17页。
⑥ 同①，18页。
⑦ 见《三辅黄图》记载。
⑧ 同①，45页。
⑨ 同①，46页。

性质反映了当时自给自足的自然经济的社会形态"[①]。显然，这也受制于当时的社会经济条件，生产力和生产关系也反映了时代的经济形态，这是一种自给自足的自然经济。

最后，张家骥是这样总结的：苑囿，在经济上作为奉养帝室生活的生产资料，并非始于秦汉，其早在奴隶社会的周代已是一种俸禄制度。东汉光武帝刘秀在财政制度上进行改革，苑囿就不再具有帝室物质生活资料生产基地的性质。"因此，东汉以后帝王苑囿在数量和规模上都大幅缩水，娱游的功能成为主要的内容，因此建筑与自然环境的结合日趋紧密，以人工代天巧的景境创作逐渐增加而占主导地位"[②]。总而言之，秦汉苑囿相较之后的园林，它与自然之间是一种相对疏离的关系，尽管建筑本身就处在自然中，但是建造苑囿的目的更多的是通过人为地改造自然去促进物质资料的生产，或是出于实际的物质需要，或者说是为着统治阶层服务，在这里审美需求占的比重相对较小。

二、魏晋山居与自然山水关系之辩——审美需求占上风

谈及魏晋南北朝时期的艺术，目前看到概括最贴切的文字莫过于宗白华先生的论述："汉末魏晋六朝是中国政治上最混乱、社会上最苦痛的时代，然而却是精神史上极自由、极解放、最富于智慧、最浓于热情的一个时代。因此也就是最富有艺术精神的一个时代"[③]。为什么这么说呢？在宗白华先生看来，魏晋之前的汉代在艺术风格上过于质朴，思想上又受制于儒家教义，魏晋之后的唐代在艺术风格上又过于成熟，在思想上又较为复杂，受到了儒教、佛教和道教三家的影响。因此从某种程度上来讲，魏晋时期是可以践行"独立之精神、自由之思想"[④]的时代，是提倡"越名教而任自然"[⑤]的时代。

魏晋南北朝是建筑造园艺术史上重要的转折时代，此时园苑中土石兼用模拟山水的创作，特别是"山居"在物质占有的基础上，升华为对山水自然美的欣赏，人与自然山水的关系由功利超越为非功利的审美关系[⑥]。究其背后的原因，还要从这一时期的历史文化谈起，魏晋时期的诸多文人、士大夫为了躲避政治迫害而隐迹于山林之间，这与后世文人看破名利而隐居是不同的。"魏晋南北朝是真正欣赏到自然山水美的时代"[⑦]。李白有诗云："谢公宿处今尚在，渌水荡漾清猿啼。脚著谢公屐，身登青云梯。半壁见海日，空中闻天鸡……云青青兮欲雨，水澹澹兮生烟。"[⑧]从李白的游仙诗里感受到的是充满想象力的浪漫情怀，正是由于谢灵运继承祖产才得以扩张始宁墅，由此亲近自然并畅游在自然山水之中，才有了《山居赋》这样的文学作品，如"罗曾崖于户里，列镜澜于窗前"这样的诗句，把崇山峻岭都能收罗到户牖之内，将山泉湖水陈列于自家窗前，这里已有了借景的意识，还有"敞南户以对远岭，辟东窗以瞩近田"这样的诗句，以及"傍山带水，尽幽居之美"，将山庄的营造与自然的山水田园恰到好处地融为一体，可谓浑然天成。这种观念显然受到了庄子以"天地为庐"的道家宇宙观的影响，是一种人与自然合二为一的思想。庄子有名篇《逍遥游》，一个"游"字就道出了精神自由的核心理念。魏晋时期刘伶的"以天地为栋宇，屋室为裈衣"[⑨]的自然空间观念，更是继承了老庄的自由思想并加以发挥，流露出魏晋时期文人放浪形骸、超然绝俗的思维方式和生活理念。

从刘义庆编写的《世说新语》中不难看出"魏晋时期的人物品藻，已经从实用的、道德的角度转到审美的角度"[⑨]。魏晋人在生活方式上崇尚自然，在生活理念上崇尚个人主义，重视人本身的价值。以这一时期的人物品藻为例，其喜欢用自然界的美的事物来形容人的品格美，诸如"时人目王右军，飘如游云，矫若惊龙""翩若惊鸿，婉若游龙，荣曜秋菊，华茂春松""面如凝脂，眼如点漆""萧萧如松下风"、"濯濯如春月柳""清风朗月"等，这种描述充满着生机与活力。晋人的神态也充满一种精神上的自足，如嵇康的诗句"目送归鸿，手挥五弦"，这是一种得心应手的心灵之美。仅仅从人物品藻方面就能看出魏晋人对于自然的喜爱，从运用自然界的事物来品评人物到对自然山水的热爱，再到对山水画和山水园林的钟爱，这是一脉相承的。

"魏晋南北朝是强烈、矛盾、热情、浓于生命彩色的一个时代"[⑩]。在宗白华看来："西方文艺复兴时期的艺术所表现的美是浓郁的、华贵的、壮硕的；魏晋人则倾向简约玄澹，超然绝俗的哲学的美"[⑪]。这种审美倾向尤其在文人士大夫的山居生活方式上体现得淋漓尽致。作为山水诗人的开山鼻祖，谢灵运在《登池上楼》中写有："池塘生春草，园柳变鸣禽"的诗句，此外还有"白云抱幽石，绿筱媚清涟""云日相辉映，空水共澄鲜""崖倾光难留，林深响易奔""晓霜枫叶丹，夕曛岚气阴"等诗句，再现了山居生活的惬意与爽朗，从这些诗句中我们都

① 张家骥：《中国造园艺术史》，84页，太原，山西人民出版社，2004。
② 同①，85页。
③ 宗白华：《美学散步》，208页，上海，上海人民出版社，1981。
④ 这是陈寅恪1929年题写在王国维纪念碑的文字，后成为中国知识分子共同追求的学术精神与价值取向。
⑤ 这是魏晋玄学所倡导的理念。
⑥ 同①，96页。
⑦ 同①，101页。
⑧ 节选自李白的诗《梦游天姥吟留别》。
⑨ 张钦楠：《中国古代建筑师》，84页，上海，三联书店，2008。
⑩ 叶朗：《中国美学史大纲》，186页，上海，上海人民出版社，1985。
⑪宗白华：《美学散步》，209页，上海，上海人民出版社，1981。

图5 谢灵运祖居庄园始宁墅想象图（源于网络）

图6 竹林七贤与荣启期砖画

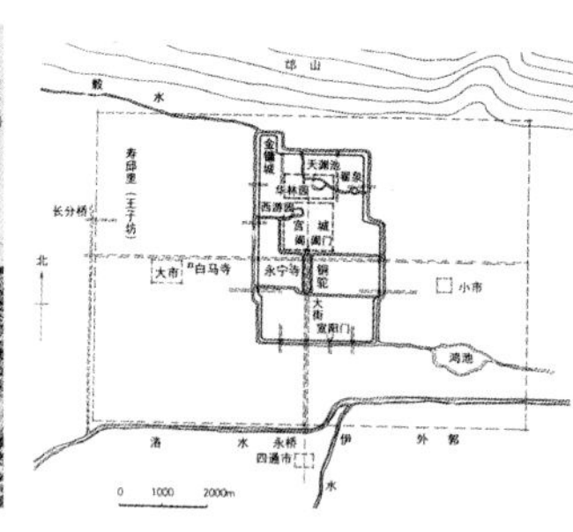
图7 北魏洛阳平面图

图8 吴国末年墓中出土青瓷坞堡

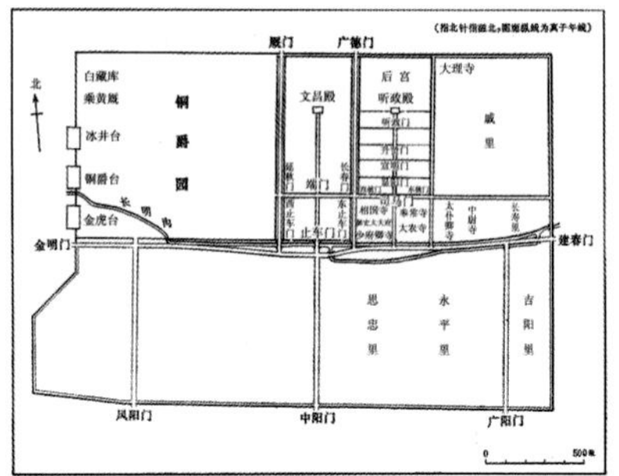

图9 曹魏邺城平面示意图

图10 现修的邺城城墙建筑

能体味出诗人对自然山水的态度，感受到诗人享受这种回归自然的山居生活。山水诗和山水画一道，对中国园林产生了深远影响，私人园林表现尤为明显，真可谓“园中有诗，园中有画”。

当然，魏晋时期士族、门阀、地主的造园与其自给自足的庄园经济生活密切相关。如西晋北方世家大族中的富豪石崇就建有“金谷园”，从一些文字记载可以看出他的生活里多是酒肉美人和瓜果蔬菜一类的物质需求，精神追求甚少，石崇的山居生活可以用一个词来形容，那就是“肥遁”。然而百余年后谢灵运却用“嘉遁”来形容自己的园居状态，虽只有一字之差，但差别很大。从谢灵运的《山居赋》里可以看出他在始宁墅的诗意生活，作为山水诗人的他十分注重居住环境与自然山水的结合，以期达到诗意栖居的审美目的。对此，张家骥是这样评价的：“由西晋时的肥遁，到南朝时的嘉遁，反映山居生活，由物质享乐到精神审美的变化”①。在人与自然山水的关系上，人在“肥遁”的基础上生成“嘉遁”之后，自然山水之美，才能由主观的“比德”升华为客观的山水“自然”之美。这种客观的山水“自然”之美是独立存在的，不以人的意志为转移，这也是一种自由自在的美。

也有学者指出，“中国古代建筑园林之美就在于融建筑的情态、建筑的形态、建筑的生态于一体所形成的人为环境与自然环境谐和的气韵生动之境”②。黑格尔对中国园林精神也较为了解，他认为中国园林不是一般意义上的“建筑”，而“是一种绘画，让自然事物保持自然形状，力图摹仿自由的大自然……中国的园林建筑早就把整片自然风景包括湖、岛、河、假山、远景等等都纳到园子里”③。所以在萧默先生看来，中国园林就像是一种“绘画”，从某种程度上可以再现自然。由此，山水诗和山水画相辅相成，“诗中有画，画中有诗”，园林建筑与山水画、山水诗的关系也十分密切，园林里也可体现出“诗境”“画境”。“在中国园林中，从山水造景到庭院意匠，以及一系列空间处理的技巧和手法中，无不包含着动与静的辩证关系。中国艺术的共同之处，是在感性经验中充满着古典的理性主义精神”④。这种理性精神从先秦而来，经由历代的发展，和道家的自由精神互为补充，杂糅成一股文化精神影响着中国古典园林的营造理念。

结语

魏晋南北朝是中国历史上思想大变革的时代。在美学思想层面，由先秦的“比德”转变为魏晋的“比兴”，也就是说，在自然审美观上，由个人情感外移的“比德”，变为个人情感抒发的“比兴”。自然山水成为人们喻志、寄兴、兴怀的对象，要求借景抒情，情景交融⑤。这种园林美学思想对后世造园理论和实践都产生了深刻的影响。我们说过，任何艺术形式都无法脱离时代，园林艺术也不例外。由于魏晋南北朝时期社会常年动乱，所以秦汉时期的大苑囿到了这时面积严重缩水，无论是造园的内容还是形式都有了较大的变化。选址从京郊到了城内，空间的缩小使得狩猎的功能被舍弃了，但是娱乐的功能却得到加强。为此人工造景的需求大大增强，尤其在造山方面，汉代那种象征性的海上神山已不能满足山的造型审美要求，由稚拙的壶形土山向模拟自然山水的方向发展⑥，至此，汉代苑囿的那种生产性质逐渐被魏晋的审美价值所取代，统治阶层的政治目的和物质需求让位于文人精神的自由审美，这不仅是园林建筑艺术的进步，更是时代文化的前进。

黑格尔认为艺术发展有三个阶段：“象征型、古典型、浪漫型”⑦。判断艺术处于哪个阶段，要看其物质和精神两种对立因素的关系。第一个阶段是巨大物质压倒精神世界的象征型艺术，如古埃及金字塔，

① 张家骥：《中国造园艺术史》，121页，太原，山西人民出版社，2004。
②崔勇：《建筑文化与审美论集》，自序3页，北京，北京时代华文书局，2019。
③萧默：《建筑的意境》，129页，北京，中华书局，2014。
④ 同①，35页。
⑤ 同①，19页。
⑥ 同①，98页。
⑦ 见黑格尔《美学》第二卷。

秦汉苑囿也可归到此阶段。第二个阶段是古典型艺术，此时精神内容和物质形式达到了一个完美平衡，典型代表就是古希腊雕刻。第三个阶段是浪漫型艺术，此时精神超出了物质，黑格尔指的浪漫型艺术是从中世纪到 19 世纪初期的各种艺术。魏晋山居这种早期园林的形式较为接近黑格尔所说的第二个阶段，即古典型艺术，在这里体现出来的精神内容（审美精神）和物质形式（田园山居）还处在相对平衡的阶段。

在萧默看来，建筑艺术可分为三个层级：第一层是艺术性与物质功能紧密结合在一起，体现为创造出一种心理上的舒适感与安全感；第二层是在精神品味上有所提高，其一是对一般形式美的追求，其二是对与此建筑物的物质性实用目的相匹配的、一般的情绪氛围的追求；第三层是在以上两个层级所主要要求的“美观”和一般情绪氛围的基础上，更创造出某种超脱于物质性的目的性和规律性而与其精神性的目的性和规律性相统一的富于意味的形式，以渲染出各种情绪环境，最后预示出与某种思想观念相关的倾向性，以陶冶和震撼人的心灵[①]。由此可见，秦汉苑囿显然处于第一层，艺术性和物质性紧密结合，给人一种心理上的舒适感与安全感，但在这里，物质性享受是大于精神性追求的，这是由秦汉苑囿的物质资料生产性质所决定的。而魏晋山居是可以上升到第二层的，文人身处自然山水之中，自然就会胸中有丘壑，以林泉之心对山居环境进行审美的观照。这一时期由于士族文人在精神品味上有更高的追求，不仅要求山居建筑的“美观”，还能根据园主个人的审美趣味对其功能及材料和结构本性的形式美进行加工，此外就是结合自然山水景观环境，将建筑物的物质性实用目的与之相匹配，从而达到对文人林泉之心情绪氛围的追求。

在张家骥看来秦汉苑囿可称为“自然经济的山水宫苑”，而魏晋山居可谓“自然经济的山水庄园”[②]。从字面上来看，山水宫苑意味着皇家建筑，这是属于宫廷趣味的，更重人工的痕迹，而非自然的本真。而山水庄园是属于民间个人的，追求一种自然的野趣，对自然的态度是顺势而为，不会刻意添加更多人工雕琢。这与中国传统花鸟画的两种风格“黄筌富贵，徐熙野逸”有着异曲同工之妙。每个时代都有其独特的精神风貌，以佛教雕塑为例，从魏晋时期的秀骨清相、婉雅俊逸、超脱不凡到隋代的方面大耳、健壮朴拙，再到唐代的健康丰满，无一不是一个时代的历史文化附着在物质载体上的生动表现[③]。李泽厚在《美的历程》中这样写道：艺术趣味和审美理想的转变，并非艺术本身所能决定，决定它们的归根到底仍然是现实生活。诚然如此，我们研究一个时代的建筑作品，要把它放到其所处的时代，尽可能还原其历史原境，通过历史文化和审美思想的观照来对其进行分析和阐释，从而把握其文脉并揭示其背后的深意。

① 萧默：《中国建筑艺术史》（上），107页，北京，文物出版社，1999。
② 张家骥：《中国造园艺术史》，101页，太原，山西人民出版社，2004。
③ 李泽厚：《美的历程》，142页，天津，天津社会科学院出版社，2002。

书评：《杨廷宝全集》阅读感悟

CAH编辑部

《杨廷宝全集》（七卷本）共1206元，“文言卷”定价88元

2022年3月20日历时四个月的“杨廷宝：一位建筑师与他的世纪”展览，在江苏省美术馆陈列馆落幕。在国内建筑学界公认的20世纪“五宗师”中，杨廷宝（1901-1982）院士无疑是设计作品最多且类型最丰富的建筑大师。我原以为这位中国近现代建筑巨匠的著述全集一定会是个“大部头”，因为按常规《梁思成全集》是十卷本（2001~2007年出版）、《刘敦桢全集》也是十卷本（2007年出版）。可当收到由东南大学建筑学院、中国建筑工业出版社共同策划的《杨廷宝全集》（以下简称《全集》）一书时，有些“吃惊”，它何以“全集”只有区区七卷。当用足气力慢慢品读，便感慨和赞叹该书的策划、编撰功力乃至版式与装帧都堪称完美，所有这些都契合杨廷宝大师的崇高人格与务实精神。

《全集》可赞的是它挖掘出新。该《全集》是以杨廷宝先生为代表展示关于中国第一代建筑师成长的全景史料，也是一部关于中国建筑教育史在各关键阶段的实录，更是研究中国建筑现代化及建筑教育转型非常重要的历史文献。全书创新地按内容类型分成七卷，各卷均按时间顺序编排：第一卷建筑卷（上），收录1927~1949年杨先生的89项作品；第二卷建筑卷（下），收录1950~1982年31项作品，另有4项在美国的设计项目及10项北平古建修缮项目；第三卷是水彩画作；第四卷是素描画作；第五卷是文言卷，这在一般大师全集中是罕见的，它按“发表文章”“学术言论”“其它文言”三个篇章展开，这里有杨先生融合东西方建筑文化的审美观，有他探索中国特色风格建筑的不懈追求，也有他四处游说，呼吁国人要有强烈的环境意识，保护自然与人文的遗产观点，还特别强调建筑师要有以人为本的理念，用作品服务社会服务人民；第六卷是手迹卷，展示更为珍贵的手稿、墨宝、题字、日记、签名等；第七卷是影志卷，是杨先生一生各时期的历史影像与年谱。《全集》深入浅出，无玄奥晦涩感，足见编撰者们为“学之大者”杨廷宝先生所编全集倾注的心力。

《全集》应赞的是其追求内容品质，而不搞“十全十美”大集成，更不以大篇幅取胜，这或为大学者出全集树立了一个“样板”。《全集》除展示了内涵丰富、高超的建筑艺术造诣外，还令读者在充满敬畏时有一系列感慨。《杨廷宝全集》的问世，必将为更多正在制作“大师”全集的智者们带来启示：“全集”在“质”而不在“量”，入全集选文时要仔细遴选，“五卷”“六卷”“八卷”哪怕仅仅“一卷”也都可算作全集，何必非要花费心力凑“十”呢？

执笔：金磊

Study on the Polychrome Paintings in Ming Dynasty of Daming Gate, Beijing

明代北京大明门彩画研究

李 沙* 李惠静**（Li Sha，Li Huijing）

* 北京建筑大学教授，硕士生导师。主持国家社会科学基金艺术学项目、教育部人文社学科学研究一般项目、北京市社会科学基金项目研究
** 北京建筑大学建筑与城市规划学院硕士研究生

摘要：位于北京中轴线皇城南端的大明门，在历史上地位显赫，被称为“皇城第一门”，其建筑彩画已随建筑本体湮灭于历史。本着尊重历史的态度，作者在对比分析明代北京宫城“三朝五门”、明代同时期建筑彩画的基础上，探究重构大明门建筑彩画的可能性，再现其历史风采。建筑彩画作为一种东方木构建筑特有的装饰艺术形式，是中国传统文化的瑰宝之一。大明门建筑彩画的再现研究表达了对中国优秀历史文化的敬畏，对于增强中华文化自信有现实意义。

关键词：建筑彩画；大明门；大清门；明代旋子彩画

Abstract: Daming Gate, standing where the central axis of Beijing intersects the southern end of the Imperial City, held a prominent position in history. It was famously known as “the First Gate of the Imperial City.” Its architectural polychrome paintings have disappeared along with the gate itself. In the spirit of respecting history, on the basis of comparing and analyzing the "Three Dynasties and Five Doors" of Beijing Palace in the Ming Dynasty and the architectural paintings of the same period in the Ming Dynasty, the author explores the possibility of reconstructing the architectural paintings of Daming Gate and reproduces its historical style. As a unique decorative art form of Oriental wooden architecture, the architectural polychrome painting is an essential treasure of Chinese cultural heritage. The restoration research of the architectural polychrome painting of Daming Gate pays homage to Chinese history culture and has significance of highlighting Chinese cultural assertiveness.

Keywords: architectural polychrome paintings; Daming Gate; Daqing Gate; Xuanzi Polychrome Paintings of Ming Dynasty

在历史上曾有一座地位显赫的城门，屹立于北京中轴线皇城南端，被称为“皇城第一门”，它就是已经消失了的大明门。历经500多年的历史沧桑，大明门见证了明清二十六代帝王统治下的家国荣辱兴衰。明永乐十八年（1420年），大明门依据南京宫城洪武门而建，明崇祯十七年（1644年）李自成攻陷北京后改“大明门”为“大顺门”[①]，但这个名字只维持了一个月左右的短暂时间。顺治元年（1644年）顺治帝迁都北京，将“大顺门”改为“大清门”[②]。民国元年（1912年）改“大清门”为“中华门”，1959年中华门被拆除。

在明代，大明门只在举办国家大型活动时才能开启[③]，平时不予通行，其重要程度可见一斑。因年代久远，大明门建筑彩画已随建筑本体湮灭于历史，并没有留下历史照片或具体测绘资料，针对大明门建筑彩画的研究，主要参考以下三方面：一是同等级城门的彩画；二是清代大清门建筑彩画；三是现存的明代具有代表性的历史建筑彩画。

一、明代北京皇城城门概况

建于明永乐年间的北京皇城，是以洪武年间的南京皇城为蓝本[④]进行规划的，在元大都基础上，南城墙再向

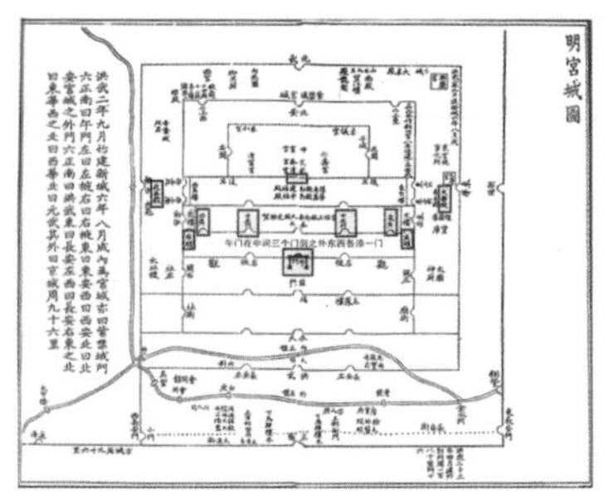

图1 改建后的南京故宫平面示意图

①《明季北略》：“明朝制度，任意纷更。又四月初一日，改大明门为大顺门，颁发冠服……”
②《日下旧闻考》：“世祖章皇帝定鼎燕京，顺治元年肇定大清门名额。”
③《日下旧闻考》：“凡国家有大典，则启大明门出，不则常扃不开。”
④《明太宗实录》：“初，营建北京，凡庙社、郊祀、坛场、宫殿、门阙，规制悉如南京，而高敞壮丽过之。”

南拓展约 1000 m[①]。明代南京皇城与北京皇城均按《礼记》所称的"三朝五门"[②]古制来营建,天子五门分别为皋门、库门、雉门、应门、路门。明《永乐大典》对天子五门也有所阐释:"天子诸侯门数义周礼……皋门者王宫之外门,皋之为言高也,其制高显也;库门因其近库即以为名也;雉门雉施也,其上有观阙以法,故以施布政教为名也;周礼曰乃垂治象之法于象魏阙也,应门谓接诸侯群臣常在此门之内也;路门路寝之门也。",相对应的北京皇城的五门序列分别是:皋门(大明门)、库门(承天门)、雉门(端门)、应门(午门)、路门(奉天门)。

南京皇城(图 1)和北京皇城五门的设置是一样的,只是皋门用大明门替代了洪武门,其功能和地位相当。根据《明太祖实录》记载,洪武元年在南京皇城的洪武门与承天门之间的御道街设立了代表中央核心权利机构的六部和五军都督府,洪武门是皇帝及宗室参加重大庆典的出入之门。北京皇城的大明门至承天门之间也建了千步廊,大明门与正阳门之间设立了天街(棋盘街),棋盘街两侧于明正统七年(1442 年)成为中央行政机构"五府六部"所在之地。可见,不论是洪武门还是大明门,都是明代皇城中的重点入口。

大明门整体形制为面阔五间、正中三阙、歇山顶建筑。承天门的城楼建造城台之上,更显高大壮丽,是面阔九间、进深五间的重檐歇山顶建筑。端门的建筑形制与承天门近似,只是广场相对较小。午门是宫城正门,依据唐宋以来历代宫城正门的建筑形制而建,设有高大的墩台,为面阔九间的重檐庑殿顶建筑,形体宏伟而肃穆。奉天门在明代是皇帝上朝御门听政之处,为面阔九间、进深四间的重檐歇山顶建筑。由此可见,在至尊五门中大明门是北京中轴线皇城的前序建筑所在,起到引导和铺垫的作用。

图2 明代朱邦《北京宫城图》(大英博物馆收藏,藏品标号:1210.087)

二、探索大明门建筑彩画形制

大明门的建筑形制并不突出,与连接长安街的长安左门和长安右门类似。故而研究大明门的建筑彩画,理论上可以参考长安左门和长安右门,但这两座城门已于 1952 年被拆除,而且关于其建筑彩画的文献资料同样匮乏。随着时间的推移,在现存的北京皇城城门古建筑实物中,建筑彩画都已经过多次重绘,所留遗迹最早只能追溯到清代,明代彩画已是凤毛麟角。历史文献对大明门和其他城门的建筑彩画也鲜少记载。故而,在资料匮乏的客观条件下,参考古画资料势必成为研究大明门建筑彩画的一种重要辅助途径。

迄今为止发现的明代《北京宫城图》有四个版本,分别藏于大英博物馆、台北故宫博物院、国家博物馆、南京博物馆,四个版本的《北京宫城图》大同小异,都较为清晰地反映了明代北京宫城建筑情况。以收藏于大英博物馆、由朱邦在明代中晚期绘制的《北京宫城图》绢本设色立轴画(图 2)为例,画面以六座建筑为主体描绘了明代北京皇城的建筑全貌,由南至北依次为丽正门、大明门、承天门、午门、奉天门和奉天殿,除了五门中的端门未在其列,对其他四座城门均有细致描绘。

图3 1901年大清门(H. C. 怀特拍摄,藏于美国国会图书馆)

从这幅绘画作品可以看出明代中晚期大明门的明间额枋匾额为横匾,彩画设色为青绿体系,中间穿插朱色,是否采用了点金手法在该作品中分辨不出,尚待更多资料来证实。构图形式具备旋子彩画特有的"找头—方心—找头"三段式构图特征,且方心长于找头,飞椽绘制形似龙眼宝珠。受限于绘画作品的抽象性,彩画的具体内容在画面中并未得到反映。根据《北京宫城图》,结合大明门在三朝五门中的前序地位,大明门的建筑彩画等级应与承天门(天安门)的点金旋子彩画有所区分,因此初步推断明代大明门外檐彩画采用的是比点金旋子彩画低一级的青绿烟琢墨旋子彩画。

三、清代大清门建筑彩画形制

现有关于大清门建筑的照片可以追溯到 1901 年 H. C. 怀特(H. C. White)拍摄的大清门实体照(图 3),现藏于美国国会图书馆,彩画的图案细节在这张照片中得到清晰的显现。其中,大清门

①《明实录北京史料》:"明太祖朱棣于明永乐十七年(1419 年)下诏'拓北京南城计二千七百余丈'。"

②《礼记》东汉郑玄注:"'天子及诸侯皆三朝:外朝一,内朝二;又注《礼记·明堂位》曰:天子五门,皋、库、雉、应、路。"

图4 1917年7月12日讨逆军摘除大清门横匾前拍摄的照片

图5 1928年中华门旧影（Heinz Von Perckhamme拍摄，照片来源：[德] ALBERTUS VERLAG. Peking[M]. Berlin: Albertus Verlag, 1928）

图6 中华门立面图
（图片来源：单霁翔，刘曙光. 北京城中轴线古建筑实测图集[M]. 北京：故宫出版社，2017，总图号098）

明间和次间箍头没有绘制纹饰，只刷了颜色。因为是黑白照片，无法从照片上判断箍头的颜色，但是现存的北京宫城建筑彩画多为青绿系列，笔者推断大清门的彩画有可能是青绿相间，通过将北京故宫宁寿宫外檐建筑彩画转为黑白色的实验，可以发现彩画的绿色带比青色带颜色浅一些，对比之后可以初步推断大清门明间为青色的素箍头。盒子绘制的是青色四瓣栀花，找头部分绘制的是一整二破旋花纹饰。

拍摄于清末的照片，匾额皆为横向悬挂，方心部位均被匾额档住（图4）。从1912年的中华门北立面旧影中可以发现明间为一字方心，根据前后一致的惯例，可以推断1912年的中华门明间方心也有可能为一字方心。但1917—1928年的中华门旧影显示中华门南立面的匾额已改为竖匾（图5），方心露出局部，一字方心已经改绘为夔龙纹样，因此，初步判断方心改绘发生在 1912 —1916 年，此前大清门绘制的是代表一统天下的一字方心。1912—1917年大清门的匾额几经替换，1912年辛亥革命一周年庆典的前一天，“大清门”匾额文字被改成“中华门”，此时悬挂的是横匾。1914年“中华门”横匾被更换为竖匾①。1917年7月1日，张勋试图复辟，其间将“中华门”竖匾又更换为原“大清门”横匾 ，1917年7月12日，张勋复辟宣告失败，“大清门”匾额又被换回“中华门”竖匾②，此后一直未做变更。因此，可以进一步推断大清门明间方心的改绘很有可能发生于1914年“中华门”横匾被更换为竖匾之时。

清代官式建筑旋子彩画共有八个绘制等级，以用金量的多寡来区分，其中较为常见的有五种，分别是金线大点金、墨线大点金、墨线小点金、雅伍墨和雄黄玉等。作为中低等级的墨线小点金和雅伍墨旋子彩画，除了在绘制方法上有点金与否的区别外，其他内容较为接近。通过对多张大清门和中华门黑白照片的分析和对比，尚不能断定大清门的彩画是否有沥粉贴金。但是从旋子彩画的图案纹饰可以判断出清代大清门（中华门）的建筑彩画绘制的是雅伍墨与墨线小点金彩画中的一种（图6）。依据大明门从建成至清末的显赫地位，笔者认为大明门的建筑彩画等级从明代至清代是一致的，也即是说，明代大明门外檐建筑彩画也是旋子彩画，但是否有沥粉贴金工艺，尚待更多资料证明。

四、明代同时期旋子彩画特征

旋子彩画纹饰可以追溯到唐代的团窠纹，发展至元代提炼为旋花纹，至明代趋于成熟，直至清代完全程式化，成为清代官式彩画最早定型的一种彩画形制，对其他类型的建筑彩画发挥了至关重要的作用。由于清代官式建筑创新了以龙凤主题且象征皇权的和玺彩画，故而旋子彩画原先独尊的地位被和玺彩画替代，相应地被降级，在清代主要应用于敕建寺院的次要建筑、祭祀宗庙及帝后陵寝建筑、京城门楼及街道牌楼建筑等。这也间接解释了为何作为“皇家第一门”的大清门绘制的是“次等”的旋子彩画，究其原因主要有两个方面：一是对大明门时期旋子彩画的延续；二是符合清代官式建筑彩画的制度。

明代和清代旋子彩画的主要差异是方心造型和主要旋花造型元素有所不同。历经明代近300年的时间跨度，旋子彩画发生了诸多变化，根据现存的明代建筑彩画遗迹，整体上可以划分为明早期和明中晚期两个阶段。大明门建于明永乐十八年（1420年）间，同时期的明代建筑彩画遗迹并不多，所幸的是还有北京智化寺、法海寺以及故宫的南薰殿和钟粹宫天花之上构件等遗迹可以一睹明代建筑彩画的风彩。

建于明弘治年间的法海寺属于敕建寺院，彩画和壁画皆由皇室画师亲自参与绘制。其大殿的彩画保存完好，清晰可见盒子内绘制了莲瓣，方心头采用一波两折素方心，找头部位绘制一整两破旋花，有两路凤翅瓣莲花，旋眼为石榴莲花组合（图7）。

从整体形象来看，法海寺的旋花图案逐渐趋向圆润，而建于明正统八年（1443年）的智化寺的建筑彩画则是严格按等级制度绘制的，是明代初期建筑彩画的典型代表。以智化门为例，其呈现无金旋子彩画，盒子部位绘制如意云凤翅瓣，方心采用一波三折两退晕素方心，找头部位绘制一整两破旋花，拱垫板为朱红，平板枋绘制降魔云（图8）。

南薰殿位于北京故宫武英殿西南，为供奉历代帝王像之处。通过对档案资料和现存大木构架保存状态的研究，可以确定南薰殿内檐七架梁和额枋彩画皆为金线大点金旋子彩画（图9）。

钟粹宫位于北京故宫承乾宫之北，在东六宫建筑群内，梁架大木结构是明代初建时的遗物，保留了明代早中期彩画，明代早期和中期所绘制的都是旋子彩画。方心设计为空，三整两破旋花找头，旋眼为石榴莲花组合，

① 张根水审定的《北平旅行指南》：“……当时中华门横匾存于先农坛，竖匾是民国三年更换的。”

②《复辟纪实》：“中华门于复辟后二日即换满汉合璧之大清门，从事撤换之工役以此项撤换器具即至近门左侧始终未移，辫兵败后换中华门乃撤之。”

盒子绘制四合方纹饰(图10)。

总之，从彩画的时间轴分析，与大明门同时期的明代早期旋子彩画的特征表现为：①“三停”画法尚未成熟，明代早期的方心通常比找头长；②一波两折或一波三折的内弧形状空方心头，工艺采用青绿退晕；③找头绘旋花或如意头纹饰，有抱瓣和凤翅瓣；④旋眼包括多种，多为石榴莲花组合，或如意云莲花组合。

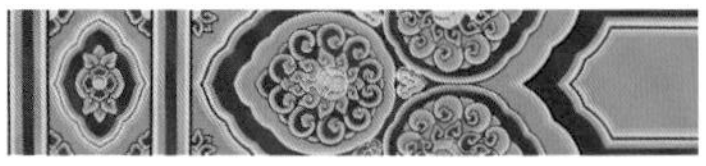

图7 法海寺·石榴花心墨线点金旋子彩画（彭梅、田明岚绘制）

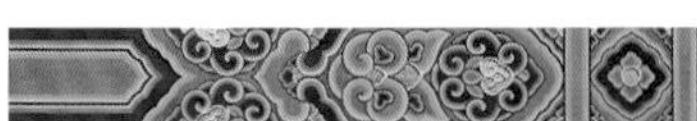

图8 智化寺·莲花如意点金旋子彩画（彭梅、田明岚绘制）

图9 南薰殿·金琢墨石碾玉旋子彩画（彭梅、田明岚绘制）

图10 钟粹宫明代彩画（故宫博物院藏）

结语

通过对明代北京宫城三朝五门、清代大清门建筑彩画、明代同时期建筑彩画三个维度的对比分析，笔者推断大明门建筑彩画为旋子彩画，同时从已有的文献资料可以判断出大明门外檐建筑彩画具备以下特征：空方心，青绿色彩退晕。根据五开间的建筑形制和外檐额枋高度，初步判断找头、方心、找头的比例为1 ：2 ：1，找头部位绘一整两破旋花，花瓣中包括凤翅瓣；旋眼为如意云莲花或石榴莲花组合；飞椽绘制龙眼宝珠，檐椽为绿地金万字纹；平板枋绘降魔云，拱垫板朱红无纹饰。

建筑彩画作为一种东方木构建筑特有的装饰艺术形式，是中国传统文化的瑰宝之一。大明门建筑彩画的再现研究表达了对中国优秀历史文化的敬畏，对于增强中华文化自信有现实意义。由于明代大明门建筑彩画的文献资料匮乏，同时期的建筑实物则受制于建筑功能，可参考的建筑彩画有一定的局限性，所以大明门建筑彩画的更多细节仍需进一步深度探索。

参考文献

[1]蒋广全. 中国清代官式建筑彩画技术[M]. 北京: 中国建筑工业出版社, 2005.

[2](明)马愈. 马氏日抄[M].北京: 中华书局, 1985.

[3](明)计六奇. 明季北略[M].北京: 中华书局, 1984.

[4](清)于敏中. 日下旧闻考[M].北京: 北京古籍出版社，2002.

[5]孟凡人. 明朝都城[M].南京: 南京出版社, 2013.

[6]孟凡人. 明代宫廷建筑史[M].北京: 紫禁城出版社, 2010.

[7]赵其昌. 明实录北京史料[M].北京: 北京古籍出版社, 1995.

[8]翘生.近代中国史料丛刊三编·复辟纪实[M].台北:文海出版社, 1966.

[9]彭梅. 明早期官式建筑彩画研究[D].北京: 北方工业大学, 2013.

[10]牛淑杰. 明清时期衙署建筑制度研究[D].西安: 西安建筑科技大学, 2003.

[11]刘璐. 紫禁城太和门建筑彩画研究[D].北京: 北京建筑大学, 2020.

[12]杨安琪. 明清北京宫廷外朝空间形制及千步廊格局研究[D].北京: 北京建筑大学, 2015.

[13]李沙, 张璐.天安门建筑彩画艺术价值初探[J].美术研究, 2019(2), 104-107.

[14]任军, 李沙.明代建筑旋子彩画类型及演变分析[J].古建园林技术, 2016(3), 21-25.

[15]马瑞田. 明代建筑彩画[J].古建园林技术, 1990(3), 12-15.

[16]蒋广全. 中国建筑彩画讲座——第三讲:旋子彩画[J].古建园林技术, 2014(2), 10-19.

[17]曹振伟, 韩立恒.大清门匾额与彩画[J].紫禁城, 2015(4), 84-89.

[18]李蔚. 明清时期北京棋盘街的演变[J].首都师范大学学报(社会科学版), 2010(S1), 132-136.

[19]郑连章. 紫禁城宫殿的总体布局[J].故宫博物院院刊, 1996(3), 52-58.

[20]郑连章. 钟粹宫明代早期旋子彩画[J].故宫博物院院刊, 1983(3), 6.

[21]高成良. 京西法海寺山门殿的明代彩画[J].古建园林技术, 1985(2), 33.

[22]刘鹏. 建国初期的北京东西长安街[J].北京档案, 2007(7), 40-41.

[23]李静, 吴玉清, 王菊琳.故宫南薰殿明代蓝色彩画检测及分析[J]. 城市建设理论研究(电子版), 2019(17), 2.

[24]花信. 左青龙, 右白虎：皇城城门之长安左门、长安右门[J]. 中华民居, 2012(10), 105.

Study on the Gardeing Art of Jianxinzhai in Fragrant hills

香山见心斋造园艺术研究

毛宇轩[*]（Mao Yuxuan）

摘要：香山静宜园作为清代“三山五园”中重要的皇家园林代表，在清代园林史上占有重要的地位，具有极高的造园艺术价值。香山静宜园是山地造园，深受清代帝王喜爱，尤以乾隆最为喜爱。本论文以香山静宜园中的见心斋为研究对象，通过研究历史文献、现状调研等方式对见心斋的造园艺术特征进行研究，对研究清代皇家园林造园艺术具有非常重要的意义。

关键词：三山五园；皇家园林；香山静宜园；见心斋；造园艺术

Abstract: The Jingyi Garden in Fragrant Hills is an important representative of royal gardens in "Three Mountains and Five Royal Gardens" in Qing Dynasty and occupies an important position in the landscape history of Qing Dynasty with a huge value of gardening art. The Jingyi Garden in Fragrant Hills is a large mountain garden, which is loved by the emperors of Qing Dynasty, especially Qianlong . In this paper, Jianxinzhai in the Jingyi Garden in Fragrant Hills is taken as the research object. Through the research of historical documents and the investigation of current situation, the paper researches the characteristics of gardening art of Jianxinzhai, which has great significance to research the gardening art of royal gardens in Qing Dynasty.

Keywords: Three Mountains and Five Royal Gardens; royal gardens; The Jingyi Garden in Fragrant Hills; Jianxinzhai; gardening art

1 研究背景

* 北京建筑大学风景园林学硕士在读

1.1 概述

香山位于北京西北郊西山东麓，即西山东坡的腹心位置。康熙十六年（1677 年），香山行宫建成。清乾隆年间，是香山的极盛时期，并且在乾隆十二年（1747 年），香山被命名为“静宜园”。见心斋位于香山公园北门内眼镜湖西侧，是香山静宜园别垣二景之一。见心斋建于明嘉靖年间，重修于清嘉庆年间[1]。清乾隆三十四年（1769 年），乾隆皇帝驾幸香山静宜园，御题《正凝堂》诗一首，并题粉油蓝字“正凝堂”“见心斋”“畅风楼”匾额。清光绪十九年（1893 年），慈禧驾幸静宜园，由青龙桥进静宜园宫门至正凝堂，少坐进早膳。1912 年，蒙前隆裕太后特旨俞允，马良等旋即被委托担任开办事宜，静宜女校因此成立，同时见心斋得以修葺（图 1）。1956 年，对见心斋进行了全面大修，除水池未动外，亭子、房屋补漏达 31 间。1965 年，整修见心斋。1976 年，重修见心斋游廊。1981 年，对见心斋进行整修，对水池进行了大修。1982 年，又进行了一次整修油饰工程，同年进行了抗震加固整修。1989 年，对见心斋内正凝堂进行了装修，之后用于公园经营用房[2]。

图1 民国时期的见心斋（图片来源：《西洋镜下的三山五园》）

1.2 文献综述

如今学术界对于清代园林史的研究重点在于“三山五园”，其中周维权、张宝章、郭黛姮、王其亨、贾珺等对于“三山五园”的研究是非常充分与深刻的，其中以颐和园与圆明园的研究成果最为突出，但对于香山静宜园的研究还不够全面与深入。目前关于香山静宜园的研究成果远远不及颐和园、圆明园。目前香山静宜园的研究成果包括傅凡的《文化景观的共时性与历时性——对香山遗产价值构成多维度认知》和《香山静宜园文化价值评价》、袁长平的《品读清乾隆时期香山静宜园的人文生态之美》和《山水清音—品读乾隆时期香山静宜园理水之美》、贾珺的《北京西山双清别墅与贝家花园》、伊琳娜的《香山静宜园香山寺相地选址及布局理法浅析》、孙晓波的《原清静宜园二十八景和其他景点遗址上的民国别墅研究》、葛嘉铭的《香山静宜园来青轩园林建筑复原设计研究》、毛国华的《谈谈香山勤政殿复建设计——兼论清代官式建筑结构的力学特征》等期刊论文，温宁的《香山静宜园假山空间研究》、张慧的《香山静宜园植物景观研究》、安一冉的《文化景观遗产视角下的静宜园文物古迹保护研究》等学位论文，以及周维权的《中国古典园林史》、袁长平的《香山静宜园》、香山公园管理处的《香山公园志》等书籍以及《清·乾隆皇帝咏香山静宜园御制诗》诗集等。

目前见心斋的研究成果包括樊志斌的《香山正凝堂（见心斋）空间美学简说——兼考正凝堂建筑群的建造时间》等期刊论文。学位论文有孙婧的《香山静宜园掇山研究》，其中对见心斋掇山技艺进行研究；殷亮的《宜静原同明静理，此山近接彼山青——清代皇家园林静宜园、静明园研究》，其中以见心斋为例对香山静宜园园中园特色进行研究；等等。总体而言，现今对于香山见心斋的研究还是非常稀少的，见心斋具有非常大的研究空间，有待于后续进一步进行深入挖掘与研究。近些年，对香山静宜园二十八景的复建以及香山寺、昭庙的复建，在香山建立红色遗址纪念地，使人们对香山静宜园的研究更加重视。以见心斋为例对香山静宜园造园艺术的研究，将推动香山静宜园的保护复原工作，更好地加深人们对于清代皇家园林造园艺术手法的理解与认知。

2 见心斋园林规划布局

2.1 选址

《园冶》："园地惟山林最胜，有高有凹，有曲有深，有峻而悬，有平而坦，自成天然之趣，不烦人事之工。"[3] 香山所独有的变化丰富的山林地为建设见心斋提供了很好的地形条件。从乾隆御制诗《养源书屋》："碧云寺之水，引流至香山。香山非无泉，其势逊此焉。"[4] 中可以看出，北股卓锡泉的水量充沛，见心斋引水具有十分良好的引水条件。北股发源于碧云寺水泉院的卓锡泉泉水，引水而下，流经见心斋。在地形丰富的基础上，一是满足了皇家造园的供水功能，二是满足了皇家造园通过水利工程来造景的功能。见心斋位于山坡地，植被丰富，日照良好，并且巧妙地将远处的山脉景色借入园中，从而形成了相互借景的关系，扩大了园中的空间感，也增加了景观的美感与丰富程度，具有良好的借景条件。

2.2 立意

见心斋的命名见乾隆御制诗《见心斋口号》："思量此事诚为易，若曰人心见实难。"[4] 从御制诗中可以看出，乾隆深知人心非常复杂，洞察别人的内心是很困难的，所以命名为见心斋。

2.3 园林布局

主体建筑见心斋与正凝堂构成轴线关系，北门与北敞殿构成轴线关系，知鱼亭与曲形游廊构成轴线关系。见心斋由水庭院区、建筑区和山石庭院区三部分组成。其分区的主题风格各异，设计上非常巧妙。水庭院区以水池为中心，四周建筑与游廊围合呈现出典型的内向型空间布局，水景宁静而深远。建筑区与山石庭院区，建筑荟萃并且堆山叠石，空间曲折多变化。建筑区的主建筑来芬阁、北敞殿、畅风楼，山石庭院区的重檐亭等都是外向式布局，视线不受影响，充分体现出建筑"观景"的功能[5]。内向与外向结合的双环结构是见心斋非常独特的造园艺术布局形式。

3 见心斋造园艺术分析

3.1 对景

北方皇家园林在建筑的位置选择上，总是能巧妙地同时满足看与被看的需求，在不知不觉中形成一种视觉关系网络[5]。这正是见心斋造园艺术的神奇与奇妙之处。见心斋在两端设景，两景相对，从而互为对景。见心斋中水庭院区的主建筑见心斋与知鱼亭互为对景，知鱼亭与来芬阁互为对景；建筑区中养源书屋与来芬阁互为对景；山石庭院区中，重檐亭与正凝堂互为对景。见心斋中的建筑布置充分地体现出对景的造园手法。

3.2 借景

见心斋的造园艺术手法充分地将中国传统造园艺术中借景的方式运用得淋漓尽致。乾隆御制诗《正凝堂》："后背山容正，前

图2 见心斋（自摄）

图3 见心斋曲形游廊（自摄）

图4 见心斋直角游廊（自摄）

图5 见心斋爬山廊（自摄）

图6 进入水庭院之前的空间（自摄）

临水色凝。”和御制诗《题正凝堂》：“有水镜于前，其波亦澹沱。有山屏于后，其峰亦嵯峨。”[4] 形象地描绘出这样一幅画面：见心斋将远处的山脉景色借入园中，远山与见心斋中的水池形成非常和谐的山水空间景色。最近处的近景主体建筑见心斋、中景来芬阁、养源书屋和书屋前的抱厦等与远景山脉形成了前、中、后层次关系的画面，层次感十分强烈与鲜明，丰富了园林的景色与景观层次（图 2）。从乾隆的御制诗《正凝堂》：“筑堂临石沼，沼水映堂清。”和御制诗《登来芬阁》：“敞楼岳岳据池渍，檐际涟漪影漾纹。”[4] 中可想象到见心斋中水池中倒映着建筑的优美景象。在轻风的吹拂之下，水面泛起层层涟漪，水中建筑的倒影时隐时现，充分地体现出水体变化、变幻的美感。见心斋以远处山脉之景色和水体倒影为借景，将借景的造园方法运用得淋漓尽致。

3.3 蜿蜒曲折

在北方皇家园林中，香山地形变化十分丰富，为建造见心斋提供了非常好的地形条件。在见心斋中，平地上的建筑与游廊相连，从而使得一个个单体的建筑连接成建筑群落，在平面上极尽蜿蜒曲折之美。水庭院中建筑与游廊相连，北敞殿与来芬阁以爬山廊的形式相连等等。见心斋中廊的形式多样，如曲形游廊（图 3）、直角游廊（图 4）、爬山廊（图 5）等，非常具有蜿蜒曲折的美感，充分地体现出《园冶》中“廊者……随形而弯，依势而曲。或蟠山腰，或穷水际……蜿蜒无尽”[3] 的造园艺术精华。中国的古典园林多以曲折多变取胜，廊除具备引导游览、连接沟通建筑的功能之外，还通过蜿蜒曲折的形式，使得游人在其中游览，永远会期待前方的景物，给游人以持续不断的神秘感。中国古典园林极其注重意境的营造，通过廊蜿蜒曲折的形式，增加了园林意境的深远感，这也是见心斋中造园艺术手法的神奇之处。

3.4 小中见大

在见心斋中，不同的游览路线采用欲扬先抑的方法，使游人在来到一个较大的空间之前，往往会通过一个封闭、狭小、曲折的空间，通过小空间的对比，使大空间给人以更大的感觉，从而取得小中见大的效果。并且游人经过一系列大小空间对比的循环，最终达到游览路线的高潮部分，会产生十分兴奋、舒畅之感[5]。见心斋中将小中见大的做法运用得十分巧妙。经典的双环结构，欲扬先抑的手法，更是体现出中国传统园林中“壶中天地”的经典模式。其中以两条典型路线为例。路线一：进入水庭院之前，会经过一段非常封闭、狭小的山石庭院小空间。进入水庭院中，空间瞬间豁然开朗，从而构成强烈的空间对比，显得水庭院空间更为宽敞。进入北敞殿空间，空间相对较小，最终登上来芬阁，站在高处俯视整个水庭院的景色加之园外的借景（借景本身就有扩大园林空间感的作用），更加突出了园林空间的宽阔之感，最终达到游览路线的高潮部分，在游览的同时产生非常兴奋、舒畅的感觉（图 6~ 图 9）。路线二中：进入正凝堂之前的蹬道堆山叠石，非常封闭、狭窄、曲折，经由蹬道盘旋而上，来到正凝堂前的空间，经过小空间与山石蹬道的对比，更加突出正凝堂前空间的宽敞之感（图 10 和图 11）。在见心斋的游览路线中，欲扬先抑与小中见大的造园手法非常突出。小空间狭小、封闭、曲折，视线收束；大空间开敞、辽阔，视线不受拘束。通过小空间的对比，更加突出大空间的宽敞，在游览过程中，人的视线通过几次先抑后扬的循环，并且随着视线的开敞变化，会产生源源不断的游览兴趣。

3.5 引水造景

关于见心斋的引水造景，乾隆皇帝有诸多描述，如御制诗《来芬阁二首》：“碧云寺水引来长，阁下居然贮一方。”《养源书屋》：“碧云寺之水，引流至香山。”《来芬阁》：“凿池中种藕，缦回围廊腰。”《登来芬阁》：“漫道水华犹待候，轻风波面似来芬。”《来芬阁口号》：“琳池有阁俯其渍，植藕原图来净芬。”《登来芬阁口号》：“满池种藕计荷开，荷未开时我却来。”《来芬阁》：“贮水为池中种莲，期惟夏五静香便。”“山泉艰为池，兹池得半亩。种莲莲未开，我来才夏首……然而莲之芬，终古阁中有。”《来芬阁二首宛转韵体解闷》：“溪阁望空却饶我，春光六月自来芬。”《来芬阁》：“池阁俯澄泓，植以水卉芬。”[4]

从乾隆描写见心斋的御制诗中，可以看出，见心斋的水体是引自发源于碧云寺水泉院的卓锡泉泉水，见心斋中引水凿池，从而

图7 见心斋水庭院（自摄）

图8 北敞殿空间（自摄）

图9 来芬阁俯瞰景色（自摄）

图10 进入正凝堂前山石蹬道（自摄）

图11 正凝堂空间（自摄）

形成静水景观。在乾隆的诗中有大量的篇幅描绘见心斋水池中的荷花、莲、藕等。可以通过诗文想象：每当盛夏之时，满池的荷花竞相盛放，形成一派极其优美而深远的荷塘景观；在欣赏景观的同时，荷花散发的特有香气更是沁人心脾，令人十分惬意。与《园冶》中"遥遥十里荷风，递香幽室"[3]所体现而出的深远、怡人的意境之美十分吻合。见心斋的引水造景也体现出古代皇家园林理水造园艺术的巧妙性与高超性。

4 结语

见心斋在相地选址方面做到了得体合宜，具有山林地的地形条件与泉水充沛、引水条件良好的水文条件。在其基础上，独特的双环结构内向式布局与外向式布局相结合，园林分区风格各异，得体有序。将对景、借景、小中见大、欲扬先抑等造园手法的精髓发挥得淋漓尽致，体现出中国传统园林"壶中天地"的经典模式。见心斋非常巧妙地引水凿池，并在池中种植荷、莲等，营造出极具深远与优美的夏季季相景观，充分体现出理水造园艺术的巧妙性与高超性。见心斋是清代皇家园林中"园中园"造园手法十分出色的典型实例。香山静宜园作为清代皇家园林的重要代表，通过对见心斋的造园艺术的研究，对探求清代皇家园林造园艺术有着十分重要的意义。

参考资料

[1]香山公园管理处. 香山公园志[M].北京：中国林业出版社, 2001.

[2]北京建工建筑设计研究院. 北京香山见心斋保护修缮方案[Z].2007.

[3]陈植.园冶注释[M]. 北京：中国建筑工业出版社, 2006.

[4]香山公园管理处. 清·乾隆皇帝咏香山静宜园御制诗[M].北京：中国工人出版社, 2008.

[5]彭一刚. 中国古典园林分析[M]. 北京：中国建筑工业出版社, 1986.

Research on the Architectural Features and Repair Techniques of the Pizhi Pagoda in the Lingyan Temple

灵岩寺辟支塔营造特色及修缮技术研究

徐磊[*] 田林[**] 董俊娟[***] 宋睿[****]（Xu Lei，Tian Lin，Dong Junjuan，Song Rui）

摘要：本文基于灵岩寺辟支塔的历史沿革及价值认知，系统分析其平面格局、立面形式、内部构造、斗拱形制及塔刹等各部位的构造，探索灵岩寺辟支塔的营造技术特色，采用手工测绘与三维激光扫描测绘相结合的方式对古塔进行详细勘测，结合辟支塔的残损病害特点，在"最小干预"原则下提出了针对性及可操作性的修缮技术措施。

关键词：辟支塔；营造特色；修缮措施

Abstract: Based on the historical evolution and value recognition of the Pizhi Pagoda in the Lingyan Temple, this paper conducted a systematic analysis of its plane pattern, facade form, internal structure, shape and structure of Dou-gong (a system of brackets inserted between the top of a column and a crossbeam), and the tower spire structure. Meanwhile, the paper explored the technical features of the pagoda, with the support of a detailed survey of the ancient pagoda by combined means of manual surveying and 3D laser scanning mapping. Then, based on the features of damage and plague of the Pizhi Pagoda, the paper followed the principle of "minimum intervention" and put forward the targeted and operable technical measures repair.

Keywords: Pizhi Pagoda; architectural features, repair measures

灵岩寺（图 1）坐落于泰山西北麓的灵岩山①下，位于山东省境内，是世界自然与文化遗产泰山的重要组成部分，于 1982 年 2 月被公布为第二批全国重点文物保护单位。自唐代起灵岩寺就与浙江国清寺、南京栖霞寺、湖北玉泉寺并称"海内四大名刹"，且位居首位。辟支塔作为灵岩寺的标志性建筑，创建于宋淳化五年（994 年）。辟支塔为九层八角形仿楼阁式砖塔，气势雄伟，造型美观，结构复杂，比例适当，呈典型的宋代风格。宋代文学家曾巩曾称赞其"法定禅房临峭谷，辟支灵塔冠层峦"。

1 历史沿革

灵岩寺由唐代慧崇高僧创建于贞观年间（627—649 年），僧人法定"先建寺于方山之阴，曰神宝，后建寺于方山之阳，曰灵岩"，经宋、元、明几代修葺，宋真宗景德年间（1004—1007 年）赐名"敕赐景德灵岩禅寺"，明宪宗成化四年（1468 年）又改称"敕赐崇善禅寺"，明世宗嘉靖年间（1522—1566 年）复名灵岩寺。灵岩寺至今已有 1300 余年的历史，历经多次坍塌与重建，目前寺庙院落的整体格局基本保留了清代时期的原貌。从寺院内遗存的不同时期的建筑或遗址及现状格局可以看出，灵岩寺整体呈现出不对称的格局，包括东路、西路和中路三条轴线。东路轴线为主轴线，自南向北依次分布有天王殿、钟鼓楼、东西厢房、大雄宝殿、五花阁基址和御书阁等；中路轴线依次为山门、千佛殿和般若殿基址；西路轴线依次为鲁班洞基址及辟支塔。

* 北京建筑大学建筑与城市规划学院博士研究生
** 中国艺术研究院建筑与艺术所所长、博导
*** 北京北建大建筑设计研究院有限公司设计师
**** 北京建筑大学建筑与城市规划学院博士研究生

① 灵岩山是泰山十二支脉之一，主峰海拔668 m。灵岩山原名方山，因山顶平坦，四壁如削而得名，又因山形似玉玺，亦称玉符山。

辟支塔位于中路轴线尾端千佛殿的西侧，最初由寺僧化缘募资而建，依据唐代李邕《灵岩寺颂》碑文，“辟支佛牙，灰骨起塔”，“辟支”出于佛经“辟支迦佛陀”，略称“辟支佛”，辟支塔，意即辟支佛塔。灵岩寺辟支塔初创于宋淳化五年（994 年），竣工于嘉祐二年（1057 年），工程结构复杂，规模浩大，历时 63 年完工，且此后历代均有修缮。从中华人民共和国成立到 20 世纪 80 年代就有过十余次的修缮记录。

图 1 灵岩寺辟支塔现状（自摄）

2 价值认知

2.1 历史价值

灵岩寺历史悠久，佛教底蕴丰厚，相传为僧朗[①]开创，是齐鲁之地最早的佛教场所，历代均为香火兴盛之地[②]。其兴衰发展是齐鲁佛教传播历史的缩影，对于厘清佛教在泰山乃至齐鲁地区的传播脉络、加深人们对佛教的整体认识有积极的推动意义。灵岩寺作为泰山重要的组成部分，完善了世界自然与文化遗产——泰山的完整性和整体性。

辟支塔塔体基本保留了宋代的原构形制，塔上镶嵌的十方功德碑，是研究北宋前期山东地区佛教结社的重要史料。八角形石砌塔基陡板上雕刻浮雕（图 2），内容为古印度孔雀王朝阿育王皈依佛门的故事，构图活泼，刀法娴熟，是不可多得的实物研究资料。辟支塔蕴含丰富的历史信息，承载着厚重的历史文化，是研究我国宋代砖塔的珍贵见证。

2.2 艺术价值

辟支塔高 56.7 m，整体造型匀称，比例适当。塔身以青砖砌筑，各层皆施腰檐，腰檐与平座的华拱与斜拱上下相互交换，使斗拱富于变化；各层腰檐与平座于变化之中体现出和谐的层次与韵律。塔刹整体造型优美，铸铁金刚造型生动、强健有力，具有较高的艺术价值。

2.3 科学价值

辟支塔自下而上逐层收分，收分尺度合理，采用混合式结构，整体结构稳定。下层采用穿心式，五层以上采用绕外壁式，受力体系合理，是研究我国古代佛塔建筑构造的重要实例。

图 2 辟支塔塔基陡板所刻浮雕（自摄）

3 营造特色

3.1 平面格局

辟支塔平面为八角形，东、南、西、北等四个正面设券门，其余四个斜面中部设盲窗，为破子棂窗，四周以墙体围护。塔内各层地面均用方砖铺墁，方砖规格为 360 mm×360 mm 或 260 mm×260 mm，局部残缺的地面后人采用条砖予以修补。塔体各层平座用砖铺墁，由于需要制作悬挑构件，其用材尺寸较大且规格不一，包括 400 mm×190mm×90mm、600mm×170 mm×90 mm、630 mm×300 mm×90 mm 以及 560 mm×180 mm×90 mm 等。辟支塔的平面格局基本符合宋辽时期古塔的构造特征。

① 僧朗是后赵名僧佛图澄弟子，与道安同学。《高僧传》载：“竺僧朗，京兆人……以伪秦（前秦）皇始元年（351）移卜泰山中……朗乃于金舆谷昆仑山中，别立精舍，犹是泰山西北之一岩也。”

② 张公亮《齐州景德灵岩寺记》：“……太宗章圣尝赐御书，琅函凤篆，辉映岩谷，皇上复降御篆飞白为赐，天文炳焕，云日相照，寺之殿堂廊庑厨库僧房，间总五百四十，僧百，行童百有五十，举全数也。每岁孟春迄首夏，四向千里居民老幼匍匐而来，散财施宝，惟恐不及，岁入数千缗，斋粥之余，羡赢积多，以至计司管榷，外台督责，寺僧纷扰，应接不暇，大违清净寂寞之本教。”

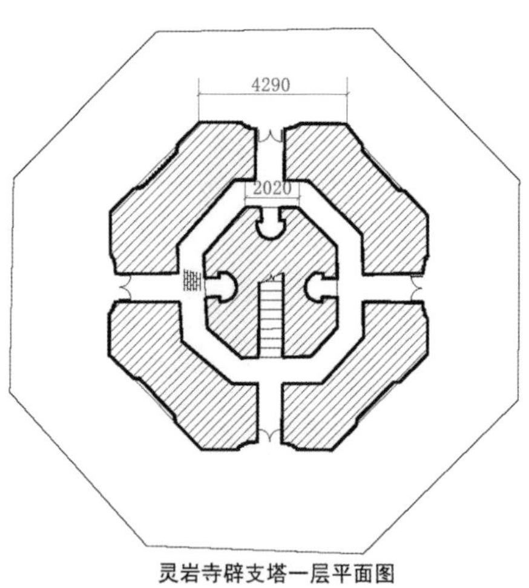

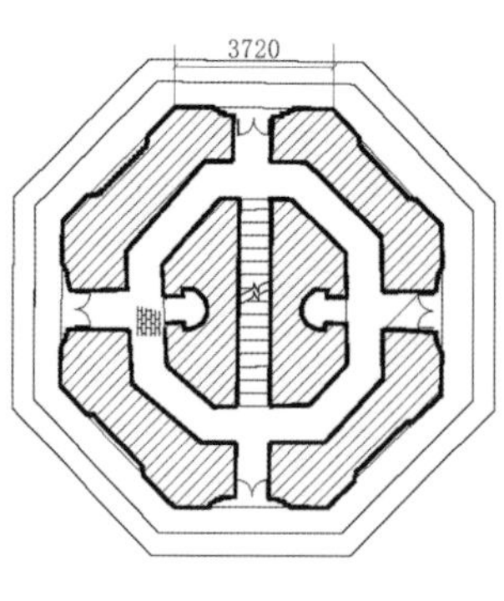

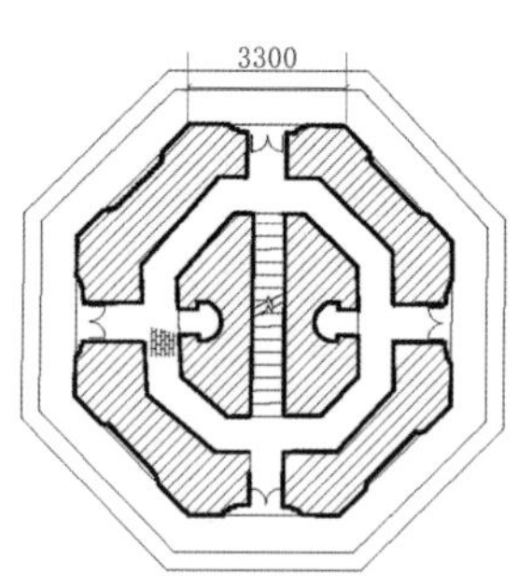

图 3 辟支塔一至三层平面图（自绘）

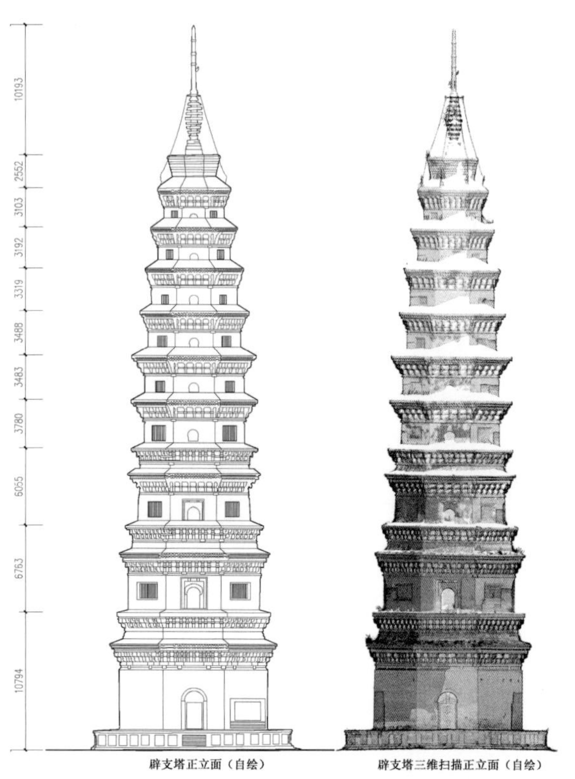

图 4 辟支塔立面图（自绘）

图 5 辟支塔平座与檐部斗拱（自摄）

图 6 辟支塔券门（自摄）

辟支塔第一层平面外壁边长为 4 290 mm，塔内心柱边长约为 2 020 mm，往上各层逐次收分，二至四层外壁边长分别依次收分 3 720 mm、3 300 mm、2 880 mm（图 3），第五层及以上为实心塔，其中第五层的边长反而较第四层有所增加，第五层至第九层外壁边长分别为 2 990 mm、2 480 mm、2 380 mm、1 930 mm、1 560 mm，逐层收分得当，这对维护塔体结构的稳定和立面的美观至为关键。

3.2 立面形式

中国传统建筑结构以木结构为主，但就修塔而言，采用砖作为主要建筑材料无疑具有其自身的优势。古人熟于木结构建筑的营造，并形成了相应的审美取向，当修建古塔时，也就自然将此种审美取向移植到砖塔的建造上来，因此就有了砖塔外观上模仿木结构的做法，甚至斗拱、柱枋、椽额等一应俱全，形成了仿楼阁式砖塔，辟支塔就采用了此种建筑形式，呈现出优美的立面建筑形式。在平座和外檐等悬挑的部位，受砖材性质所限，不能做出似木材一样悬挑深远的外檐，反而形成了砖塔特有的立面形式（图 4）。

辟支塔为一座八角九层楼阁式砖塔，塔高 56.7 m，塔基为石筑八角。塔身为青砖，外墙用砖规格为 360 mm×240 mm×60 mm、370 mm×170 mm×65 mm、330 mm×170 mm×65 mm 和 370 mm×180 mm×70 mm 等，塔外表层以条砖、白灰浆淌白砌筑。各层皆施腰檐，下三层为双檐（图 5），二至四层檐下置平座，每层均四面辟门（图 6），一至四层辟真门，第五、第九层各辟一真门，第六、七、八层各辟二真门，余为假门做佛龛，原设置的佛像早已遗失。真门与假门的立面做法是一致的。其余四面均设破子棂窗，采用球纹格眼式假窗。塔檐与塔径自下而上逐层递减，收分得体（图 7）。

塔身上置铁质塔刹，由覆钵、露盘、相轮、宝盖、圆光、仰月、宝珠组成，自宝盖下垂八根铁链，由第九层塔檐角上的八尊铁质金刚承接，在塔内延续到地下，起避雷作用。

3.3 内部构造

中国砖塔的内部结构，按照登塔方式一般分为空桶式结构、壁内折上式结构、回廊式结构、穿心式结构、实心结构和混合式结构等[1]。辟支塔内部结构属于混合式结构。辟支塔通道采用叠涩和发券两种形式。塔内一至四层设塔心室，塔心室采用穹顶或叠涩顶的形式，内砌券洞，砌有台阶，可拾级而上，自第五层以上砌为实心[2]，登塔须沿塔壁外腰檐左转 90° 进入上层门洞。顶层中部埋柏木桩稳固顶部塔刹。

塔内上塔台级用条砖和白灰浆砌筑，青砖规格为 360 mm×240 mm×60 mm。为保证内部结构的坚固，辟支塔砌筑采用了顺砖和丁砖砌筑相结合的技法。室内砖之间黏合材料采用石灰黄泥浆，外用灰浆罩面。

3.4 斗拱形制

每层平座和檐下均施双杪五铺作偷心造砖制斗拱，隐刻泥道拱。第一层每间檐下施柱头铺作两朵，并出 30° 斜拱，平座施补间五朵（图 8）。各层腰檐与平座的华拱与斜拱上下相互交换，使斗拱富于变化，避免各层重复、形式单一。

受用砖的材料所限，其出跳尺寸相对较小。双杪悬挑长度均为 218 mm。按照《营造法式》[3] 规定木结构平座斗拱出跳一般为 30 份，测得辟支塔斗拱每份为 18.6 mm（图 9），则其出跳为 558 mm，远远大于砖质斗拱的出跳。另依据《营造法式》规定，单材为 15 份，足材为 21 份，按照辟支塔用材尺寸算得其单材为 279 mm，足材为 390 mm，而实际测得单材为 279 mm，足材为 377 mm。用材的高度接近《营造法式》的规定。

3.5 塔刹特征

塔身上置铁质塔刹（图 10），由覆钵、露盘、相轮、宝盖、圆光、仰月和宝珠等部分组成，均采用铸铁工艺铸造。塔刹结构合理、形态优美，初步推断为宋代原构。自塔刹宝盖下垂八根铁链与瓦顶八条垂脊上的八尊铁质金刚连接，起到固定塔刹的作用。

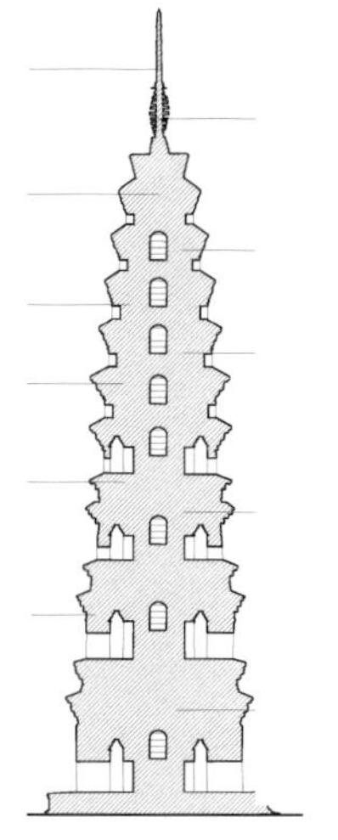

图 7 辟支塔剖面图（自绘）

图 8 辟支塔斗拱层（自摄）

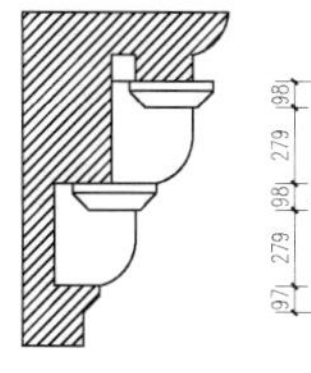

补间铺作剖面图 1:20

补间铺作立面图 1:20

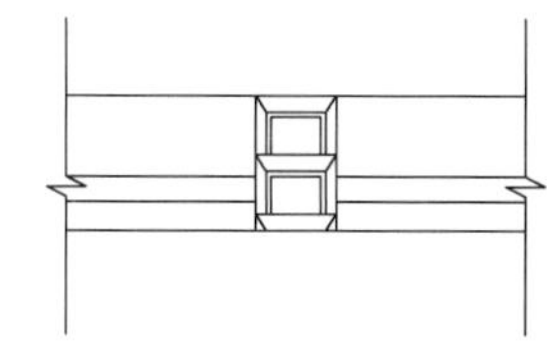

补间铺作平面图 1:20

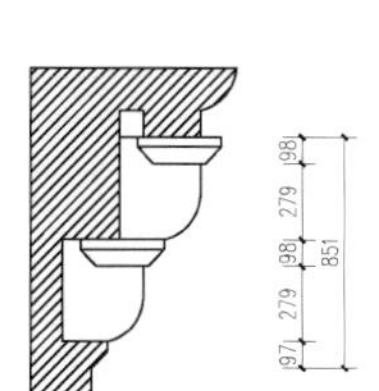

柱头铺作剖面图 1:20

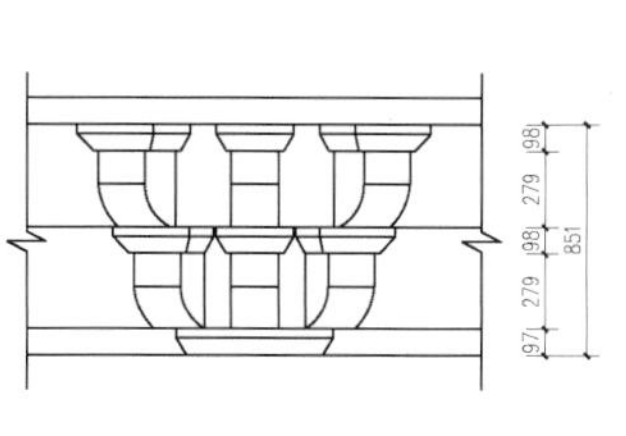

柱头铺作立面图 1:20

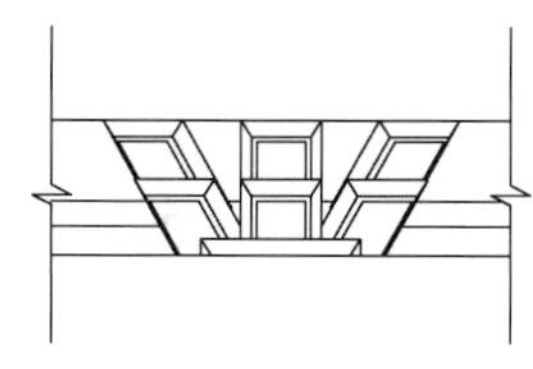

柱头铺作平面图 1:20

图 9 辟支塔斗拱大样图（自绘）

4.修缮措施

4.1 测绘技术：精确勘测技术与传统测绘方法结合

按照勘察测绘手段分类，建筑遗产测绘可分为传统手工测绘和仪器设备测绘两种方式。仪器设备测绘顾名思义就是利用各种仪器设备的特性，提高测绘精度和效率[4]。随着科技的发展，仪器设备不断更新迭代，由早期的平板仪、水准仪、经纬仪、测距仪、全站仪，发展到 GPS、近景摄影、三维激光扫描仪和无人机等，测绘设备日新月异。对辟支塔的现状勘察采用了手工测绘与三维激光扫描测绘相结合的方式，采用三维扫描仪进行测绘的现场测绘流程如图 11 所示。

图 10 辟支塔塔刹（自摄）

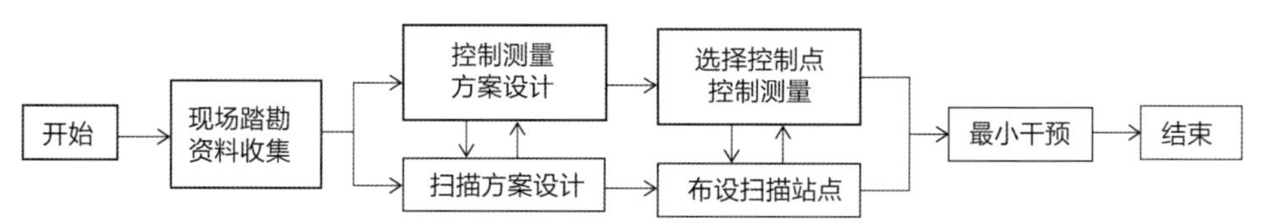

图 11 辟支塔三维扫描遗产现场测绘流程（自绘）

图 12 辟支塔各立面三维扫描成果（自摄）

图 13 灵岩寺辟支塔台明现状（自摄）

由于塔体的体量问题，不具备搭设测绘脚手架的条件，测绘难度较大。对首层平面、塔内空间等区域采用手工测绘的方式，对辟支塔立面则采用了三维激光扫描测绘的方式（图 12）。对能够同时采用两种测绘方式的重叠区域，分别进行测绘，并利用重复数据进行比较分析以矫正测绘误差。

4.2 病害勘察：残损现状及原因分析

古塔的破坏因素主要包括人为破坏和自然破坏两方面。人为破坏主要包括人为踩踏、乱刻乱画等。近年来，由于管理机构开始禁止游客登塔，人为破坏得到了有效缓解；自然因素造成的破坏主要包括风化、开裂、酥碱、脱落等。

辟支塔塔体的风化主要是由风雨侵蚀、温度急剧变化及冻融等作用引起的。对轻度风化的，可暂不做处理；对严重风化的，可在清洗后使用憎水材料进行封护，使用前需进行有效性试验与论证。

依据墙体产生裂缝的原因可将墙体开裂分为地基不均匀沉降裂缝、温度裂缝和荷载裂缝等，仅在塔台基的西北角部存在地基不均匀沉降裂缝，经过地勘确定现已基本稳定，可做归安处理。其余多为温度裂缝，可采用灌缝的方式处理。檐部个别构件存在荷载裂缝，可采用粘接、灌浆等方式处理，特别严重的可予以剔补、更换。

辟支塔砖体酥碱是由于潮湿、温度变化过大所致，主要位于塔台明的北侧以及杂土堆积的区域（图 13）。辟支塔瓦件断裂、脱落多为风雨侵蚀所致。需彻底排除漏雨隐患，以原规格瓦件更换断裂和脱落的构件，重做苫背，重新瓦瓦并添配脊饰。

4.3 针对维修："最小干预"原则指导下的修缮措施

"最小干预"原则指在保证文物安全的基本前提下，通过最小程度的介入来最大限度地维系文物的原本面貌，保留文物的历史、文化价值，以实现延续现状、降低保护性破坏的目标。通过对灵岩寺辟支塔的残损现状进行勘察，发现其基础无沉降，基本稳定，仅塔体有局部的酥碱和残损，因此其整体的维修思路是现状整修，即仅对必要部位实施干预措施，并将干预程度降到最低，对于两可的部位则需要进行专业判断，原则上不采取措施，尽量保持原状，若必须采取措施也应具有可逆性。针对不同部位的残损采取的具体措施如下。

4.3.1 基础及台明

清理台基四周堆放的碎砖及垃圾，清理台基上的灌木杂草，原土夯实并用 400 mm×190 mm×90 mm 条砖铺墁散水。恢复古塔周边院落的排水，重新铺墁地面并做出泛水。按原来砖尺寸补砌台阶、垂带，局部拆除沉降及酥碱严重的古塔基座，按原做法重新补砌，具体做法为用 275 mm×140 mm×65 mm 青砖十字错缝淌白砌筑。阶条石和踏跺采用桃花浆灌注，并用大麻刀灰勾缝。

4.3.2 内部构造

室内地面：清除塔内杂土，对损坏严重的室内地面用原规格方砖补墁，具体做法为用 360 mm×360 mm 或 260 mm×260 mm 规格的方砖十字错缝淌白砌筑。对已经更换为条砖（275 mm×140 mm×65 mm）的地面，仍采用同规格条砖剔补。

登塔踏跺：对塔内缺失的一至三层踏跺，可根据残留踏跺痕迹，参照其余踏跺工程做法，以质地和规格相同的砖进行补配。具体采用 275 mm×140 mm×65 mm 规格的青砖十字错缝淌白砌筑。对其余残损严重的踏跺条砖，可采用同规格砖剔补。

塔内墙体：对于一层塔心室墙面重新抹灰，以麦秸泥打底，用白麻刀灰罩面。剔补塔心柱墙体酥碱严重的砌体，将墙皮剥落处清除干净后重新抹灰；对各层砌体裂缝采用纯白灰浆灌缝加固。

4.3.3 塔体结构

平座层：清理各层平座的灌木杂草。对二层平座的坍塌裂缝处进行局部拆除，清理干净后重新按原做法补砌，具体采用 275 mm×140 mm×65 mm 规格的青砖十字错缝淌白砌筑。对其余各层缺失的砖体进行补砌，采用同规格青砖十字错缝丝缝砌筑。对酥碱严重的条砖进行剔补，在实际施工中，对酥碱厚度大于 40 mm 的砖体方实施剔补。

塔身墙体：局部拆除坍塌且走闪严重的壶门上、下枋，按原做法重新补砌。对各层外墙面酥碱、剥离、破损严重的部位予以剔补，轻度酥碱的可用环氧树脂掺砖粉修复。清洗干净后，按原做法重新补砌，并对墙体上缺失的砖块进行补砌。其做法为采用 275 mm×140 mm×65 mm 规格的青砖十字错缝淌白砌筑。对各层砖体裂缝采用白灰浆灌浆加固。

斗拱：对斗拱损坏开裂的仿木砖构件主要从建筑形制和承重性能上考虑进行修复和加固。修复的主要内容是残缺的斗拱和开裂严重的拱件。对毁坏严重的斗拱按原做法、原规格重新磨制，可局部拆除，将墙体清理干净后，增加内部连接构件，采用重新剔补、重砌、补砌等方法，补强斗拱与墙体的连接。对轻度残损且不影响整体稳定性的拱件，原则上不予补配。对重度残损、斗拱失重且影响到整体稳定性的拱件，应进行补配。具体做法为：将残损部分拆除、清理后，按原样重新制作并归安，对裂缝严重的斗拱采用纯白灰浆灌缝加固。

4.3.4 塔刹

对塔刹基座上的裂缝采用白灰浆灌浆加固。局部拆除覆钵酥裂部分，清理干净后对塔刹、铁链、金刚等铁件进行除锈处理，并刷透明漆防腐。

5 结语

辟支塔造型精美，保存完整，是研究我国宋代古塔构造特征的重要实例。本文系统分析了灵岩寺辟支塔的价值认知、营造特色，通过运用精确勘测技术与传统测绘方法相结合的勘察手段，在“最小干预”原则的指导下，对塔体的残损现状提出了具有针对性、可操作性的修缮措施，为我国宋代古塔保护研究与修缮实践提供了较好的范例。

参考资料

[1]张驭寰. 中国塔[M]. 太原：山西人民出版社, 2000.

[2]孙荣芬, 张剑玺. 山东省灵岩寺勘察报告及保护方案[M]//河北省古代建筑保护研究所. 文物保护工程设计方案集（二）. 石家庄：花山文艺出版社, 2010.

[3]李诫. 营造法式[M]. 南京：江苏科学技术出版社, 2017.

[4]田林. 建筑遗产保护研究[M]. 北京：中国建筑工业出版社, 2020.

Guardian of the City Wall | Zhao Yuanchao—A Return to the Original Nature: Recording History with Architecture

城墙守护人 | 赵元超——大道归元:用建筑记录历史

王 恬*（Wang Tian）

图1 赵元超荣获“全国劳动模范”称号

赵元超:全国劳动模范,全国工程勘察设计大师,中国建筑集团有限公司首席专家,中国建筑西北设计研究院总建筑师,西安城墙保护基金会理事长,享受国务院政府特殊津贴专家,全国优秀科技工作者,陕西省新长征突击手,中国当代百名建筑师,内地与香港互认建筑师,APEC 中国建筑师,第三代西部建筑师优秀人物。

2020 年 11 月 24 日,全国劳动模范和先进工作者表彰大会在北京人民大会堂隆重举行。此次大会上,赵元超荣获“全国劳动模范”称号(图 1)!

1. 重塑南门 时间与空间的“填空”

好的建筑作品如同君子一样,建筑与自然、城市环境的关系一定是彬彬有礼、和而不同,同时也应是真实简单的营造。建筑设计有时更像是在一个“场所”中进行“填空”游戏,重要的也许不是“填空”的词儿如何精彩,而是所填的词儿是否恰当、符合逻辑和文脉。

——赵元超

作为著名建筑师,赵元超已经获奖无数,如今再获荣誉,可谓锦上添花。但对于西安城墙而言,他却不只是一位老朋友,更是一位新时代的“城墙守护人”。(图 2)

对于自己参与的作品,赵元超总会有所思考,这既是工作总结,也是一种自我剖析。但不论什么时候,他都清楚知道自己从哪里来,要往哪里去——他的设计语言中,总是藏匿着深沉的文化情感和历史记忆。

他的出生地是西安,这座古城至今还保留着一圈巍峨古朴的城墙。作为中国现存规模最大、形制最完整的古代城垣建筑,西安城墙因坐落在这十三朝古都,古朴之间似乎自然带着那股看尽历史烟云的宏伟气度。

正是基于这份对故土的依恋与对城墙的敬畏,赵元超在面对西安城墙南门广场整体提升工程时,格外慎重。作为项目总建筑师,他用了 5 年时间,思考从未遇到的新问题,平衡各方的利益诉求,整合各方的意见……最终,他把一个崭新又古老、周正又圆融的西安城墙南门广场带到了我们面前。

寻求“消失”,是赵元超对南门广场整体提升设计的一种诗意表达。他认为,西安是最能够代表中国历史的城市之一,西安城墙南门又是城市最重要的一扇窗口。可是很长时间以来,她像我国其他古城一样,历史遗迹被现代化分割成一个个孤岛,昔日完整的城市环境成为碎片,周边的高楼大厦毫不谦虚、争先恐后地簇拥着南门广场……

当西安城墙南门广场整体提升工程面临文物遗址的保护与利用、古迹原址保护与城市

图2 赵元超与文物

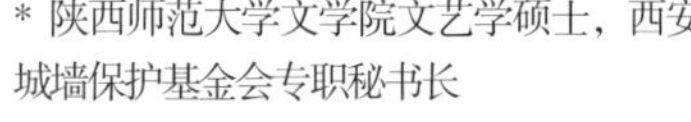

* 陕西师范大学文学院文艺学硕士，西安城墙保护基金会专职秘书长

图3 西安城墙南门夜景鸟瞰图

核心建成区交通瓶颈的矛盾、南门内外建筑风貌等问题时，赵元超坚持：既要把古老的城墙保护好，因为这是我们的遗址，又要把现代道路所分裂的空间连接起来，真正地形成一个为人服务的城市，多些绿化，多些留白，给大家一些缓冲空间。建筑上不必一味地追求风格上的统一和形式上的复古，而应该在建筑体量和尺度上尽量做到统一。

在他看来，过去城墙用自己的身躯守护了这座城市的子民，今天她又在情感上呵护这座城市的人们，她是西安的精神图腾，在这个精神象征与城市标志上不能有任何的画蛇添足。

于是，面对千年的古城墙，赵元超开始了他的“填空题”。他以城墙南门为中心，拓展出更多的可利用空间，将六七万平方米的改扩建面积大部分置于地下，将更多的精力放在完善城市的功能上，在形象和场所的尺度上与南门呼应，组织和梳理车行和人行交通系统，重新弥合历史空间，把现代生活融入传统空间里，达到古今交融（图3）。

这是在用一种谦卑、低调、友善的姿态与古遗址平和地对话。如今，当我们站在南门广场望向城墙时，仿佛多了一个取景框，形成了新老建筑的对话关系，而城墙南门广场在历史与现代的隔阂中，变成一座连接过去与现在的桥梁，把古城的历史记忆和文化风骨融于一体。

在赵元超的设计语境中，他压制住自己的“创新”意识，克制地做减法，不仅努力解决城市发展中的各种矛盾，也时刻与自身的创新表现做斗争，就像国画中的留白一样，所有的一切恰到好处。当南门广场提升开放后，有人问他，为什么似乎费了九牛二虎之力，却又好像什么也没建呢？

赵元超认真地回答：人们对城市的记忆本就是片段和多元的，大多都停留在文字记载中，有形的标志少之又少。西安能拥有如此完整的城墙和城池，弥足珍贵，只要对保护有利，都尽可能地保留，要突显出南门城楼完整的天际线，保持这座城市特有的表情，保留和传承这座城市的记忆和精神。

有专家说过，西安城墙南门广场整体提升工程可谓城市的心脏搭桥手术，使文化遗产融入现代生活，重新塑造了新的城市开放空间，新老建筑和谐共生，成为老城复兴建设和保护的典范。

2. 守护古城　恢复人在城市中的尊严

建筑师的一个重要职责就在于发现各方面的联系，连接各种空间环境，这种连接既是空间的连接，也是时间(历史)的连接、心理的连接和记忆的连接。

——赵元超

西安城墙连接着过去和现在，历史和未来，西安这座城市亦是如此。为了能对时空进行回溯，让记忆得以保存，对人始终表达关怀，赵元超通过对西安城墙一方天地的改造，缝合织补了一片又一片西安古城的公共文化空间。在这里，人们谈古论今、安身立命，这也是他对城市建设的一个初衷：恢复人在城市中的尊严。

城市是一个不断更新和发展的有机生命体，特别是对西安这样的历史文化名城来说，很多建筑师往往以救世主的态度，以创新为使命介入设计。但实际上，建筑师应该是一个各种矛盾的统筹者，一个有社会责任感的协调者。在西安这座古城里做建筑设计，尊重“左邻右舍”是一个建筑师应有的“美德”。

赵元超很早就认为，在西安的老城区域内，不应有新的现代化标志性建筑，西安城墙、钟鼓楼等本就是城市的标志性建筑；同时，他没有把这些文化遗产当作“木乃伊”一样去看待，而是在守护的基础上，使其重新焕发新的生机，通过适当的利用，把文化遗产融入当代人民生活之中，保护、保存、保留下最动人的西安城市记忆。

图4 西安行政中心鸟瞰

在赵元超的设计中，我们经常能看到他对周围环境的尊重和对城市遗产的保护。他的建筑创作多立足于古都西安，他先后主持设计了百余项目，一直坚持城市大于建筑、适宜胜于创新的设计理念。西安行政中心在西安历史轴线“长安龙脉”上，以“血脉相连”延续了城市肌理，以“四方城”衬托了现代化的办公环境(图4)；轴线南端的陕西自然博物馆以地景建筑方式完美处理了新老建筑关系；西安浐灞商务行政中心在昔日生态重灾区建立起现代化办公综合体，极大地改善了环境品质；跨越半个多世纪对话的西安人民大厦整体改扩建工程，既保护了建筑遗产整体风貌，又使其焕发出新活力。

西安是座老城，但不能固守过去一成不变，人们希望生活在历史的场景里，既有历史文化的情调，又享受现代化的便利。在这样的愿望面前，赵元超守护着这座城市的古老，也拥抱着更多新的可能性，对于西安，特别是被西安城墙环绕的这座古城，他希望能在保护和发展中找到一个平衡点，和城市中生活的人民息息相关，亦同步更新……

3. 守护城墙 传承历史情感

我从小就对泥土产生了特殊的情感，我认为建筑师的工作就是唤起沉睡土地的灵魂，然后用合适的语言填词造句，语境比华丽的词汇更重要。

——赵元超

赵元超出生于西安，后来在重庆读大学，虽隔着一道秦岭，从北方来到南方，但同属西部，再后来赵元超又回到西安，就职于中国建筑西北设计研究院(简称西北院)——他的生命轨迹，似乎一直与西部联系在一起。

他汲取着西部土地上不同的风情与文化，他看到重庆的建筑形式自由夸张、与地形密切结合，也看到西安规整又遵从礼仪的建筑规格，从中感受到天地人对城市与建筑的“驯化”，也寻找到这片广袤土地上相同的文化脉络。

这不免让我们联想到扎根西部的张锦秋先生，赵元超也多次说过，恩师张锦秋先生对他的建筑人生有着深刻的影响。1995年后，他从西北院的外地分院回到西安本院的华夏所。其间，他跟随恩师张锦秋先生参与陕西省图书馆项目。此前，他觉得建筑师的工作就是做一个有意思的设计，然后把图画好给甲方就行了，可他发现张锦秋先生并非如此。别人看着很平常的基地地图，张先生却拿着图纸去对照西安的历史；别人眼中一

图5 赵元超与恩师张锦秋先生

个可以铲平做建设的坡体，张先生却发现它恰处于唐朝“六爻”遗址之上，如果在图书馆能保留一段唐代的高坡，那么最终设计出的建筑就站在了人类知识的阶梯之上。（图5）

或许是因为张锦秋先生，又或许是因为赵元超心中那份难言的西部情结，再或许是因为西北人基因中的那份文化坚守，赵元超的作品中越来越呈现出一种朴素归元的古老智慧。赵元超相信，越是回归本质，或许越能做出令人惊叹的设计。他在力求根据生态环境、城市特色创作出属于这片土地的建筑时，似乎触摸到了天人合一的东方哲思，所以他一直在追求建筑与环境、建筑与城市的和谐共生，也一直用自己的设计去保护城墙、守护古城，坚守东方文化。

世界越是进步、越是现代化，人们越是抚今追昔，对古代文明硕果仅存的历史文化遗产保护就越加重视。不论是对于城墙的敬畏之心、守护之情，还是对于自己钟爱的建筑事业，赵元超向来有着极强的使命感，同时他又有一份难得的淡然，面对无法预估的未来，他更愿意把握当下，把眼前的事情做好，大道归元，一切返璞归真，这就是中华民族圆融中庸的哲学智慧。我们也从中看到他对建筑、古城、城墙、历史文化始终如一的守护与责任。

著名规划专家韩骥先生认为，西安的古城保护得益于梁思成先生的规划思想，他所提出的以保持传统格局、保护标志性古建筑、保护历史街区、保护山川地貌为重点的整体保护思想在西安得到了全面贯彻。而像赵元超一样热爱这座城市的人们一代代守护着这座古代城垣，在保护利用的前提下，让这座传续历史的古城墙与城市融为一体，成为西安人最大的“乡愁”，亦是通向未来的强大后盾。

获得无数荣誉与褒扬之后，赵元超却说，我就是个手艺人，用作品说话的建筑师，如同白鹿原上的农民在土地上种麦子，不同的是，我的土地是设计。他曾感慨自己已经过了建筑师的“青年时代”了。青年固然可以“青春作伴好还乡”，人生暮年却更有一种内敛朴实的感动，自己也该回到真实与平淡之中，学会享受“闭户即深山，案头乃自然”的幸福生活。

参考资料

《一个建筑师的“西行漫记”——记全国工程勘察设计大师、中建西北院总建筑师赵元超》

《九问赵元超：站在历史巨人的肩膀上，你将如何设计未来？》

《赵元超 | 传承历史情感——西安南门城墙改扩建项目》

《最美科技工作者 | 赵元超：匠心筑梦 最美空间》

《南门新生：碎片化历史空间的再设计 | 赵元超》

《岁末感言 | 赵元超 | 回归平淡》

A Rise from Ashes
— Preservation of Archaeological Site of Sabratha in Libya

劫后余生铅华碎，重整妆容赋新生
——记利比亚萨布拉塔考古遗址的保护

苏尔坦·易卜拉辛* 刘临安**（Sultan Ibrahim，Liu Lin'an）

引言

针对 21 世纪以来世界局部地区的武装冲突带给世界文化遗产的破坏，2017 年世界遗产委员会在巴黎会议上公布了一份文件《世界文化遗产受创后的修复和重建》。这份文件对于保护和修复遭受战火创伤的文化遗产具有积极的指导意义。利比亚自 2011 年爆发武装冲突①以来，大量珍贵的文化遗产面临战火摧残，该国的 4 处世界文化遗产全部被世界遗产委员会列入濒危遗产名单。位于首都附近的萨布拉塔考古遗址（Archaeological Site of Sabratha）作为历史上罗马帝国在北非地区存在和发展的见证在战火中也未能幸免于难。甚至世界遗产委员会主席博科娃女士（Ms. Irina Bokova）专门致函，呼吁军事冲突各方停止交战，避免战火伤及萨布拉塔考古遗址[1]。

1 萨布拉塔考古遗址的区位

公元 2 世纪以来，鼎盛期的罗马帝国疆域广阔，西起伊比利亚半岛及不列颠岛，东到幼发拉底河上游，南至非洲北部，北达莱茵河与多瑙河，地中海成为罗马帝国的内海。地中海南岸的萨布拉塔考古遗址是北非地区重要的罗马帝国时期的考古遗址之一。这座考古遗址位于利比亚首都的黎波里以西约 67 km 的萨布拉塔市。遗址沿着地中海沿岸铺展开来，向西延伸到祖瓦拉（Zwara），向南延伸到索曼（Sorman）和西扎维耶（West Zawiya），静卧在吉法拉（Al Jafara）平原的绿洲中。根据利比亚国家文物局 2018 年公布的测量数据，萨布拉塔考古遗址的保护范围为 105.803 ha，缓冲区为 32.469 ha[2]。

2 成为世界文化遗产的萨布拉塔考古遗址

1982 年 12 月 13 日，世界遗产委员会第六届会议上，萨布拉塔考古遗址被登录为世界文化遗产（图 1）。世界遗产委员会对于萨布拉塔考古遗址的评价是：萨布拉塔是腓尼基人（Phoenician）的贸易站，是非洲内陆商品输出的口岸；萨布拉塔在罗马化之前曾是存世时间较短的努米底亚王国的一部分②，它在公元 2—3 世纪重建；作为一种独特的文化传统或文明证据，充分满足了世界遗产委员会提出的第三项标准而具有突出的普遍价值。英国《泰晤士报》引述莱斯特大学（University of Leicester）罗马考古学教授戴维·马汀利（David Mattingly）的话，认为"萨布拉塔考古遗址在世界考古遗址中排名前 5%，值得保护[3]"。世界遗产城市联盟（Organization of World Heritage Cities）常务委员会成员、利比亚国家旅游局国际关系合作主席阿布·阿吉

* 北京建筑大学博士研究生，研究方向为建筑遗产保护。Email：yibu_7@126.com
** 北京建筑大学教授，博士生导师，研究方向为建筑历史和建筑遗产保护。Email：liulinan@bucea.edu.cn

①指的是 2011 年利比亚国内发生的武装冲突，交战双方为政府军和反对派武装力量。3 月初，政府军进攻反对派的大本营班加西。8 月 22 日，反对派全面控制首都的黎波里。10 月 20 日，总统卡扎菲在交战中被杀身亡，反对派开始掌握利比亚国家政权。
② 努米底亚是北非柏柏尔人在公元前 202 年建立的王国，公元前 46 年被罗马灭亡。

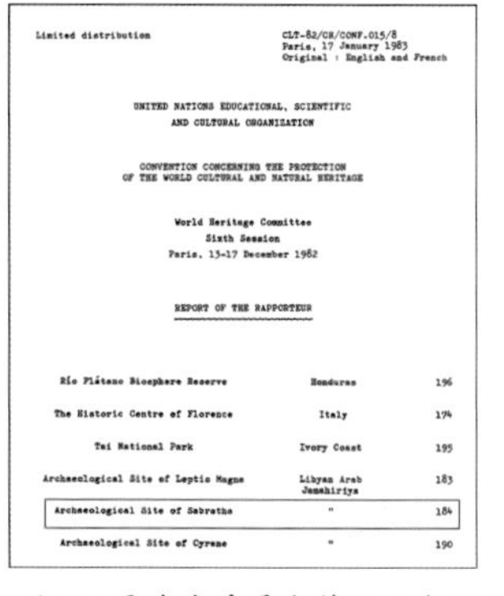
Limited distribution

CLT-82/CH/CONF.015/8
Paris, 17 January 1983
Original : English and French

UNITED NATIONS EDUCATIONAL, SCIENTIFIC
AND CULTURAL ORGANIZATION

CONVENTION CONCERNING THE PROTECTION
OF THE WORLD CULTURAL AND NATURAL HERITAGE

World Heritage Committee
Sixth Session
Paris, 13-17 December 1982

REPORT OF THE RAPPORTEUR

Río Plátano Biosphere Reserve	Honduras	196
The Historic Centre of Florence	Italy	174
Taï National Park	Ivory Coast	195
Archaeological Site of Leptis Magna	Libyan Arab Jamahiriya	183
Archaeological Site of Sabratha	"	184
Archaeological Site of Cyrene	"	190

图1 世界遗产委员会第六届会议的决议文件复印件（图片来源：http://www.unesco.org/）

拉·阿里·贾伯(Abu Ajila Ali Jaber)教授在《阿拉伯耶路撒冷》杂志中称:"萨布拉塔是迄今为止罗马历史发展过程中遗留下来的最好的遗址见证"[4]。

3 萨布拉塔的历史沿革

历史学家认为萨布拉塔作为城镇的建设时间大概在公元前 6—前 5 世纪。公元前 5 世纪末,希腊人在地中海南岸建立一些定居点用来开展商业贸易,曾经用萨布拉塔来命名城镇和港口的名字,因为"萨布拉塔"是"谷物市场"的意思。希腊人从那些名为萨布拉塔的城镇进口谷物、象牙和鸵鸟毛,一个明显的历史证据就是萨布拉塔这个名字也曾以 Sabrat 和 Sabratun 的写法出现在布匿(Punic)钱币①上[5]。19 世纪初意大利考古学家在萨布拉塔发掘出公元前 5 世纪腓尼基人的一些遗留有木炭和陶器的遗址,证实了萨布拉塔建于公元前 6—前 5 世纪的观点。公元前 2 世纪,萨布拉塔经历了从海岸向内陆的扩张和重建。因为在这个时期,迦太基人(Carthage)正忙着与罗马人开展争夺迦太基城的布匿战争②,因而无法对萨布拉塔实行有效的统治。萨布拉塔的城市范围向安东尼神庙以南的扩建,反映出萨布拉塔与迦太基城之间紧密的政治和经济关系[6]。

公元前 147—前 146 年的第三次布匿战争中,罗马军团打败了迦太基人,成功地夺取了地中海西部的霸权,开始在北非地区实施统治。在尤里乌斯·恺撒(Gaius Julius Caesar)统治时期建立了罗马阿非利加领地,它的范围包括萨布拉塔、莱普提斯和奥萨③。公元 2 世纪初,图拉真皇帝(Marcus Ulpius Nerva Traianus,公元 59—117 年)将阿非利加领地升格为行省(senatorial province)。从此以后,萨布拉塔作为罗马本土与北非地区的贸易港口城市,建设发展进入鼎盛期。统治者把罗马的城市制度和营造理念移植到了这里,相继建造了司法广场、议事厅、剧院、浴场、神庙等大型公共建筑。这种稳定的发展持续了大约百年,直到公元 235 年,亚历山大·赛维鲁(Alexander Severus,公元 208—235 年)皇帝④被叛乱的禁卫军杀死,罗马对于萨布拉塔的管理有所放松,萨布拉塔开始变得萧条。

根据历史记载,公元 3 世纪地中海地震频发,萨布拉塔的建筑不同程度地受到影响,但是很快得到修复。然而,公元 365 年 7 月 21 日克里特岛发生的特大地震⑤,几乎摧毁了地中海东南部的沿岸城市,例如亚历山大、莱普提斯、布雷萨、萨布拉塔等。这场大地震给萨布拉塔带来了毁灭性的打击,从此城市发展一蹶不振。

公元 363 年,阿斯图里亚尼斯⑥人入侵萨布拉塔,使城市遭到严重毁坏。公元 450 年,来自日耳曼的汪达尔人侵占萨布拉塔,朱庇特神庙等一大批城市建筑受到破坏(图 2)。公元 533 年拜占庭人实施统治以后,查士丁尼大帝(Justinian the Great)对于萨布拉塔的城市中兴发挥了重要作用,他命人重新修筑了残缺破败的城墙,重修了商业广场、司法广场、会堂和神殿。这些营造活动见拜占庭历史学家普罗柯比(Procopius,约公元 500—565 年)的文献中。萨布拉塔的城市生气虽然有所恢复,但是城市活力难比往昔。公元 642 年,阿拉伯人占领了北非地区后,萨布拉塔的城市规模逐渐萎缩,最终被遗弃并埋没在海风黄沙之中[6]。

1912 年,利比亚在意土战争结束后成为意大利的殖民地。意大利人带着一种罗马血统的自豪开始对地中海南岸的一些历史遗迹开展考古研究,派遣考古学家勘探和发掘古罗马遗址,重点是莱普提斯、萨布拉塔以及的黎波里。1951 年利比亚独立后,意大利、英国、法国的考古学家也未停止在那里的考古发掘工作。经过 30 余年的考古发掘,萨布拉塔古城逐渐显露出往日的面貌。1982 年,萨布拉塔考古遗址被公布为世界文化遗产[7]。

4 萨布拉塔考古遗址的营造特点

4.1 总体布局

从公元前 2 世纪到公元 5 世纪,萨布拉塔作为北非地区的一座港口商业城市,在地中海沿岸城市的经济发展中扮演着重要的角色。在地理区位上,萨布拉塔与罗马帝国隔海相望,距离 200 海里(折合 370 km)左右。在地形地貌上,萨布拉塔以平原为主,没有高山大河,交通条件良好,便于驼队马帮贩运货物[2]。

图2 萨布拉塔考古遗址之一,修缮前的剧场(图片来源:https://images.app.goo.gl/GViVqKVnzXNydbjb9)

① 布匿是罗马人对于迦太基的称呼,布匿钱币指的是迦太基人使用的钱币。

② 发生在公元前264—前146年,罗马人为了争夺地中海西部的统治权而对迦太基城开展了三次战争,最终罗马人取胜。

③ 奥萨(Osea),即今天利比亚首都的黎波里。

④ 罗马帝国皇帝,14岁登基,25岁被弑杀,结束了赛维鲁王朝。

⑤ 这次大地震的震源来自希腊海沟,克里特岛被抬高了8米,岛上的建筑毁圮殆尽。后世将这次大地震记载为历史上十大地震之一。

⑥ 阿斯图里亚尼斯王国,位于伊比利亚半岛西北部的一个基督教王国。

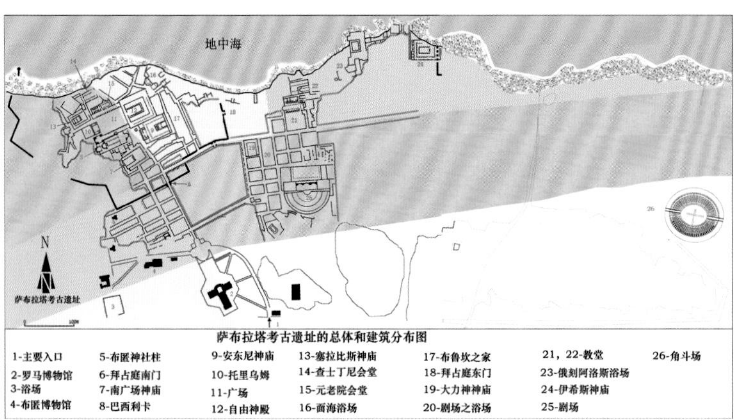

图3 萨布拉考古遗址的总体和建筑分布图(图片来源：Philip Kenrick. *Libyan Archaeological Guides: Tripolitania*, 2015)

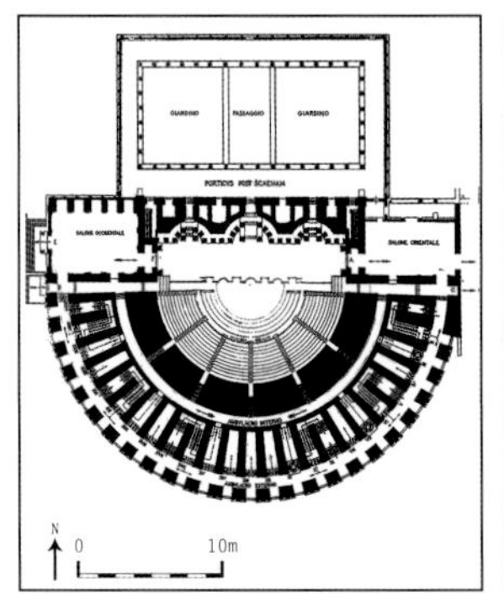

图4 剧场平面图（图片来源：利比亚国家文物局档案处）

图5 修复后的剧场现状（自摄）

萨布拉塔考古遗址位于萨布拉塔市的北面，东侧毗邻萨布拉塔新城的居住区，东南侧和南侧是遗址缓冲区，西侧一小部分嵌入祖瓦拉，北侧濒临美丽的地中海。整个考古遗址东西长 2 164 m，南北宽 1 050 m，平面形状大致为不规则的“人”字形。考古遗址总体上分为三大部分，其中东部和中部为罗马时期遗址区，西部为拜占庭时期遗址区，南部为考古遗址服务区 [8]。

罗马时期遗址区的面积很大，几乎占了整个遗址区的一大半。通过近百年的考古发掘，出土的建筑遗址有剧场、斗兽场、浴场、神庙、数处院落以及道路网。虽然拜占庭时期遗址区面积较小，但由于经历了公元 6 世纪查士丁尼大帝的重新建造，所以考古发掘出来的城市格局较为完整，建筑遗址密集，出土文物丰富。例如几乎完整但不规则的城墙以及东城门和南城门，位于城市中轴线上的市政厅、市政广场、自由神殿，高大敞阔的安东尼神庙、元老院、大会堂以及滨海的查士丁尼会堂、面海浴场等一大批建筑遗址。考古遗址服务区主要有遗址区大门、罗马文明博物馆、布匿文化博物馆以及停车场等服务设施，参观者从这里进入考古遗址 [6]（图 3）。

4.2 建筑遗址

4.2.1 剧场

剧场是古希腊、古罗马时代城市中重要的建筑类型之一。萨布拉塔剧场是北非地区规模最大的古罗马建筑之一，位于考古遗址的东区南部，背朝地中海。剧场建于公元 2 世纪末的赛维鲁王朝 [9]，由观众区、表演区、后台和廊院四部分组成。观众区的平面为半圆形，直径为 92.6 m[9]，有六组分区楼梯。接近表演舞台的半圆部分是四排贵族坐席区，升起较为平缓；远离表演舞台的扇形部分是平民坐席区，升起较为陡峭。贵族坐席区与平民坐席区之间用一堵矮墙隔离。这种贵贱分区的做法充分反映出当时社会阶级地位在公共空间中的特点。表演区中央是半圆形乐池，舞台台口宽 10.5 m，台深 2 m[9]，舞台的两侧是东西侧台。侧台有楼梯通向舞台下面的化妆间和休息室。后台是一个三层的裙楼，由三组半圆形凹龛组成。100 余根大理石柱矗立在凹龛前面，形成凹凸有致的壁廊，上面可以布置配景演员、实体器物及宽幅幕布，形成具有真实感的舞台背景。紧贴着后台背墙的是一个围合的矩形廊院，中间是通道，两侧是花园。剧场外立面是高大厚重的拱廊，形成 24 个对外和 1 个对内的出入口，观众可以从任何一个拱廊下面进入剧场。整个剧场可以容纳 5 000 位观众（图 4）。

1923—1936 年和 1948—1951 年之间，分别由意大利考古学家和约翰·B. 沃德 - 珀金斯（John B. Ward-Perkins）监督下的英国考古队开展了考古发掘和修缮工作 [6]，成功地修复了剧场内的大部分建筑。目前，这座剧场堪称世界保存最完整的古罗马剧场之一（图 5）。

4.2.2 角斗场

角斗场可以认为是剧场的一种孪生建筑，它的拉丁语名字叫“amfiteatro”，意谓“两个剧场”。从建筑形制讲，角斗场就是把两个剧场合并起来的一种做法，它是罗马人独特的建筑创造。萨布拉塔角斗场建于公元 2 世纪末的赛维鲁王朝，位于考古遗址东区尽端，北距海岸不到 300 m[8]。角斗场遭受严重破坏，今天只能看到它的轮廓样貌，许多建筑细节已经荡然无存了。角斗场建筑平面为椭圆形，长轴约为 185 m，短轴约为 98 m[9]（图 6），其规模约为意大利罗马城内的大角斗场（Colosseum）的四分之一①。它的功能布局与传统角斗场一样，中央是表演区，有一个十字形的壕沟，其南侧通向外部出口，疑为角斗士或野兽出入的通道。围绕表演区是层层升起的看台。观众的流线组织较为简单，从东西两侧的出入口进来，然后通过看台的分区楼梯到达指定的座位。迄今，看台绝大部分都已经坍塌了，只有南区上部尚有几排看台可以略见当时的端倪。从看台的现状来看，上层看台后部可能存在环形的走廊。看台顶层是一圈围合的柱廊，这里可能是观赏效果最差的站立区

① 意大利罗马的大角斗场的长轴为188 m，短轴为156 m，面积约为23 000 m^2，可以容纳9万名观众。

[10](图 7)。这座角斗场可以容纳大约 1 万名观众[6]。

4.2.3 面海浴场

剧场、角斗场和浴场是古罗马时期的三大典型建筑,萨布拉塔也莫能例外。据历史文献记载,当时萨布拉塔有数座浴场,例如面海浴场、剧场浴场、海洋浴场等。面海浴场是规模最大的浴场,它坐落在萨布拉塔考古遗址西区北段,自由神殿的东北侧,紧靠着大海边。由考古发现得知,浴场初建于公元 1 世纪,后来在公元 365 年的克里特岛大地震破坏后经过较大规模的修缮[6]。由于浴场紧临海边修建,长期以来遭受到潮汐的冲蚀以及高湿高盐海风的吞噬,浴场中最为重要的部分——带有热水、温水和冷水的沐浴厅——已经被毁坏得面目全非,仅存有入口前厅、长廊、休息厅及卫生间(图 8)。目前,考古揭露的面积为 200 m^2 左右[10]。通过这些遗存可以大致描述出浴场的概貌。通过入口大门进入长廊,长廊的左侧为休息厅,旁边是六边形的卫生间,这些房间都有柯林斯柱子。柱廊的尽头是一个两端半圆的矩形前厅,从前厅进入沐浴厅,一间是半圆形的,保存有残余的中央壁炉,另一间是长方形的。中间是一座大房间,地面铺着五颜六色的马赛克(图 9)。考古学家塔博利(Luisa Taborli)认为,这座面海浴场的建筑布局反映出非洲地区小型罗马浴场的理想形制[6]。

4.2.4 自由神殿

萨布拉塔考古遗址发现有数座祭祀神祇的神殿，其中最重要的一座就是自由神殿，里面供奉着自由之父②，罗马人的守护神。自由神殿遗址（图10）位于在考古遗址西区，市政广场的北端，与市政厅、市政广场一字纵向排列，形成城市中轴线。市政广场两侧是元老院和查士丁尼会堂。这里是城市空间的中心，彰显着神权与皇权的赫然威仪；同时也是市民活动的中心，市政广场的侧廊就像平民守护神合拢的双臂，护佑着人世间的众生。神殿初建于公元1世纪[6]，平面为正方形，每边长为81 m，面积为6 560 m^2 [8]（图11）。主殿落位在中央高大的基座之上，面阔五间，进深八间，四周围绕着柯林斯柱式的柱廊。主殿的侧翼和背面是柱列围廊，建在稍微低矮的台基上面。神殿的正面（面向市政广场）是开敞的，其余三面采用厚重的石墙封闭。根据考古发现的碑刻记载，主殿的大理石柯林斯柱子在公元2世纪被更换，这很可能与阿非利加行省的升格有关。神殿毁于公元365年的克里特岛大地震。今天，考古学家修复了主殿的基座和西面的4根半圆柱以及侧翼围廊的台基，藉此帮助人们联想神殿的样貌[6]。

4.2.5 元老院会堂

元老院是古罗马时期的政权机构,元老们由豪门贵族和国家政要组成。元老院会堂是举行元老会议或部族会议的地方。萨布拉塔元老院会堂毗邻市政厅广场的东长廊,与查士丁尼会堂互为左右。元老院会堂建于公元 4 世纪末,但是依据一些考古文献的推测,这座元老院会堂可能是在原来建筑废墟上建造的[6]。元老院会堂遗址(图 12)的平面为矩形,长 23.80 m,宽 11 m,面积为 261.8 m^2[9]。在功能布局上,会堂分为东、西两个部分。东面的柱列大厅是议事大厅,西面是一个用围墙封闭的庭院。主入口开在大厅北墙的中央,以一个突出的三开间抱厦的形式

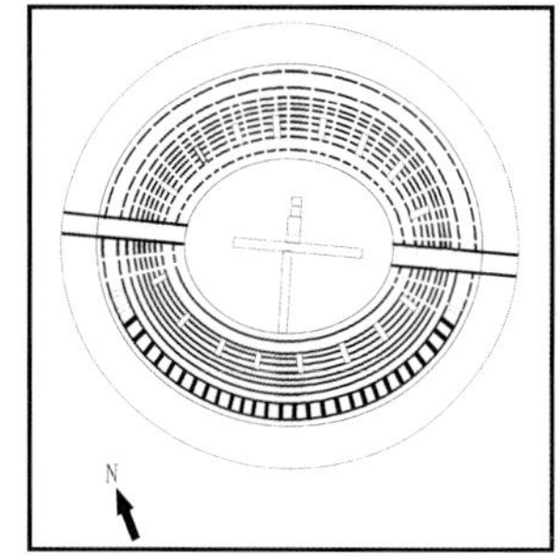

图6 角斗场平面图（自绘）

图7 角斗场遗址（自摄）

图8 面海浴场的六边形卫生间遗址，周边白色石板是联排蹲位（自摄）

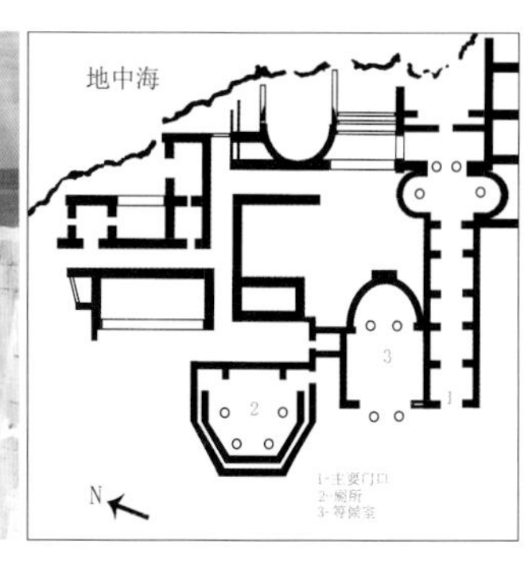

图9 面海浴场平面图（来源：利比亚国家文物局档案处）

图10 自由神殿遗址（自摄）

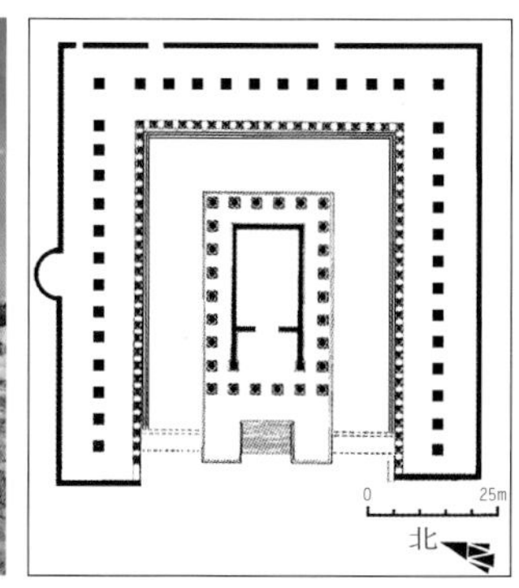

图 11 自由神殿平面图（图片来源：Philip Kenrick. *Libyan Archaeological Guides: Tripolitania*, 2015)

① 拉丁文Liber Pater意为“自由之父”，罗马神祇之一，主司葡萄栽培、酿酒、生育和自由，被尊奉为平民守护神。在罗马化的地中海地区，他逐渐与希腊酒神狄俄尼索斯、罗马酒神巴库斯联系在一起。

图12 元老院会堂遗址(图片来源：Philip Kenrick. *Libyan Archaeological Guides: Tripolitania*, 2015)

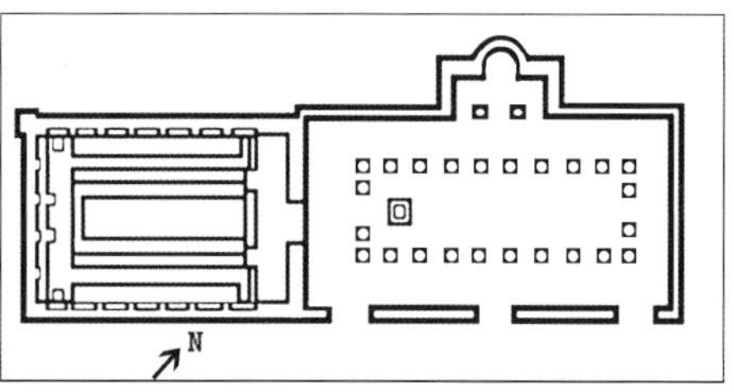
图13 元老院会堂平面图（图片来源：D.E.L. Haynes. The *Antiquities of Tripolitania*,1965）

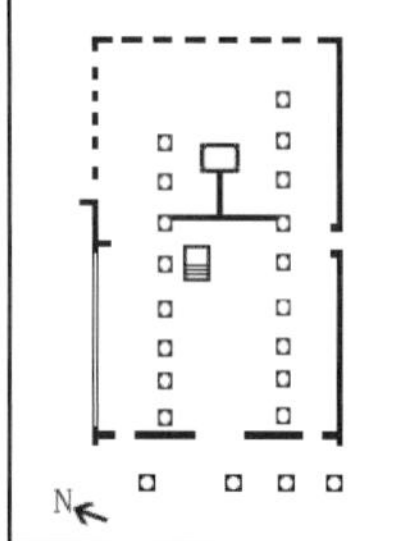
图14 查士丁尼会堂平面图（图片来源：利比亚国家文物局档案处）

图15 查士丁尼会堂遗址(图片来源：Philip Kenrick. *Libyan Archaeological Guides: Tripolitania*, 2015)

图16 修复后的布匿神社柱（自摄）

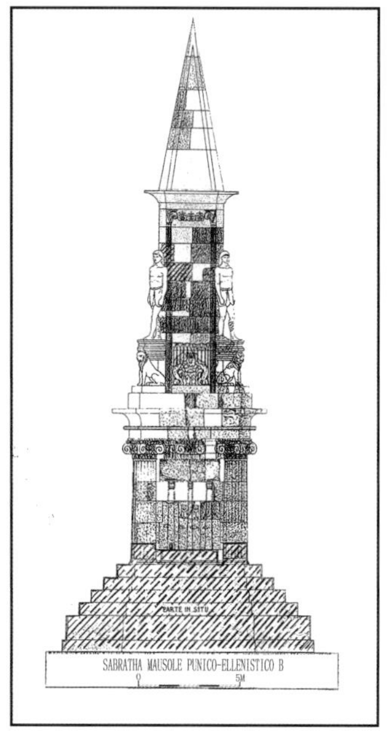

图 17 布匿神社柱立面图(图片来源:Antonino Di Vita.Scritti Africani, 2014）

突出其地位。次入口开在南墙上，通过小巷通向市政厅广场的侧廊。大厅内部是一个巴西利卡式的柱厅，被一圈柯林斯列柱划分为中间高、四周低的空间，议长席位于议事大厅西面的中央，左右两侧是元老们的席位（图 13）。议事大厅的地板、台阶和腰檐台都覆盖着大理石板，腰檐台还有一排架子，用来固定雕像的基座。为了增加大厅侧廊的美观性，墙面的油灯座都做了精美的雕刻。考古学家修复了议事大厅的几根柱子，特别是议长席的一块大理石台边沿板以及后面一对带有圆拱的柯林斯柱子，隐喻这里曾是这座建筑的中心[6]。

4.2.6 查士丁尼会堂

查士丁尼会堂位于市政广场的北侧，靠近海边，与元老院会堂互为左右。公元 533 年，查士丁尼大帝①命令重修的黎波里塔尼亚的三座破败的城市。在萨布拉塔重新修筑了城墙和市政广场周围的公共建筑[6]。同时建造了查士丁尼会堂，作为彰表记功的特殊建筑。这座会堂的建设也被拜占庭历史学家普罗柯比记载于《建筑》一书中。实际上这座建筑可以认为是拜占庭时期的建筑。查士丁尼会堂采用传统的巴西利卡式平面布局，坐东朝西（图 14）。入口开向建筑的山面，是一个五开间的高大柱廊，中间高大的门扉通向敞阔的中厅，两侧稍微狭窄的侧门通向侧廊。中厅和侧廊之间被不同高度的柱子分隔，为了调节柱子之间的高度，设置了高度不同的方形柱础[10]。中厅的底部是祭坛区，四周用矮墙围合起来，中央开门，祭坛的基座上采用四根较细的圆柱支撑着上部的大理石华盖。祭坛区也被称为 Ambo 小教堂，当时罗马人对这座小教堂虔敬有加。今天，祭坛已被破坏成一个浅坑，只有前面一座修复的小台阶作为联想祭坛的标识物（图 15）。这座会堂最值得夸耀的营造成就是内部的马赛克地面铺装，充分体现了拜占庭建筑独特的装饰工艺。出于保护文物的目的，这些精美的马赛克铺装已经迁移到萨布拉塔罗马博物馆里面[6]。

4.2.7 布匿神社柱

布匿神社是腓尼基人的祭祀场所，体现死亡崇拜的传统习俗。萨布拉塔考古遗址发现的一组布匿神社遗址，反映出北非地区在罗马化之前的原始宗教文化。从 1962 年最初发现神社柱的柱头表明，神社最早建于公元前 3 至前 2 世纪之间。神社的发掘工作清理结束后，考古学家利用 5 年的时间完成了神社柱的建筑复原（图 16）。神社柱的平面是三角形的，总高度为 18 m。基座用石块垒砌，逐层收分，高度为 3.2 m，部分埋没在遗址下面（图 17）。基座上部结构分为四个部分[11]：第一部分是内凹的墙身和隐身圆柱，带有爱奥尼柱头，东侧的墙面开有一扇门，高 2.45 m，宽 1.45 m[6]；第二部分做法较为复杂，三层出檐的檐额上面有三个翼突，每个翼突的端梁下面都有腓尼基狮子圆雕，端梁上面是埃及风格的人物雕像，翼突之间是大力神与狮子搏斗的雕饰；第三部分是带有凹弧面的石砌柱身，上部是一块外悬的挑檐板；第四部分是带有凹弧面的三角锥体作为收头。布匿神社柱融合了古希腊和古埃及的建筑特征，成为萨布拉塔考古遗址最重要的地标之一。

① 查士丁尼大帝（Justinian the Great，公元482—565年），东罗马（拜占庭）皇帝，在位时间公元527—565年。

5 结论

根据世界遗产委员会的年度报告，近十几年来，阿拉伯地区的国家——尤其是伊拉克、利比亚、也门和叙利亚——由于武装冲突的原因，造成政权更迭、时局动荡、民生凋敝。许多世界文化遗产处于战火威胁中，甚至遭受到毁灭性的破坏，世界文化遗产被迫进入濒危名录。萨布拉塔考古遗址是利比亚地中海南岸现存古罗马遗址中的一个极其重要的实例，它反映了北非地区从迦太基时期到拜占庭时期的古罗马文明的发展历程，是公元前 6—前 3 世纪北非地区历史文化的实物见证。这个重要的考古遗址在利比亚 2011 年的武装冲突中受到战火的影响，在过去 10 年里疏于管理，缺少维护，同时遭受到战火毁伤、自然风化、不法盗窃等破坏，蒙受了利比亚独立以来最大的灾难。由于缺乏政府管理、保护资金、技术力量、国际援助诸方面的支持，萨布拉塔考古遗址的保护面临着一些非常棘手的问题。如何解决这些问题将是利比亚文化遗产保护管理部门面临的巨大挑战。因而，保护和修复经历战火破坏的萨布拉塔考古遗址以及其他的世界文化遗产，毋庸置疑地需要全世界遗产保护工作者的共同关注。保护世界文化遗产应当是当今世界各国政府和人民的一个重要共识，应该不遗余力地采取最佳方法和措施来开展保护和修复，为那些深陷战火和动乱中的世界文化遗产提供行之有效的援助，让历史文化的伟大成就重整妆容焕发新生。

参考资料

[1] World Heritage Committee. UNESCO's Director General calls on all parties to cease violence and to protect the World Heritage Site of Sabratha in Libya .[EB/OL]. [2017-09-22]. http://whc.unesco.org/en/news/1714/.

[2] State of libyaI, Department of Antiquities of Libya. Report on the state of conservation site boundary and buffer zones of the Libyan cultural heritage sites[R]. 2018.

[3] https://www.alarab.co.ukpdf 20160307-03p1000.pdf (Alarab magazine, p20,2016)

[4] https://www.alquds.co.uk.

[5] PHILIP WARD. Sabratha, A Guide for Visitors.

[6] KENRICK P. Libyan archaeological guides: Tripolitania[M]. London: Silphium Press, 2015.

[7] http://www.unesco.org/.

[8] http://www.google.cn/map/.

[9] State of Libya, Department of Antiquities of Libya, Archives and Records Division.

[10] HAYNES D E L. The Antiquities of Tripolitania [M].1965.

[11] LUISA BRECCIAROLI TABORELLI. Le terme della "Regio VII" a Sabratha[J].1974.

[12] ALI ISSA M. Sabratha[M]. General Administration for Archaeological Research and Historical Archives,1978.

Reanalysis of the Outstanding Universal Values of World Heritage (Cultural Landscape)— Based on the Inclusion Criteria of the World Heritage List, Authenticity and Integrity

再析文化景观类世界遗产的突出普遍价值
——基于《世界遗产名录》的入选标准、真实性与完整性

陈 瑞（Chen Rui）

摘要：本文立足于《世界遗产名录》中文化景观遗产类型，以有依据的登录名单为研究对象，从入选标准、真实性与完整性方面辨析该类遗产的突出普遍价值。

关键词：世界遗产；文化景观；突出普遍价值；评审标准；真实性；完整性

Abstract: Based on the cultural landscape heritage type in the World Heritage List, this paper analyzes the outstanding universal value form the perspectives of the inclusion criteria; authenticity and integrity.

Keywords: world heritage; cultural landscape; outstanding universal value; authenticity; integrity

一、文化景观类遗产在《世界遗产名录》中的总体情况

截至 2019 年底，《世界遗产名录》中共有 869 项文化遗产，213 项自然遗产，39 项混合遗产。在世界遗产委员会官网上公布的《世界遗产名录》①项下，以“文化景观”为关键词进行筛选，文化景观遗产有 171 项，为 79 个缔约国所拥有。其中，文化遗产 150 项，自然遗产 4 项，混合遗产 17 项，1 项被除名（2009 年）。颇有意思的是，同在世界遗产委员会官网上“文化景观”专版页面②中，却只有 120 项，为 62 个缔约国所拥有。为什么同源于世界遗产委员会官方网站，同样遗产类型，这两份名单的数据统计结果会有如此大的差异？

缘起于学界对于文化景观遗产价值认知的渐进性、复杂性与叠加性，自 1992 年文化景观类世界遗产诞生以来，国际上关于遗产的识别、价值的认定、界限的讨论等，以及申报实践的探索从未停止，一度成为遗产研究与保护领域的热点③。笔者经过逐项通览相关遗产地的系列决议文件、评估机构报告等④，以上述两份名单为基础，依据以下三个层次⑤整理出《世界遗产名录》中的文化景观类遗产名单及其评价标准，是为附表 1。

第一类，在世界遗产委员会决议中以“文化遗产 - 文化景观”类别列入《世界遗产名录》。包括法国的勃艮第风土和气候（2005 年，图 1）、英国的湖区（2017 年，图 2）、中国的左江花山岩画文化景观（2016 年，图 3）、巴西的帕拉蒂和格兰德岛 - 文化与生物多样性（2019 年，图 4）等共 67 处。其中，新西兰的汤加里罗国家公园（Tongariro National Park，图 5）是第一个根据修改后的文化景观标准纳入文化景观类型的世界遗产地。德国德累斯顿的埃尔伯峡谷（Dresden Elbe Valley，图 6）于 2009 年因新建构筑物而被除名。

① http://whc.unesco.org/en/list/?search=cultural+landscape&order=country.

② http://whc.unesco.org/en/culturalland-scape/ .

③ 例如ICOMOS国际古迹遗址日自1983年设立，其初衷是为了让某一类型的遗产得到更多专业人员和民众的关注，从而促进其保护和研究。回顾其历年主题，2001年的历史城镇、2007年的文化景观和自然纪念物、2008年的宗教遗产及圣地、2010年的农业遗产、2019年的乡村景观等均与文化景观类遗产不无关系。

④ 联合国教科文组织世界遗产委员会是政府间组织。《世界遗产公约》的缔约国（即世界遗产委员会成员国）与世界遗产委员会、世界遗产中心之间的正式往来文件包括世界遗产委员会会议决议及其他往来信函等。上述文件所规定/确定的内容，在世界遗产相关事务中具有约束力，缔约国需履行义务。通常，我们将缔约国上报文件中所确认的内容视作缔约国对世界遗产委员会做出的正式承诺。ICOMOS、IUCN、ICCROM等作为世界遗产委员会的咨询机构，它们所出具的各种评估、研究报告也很重要，但是属于建议性质，不具备约束力。总的来说，依效力强弱，世界遗产委员会会议决议及其与缔约国之间的往来信函的效力大于咨询机构的各类报告。因此，在附表1中的遗产项目，也有出现世界遗产委员会决议与ICOMOS等咨询机构报告中的建议相左的情况。

⑤ 这三个层次的遴选思路，参考单霁翔：《走进文化景观遗产的世界》，57页，天津，天津大学出版社，2010。

图 1 法国 The Climats, Terroirs of Burgundy（勃艮第风土和气候）在缔约国申报时并未提名为文化景观，但ICOMOS评估分析后认为其符合文化景观世界遗产的突出普遍价值，最终以文化景观列入《世界遗产名录》（图片来源：世界遗产委员会网站，作者：Michel Joly）

图 2 英国 The Lake District（湖区）从1986年开始申报，于2017年申报文化景观，成功被列入《世界遗产名录》。其间经历了三次调整和变化，最终找到了关于湖区价值认知的共同点，并成为文化景观遗产世界遗产的经典案例（图片来源：世界遗产委员会网站，作者：Nick Bodle）

图 3 中国 Zuojiang Huashan Rock Art Cultural Landscape（左江花山岩画文化景观）是我国首次以岩画景观申报的世界遗产，于2016年以文化景观类型列入《世界遗产名录》（图片来源：自摄）

图 4 巴西 Paraty and Ilha Grande – Culture and Biodiversity（帕拉蒂和格兰德岛 – 文化与生物多样性）2009年以 Gold Route in Paraty and Its landscape 名称第一次申报，2019年更名后重新进行价值评估，成功申报为世界文化与自然双遗产，特别强调其文化景观的属性（图片来源：MMA，作者：Felipe Varanda）

图 5 新西兰 Tongariro National Park（汤加里罗国家公园）是第一个根据修改后的评价标准被纳入文化景观类型的世界遗产地（图片来源：世界遗产委员会网站，作者：S. A. Tabbasum）

图 6 德国 Dresden Elbe Valley（德累斯顿的埃尔伯峡谷）2004年入选《世界遗产名录》，2006年被列为濒危遗产，2009年被除名（图片来源：世界遗产委员会网站，作者：Giovanni Boccardi）

图 7 阿富汗 Cultural Landscape and Archaeological Remains of the Bamiyan Valley（巴米扬山谷的文化景观和考古遗迹）2003年被列入《世界遗产名录》，同年被纳入《濒危遗产名录》（图片来源：世界遗产委员会网站，作者：Junaid Sorosh–Wali）

图 8 伊朗的 Bam and Its Cultural Landscape（巴姆城及其文化景观）2004年被列入《世界遗产名录》，同年纳入《濒危遗产名录》，2013年从《濒危遗产名录》中被移除（图片来源：世界遗产委员会网站，作者：Francesco Bandarin）

图9 中国West Lake Cultural Landscape of Hangzhou（西湖文化景观）2011年被列入《世界遗产名录》，是中国第一个自主提名并获国际认可的文化景观类世界遗产地（图片来源：自摄）

图10 乍得Ennedi Massif Natural and Cultural Landscape（恩内迪高地自然和文化景观）2016年凭借突出的自然遗产价值和文化景观特征，作为混合遗产被纳入《世界遗产名录》（图片来源：世界遗产委员会网站，作者：Sven Oehm）

图11 在对沙特阿拉伯Al–Ahsa Oasis, an Evolving Cultural Landscape（哈萨绿洲变迁的文化景观）的突出普遍价值认定上，世界遗产委员会的决议与ICOMOS报告建议相左，最终于2018年被列入《世界遗产名录》（图片来源：世界遗产委员会网站，作者：François Cristofoli）

图12 捷克的Landscape for Breeding and Training of Ceremonial Carriage Horses at Kladruby nad Labem（拉贝河畔克拉德鲁比的仪式马车用马繁育与训练景观）于2019年被列入《世界遗产名录》（图片来源：世界遗产委员会网站，作者：Aerodata, s.r.o.）

第二类，世界遗产委员会决议中没有明确表述，但项目名称中包括“文化景观”字样，通常世界遗产委员会咨询机构报告中也将其纳入文化景观类型。如阿富汗的巴米扬山谷的文化景观和考古遗迹（2003年，图7）、伊朗的巴姆城及其文化景观（2004年，图8）、中国的杭州西湖文化景观（2011年，图9）、乍得的恩内迪高地自然和文化景观（2016年，图10）、沙特阿拉伯的哈萨绿洲变迁的文化景观（2018年，图11）、捷克的拉贝河畔克拉德鲁比的仪式马车用马繁育与训练景观（2019年，图12）等共26处。

第三类，世界遗产委员会决议中没有明确表述，项目名称中也不包括“文化景观”字样，但世界遗产委员会在其咨询委员会的评估报告中建议将其作为文化景观类型纳入。包括阿尔巴尼亚的布特林特（1992年，

图13 阿尔巴尼亚Butrint（布特林特）于1992年被列入《世界遗产名录》，1999年拓展报告中提出将其纳入文化景观遗产（图片来源：世界遗产委员会网站，作者：Anastasia Tzigounaki）

图14 中国Mount Emei Scenic Area, including Leshan Giant Buddha Scenic Area（峨眉山—乐山大佛）1996年被列入《世界遗产名录》，是中国迄今为止唯一一处兼具文化景观和混合遗产身份的遗产地（图片来源：自摄）

图15 古巴Viñales Valley（比尼亚莱斯山谷）1997年申报混合遗产未成功；1999年重新申报，当年列入《世界遗产名录》并被授予梅利纳·梅尔库里（Melina Mercouri）国际文化景观保护和管理奖（图片来源：世界遗产委员会网站，作者：Ron Van Oers）

图16 阿根廷Quebrada de Humahuaca（塔夫拉达·德乌玛瓦卡）于2003年被列入《世界遗产名录》，是文化景观类遗产，兼具文化线路的特性（图片来源：世界遗产委员会网站，作者：Francesco Bandarin）

图 13）、中国峨眉山—乐山大佛（1996 年，图 14）、古巴的比尼亚莱斯山谷（1999 年，图 15）、阿根廷的塔夫拉达·德乌玛瓦卡（2003，图 16）、英国的伦敦基尤皇家植物园（图 17）、波兰的科舍米翁奇的史前条纹燧石矿区（2019 年，图 18）等共 41 处。

附表 1 从《世界遗产名录》中共遴选确认出 134 项文化景观类遗产，涉及 69 个缔约国。其中，1 项文化遗产被除名，另有 119 项文化遗产，14 项混合遗产。1992 年之前入选的遗产地，均是通过拓展或回顾性突出普遍价值声明认定其文化景观属性。

应该说，其他任何一种特殊的世界遗产类型，都没有像文化景观这般投射出对于遗产价值认知的时代性与递进性。这也充分反映出，这类遗产的价值是处在不断被发现与认识、发展与深化、反思与更新的过程中。应该说明的是，现有列表中的遗产地也并非毫无争议，未在列表中的遗产地也不代表不具有文化景观价值。随着申报案例的不断丰富，对遗产认识的不断延展，目前尚未完善且并不严谨的分类体系一定会持续受到质疑和挑战。即便如此，在现有认识的基础上，以有依据的登录名单为研究对象，从入选标准、真实性与完整性方面厘清该类遗产的突出普遍价值，仍具有一定的学术意义。

图17 英国Royal Botanic Gardens, Kew（伦敦基尤皇家植物园）2003年被列入《世界遗产名录》（图片来源：世界遗产委员会网站，图片作者：Francesco Bandarin）

图18 波兰Krzemionki Prehistoric Striped Flint Mining Region（科舍米翁奇的史前条纹燧石矿区）2019年被列入《世界遗产名录》（图片来源：世界遗产委员会网站，作者：Krzysztof Pęczalski）

二、入选标准分析

1. 评审标准的演变历程

通过世界遗产突出普遍价值评审标准的若干次主要变革可见世界遗产理念的变化。世界遗产在“文化”与“自然”两个支点之间寻求平衡与稳定，而文化景观遗产类项正提供了这样一个“均衡视角”，其所倡导的价值和理念与世界遗产的评审标准之间形成了良性的互动，相互促进，不断调整、深化，目的都是为了建立具有平衡性和代表性、体现文化与自然多样性的《世界遗产名录》。

1992 年，为了更好地实施《世界遗产公约》所倡导的“自然与人类相结合的作品”，将文化景观类遗产纳入世界遗产的体系之中，《实施世界遗产公约的操作指南》（以下简称《操作指南》）中对世界文化遗产的突出普遍价值评审标准进行了如下调整[①]：① 文化遗产标准（ⅱ）使用“景观设计”这一术语。②文化遗产标准（ⅲ）增加“文化传统”。加入这一表述体现出世界遗产强调“文化的中立性”——因为可能出现这样的情况：某一支人种最终未能一脉相承地延续下来，但其文化要素可能被延续下来的主流文明所吸收；如此说来，某些文化景观遗产可能并不代表某种“文明”，但却体现出曾经存在过的某一“文化传统”。③文化遗产标准（ⅳ）增加了遗产地作为“景观范例”（landscape）的代表，反映了世界遗产的视野突破传统单一的“历史建筑（群）”和“考古遗址”等范畴，体现了更为全面包容的精神。④文化遗产标准（ⅴ）加入了遗产地作为传统“土地使用方式”的典范，这一点无疑与文化景观“通常反映出可持续性土地利用的特定技术”[②]的特性相关；除此之外，这条标准中还增添了“传统人类居住和土地利用范例”代表“多种文化”的表述，这一改动强调“复合层景观”的存在，即几种文化叠加于某一景观之上的情况。⑤文化遗产标准（ⅵ）增加了世界文化遗产与“生活传统、艺术与文学作品”直接或明显的关联，从而进一步拓宽了文化景观子类项中“关联性”的含义，体现出其对非物

① Document WHC-92/CONF002/10adde Report of the Expert Group on Cultural Landscapes, La Petite Pierre (France) 24–26 October 1992.

② 联合国教科文组织世界遗产委员会网站：http://whc.unesco.org/en/culturallandscape/
History and Terminology：“Cultural landscapes often reflect specific techniques of sustainable land-use, considering the characteristics and limits of the natural environment they are established in, and a specific spiritual relation to nature.”（“考虑到景观创立之初自然环境的特征和限制条件，以及人类与自然之间特定的精神联系，文化景观通常反映出可持续性土地利用的特定技术。”）

质文化遗产的普遍关注。

此外，与修改文化遗产的评审标准相呼应，同年，自然遗产突出普遍价值的评审标准也有所调整。主要体现在以下两个方面：① 删除了《操作指南》（1988 年）中自然遗产评审标准中所有和“人与自然互动”的相关表达，强调自然遗产“去人工化”的价值判断倾向，这与《世界遗产公约》最初的精神相一致；而原先自然遗产评审标准中“人与自然相互作用”层面的评审标准表达由新纳入的文化景观类遗产（属文化遗产范畴）来填补。② 自然遗产评审标准（ⅳ）中增加了“原址保存生物多样性”的内容。

1993 年，世界遗产委员会第十七次会议正式通过上述对世界文化遗产与自然遗产突出普遍价值评审标准的修改内容[①]，调整后的《操作指南》文本（1994 年）于 1994 年 2 月正式生效。通过此次评审标准的调整，世界遗产的分类体系及其概念内涵得到了基本的梳理，其所体现出的突出普遍价值也更加具有广泛的代表性。

2005 年之前，世界遗产突出普遍价值的评审标准都是由 6 条文化遗产标准和 4 条自然遗产标准组成。但是，早在 1996 年于法国举行的“世界自然遗产提名的总体原则与评估标准”专家会议[②]上就建议对世界文化与自然遗产的评估应采用一套共同的标准体系。至 2005 年，在经过了多次专家讨论会和专题论证之后，世界遗产委员会第六次特别会议决定，将原来分而述之的“6 + 4”模式由“新 10 条”标准统一取代。“新 10 条”标准的前 6 条分别对应于文化遗产原先的 6 条标准，后 4 条分别对应自然遗产原先（ⅲ）、（ⅰ）、（ⅱ）、（ⅳ）标准。“新 10 条”标准与先前的“6 + 4”模式相比，具有以下特点：①它统一并部分调整了自然遗产与文化遗产之前各自的评审标准，将其纳入同一个框架体系之中；②新的评估标准用词更加严谨、科学和简洁；③强调“人类与自然相结合”，明确提出“人与自然之间的互动关系”[标准（v）]这一表述，珍惜景观范例，鼓励杰出的传统土地和海洋利用方式等，这些因素都可视为对文化景观特质的认识的延续。

上述演变历程笔者归纳总结为附表 2。2005 年之后，《操作指南》的内容又有多次调整，但“新十条”标准至今未有变化。

2. 总体分析

笔者将附表 1 中文化景观世界遗产采用的评价标准进行统计，结果见表 1。

表1 文化景观世界遗产采用的评价标准的总体统计

评价标准	(ⅰ)	(ⅱ)	(ⅲ)	(ⅳ)	(ⅴ)	(ⅵ)	(ⅶ)	(ⅷ)	(ⅸ)	(ⅹ)
遗产地个数	14	50	78	75	64	42	10	5	6	5
占总数目的百分比/%	10.4	37.3	58.2	56.0	47.8	31.3	7.5	3.7	4.5	3.7
排序	6	4	1	2	3	5	7	9	8	9

由表 1 可大致总结出如下几条规律，并试分析其形成的原因及代表的含义。

（1）文化景观世界遗产采用的评价标准一般不超过 4 条，平均每个遗产地所采用的评价标准个数为 2.6，远远超过世界遗产“至少符合 1 条”的标准。

（2）在所有文化景观世界遗产采用的评价标准中，标准（ⅲ）出现的频率最高，共有 78 个世界遗产地使用此标准，占总数目的 58.2%；其次是标准（ⅳ），有 75 个世界遗产地使用该标准，占总数目的 56.0%。其他标准的采用频率由高到低依次排序为（ⅴ）、（ⅱ）、（ⅵ）、（ⅰ）、（ⅶ）、（ⅸ）、（ⅷ）和（ⅹ）（并列）。

（3）后 4 条标准（ⅶ）、（ⅷ）、（ⅸ）和（ⅹ）的使用频率明显落后于前 6 条标准。说明大多数文化景观世界遗产在自然方面的价值并未达到突出普遍。在这一点上，文化景观与混合遗产具有明显的区别。

（4）文化景观类世界遗产评价标准的排序（ⅲ、ⅳ、ⅴ、ⅱ、ⅵ、ⅰ、ⅶ、ⅸ、ⅷ 和 ⅹ）中，名列前三位的是（ⅲ）、（ⅳ）和（ⅴ）。造成如此排列顺序的原因是该三条标准在 1992 年都进行了相应的修改，目的就是为了将文化景观这类新遗产纳入《世界遗产名录》之中。因此，文化景观世界遗产评价标准中大量使用此三条标准事出有因。

（5）文化景观类世界遗产的突出普遍价值不在于其单项文化或自然价值分别达到世界文化遗产和世界自然遗产的“突出普遍价值”，人与自然的相互关系和综合作用才是其价值的核心所在，这种“结合”后的价值必须满足一条或多条的评审标准——通常运用标准（ⅱ）~（ⅵ）。这几条标准都曾经为纳入文化景观遗产而专门进行调整，故每一条标准的文字表述中都蕴含着适用于文化景观遗产综合价值的字句，涵盖了此类世界遗

① Document WHC-93/CONF.002/14 Report of the World Heritage Committee Seventeenth Session, Cartagena, Colombia, 6-11 December 1993. Chapter XVI Examination of the Application of the Revised Cultural Criteria of the Operational Guidelines for the Inclusion of Cultural Landscapes on the World Heritage List.

② Document WHC-96/CONF201/INF8e Report of the Expert Meeting on Evaluation of General Principles and Criteria for Naminations of Natural World Heritage Sites, Parc national de la Vanoise, France, 22-24 mars 1996.

产最根本的杰出价值。

（6）在自然价值的评价标准方面，采用频率由高到低的排序依次为：（vii）、（ix）、（viii）和（x）。其中，标准（vii）“包含有绝佳的自然现象或是具有特别的自然美和美学重要性的区域”，说明了文化景观遗产自然美学的重要性和意义。关于此类遗产的自然价值及其认定本文不再赘述①。

3. 分类项的对比分析②

根据表2可总结出不同类项文化景观遗产在登录《世界遗产名录》时选用评价标准的一些规律。由于各类项的特质和要素特征不尽相同，它们所依据的突出普遍价值评审标准也明显具有不同的倾向性。

表2 不同类型的文化景观世界遗产采用评价标准的分类统计

子类项	遗产地个数	采用不同评价标准的频数									
		（i）	（ii）	（iii）	（iv）	（v）	（vi）	（vii）	（viii）	（ix）	（x）
1	21	7	16	7	18	3	6	0	0	0	0
2a	31	2	6	30	15	12	6	3	0	3	2
2b	65	4	22	29	35	47	13	4	3	2	1
3	17	1	6	12	7	2	17	3	2	1	2
总数	134	14	50	78	75	64	42	10	5	6	5

（1）第一类“由人类有意设计创造的和建筑的景观”，最常采用的评价标准是（iv），其次为标准（ii）；这两个标准皆强调景观范例或景观设计的重大影响和价值意义，与此类遗产所强调的“人为设计和有意建造”之特质相呼应。

（2）第二类2a“残遗物（或化石）景观”，采用频率最高的是标准（iii），其次是标准（iv）。在遗址项下，这类景观通常展现出“现存或消失的文化传统或文明”或“人类历史上一个重大时期的多重景观范例”。

（3）第二类2b“延续性景观”，最常采用的评价标准是（v），其次为（iv），特别强调的是人类对土地和海洋的传统利用方式及其对现代社会环境保护与资源利用的启示。

（4）第三类“关联性文化景观”，采用频率最高的是标准（vi），其次是（iii）；同时，此类别遗产使用标准（vi）的频率都高于其他子类项，使用率达到100%，这与关联性文化景观的特质“与自然因素、强烈的宗教、艺术或文化相联系，而不是以文化物证为特征”直接相关。这一点通常体现在神山信仰和自然崇拜的遗产特质上。

较之文化、自然和混合遗产这三种基本遗产类别，文化景观遗产由于要素构成来源复杂，文化与自然众多特征交织在一起，因此对其进行综合价值评定以及相应标准的适用自洽更显困难。从本质上来说，列入《世界遗产名录》中的文化景观遗产必须反映“人与自然之间强烈的、与众不同的或可见的联系”③，应具有胜于国家/地区遗产价值之独特的优势和显而易见的品质，紧密围绕这两点，《世界遗产名录》中的文化景观遗产方能显出有别于他者的“突出”魅力。

三、文化景观类遗产的真实性与完整性

除上述衡量世界遗产突出普遍价值的10条评审标准之外，列入《世界遗产名录》中的文化景观遗产还须满足真实性与完整性的要求。

1. 文化景观遗产的真实性

“真实性”这一概念最早出现于《威尼斯宪章》（The Venice Charter）④，其所提出的历史建筑保护与修复指导原则已在国际上得到公认，具有普遍的指导意义。1972年《世界遗产公约》中，真实性成为世界文化遗产的必要条件。1994年，《关于真实性的奈良文件》（Nara Document on Authenticity）⑤将真实性作为主要议题，认识到“人们理解遗产价值的能力部分地依赖与这些价值有关的信息源的可信性与真实性，对这些信息源的认识与理解，与文化遗产初始的和后续的特征与意义相关，是全面评估真实性的必要基础”，并提出“真实性观念及其应用扎根于各自文化的文脉关系之中”⑥。《操作指南》（2019年）中明确指出：“对于不同类型的文

① 关于文化景观类世界遗产的自然价值辨析，见拙文《文化景观世界遗产突出普遍价值辨析》，载《故宫学刊》2015年总第十四辑。

② 本文采用《操作指南》（2019年）中对文化景观遗产的分类，详见“附件三《世界遗产名录》中特殊类型的遗产申报指南”。

③ Suan Denyer: Aesthetic Values of Cultural Landscapes（内部会议资料）。

④ 第二届历史古迹建筑师及技师国际会议于1964年5月25—31日在威尼斯通过。

⑤ 泰国普吉（Phuket）世界遗产委员会第十八次会议（1994年12月）通过，文中的翻译文字引自张松：《城市文化遗产保护国际宪章与国内法规选编》，92~93页，上海：同济大学出版社，2007。

⑥《关于真实性的奈良文件》中指出：“在不同文化，甚至在同一文化中，对文化遗产的价值特性及其相关信息源可信性的评判标准可能会不一致。因而，将文化遗产的价值和真实性置于固定的评价标准之中来评判是不可能的。相反，对所有文化的尊重，要求充分考虑文化遗产的文脉关系。”

化遗产及其文化背景来说，若遗产地的文化价值通过形式与设计、材质与实体、利用与功能、传统与工艺、位置与环境、语言与其他类型的非物质遗产、精神与情感以及其他内部外部的要素”真实可信地表达出来，那么，则可认为该遗产地满足真实性的要求①。

从相关国际宪章和公约来看，“真实性”的含义主要指现存之物与历史上此物的同一关系，意味着未经当代的随意改变②。然而，文化景观遗产的内涵超越了原先个别的纪念物、构造物、建筑物以及考古遗址的范畴，其所包括的物质层面小到单体建筑物，大到农田、河谷与山脉、国家公园等地理区域，同时还涉及有非物质文化遗产的要素。因此，需要从文化景观遗产的特质出发，探讨其真实性的要求及其评估③。

首先，我们来回顾一下文化景观的核心要素及其形成过程。文化景观遗产中基本的三要素包括人、环境和联系两者的因素（包括社会、经济、宗教、政治因素等）。文化景观的形成过程如下：在驱动力（宗教、社会、经济等因素）的推动下，人与环境之间的相互作用随着时间的推移而表现出不同层面的积淀，并呈现出连续性或持续性；而且，这种互动关系对于当地居民来说可能产生了一种精神的意义和价值。可见，自始至终贯穿于文化景观产生与发展过程中的是“人类与自然之间延续的关系”，简而言之，就是人类对应自然的“文化反映”，不管随着时间的变化这种关系如何表达，这一点才是文化景观的特质与本质价值所在。

因此，由遗产特质出发，可认为其真实性体现为以下几个具体的方面④：有形的物质特质，如景观模式、居住形式和建筑物；无形惯例，即传统工艺与技术，包括建造惯例和当地材料的利用、土地使用方式、建造传统、资源管理方式等；无形结合体，包括仪式、生活习惯、精神习俗、审美观、与环境的协调统一等。其中，物质特质是基础和载体，是“文化实践”的外在表征和实物形态，也是真实性考察的实体对象；无形惯例和无形结合体是核心，是维系和延续“文化实践”的纽带与升华，也是真实性考察的非物质对象。

再次，真实性评估的问题。《威尼斯宪章》《世界遗产公约》《佛罗伦萨宪章》等国际公约的遗产“真实性”基本思想是基于考古学修复的观念，严格区分原物与复制品。但是在现实中，这种理论存在可操作性的缺失。对于文化景观遗产来说，真实性评估应基于遗产的特质和要素组成考虑，其各项要素的真实性要求应服从于关键的核心要素——与其价值和文化实践本体直接相关的要素；这一部分的真实性需要进行严格考证与评估，尽可能以考古学的方法处理；其他组成要素则可能因实际操作的可行性而满足“风格式”⑤要求，在价值评估的基础上允许存在灵活的处理方式。

值得注意的是，对于同一组成要素，不同类项文化景观遗产对其真实性的要求可能不同。举例而言，如果一处由人类明确定义、设计和有意创造的文化景观及其周围环境保持了历史原貌而没有较大改动，那么，它将满足真实性条件。对于“延续性文化景观”（如稻作梯田等）来说，村落中的民居建筑可能并未保持创造初始的状态，但却延续着该地区的传统样式以及与环境相协调的关系，那么，在此种情况下，它们的真实性可被定义为附属于整个景观的核心要素与传统功能之上的延续和发展，而并非严格意义上的“历史建筑”原状。同一例中，若一种新的土地使用模式展现于历史景观之上，作为传统农业实践的发展适应现代经济和市场的产物，那么，它则有可能导致依存于传统土地利用模式之上的社会结构发生质的改变或瓦解，如此情况下，该例中“土地使用方式”这一核心要素的真实性就会受到极大置疑，最终导致颠覆其作为文化景观遗产的本质价值。

2. 文化景观的完整性

最早提出文化遗产完整性的是1996年在法国举行的“世界自然遗产的总体原则与提名评估标准”专题讨论上⑥，专家们建议将完整性条件同时施用于世界自然遗产和文化遗产。《操作指南》（2019年）中对文化遗产的完整性表述如下⑦：“对于文化遗产来说，遗产地的物理结构和其重要的特征应保存完好，并将绝大部分承载遗产价值的要素纳入世界遗产范围，且退化过程的影响应在可控范围之内。对于文化景观、历史城镇或其他以延续性为其特色的遗产地来说，其中的各种关系及动态功能应予以维持。”同时还指出：“纳入《世界遗产名录》中的文化景观范围应相对于其功能性和可识别性而言的。任何一处作为‘样板’的文化景观都必须具备充足的要素来代表该处文化景观所要表达的全部内容。……除了世界遗产通用的保护与管理准则之外，还应关注文化景观展现出的整体价值，无论它是文化的还是自然的。”⑧

这段话中体现出了“完整性”的三层含义，即结构完整性、功能完整性与信息完整性。文化景观的结构完整性表现在它必须充分地反映其所代表的文化地理区域的基本和特有的文化要素整体。功能完整性是针对

---

① Operational Guidelines for the Implementation of the World Heritage Convention, 2019, Article 82.[《操作指南》（2019年）第82条。]

② 乔迅翔：《何谓“原状”？——对于中国建筑遗产保护原则的探讨》，载《建筑》，2004（12），101~103页。

③ 关于真实性的讨论是一个较为宽泛和层次复杂的论题，涉及文化与自然、物质与非物质等多个方面，并以非物质遗产真实性问题的争议尤为激烈。本文仅就几点提出笔者的看法，不求面面俱到。

④ 苏姗·德尼尔（Suan Denyer）：《世界遗产文化景观的真实性：连续性和变化》（内部资料）。

⑤ 源自“风格修复”的理念。古迹修复中风格修复观念的产生，源自19世纪在艺术哲学领域中占主导地位的古典主义美学思想和当时建筑界占据主导地位的折中主义思潮的影响。法国是风格修复实践的发祥地。这种修复理论提倡：在修复中“忠实于建设目标，忠实于建造方法”；“将古迹修复到完整状态，尽管这种状态很可能从未在任何特定时间存在过”；“所恢复的目标是一种历史风格，而不是随意完善一种风格，即‘排除个人的幻想，尊重原有的风格’”；“时代风格与地方风格都应当考察”。引自蔡晴、姚赯：《〈佛罗伦萨宪章〉与历史园林的保护》，载《建筑师》，2005（6），28~32页。

⑥ Document WHC-96/CONF201/INF8e Report of the Expert Meeting on Evaluation of General Principles and Criteria for Naminations of Natural World Heritage sites, Parc national de la Vanoise, France, 22-24 mars 1996.

⑦ Operational Guidelines for the Implementation of the World Heritage Convention, 2019, Article 89.［《操作指南》（2019年）第89条。］

⑧ Operational Guidelines for the Implementation of the World Heritage Convention, 2019, Annex 3, Guidelines on the Inscription of Specific Types of Properties on the World Heritage List, Article 11,12.《操作指南》（2019年）“附件三《世界遗产名录》中特殊类型的遗产申报指南”，第11和12条。

活态系统(如传统聚落及其土地使用方式、生态系统保护生物多样性等)与非物质要素的构成而言的。信息完整性是指文化景观遗产应传达出其物质载体展现的历史、文化等多方面的意义和价值;有时,虽然作为"信息源"的物质层面要素有一定的缺失或不完整性,但若人们能从相对有限的物质载体中获得较为丰富的信息的话,则可认为这一"残缺的"遗产地仍具有一定意义上的完整性。除此之外,美学上的完整性亦可作为该类遗产的完整性要求之一纳入其评估要求之中。

相较于其他文化遗产类别的本体与环境完整性两方面而言,文化景观遗产更突出了本体与环境不可分割与统一协调的特征。《西安宣言》[①]是关于保护文化遗产环境的一部文献。其中"环境"一词的英文原文是setting,它涵盖了遗产内部的与外部的、个体的与相互的、历史的与现在的、物质的与非物质的复合的客观存在及多方面的相互关系,包括"过去的或现在的社会和精神活动、习俗、传统知识等非物质文化遗产方面的利用或活动,以及其他非物质文化遗产形式",它们和遗产的客观存在、视觉效果以及与"自然环境之间的相互作用"一起,"创造并形成了环境空间以及当前的、动态的文化、社会和经济背景"[②]。文化景观代表着一个地理区域内人与自然互动的结果,是特定的自然环境与人文精神共同作用的成果;它不仅强调其所保护的文化遗产单体,更强调遗产本身所赖以生存的环境[③],因此更体现出此类遗产在完整性方面的突出特色。

总之,文化景观遗产的真实性与完整性是世界遗产突出普遍价值的基石。真实性与完整性也是文化景观遗产保护与管理的原则。文化景观作为人类与自然的结合之作,兼具文化遗产与自然遗产保护的要求和特性,更突出地反映了真实性与完整性相结合的保护与管理要求。

①《西安宣言——关于历史建筑、古遗址和历史地区周边环境的保护》,国际古迹遗址理事会第十五届大会于2005年10月21日在西安通过。
② 郭旃:《〈西安宣言〉——文化遗产环境保护新准则》,载《中国文化遗产》,2005(6),6-7页。
③ 周年兴,俞孔坚,黄震方:《关注遗产保护的新动向:文化景观》,载《人文地理》,2006(5),61-65页。

附表1:《世界遗产名录》中的文化景观遗产一览表

年份	国别	类别	遗产名称 (中文翻译均采自世界遗产官网)	备注
1986	英国	混合遗产	St Kilda 圣基尔达岛	2004、2005年扩展
1987	澳大利亚	混合遗产	Uluru-Kata Tjuta National Park 乌卢鲁-卡塔曲塔国家公园	1994年扩展
1989	马里	混合遗产	Cliff of Bandiagara (Land of the Dogons) 邦贾加拉悬崖(多贡斯土地)	2012年
1990	德国	文化遗产	Palaces and Parks of Potsdam and Berlin 波兹坦与柏林的宫殿与庭园	回顾性突出普遍价值声明
1990	新西兰	混合遗产	Tongariro National Park 汤加里罗国家公园	1992、1999年扩展
1992	阿尔巴尼亚	文化遗产	Butrint 布特林特	1993年扩展
1994	瑞典	文化遗产	Rock Carvings in Tanum 塔努姆的岩刻画	1999年扩展
1995	智利	文化遗产	Rapa Nui National Park 拉帕努伊国家公园	
1995	菲律宾	文化遗产	Rice Terraces of the Philippine Cordilleras 菲律宾科迪勒拉山的水稻梯田	
1995	葡萄牙	文化遗产	Cultural Landscape of Sintra 辛特拉文化景观	
1995	意大利	文化遗产	Ferrara, City of the Renaissance, and Its Po Delta 文艺复兴城市费拉拉城以及波河三角洲	1999年扩展
1996	中国	文化遗产	Lushan National Park 庐山国家公园	
1996	中国	混合遗产	Mount Emei Scenic Area, including Leshan Giant Buddha Scenic Area	
1996	捷克	文化遗产	Lednice-Valtice Cultural Landscape 莱德尼采-瓦尔季采文化景观	
1996	瑞典	混合遗产	Laponian Area 拉普人区域	
1997	奥地利	文化遗产	Hallstatt-Dachstein / Salzkammergut Cultural Landscape	
1997	意大利	文化遗产	Portovenere, Cinque Terre, and the Islands (Palmaria, Tino and Tinetto)	
1997	荷兰	文化遗产	Mill Network at Kinderdijk-Elshout 金德代克-埃尔斯豪特的风车	
1997	意大利	文化遗产	Costiera Amalfitana 阿马尔菲海岸景观	
1997	法国 西班牙	混合遗产	Pyrénées - Mont Perdu 比利牛斯——珀杜山	
1998	意大利	文化遗产	Cilento and Vallo di Diano National Park with the Archeological Sites of Paestum and Velia, and the Certosa di Padula	
1998	日本	文化遗产	Historic Monuments of Ancient Nara 古奈良的历史遗迹	
1998	黎巴嫩	文化遗产	Ouadi Qadisha (the Holy Valley) and the Forest of the Cedars of God (Horsh Arz el-Rab)	
1999	古巴	文化遗产	Viñales Valley 比尼亚莱斯山谷	
1999	法国	文化遗产	Jurisdiction of Saint-Emilion 圣艾米伦区	
1999	匈牙利	文化遗产	Hortob á gy National Park - the Puszta 霍尔托巴吉国家公园	
1999	荷兰	文化遗产	Droogmakerij de Beemster(Beemster Polder) 比姆斯特迂田	
1999	尼日利亚	文化遗产	Sukur Cultural Landscape 宿库卢文化景观	
1999	波兰	文化遗产	Kalwaria Zebrzydowska: the Mannerist Architectural and Park Landscape Complex and Pilgrimage Park	

年份	国别	类别	遗产名称 （中文翻译均采自世界遗产官网）	备注
2000	奥地利	文化遗产	Wachau Cultural Landscape 瓦豪文化景观	
2000	古巴	文化遗产	Archaeological Landscape of the First Coffee Plantations in the South-East of Cuba	
2000	法国	文化遗产	The Loire Valley between Sully-sur-Loire and Chalonnes	
2000	德国	文化遗产	Garden Kingdom of Dessau-Wörlitz 德绍-沃尔利茨园林王国	
2000	日本	文化遗产	Gusuku Sites and Related Properties of the Kingdom of Ryukyu	
2000	立陶宛 俄罗斯	文化遗产	Curonian Spit 库尔斯沙嘴	
2000	瑞典	文化遗产	Agricultural Landscape of Southern Öland 南厄兰岛的农业风景区	
2000	英国	文化遗产	Blaenavon Industrial Landscape 卡莱纳冯工业区景观	
2000	中国	文化遗产	Imperial Tombs of the Ming and Qing Dynasties 明清皇家陵寝	2003、2004年扩展
2001	奥地利 匈牙利	文化遗产	Fertö / Neusiedlersee Cultural Landscape 新锡德尔湖与费尔特湖地区文化景观	
2001	博茨瓦纳	文化遗产	Tsodilo 措迪洛山	
2001	老挝	文化遗产	Vat Phou and Associated Ancient Settlements within the Champasak Cultural Landscape	
2001	马达加斯加	文化遗产	Royal Hill of Ambohimanga 安布希曼加的皇家蓝山行宫	
2001	葡萄牙	文化遗产	Alto Douro Wine Region 葡萄酒产区上杜罗	
2001	西班牙	文化遗产	Aranjuez Cultural Landscape 阿兰胡埃斯文化景观	
2001	瑞典	文化遗产	Mining Area of the Great Copper Mountain in Falun 法伦的大铜山采矿区	
2001	英国	文化遗产	Derwent Valley Mills 德文特河谷工业区	
2002	德国	文化遗产	Upper Middle Rhine Valley 莱茵河中上游河谷	
2002	匈牙利	文化遗产	Tokaj Wine Region Historic Cultural Landscape 托卡伊葡萄酒产地历史文化景观	
2003	阿富汗	文化遗产	Cultural Landscape and Archaeological Remains of the Bamiyan Valley, Afghanistan	
2003	阿根廷	文化遗产	Quebrada de Humahuaca 塔夫拉达·德乌玛瓦卡	
2003	英国	文化遗产	Royal Botanic Gardens, Kew 伦敦基尤皇家植物园	
2003	津巴布韦	文化遗产	Matobo Hills 马托博山	
2003	意大利	文化遗产	Sacri Monti of Piedmont and Lombardy 皮埃蒙特及伦巴第圣山	
2003	印度	文化遗产	Rock Shelters of Bhimbetka 温迪亚山脉的比莫贝卡特石窟	
2003	南非	文化遗产	Mapungubwe Cultural Landscape 马蓬古布韦文化景观	2014年扩展
2004	安道尔	文化遗产	Madriu-Perafita-Claror Valley 马德留-配拉菲塔-克拉罗尔大峡谷	
2004	德国 波兰	文化遗产	Muskauer Park / Park Mużakowski 穆斯考尔公园	
2004	冰岛	文化遗产	Þingvellir National Park 平位利尔国家公园	
2004	伊朗	文化遗产	Bam and its Cultural Landscape 巴姆城及其文化景观	
2004	意大利	文化遗产	Val d'Orcia 瓦尔·迪奥西亚公园文化景观	
2004	日本	文化遗产	Sacred Sites and Pilgrimage Routes in the Kii Mountain Range	
2004	哈萨克斯坦	文化遗产	Petroglyphs within the Archaeological Landscape of Tamgaly	
2004	蒙古	文化遗产	Orkhon Valley Cultural Landscape 鄂尔浑峡谷文化景观	
2004	挪威	文化遗产	Vegaøyan – The Vega Archipelago 维嘎群岛文化景观	
2004	葡萄牙	文化遗产	Landscape of the Pico Island Vineyard Culture 皮库岛葡萄园文化景观	
2004	多哥	文化遗产	Koutammakou, the Land of the Batammariba 古帕玛库景观	
2004	立陶宛	文化遗产	Kernavė Archaeological Site (Cultural Reserve of Kernavė)	
2004	德国	文化遗产	Dresden Elbe Valley 德累斯顿的埃尔伯峡谷	2009年被除名
2005	以色列	文化遗产	Incense Route – Desert Cities in the Negev 熏香之路——内盖夫的沙漠城镇	
2005	尼日利亚	文化遗产	Osun-Osogbo Sacred Grove 奥孙-奥索博神树林	
2006	墨西哥	文化遗产	Agave Landscape and Ancient Industrial Facilities of Tequila	
2006	英国	文化遗产	Cornwall and West Devon Mining Landscape 康沃尔和西德文矿区景观	
2007	阿塞拜疆	文化遗产	Gobustan Rock Art Cultural Landscape 戈布斯坦岩石艺术文化景观	
2007	加蓬	混合遗产	Ecosystem and Relict Cultural Landscape of Lopé-Okanda 洛佩——奥坎德生态系统与文化遗迹	
2007	日本	文化遗产	Iwami Ginzan Silver Mine and its Cultural Landscape 石见银山遗迹及其文化景观	
2007	南非	文化遗产	Richtersveld Cultural and Botanical Landscape 理查德斯维德文化植物景观	
2007	瑞士	文化遗产	Lavaux, Vineyard Terraces 拉沃葡萄园梯田	
2008	克罗地亚	文化遗产	Stari Grad Plain	
2008	肯尼亚	文化遗产	Sacred Mijikenda Kaya Forests	
2008	毛里求斯	文化遗产	Le Morne Cultural Landscape	
2008	瓦努阿图	文化遗产	Chief Roi Mata's Domain	
2008	巴布亚、新几内亚	文化遗产	Kuk Early Agricultural Site	
2009	中国	文化遗产	Mount Wutai 五台山	

年份	国别	类别	遗产名称 （中文翻译均采自世界遗产官网）	备注
2009	吉尔吉斯斯坦	文化遗产	Sulaiman-Too Sacred Mountain	
2010	墨西哥	文化遗产	Prehistoric Caves of Yagul and Mitla in the Central Valley of Oaxaca	
2010	美国	混合遗产	Papahā naumokuākea 帕帕哈瑙莫夸基亚国家海洋保护区	
2011	中国	文化遗产	West Lake Cultural Landscape of Hangzhou 杭州西湖文化景观	
2011	哥伦比亚	文化遗产	Coffee Cultural Landscape of Colombia 哥伦比亚咖啡文化景观	
2011	埃塞俄比亚	文化遗产	Konso Cultural Landscape 孔索文化景观	
2011	法国	文化遗产	The Causses and the Cévennes, Mediterranean agro-pastoral Cultural Landscape 喀斯和塞文——地中海农牧文化景观	
2011	约旦	混合遗产	Wadi Rum Protected Area 瓦迪拉姆保护区	
2011	塞内加尔	文化遗产	Saloum Delta 萨卢姆河三角洲	
2011	西班牙	文化遗产	Cultural Landscape of the Serra de Tramuntana 特拉蒙塔那山区文化景观	
2011	叙利亚	文化遗产	Ancient Villages of Northern Syria 叙利亚北部古村落群	
2011	伊朗	文化遗产	The Persian Garden 波斯园林	
2012	巴西	文化遗产	Rio de Janeiro: Carioca Landscapes between the Mountain and the Sea	
2012	加拿大	文化遗产	Landscape of Grand Pré	
2012	法国	文化遗产	Nord-Pas de Calais Mining Basin	
2012	印度尼西亚	文化遗产	Cultural Landscape of Bali Province: the Subak System as a Manifestation of the Tri Hita Karana	
2012	塞内加尔	文化遗产	Bassari Country: Bassari, Fula and Bedik Cultural Landscapes	
2013	中国	文化遗产	Cultural Landscape of Honghe Hani Rice Terraces	
2013	乌克兰	文化遗产	Ancient City of Tauric Chersonese and its Chora	
2013	意大利	文化遗产	Medici Villas and Gardens in Tuscany	
2013	德国	文化遗产	Bergpark Wilhelmshöhe	
2014	意大利	文化遗产	Vineyard Landscape of Piedmont: Langhe-Roero and Monferrato	
2014	巴勒斯坦	文化遗产	Palestine: Land of Olives and Vines-Cultural Landscape of Southern Jerusalem, Battir	
2014	土耳其	文化遗产	Pergamon and Its Multi-Layered Cultural Landscape	
2014	越南	混合遗产	Trang An Landscape Complex	
2015	丹麦	文化遗产	The Par Force Hunting Landscape in North Zealand 北西兰岛狩猎园林	
2015	法国	文化遗产	The Climats, Terroirs of Burgundy 勃艮第风土和气候	
2015	伊朗	文化遗产	Cultural Landscape of Maymand 梅满德	
2015	新加坡	文化遗产	Singapore Botanic Gardens 新加坡植物园	
2015	土耳其	文化遗产	Diyarbakır Fortress and Hevsel Gardens Cultural Landscape	
2015	乌拉圭	文化遗产	Fray Bentos Industrial Landscape 弗莱本托斯文化工业景区	
2015	法国	文化遗产	Champagne Hillsides, Houses and Cellars 香槟地区山坡、房屋和酒窖	
2016	乍得	混合遗产	Ennedi Massif: Natural and Cultural Landscape Ennedi 高地：自然和文化景观	
2016	中国	文化遗产	Zuojiang Huashan Rock Art Cultural Landscape	
2016	巴西	文化遗产	Pampulha Modern Ensemble	
2017	丹麦	文化遗产	Kujataa Greenland: Norse and Inuit Farming at the Edge of the Ice Cap	
2017	法国	文化遗产	Taputapu ā tea	
2017	南非	文化遗产	ǂKhomani Cultural Landscape	
2017	英国	文化遗产	The English Lake District	
2018	加拿大	混合遗产	Pimachiowin Aki 皮玛希旺·阿奇	
2018	丹麦	文化遗产	Aasivissuit-Nipisat: Inuit Hunting Ground between Ice and Sea	
2018	沙特阿拉伯	文化遗产	Al-Ahsa Oasis, an Evolving Cultural Landscape 哈萨绿洲，变迁的文化景观	
2019	澳大利亚	文化遗产	Budj Bim Cultural Landscape 布吉必姆文化景观	
2019	巴西	混合遗产	Paraty and Ilha Grande-Culture and Biodiversity 帕拉蒂和格兰德岛-文化与生物多样性	
2019	加拿大	文化遗产	Writing-on-Stone / Áí sí nai'pi 阿伊斯奈皮石刻	
2019	捷克、德国	文化遗产	Erzgebirge/Krušnohoří Mining Region 厄尔士/克鲁什内山脉矿区	
2019	捷克	文化遗产	Landscape for Breeding and Training of Ceremonial Carriage Horses at Kladruby nad Labem	
2019	波兰	文化遗产	Krzemionki Prehistoric Striped Flint Mining Region 科舍米翁奇的史前条纹燧石矿区	
2019	葡萄牙	文化遗产	Sanctuary of Bom Jesus do Monte in Braga 布拉加山上仁慈耶稣朝圣所	
2019	西班牙	文化遗产	Risco Caido and the Sacred Mountains of Gran Canaria Cultural Landscape	
2019	意大利	文化遗产	Le Colline del Prosecco di Conegliano e Valdobbiadene	

附表2：世界遗产突出普遍价值评审标准的演变历程

日期 标准	1988.12	1994.2①	1996.2②	新序号	2005.5 /中文翻译（2005）
文化遗产评审标准（i）	represent a unique artistic achievement, a masterpiece of the creative genius	同前	represent a masterpiece of human creative genius	i	同1996.2版本中的此条内容 /人类创造性智慧的杰作
文化遗产评审标准（ii）	have exerted great influence, over a span of time or within a cultural area of the world, on developments in architecture, monumental arts or town-planning and landscape	have exerted great influence, over a span of time or within a cultural area of the world, on developments in architecture, monumental arts or town-planning and landscape design	exhibit an important interchange of human values, over a span of time or within a cultural area of the world, on developments in architecture or technology, monumental arts, town-planning or landscape design	ii	同1996.2版本中的此条内容 /一段时间内或文化区内在建筑或技术、艺术、城镇规划或景观设计中代表人类价值的重要转变
文化遗产评审标准（iii）	bear a unique or at least exceptional testimony to a civilization which has disappeared	bear a unique or at least exceptional testimony to a civilization or cultural tradition which has disappeared	bear a unique or at least exceptional testimony to a cultural tradition or to a civilization which is living or which has disappeared	iii	同1996.2版本中的此条内容 /反映一项独有或至少是特别的现存或已消失的文化传统或文明
文化遗产评审标准（iv）	be an outstanding example of a type of building or architectural ensemble which illustrates a significant stage in history	be an outstanding example of a type of building or architectural ensemble which illustrates (a) significant stage(s) in human history	be an outstanding example of a type of building or architectural or technological ensemble or landscape which illustrates (a) significant stage(s) in human history	iv	同1996.2版本中的此条内容 /描绘出人类历史上一个重大时期的建筑物、建筑风格、科技组合或景观范例
文化遗产评审标准（v）	be an outstanding example of a traditional human settlement which is representative of a culture and which has become vulnerable under the impact of irreversible change	be an outstanding example of a traditional human settlement or land-use which is representative of a culture (or cultures), especially when it has become vulnerable under the impact of irreversible change	同1994.2版本中的此条内容	v	be an outstanding example of a traditional human settlement, land-use, or sea-use which is representative of a culture (or cultures), or human interaction with the environment especially when it has become vulnerable under the impact of irreversible change /代表了一种（或多种）文化或人类与环境之间的关系，特别是在其面临不可逆转的变迁时的传统人类居住或土地、海洋利用的突出范例
文化遗产评审标准（vi）	be directly or tangibly associated with events or ideas or beliefs, of outstanding universal significance (the Committee considers that this criterion should justify inclusion in the List only in exceptional circumstances or in conjunction with other criteria)	be directly or tangibly associated with events or living traditions, with ideas, or with beliefs, with artistic and literary works of outstanding universal significance (the Committee considers that this criterion should justify inclusion in the List only in exceptional circumstances or in conjunction with other criteria)	同1994.2版本中的此条内容	vi	be directly or tangibly associated with events or living traditions, with ideas, or with beliefs, with artistic and literary works of outstanding universal significance.(The Committee considers that this criterion should preferably be used in conjunction with other criteria) /直接或明显地与具有突出普遍意义的事件、生活传统、信仰、文学艺术作品相关（通常该项标准不单独作为列入条件）
自然遗产评审标准（iii）	contain superlative natural phenomena, formations or features, for instance, outstanding examples of the most important ecosystems, areas of exceptional natural beauty or exceptional combinations of natural and cultural elements	contain superlative natural phenomena or areas of exceptional natural beauty and aesthetic importance	同1994.2版本中的此条内容	vii	同1996.2版本中的此条内容 /包含有绝佳的自然现象或是具有特别的自然美和美学重要性的区域
自然遗产评审标准（i）	be outstanding examples representing the major stages of the earth' s evolutionary history	be outstanding examples representing major stages of earth' s history, including the record of life, significant on-going geological processes in the development of landforms, or significant geomorphic or physiographic features	同1994.2版本中的此条内容	viii	同1996.2版本中的此条内容 /构成代表地球演化史中重要阶段的突出例证，包括有生命的记录、在土地形式演变中重大的持续地质过程的记录，或重大的地貌或自然特征的记录
自然遗产评审标准（ii）	be outstanding examples representing significant ongoing ecological processes, biological evolution and man' s interaction with his natural environment; as distinct from the periods of the earth' s development, this focuses upon ongoing processes in the development of communities of plants and animals, landforms and marine areas and fresh water bodies	be outstanding examples representing significant on-going ecological and biological processes in the evolution and development of terrestrial, fresh water, coastal and marine ecosystems and communities of plants and animals	同1994.2版本中的此条内容	ix	同1996.2版本中的此条内容 /是表现陆地、淡水、海岸和海洋生态系统及动植物群落进化和演变中重大的持续的生态和生物过程的重要实证

① 1994 年的版本实际上系 1992 年法国专题讨论会（La Petite Pierre）的成果。1993 年世界遗产委员会第十七次会议上正式通过讨论会上的修改内容，调整内容后的《操作指南》于 1994 年 2 月正式生效。

② 1996 年的版本实际上系 1994 年"'全球战略'与建立具有代表性的《世界遗产名录》"专题讨论会（UNESCO Headquarters）的成果。1995 年世界遗产委员会第 19 次会议上再次讨论，调整内容后的《操作指南》于 1996 年 2 月正式生效。

Cultural Creativity Needed for Renovation of Traditional Cultural Landmarks

传统文化地标需要靠文化创意翻新

金维忻[*] 苗 淼[**] 董晨曦[***]（Jin Weixin, Miao Miao, Dong Chenxi）

图1 单霁翔会长致辞

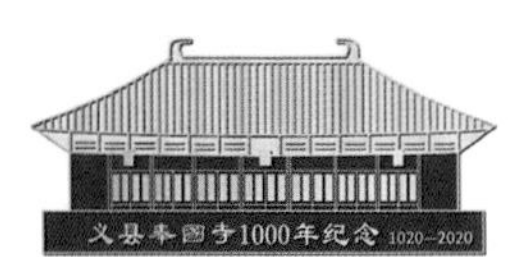

图2 “义县奉国寺1 000年纪念（1020—2020）”活动徽章

编者按：本文是在 2021 年 2 月 2 日“新潮澎湃 CWAVE”公众号文章《用实例说话，纽约、约克、查塔努加如何将废弃的火车站打造成独一无二的城市秘境？》的基础上完善而成的，提出了历史建筑或称 20 世纪既有建筑遗产的“活化”利用等策略，供大家参考。

2020 年，故宫博物院迎来 600 周年庆典。与故宫同属第一批全国重点文物保护单位的辽宁省义县奉国寺迎来千年盛典（图 1）。凡是造访过奉国寺的人，无不被其恢弘壮美、祥瑞庄严的气度所折服。王家卫电影《一代宗师》的开篇更是以奉国寺的壁画为背景，瑰丽气度直抵人心。2020 年 10 月 3 日，“守望千年奉国寺·辽代建筑遗产保护研讨暨第五批中国 20 世纪建筑遗产项目公布推介学术活动”成功举办；同时为挖掘奉国寺的文化内核，打造其“文化强县”新格局，《中国建筑文化遗产》编委会与义县人民政府签署“十四五文化建设”战略协议。活动中的“文创 +”板块绽放光彩：“义县奉国寺 1 000 年纪念（1020—2020）”活动徽章（图 2）首发。纪念徽章由新潮澎湃 CWAVE 文创团队独家设计，在尊重奉国寺大殿原型的基础上，用现代语言将奉国寺的瑰丽风韵勾勒得活灵活现。

如果说千年义县奉国寺是华夏的建筑瑰宝，那么始建于 1921 年的义县老火车站（图 3）则是中国近代铁路发展的珍贵缩影。然而，承载着深厚记忆的老火车站却在 2018 年 9 月面临拆除的风险，社会公众及遗产保护专家纷纷为保住义县老火车站建言献策。后经多方努力，义县人民政府决定通过整体平移的方式保留老火车站主站房，平移工程于 2019 年 10 月 27 日完工。2019 年入选“第四批中国 20 世纪建筑遗产”的义县老火车站是义县整体遗产资源中最具潜力的文旅项目。如今，老火车站作为非物质文化展览馆对外开放，但对其自身创新文旅价值的“文化翻新”举措还有提升空间。随着新生代旅游圈层的崛起，“网红”已成为社交圈最具号召力的词语。网红打卡地正是一个自带社交流量与货币的场所，社交传播价值的内容可视为“社交货币”。当一个景点被不断打卡、分享，那么它所蕴含的价值将随之增大，从而成为社交货币的可能性也愈大。不断的转发与扩散势必带来更大流量，可以借此提升自身乃至辐射区域的商业价值。

一、国外对铁路文化遗产的成功实践

英国——自 1857 年创建伦敦科学博物馆开始收藏铁路遗产，现已演进为约克国家铁路博物馆，有十多万件藏品，部分实现了“动态保存”。

德国——几乎所有的城市都有铁道及工业博物馆，其蒸汽机车动态保存数量居欧洲第一。在纽伦堡铁路交通博物馆，专门开辟了“新型机车车辆展厅”，其理念是不仅让观者看到怀旧的铁路文物，还要让年轻人看到现代化的运输工具及铁路对社会带来的效益。

* 帕森斯设计学院设计史论与策展研究硕士
**《中国建筑文化遗产》《建筑评论》主编助理
***《中国建筑文化遗产》编委会办公室副主任

图3 义县老火车站

法国——1971 年的摩洛斯铁道博物馆与英国约克国家铁路博物馆、瑞士琉森交通博物馆堪称“欧洲三大馆”，还在全国 52 个机务段实现了真正意义上的“大铁路文物保护”理念。

美国——世界上第一条横贯大陆的铁路是 1869 年 5 月 10 日建成、连接大西洋和太平洋的铁路。美国国家公园管理局作为该国遗产保护权威机构，非常详尽地制定了不同遗产类型的保护利用方式：①铁道博物馆，全美国有 283 个铁路博物馆，它是非营利的，旨在为后代构建一个有形的历史记录，大多数铁路博物馆都积极为民众提供历史铁路遗产的体验；②铁路主题公园，如位于马萨诸塞州的美国 Edaville 铁路是美国境内最老的铁路遗产之一，其公园已是新英格兰地区著名度假胜地；③观光铁路，它是在原有铁路设施不能满足现代生活需求的条件下，由旅游部门运营，让游客乘坐旧式火车“历史重演”，此外，它还提供生日派对、婚礼仪式等多彩服务，如美国明尼苏达州杜鲁斯的 Ls&M 观光铁路；④城市绿道计划，如纽约的高线公园等。

1. 纽约交通博物馆

@ 美国纽约市布鲁克林区法院街站

在纽约市布鲁克林区“潜伏”着一间经历了纽约百年时光穿梭的地铁站。

1976 年 7 月 4 日，作为美国建国 200 周年的献礼工程之一，纽约交通博物馆（New York Transit Museum）在布鲁克林区一间废弃的地铁站开启了它的“怀旧之旅”。原本计划只临时展出两个月，后因太受欢迎而一直开放至今。

纽约交通博物馆自带吸引游客的网红体质——20 辆可追溯至 1907 年的老式车厢、摩登的车内广告、复古的车次标识牌，还有推拉式的车厢护栏。此外，站内的铁轨仍然是通电的，为其交通系统提供电力供应，所以这里实则是个“工作站”。20 世纪 90 年代中叶，管理纽约市公共交通的大都会运输署接管了这里，博物馆的展览范围也从单纯的纽约百年地铁建造史扩展至铁路、道路、隧道、桥梁的发展史。

2. 国家铁路博物馆主题餐厅

@ 英国约克国家铁路博物馆

还记得《哈利波特》片段里，赫敏和罗恩一起登上了开往霍格沃茨魔法学校的红色特快列车吗？

这家坐标在英国约克郡的大英铁路博物馆（National Railway Museum, NRM）就珍藏了电影中的火车原型。此外，世界上最大的蒸汽火车、伊丽莎白二世搭乘的御用专列、曾在抗日时期立下汗马功劳的 KF1 型蒸汽机车、欧洲之星、日本新干线 0 系电车均是这里的明星展品。始建于 1975 年，大英铁路博物馆的前身是英国国铁的废弃车厂。如果说英国是世界工业革命的故乡，那么大英铁路博物馆就是一部活生生的“全球铁路编年史”。

虽说博物馆是历史的代名词，但美食才是传播文化、提供休闲的正解。清晰认识到这一点的大英铁路博物馆邀请伦敦建筑师事务所 SHH 对其主题餐厅进行改造，将复古火车车厢与主题餐厅的概念相交融，从视觉审美和味蕾体验上多维度满足访客需求。大英铁路博物馆的主题餐厅分为内、外两区，包含受旧式火车吧台启发的 The Dining Car 餐厅、以车厢形式布局的 The Mallard 咖啡馆以及用集装箱改造的室外就餐区。

3. 查塔努加火车酒店

@美国田纳西州查塔努加市

想了解查塔努加火车酒店的"前世今生",还得从它的历史地位谈起。在美国南北战争期间,查塔努加小镇战略枢纽的地位不言而喻。150多年过去了,虽然它作为美国重要铁路枢纽的风华已逝,但该城地标——查塔努加火车酒店宛如一部城市图录值得回望。曾经熙熙攘攘的火车站如今已变身成一家度假式的旅馆——查塔努加火车酒店。

回溯酒店的名字还得从一首歌曲说起。20 世纪 40 年代,名为《Chattanooga Choo Choo》的歌曲风靡美国,销量破百万,成为第一首被授予"金唱片"认证的歌曲,酒店也因此得名。1974 年,查塔努加火车酒店被列入美国国家历史名胜名录,成为该城市的首个历史保护项目。如果打算去这里住上几晚的话,别有一番风情的火车车厢客房不容错过。

二、创意让老旧站房绽放城市活力

当我们在阅读建筑时,我们究竟是在读什么? 建筑有穿越岁月的文化魅力,有文化地标所流淌的活生生的历史文脉,我们应从中捡拾到老旧站房等建筑蕴含的文化故事,从而打造高颜值品质生活的城市文化新去处,为复兴城市构筑文旅优先的建筑艺术的可滋养、多样性的文化聚集地。地方文化特质的自觉意识需要觉醒,老旧铁路站房的翻新是有价值的议题。

我们反对城市一味建新名片,而忽略了自身已拥有的"文化地标",如老旧站房就是求之不得的可历史、可当代的文化"打卡地",重在用心用情去打造。国内外铁路遗产成功保护与利用的实践,都走出了一条"价值再识→价值再生→价值联动"之路,即做到文旅资源的发现、文旅资源的开发,以实现文旅资源的增值。其保护与利用策略之关键是:察势者智,驭势者赢。以文创品牌的 IP 精神与方法布局城镇化的服务型经济,做"活"遗产地文旅发展、文旅融合的大文章,最应优化的是设计美学视角下的城市更新策略,诸如打造主题鲜明且朴素和谐的空间形态,诠释有故事渗透的意境,拼织丰富图像,赋予老旧站房诗意与灵魂场景等。具体思路有三,举例如下。

1. 弱化边界,串联景区

在城市规模较小的地域,由于城市建设相对滞后,往往幸运地保留下"一强多专"的景区格局。虽然单一景点极具不可替代性,但由于交通不便、配套设施不全等问题,对游人的吸引力不足。线性文化遗产(铁路)具有极强的串并能力,能够组织起不同场域的多种文化遗产资源。基于此,将义县老火车站现有的 5 000 m^2 广场打造为铁路风情街区,同时将有年代感的绿皮火车改建成包厢休闲吧,并引入观光火车或专线游览车,串联百年车站、义县大凌河国家湿地公园、义县千年奉国寺等沿途景观节点,丰富游人体验。

2. 再现历史场景

义县老火车站曾是沈山铁路备用线上最大的中转站,在辽沈铁路发展史上有着重要位置。通过还原历史原真性的灯杆、售票窗口、候车大厅、开水房等使用场景,开创沉浸式体验项目,并融入文化演出的"软元素",以铜人艺术、街头话剧、广场音乐会等灵活多变的演出形式,让与火车站有关的故事旧地重现。

3. 县域经济视角与发挥 TOD 优势

TOD 模式的核心优势在于将需求集中化,围绕百年站房做文章,在广场及周边兴建商业配套设施,囊括餐饮、娱乐、社交、住宿等,物业结构应紧凑,业态布局最大限度多元化,以丰富的安排满足外地游客"周末两日游"的需求。如在老火车站站房内部建设近代铁路文明展示馆,通过老票根、老站牌等展品梳理辽沈铁路发展史。以多种形式吸引文创产业和配套商业的入驻,"一手拉住游人,一手拥抱市民",增强游客黏滞性,提振县域经济,将百年站房打造成历史城区的门户地标、社区发展的活力引擎。

To Persia, Iran
致波斯，伊朗

郭 玲*（Guo Ling）

波斯和伊朗是不同时期对同一个地域的不同称谓。

1935 年以前，伊朗叫波斯，古波斯文明是除人们熟知的古埃及、古巴比伦、古印度和中国四大文明之外独立起源的文明。它崛起于伊朗高原，囊括两河、中亚、埃及和印度。波斯帝国存在于公元前 6—前 4 世纪，谱写了西亚、中亚、北非不同民族文化冲突与融合的壮丽诗篇，将古代奴隶制文明推向了巅峰。尽管只有两个世纪，随后朝代更迭，阿拉伯入主，但波斯文明依旧断断续续延续至今。

截至 2020 年 3 月，伊朗领土面积为 165 万 km^2，人口 8 363 万，平均海拔 1200 m。至今伊朗人中 66% 是波斯人，官方语言仍为波斯语。北部拥有世界最大的咸水湖黑海，南部毗邻波斯湾，西部是山谷盆地，东部多为沙漠。就是这样一片貌似贫瘠的土地，曾孕育了人类文明重心的一部分。波斯的早期文明可追溯到公元前 2700 年，此时巴比伦在底格里斯河东岸建国。公元前 539 年，波斯人攻入巴比伦城，古代两河流域全部并入波斯版图。极盛时期，波斯帝国的地域跨越亚、欧、非三大洲。

提起波斯，人们肃然起敬；说到伊朗，“两伊战争”“美国制裁”令人不免担忧。今天当我们踏上这片西亚土地时，朝拜之情，探寻之意，油然而升。从设拉子、伊斯法罕、卡尚到德黑兰，由南至北 1000 多 km，面对古城，穿行戈壁，路上一直在想，这篇文章的题目叫作什么呢？“黑袍下的神秘”？“那片征战的高原”？——思来想去，还就是这两个国名吧。不加修饰，不必烘托，因为它们本身就有最好的释义，“波斯”代表辉煌，“伊朗”意为光明，光这四个字，就足以令造访者叹为观止。

一

飞机直飞德黑兰，到达的当天又飞往南部古都、伊朗第三大城市——设拉子，其东北约 100 km 处是大名鼎鼎的帕萨尔加德。公元前 559 年，波斯人居鲁士二世大帝（公元前 590—前 530 年，在位近 30 年）推翻米底部落的统治，创立了阿契美尼德王朝，即波斯帝国，第一个都城和帝陵就建在此地，由于其四面环山，中部开阔，也称帝王谷。这里原包括皇宫、花园、石塔、神坛，只可惜目前已荡然无存，只有居鲁士帝陵（图 1）屹立在空旷的原野之中。

帝陵是灰褐色大理石结构，由六层阶梯式台基和其上的一座融合了美索不达米亚、波斯传统陵墓和住宅风格的墓室组成。高约 8 m，6 m 见方，棱角磨损，圆钝不整，与古埃及法老高大的金字塔陵墓相比，显得十分简朴稳重。据说最初四周绿草丰盛，山岭相拥，也曾是一块风水宝地。

走近居鲁士就是走近波斯。在这里我们得知，《人权宪法》便出自居鲁士。其内容用楔形文字刻在“居鲁士圆柱”上，铭文说：“当我的大军和平地进入巴比伦时，我决不允许任何人恐吓巴比伦人民，我为和平而奋斗。”

事实上，公元前 539 年，居鲁士不费吹灰之力进驻巴比伦后，不仅释放了被囚为奴隶的四万多名犹太人，送他们返回耶路撒冷，还出资重修了圣殿。这一人权法令，是一份对宗教自由和种族自由的倡导书。居鲁士喜欢远征，但当时很多邦国对他的臣服，主要是敬慕他的政治气度，例如他赋予成员国自主选择权，最终接纳了 28 个邦国，使他们在中央集权下和平共处。可以说这种博大包容是超越历史时空和人类文明界限的奇迹。

正是这样一位历史学界公认的古代世界史上最宽厚仁爱的征服者的到来，使“巴比伦之囚”得以自由返回故乡，同时使巴比伦文明和埃及文明在更广阔的波斯帝国疆域得以延续和发扬。而就在此时，中国、印度、希腊也纷纷进入早期文明爆发期，孔子、释迦摩尼和埃斯库罗斯也差不多同时开始讲经布道。

*《中国建筑文化遗产》编委

图1 居鲁士帝陵

图2 波斯破利斯城主入口

图3 万国门

图4 接见大厅

图5 百柱殿

图6 寝宫

图7 伊斯法罕皇家广场

图8 三十三孔桥

特别值得一提的是200年后，马其顿的亚历山大从希腊东征到此，烧毁了宫殿，踏平了花园，唯独面对居鲁士的陵墓放下了屠刀，停住了呐喊，不仅没有毁坏，相反还下令加以修葺。在那狼烟四起的年代，对自己的敌人敬畏，这位敌人该是何等的伟人。

站在帝陵前，沐浴着暖暖冬日阳光，体验着徐徐清风，仿佛真的来到了居鲁士大帝身旁，之所以风尘仆仆专程到此，与其说是来造访帝陵，不如说是来感受伟人的魄力和气度。如果说历史像个舞台，那么舞台上的各种人物会划分为主角和配角，主角总是极少数。居鲁士是主角，一位精彩的仁慈主角，一个自豪的波斯雄魂，在历史上留下了浓重的印记。

在陵墓旁的一根柱子上，一段铭文至今清晰可见："我是居鲁士王，阿契美尼德宗室，王中之王。"居鲁士陵2 500年来屹立不倒，他在波斯人心中永远不衰，我们到此向居鲁士致敬。

二

真要感谢波斯人当初选择石头作为建材，我们见到了波斯帝国最鼎盛时期的新都城——波斯波利斯。

波斯波利斯在古希腊语中指"波斯人的城市"，建于公元前518—前460年。它位于设拉子西北60 km处的"善心山"下，面对着辽阔的法尔斯平原，山上有大流士及其子孙的四处陵墓，山下是建于高大平台之上的整座宫殿。远远望去，残垣断壁如雕塑般直刺青天，一股残存的大气之感迎面扑来。整座宫殿历时70年，大流士大帝（居鲁士大帝弟弟之子，公元前550—前486年，在位近40年）时期完成了主体部分，是伊朗首屈一指的世界文化遗产。

大流士一世是一代霸主。其统治时期（公元前522—前486年），波斯帝国达到鼎盛时期，其疆土东起印度河，西至爱琴海，南到尼罗河，北抵中亚、高加索。其邦国（即臣服国、保护国、附属国）人口有5 000万，土地近700万 km^2，成为世界上第一个横跨亚、非、欧三大洲的帝国。

我们钦佩大流士。他同居鲁士一样提倡各国间的睦邻关系，宣扬"大一统，小自治"，维护共同秩序，实现和平相处。他把这种政治图谱用一种仪式直接体现出来，营造了每年春分时节举办新年盛典、接受各国使节朝贡的外交仪式性帝王行宫。

这座遗址规模宏大，主入口（图2）建在一个巨大的人工平台上，高约15 m，长460 m，宽300 m，占地面积约为15万 m^2，由两道左右对称的折行双跑阶梯引导，极具仪式感。来访者先要仰视，随后经历111级台阶的低头攀登，待登上平台抬起头来，必然是肃然起敬。

平台上迎面便是宫殿的大门——万国门（图3）。雕刻在门柱上的两对"神兽"由人首、牛身、鹰翼组合而成，如此粗犷威严、傲视寰宇的"门神"守卫着王宫的入口，令矮小的人类望而生畏。

整个王宫是一组设计严谨的建筑群，建筑面积约为13.5万 m^2。北部为两座仪典大殿，东南是财库，西南为寝宫和后宫，周围有花园和凉亭，整

图9 自由纪念塔

图10 波斯古村——阿布亚尼村

图11 随处可见的两伊战争烈士

体无轴线关系。宫殿主要用伊朗高原的硬质灰色石灰石建造。

供人们参观的主要是三处不同风格的大殿，一处是国王的接见大厅（图4），另一处是百柱殿（图5），第三处是西南侧的寝宫（图6）。接见大厅60 m见方，是接见外国使节的场所。大厅内有石柱36根，大厅外的前廊和左、右侧廊各有石柱12根，共计72根（现仅存13根）。这些石柱高18 m，柱头有公牛雕饰，大殿四角有塔楼，可同时接纳上万人。该殿的地面高出平台4 m，通向大殿台阶上有几十米长的精美浮雕，右侧是国王和近臣的雕像，他们佩戴珠链，手持鲜花；左侧是20多个邦国和民族代表人物的雕像，他们牵着牛羊，带着贡品，服饰各异，喜形于色。“八方来朝，举世欢愉”，可谓一副生动的“朝觐图”。

大流士的金銮殿，人称百柱殿，70 m见方，面积4900 m^2，是国王宴请嘉宾的地方；采用石柱木梁结构，有石柱100根，柱高19 m。这里有大流士与魔鬼搏斗的浮雕，象征着正义的王权；还有他手持权杖和莲花、端坐宝座之上接见大臣的雕像。“百柱殿”目前只残留着高低不等、散落四方的柱体及柱础，但仍可想象其往日的辉煌。

波斯波利斯的建筑和雕刻反映了当时波斯帝国与周边地区的融合和创新。首先，高大的平台、对称的台阶以及大门和仪式殿的布局，都接近两河流域的建筑风格；建筑物采用多排列柱和门楣，则是埃及的巨石建筑风格；大厅石柱借鉴希腊爱奥尼亚式凹槽柱身、涡卷柱头和花瓣柱础的纹饰形式，并采用了希腊的磨光技术；人物和野兽搏斗的浮雕，囊括了中亚草原民族的题材。据说新都的设计者多是来自不同地区、民族以及宗教的艺术家和能工巧匠。

公元前331年，马其顿向波斯本土发动进攻，大流士三世临阵逃亡。为报雅典之仇，亚历山大一把大火结束了波斯帝国的历史。中央大厅那13根残存的石柱，无声地诉说着一个文明古国的衰亡。

波斯的原始宗教是拜火教。石壁上刻着的楔形文字，使我们有幸亲眼目睹了用波斯文字注明的拜火教教义——“善思、善言、善行”。我想，波斯君主和臣民正是遵循这“三善”，才开创了帝国伟业。无论宗教、政权和生活如何改变，都动摇不了波斯人内心的光明与激情。大流士一统天下的气魄、海纳百川的智慧深刻地影响了后来的罗马帝国、阿拉伯帝国、奥斯曼帝国等超大帝国。他不愧为世界历史进程中的杰出人物，我们也要向他致敬。

三

告别设拉子，波斯逐渐变得鲜活起来。我们乘车一路向北，据说脚下这条大路的历史最早可追溯到波斯帝国时期，出于国家征战和发展的必然需要而修建。导游好心地提示我们：“快看左侧，多么美丽的山谷！”大家好像并无反应，那里哪里称得上山，充其量是个岭，几棵树木稀稀拉拉，引不起人们的注意。但正是生活在这片荒凉的土地上的人们，最早发明了运输车辆的“轮子”、抗旱蓄水的“坎儿井”和建筑的“穹顶”，还有我国元代从这里引进了“苏麻离青”，开辟了瓷器青花的高峰。此时，我们不得不感叹波斯人因地制宜地适应自然、改造环境的顽强精神。

伊斯法罕，是400多年前的都城，建于1598年，是伊朗最古老的城市之一，现为伊朗第二大城市。公元7世纪阿拉伯人入主以后，直到萨法维王朝（1500—1722年）什叶派进入国家中央高层，波斯文化才得以在此焕发第二次光芒。这座都城，濒临扎因鲁德河，人称沙漠中的绿洲，是古丝绸之路的重镇和东西方贸易的集散地，也是艺术和设计之都，伊朗人自豪地说“伊斯法罕半个天下”。

伊玛姆广场（即伊斯法罕皇家广场，图7）位于市中心，革命前称国王广场，长510 m，宽165 m，面积超过8万 m^2，始建于1612年萨法维王朝的阿巴斯国王时期。中间是水池喷泉，两侧有分别供国王和市民朝拜的两座蓝色大穹顶清真寺，四周环绕着众多的商铺，将其封闭成规整的长方形。因当时是马球场，高大的国王看台十分醒目。1979年联合国教科文组织将伊斯法罕皇家广场作为文化遗产列入《世界遗产名录》。

穿城而过的扎因鲁德河上有11座桥，其中以三十三孔桥（图8）最为著名。该桥长300 m，宽14 m，始建于1602年。它分上、下两层，整齐的

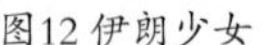
图12 伊朗少女

图3 美丽的眼睛

图16 作者与伊朗大学生

33 个拱洞依次排列，桥面的两侧是两排 3 m 高的墙体，墙面上每隔两三米就有一扇弧形门洞，外侧还有 1 m 左右宽的空间通道，可供行人走动和休息。石桥本身是一座多功能的建筑，既是交通设施，又起到水坝的作用，还是百姓休闲观光的好去处。据说当年国王就常在桥上接待来宾。我们看到河边有许多家庭席地而坐，对水的喜爱溢于言表。

继续上路，经过卡尚，那是恺加王朝（1779—1921 年）皇宫所在地，一片有泉水的绿洲。最后到达德黑兰，200 年前这里已是首都。1979 年霍梅尼领导的伊斯兰革命推翻了亲美派巴列维王朝（1925—1979 年，1935 年巴列维将国名改为伊朗），这里成为伊朗伊斯兰共和国的首都。德黑兰人口 1 000 万，是西亚最大的现代大都市。北部山麓下有两处巴列维的王宫，也是原皇室的避暑胜地。两座王宫均采用欧式花园设计手法，选用伊朗特有的黄绿色大理石，树木茂密，花草丛生，建筑物虽不算高大，但紧凑精致；特别是十分注重室内设计，捷克吊灯、法国家具、神奇的镜厅、讲究的地毯，再配上名家的油画、雅致的窗帘，一派王族贵气。

1971 年 10 月落成的自由纪念塔（图 9），呈倒 V 字形，塔高 45 m，塔基长 63 m，宽 42 m，呈灰白色，采用钢筋水泥和大理石建成。伊朗建筑师侯赛因·阿马那特在设计该塔过程中既注意吸收国外塔建的优点，同时注意充分体现伊朗建筑的民族风格。塔的底层是博物馆和电影馆，电影馆可容纳 500 名观众。从塔底可乘电梯或沿着 275 级石阶盘旋而上到达塔顶。该塔本为纪念波斯帝国创立 2 500 年而建，1979 年伊斯兰革命后，又增添了一个新的意义，象征伊朗自由神权时代的来临。自由纪念塔是具有代表性的德黑兰地标。

我们有幸特意拜访了阿布亚尼村（图 10），那是具有 3 000 年历史，至今仍保持着波斯习俗、信奉拜火教的村落。这里的山是红色的，土是红色的，山上长有果树，一股清泉穿村而过，有别于沿途所见的黄色戈壁。人们的服饰更有特点，男人穿着宽大的肥腿裤，女人不穿黑袍，不戴黑纱，而是着彩色衣裙，戴花色头巾，据说当年波斯人就是如此穿戴的。建筑也极有特点，红色砖墙，规整统一；过街廊桥，既将依山就势的宅院连通起来，又在廊下开辟出供人们聚会交流的歇凉场地。我记起在喀什老街区也见到同样的结构，很是亲切。这天刚好是侯赛因纪念日，家家拿出做好的面条，在清真寺附近供人们享用。在清真寺里，一个布满“两伊战争”烈士照片和文物的不大区域吸引了我，一位妇女在这里拿着面条，热情地请我们品尝。她告诉我们，每个村子、每个家庭都有烈士，他们最小的仅有 16 岁，虽然牺牲在战场上，但永远活在人们的心里。我理解这位母亲，一位坚强的母亲。

记得第一天下飞机后，第一眼便在墙壁上看到烈士的照片，一排排年轻的战士，旁边画着鲜花与和平鸽（图 11）。我将他们拍了下来，这是踏上伊朗的第一印象。随后在街道旁，在学校前，在公路边，在旗杆上到处可见烈士的仪容。8 年的两伊战争，死伤 200 多万人，是韩鲜战争、越南战争之后最大规模的战事。逊尼派和什叶派打了 8 年，同是穆斯林弟兄，相煎何急？又是谁在为掠夺石油资源指使操控着这场无谓的战争？

谈到伊朗印象，一路走来，人民的微笑和女人的黑袍无疑最为深刻。在河边，在路上，在景区，在农村，不论男女，不分老幼，见到我们都会兴奋地喊出“秦，秦”，那是波斯对中国的称谓。那些少女美丽的双眼（图 12、图 13）和涂抹得鲜红的嘴唇，在黑纱的衬托下，神秘而靓丽，清纯而雍容，只要你望上一眼，就会确认这必是世界上最标致的族群。离别时我问导游，如何看待萨达姆的结局，他如政治家般的回答令我惊叹，他说：“尽管是他挑起战争，我们伤亡惨重，但我们两国是兄弟的争斗，美国无权插手。我们支持由伊拉克人民审判萨达姆，而不是美国的强行处决。”我还问他如何看待美国的“制裁”，他说：“面对美国的高压，我们没有垮，反而更加坚强，更加团结，只要石油在我们的土地上，相信未来就是光明的。”我钦佩这位普通的伊朗公民，他的豁达和为我们朗诵伊朗诗歌时的忧伤，深深印在我的脑海之中。人民不忘先烈，国家不畏强权，这样的民族正是波斯的后来人。

就这样，由南到北，从古至今，我们认识了波斯，认识了伊朗（图 16）。或许不久的将来我们会看到一个更加美好的伊朗，让我们真诚地向伊朗人民致敬。

——2014 年 12 月